李振
郭旭辉 编著

ASP.NET编程从基础到应用

清华大学出版社
北京

内 容 简 介

本书从初学者的角度出发，以通俗易懂的语言，配合丰富多彩的实例，由浅入深、循序渐进地介绍了学习 ASP.NET 程序开发必备的知识和技能。全书分 12 章，主要内容包括 ASP.NET 开发环境的搭建、ASP.NET 中服务器控件的基本应用、ASP.NET 内置系统对象、站点导航控件、母版页、数据绑定控件、常用的第三方控件、如何使用 ADO.NET 的基本对象操作数据库、常用缓存、文件和目录的相关处理、ASP.NET Ajax 技术的相关知识及 Web 服务等。最后，通过一个综合项目案例介绍 ASP.NET 在实际开发过程中的应用。

本书内容丰富、实例精彩，适合 ASP.NET 初学者以及在校学生、程序设计爱好者、各大中专院校的在校学生以及相关授课老师使用阅读。

图书在版编目（CIP）数据

ASP.NET 编程从基础到应用/李振，郭旭辉编著. —北京：清华大学出版社，2014

从基础到应用

ISBN 978-7-302-31500-1

Ⅰ. ①A… Ⅱ. ①李… ②郭… Ⅲ. ①主页制作—程序设计—教材 Ⅳ. ①TP393.092

中国版本图书馆 CIP 数据核字（2013）第 027130 号

责任编辑：夏兆彦
封面设计：胡文航
责任校对：胡伟民
责任印制：王静怡

出版发行：清华大学出版社
网　　址：http://www.tup.com.cn，http://www.wqbook.com
地　　址：北京清华大学学研大厦 A 座　　邮　　编：100084
社 总 机：010-62770175　　邮　　购：010-62786544
投稿与读者服务：010-62776969，c-service@tup.tsinghua.edu.cn
质 量 反 馈：010-62772015，zhiliang@tup.tsinghua.edu.cn
印 装 者：北京嘉实印刷有限公司
经　　销：全国新华书店
开　　本：185mm×260mm　　**印　张**：28.25　　**字　　数**：710 千字
（附光盘 1 张）
版　　次：2014 年 3 月第 1 版　　**印　　次**：2014 年 3 月第 1 次印刷
印　　数：1～4000
定　　价：59.00 元

产品编号：045979-01

FOREWORD

前言

ASP.NET是由Microsoft公司开发的新一代动态Web应用程序开发平台，它的功能非常强大。与其他开发语言（如Java、PHP和Perl等）相比，ASP.NET具有方便性、灵活性、性能优、安全性高、生产效率高、完整性强及面向对象等特性，是目前主流的网络编程工具之一。它可以把程序开发人员的工作效率进一步提高，快速方便地进行开发。

ASP.NET支持多种开发语言，但是最常用的是C#语言。它是一种面向对象的编程语言。该语言提供了Visual Basic的简单易用性，同时也提供了Java和C++语言的灵活性和强大功能，是Microsoft公司.NET技术的核心开发语言。因此，本书选择C#语言作为程序的开发语言。

本书内容

全书共分12章，主要内容如下。

第1章　ASP.NET入门基础。本章主要介绍ASP.NET的发展、.NET Framework以及Visual Studio 2010和IIS的安装等相关内容。

第2章　ASP.NET的控件应用。本章详细介绍ASP.NET中最常用的服务器控件，如Label控件、Literal控件、Button控件、Image控件、Panel控件、DropDownList控件和CheckBox控件等。

第3章　ASP.NET的系统对象和状态管理。本章详细介绍ASP.NET中内置的系统对象和状态管理对象，包括Request、Response、Page、Session、Application和Cookie等。

第4章　站点导航控件和母版页搭建框架。本章介绍常用的导航控件、母版页及主题的相关知识，包括SiteMapPath控件、站点地图、TreeView控件、母版页和内容及主题加载的多种方式等。

第5章　ADO.NET技术访问数据库。本章将详细介绍如何使用ADO.NET中的5个基本对象对数据进行操作，如SqlConnection对象连接数据库、SqlDataReader对象读取数据等。

第6章　ASP.NET的数据展示技术。本章介绍数据源控件和常用的数据绑定控件，如GridView控件、DataList控件和Repeater控件等。

第7章　ASP.NET控件的高级应用。本章将详细介绍用户控件、常用的第三方控件和模块处理程序等内容，如验证码控件、分页控件、编辑器控件、图片水印和文字的实现等。

第 8 章　缓存技术。本章主要介绍 ASP.NET 中常用的 3 种输出缓存，即页面输出缓存、页面部分缓存和页面数据缓存。

第 9 章　文件和目录处理。本章详细介绍如何使用 ASP.NET 中自带的相关类处理文件和目录，如获取文件或目录基本内容，对文件或目录进行添加、删除和移动的操作等。

第 10 章　ASP.NET Ajax 技术。本章介绍 Ajax 的相关内容，包括 XMLHttpRequest 对象、ASP.NET Ajax 中的常用控件和工具包中的常用控件等。

第 11 章　Web 服务。本章介绍 Web 服务的相关知识，如服务概述、如何调用自定义的 Web 服务、如何与常用的第三方控件进行集成等操作。

第 12 章　在线考试管理系统。本章通过一个综合案例实现了学生在线考试系统的科目管理功能、考试试题管理功能、学生考试功能、学生试卷管理功能及用户登录和退出功能等。

本书特色

本书采用大量的实例进行讲解，力求通过实际操作使读者更容易地使用 ASP.NET 开发应用程序。本书难度适中，内容由浅入深，实用性强，覆盖面广，条理清晰。

- **知识点全**　本书紧紧围绕 ASP.NET 的网站程序开发展开讲解，具有很强的逻辑性和系统性。
- **实例丰富**　书中各实例均经过作者精心设计和挑选，它们都是根据作者在实际开发中的经验总结而来，涵盖了在实际开发中所遇到的各种问题。
- **应用广泛**　对于精选案例，给了详细步骤、结构清晰简明，分析深入浅出，而且有些程序能够直接在项目中使用，避免读者进行二次开发。
- **基于理论，注重实践**　在讲述过程，不仅仅只介绍理论知识，而且在合适位置安排综合应用实例，或者小型应用程序，将理论应用到实践当中，来加强读者实际应用能力，巩固开发基础和知识。
- **随书光盘**　本书为实例配备了视频教学文件，读者可以通过视频文件更加直观地学习 ASP.NET 的使用知识。
- **网站技术支持**　读者在学习或者工作的过程中，如果遇到实际问题，可以直接登录 www.itzcn.com 与我们取得联系，作者会在第一时间内给予帮助。
- **贴心的提示**　为了便于读者阅读，全书还穿插着一些技巧、提示等小贴士，体例约定如下。

提示：通常是一些贴心的提醒，让读者加深印象或提供建议，或者解决问题的方法。

注意：提出学习过程中需要特别注意的一些知识点和内容，或者相关信息。

技巧：通过简短的文字，指出知识点在应用时的一些小窍门。

读者对象

本书具有知识全面、实例精彩、指导性强的特点，力求以全面的知识性及丰富的实例来指导读者透彻地学习 ASP.NET 开发技术各方面的知识。

- ASP.NET 初学者以及在校学生。
- 各大中专院校的在校学生和相关授课老师。
- 准备从事软件开发的人员。
- 其他从事 ASP.NET 应用程序开发技术的人员。

除了封面署名人员之外，参与本书编写的人员还有马海军、李海庆、陶丽、王咏梅、康显丽、郝军启、朱俊成、宋强、孙洪叶、袁江涛、张东平、吴鹏、王新伟、刘青凤、汤莉、冀明、王超英、王丹花、闫琰、张丽莉、李卫平、王慧、牛红惠、丁国庆、黄锦刚、李旎、王中行、李志国等。在编写过程中难免会有漏洞，欢迎读者通过我们的网站 www.itzcn.com 与我们联系，帮助我们改正提高。

CONTENTS

目录

第 1 章 ASP.NET 入门基础

ASP.NET 是一种建立动态 Web 应用程序的技术，它是.NET Framework 的一部分，可以使用任何.NET 兼容的语言编写 ASP.NET 应用程序。相对于 Java 和 PHP 等，ASP.NET 具有灵活性、生产效率高、安全性高和完整性强等特性，它是目前最主流的网络编程技术之一。本章将详细介绍 ASP.NET 的相关知识，包括它的发展历程、特色优势、如何搭建其开发环境以及 IIS 的安装等内容。

通过本章的学习，读者可以了解 ASP.NET 和.NET Framework 的相关知识，也可以熟练地安装 Visual Studio 2010 和 IIS，还可以熟悉创建和发布网站的步骤。

本章学习要点：

- 了解 ASP.NET 的发展、新特性和特色优势。
- 掌握.NET Framework 的组成。
- 掌握 Visual Studio 2010 的安装与卸载。
- 掌握如何安装 IIS。
- 掌握如何使用 Visual Studio 2010 创建网站。
- 熟悉如何通过复制网站的方式发布项目。

1.1 ASP.NET 简介

ASP.NET 是.NET Framework 的一部分，它是一个统一的开发模型，包括创建企业级 Web 应用程序所必需的各种服务。另外，开发人员还可以使用.NET Framework 类库提供的类，并选择公共语言运行时兼容的任何语言来编写应用程序代码。本节将介绍 ASP.NET 的相关内容，它包括其发展、内容和特色优势等内容。

1.1.1 ASP.NET 的发展、内容和特性

ASP.NET 1.0 于 2000 年发布，其发展速度相当惊人，2003 年升级为 1.1 版本。ASP.NET 对网络技术的发展起到了推动作用，并且引起了越来越多的程序开发人员对它的兴趣。为了达到“减少 70%代码”的目标，2005 年 11 月微软公司又发布了 ASP.NET 2.0，它的发布是 ASP.NET 技术走向成熟的标志。

伴随着 ASP.NET 的发展，微软在 2008 年推出了 ASP.Net 3.5，它使网络程序开发更倾向于智能开发。目前，最新的版本是 2010 年发布的 ASP.NET 4.0。

ASP.NET 主要包含的内容说明如下。

- ASP.NET 页和控件框架。
- 内置状态管理对象，如 Request、Response、Session 和 Application 等。
- 配置网站，可以在 web.config 文件中配置相关代码。
- 安全基础架构，ASP.NET 提供了高级的安全基础结构，如 Windows 身份验证、From 身份验证及根据成员资格和角色来验证身份等。
- ASP.NET 编译器，它能够将 ASP.NET 网站的所有内容编译成一个程序集并转换为本机代码，从而提供强类型、性能优化和早期绑定等优点。
- ASP.NET 调试机制。
- 提供对 Web 服务的支持。

ASP.NET 的功能非常强大，使用 ASP.NET 进行的网站开发也具体许多优点和特性。其主要特性如下。

- **强大性和适应性** ASP.NET 是基于通用语言的编译运行程序，通用语言的基本库、消息机制和数据接口的处理等都能无缝的整合到 ASP.NET 的 Web 应用中。所以，ASP.NET 的强大性和适应性在于能够运行到大部分的平台之上，如 Windows 2000、Windows 2003、Windows Server、Windows XP 以及 Windows 7 等。
- **简单性和易学性** ASP.NET 运行使运行很平常的任务（如提交表单进行客户端身份验证、分布系统和网站配置）变得简单。
- **高效的可管理性** ASP.NET 中包含的新增功能使得管理宿主环境变得更加简单，从而为宿主主体创建更多增值的机会。
- **运行性能高** ASP.NET 采用页面脱离技术代码，即前台页面代码保存到.aspx 文件中，后台代码保存到.cs 文件中，而编译程序会将代码编译为 DLL 文件。当 ASP.NET 在服务器上运行时可以直接运行编译好的 DLL 文件，从而提高运行性能。

1.1.2 ASP.NET 的特色优势

微软推出的 ASP.NET 将 WinForms 中的事件模型带入了 Web 应用程序开发，程序员只需要拖动控件后处理其控件的属性，不需要面对庞杂的 HTML 编码。它的出现可以说是一项革命性意义的技术，它除了内容和新特性外也有许多特色优势，主要体现在如下几个方面。

（1）与浏览器无关。

ASP.NET 生成的代码遵循 W3C 标准化组织推荐的 XHTML 的标准。只需要设计一次页面，就可以让该页以完全相同的方式显示、工作在任何浏览器上。

（2）方便设置断点，易于调试。

程序开发过程中如何调试一直是开发人员头痛的事情，由于使用的 Web 服务器不受 IDE 的约束，而微软有了 IIS 就有了先天的优势。有了跟踪调试的功能，代码的找错就相当方便了。

（3）编译后执行，运行效果高。

代码编译是指将代码“翻译”成机器语言，而在 ASP.NET 中先编译成微软中间语言，然后由编译器进一步编译成机器语言。编译好的代码再次运行时不需要重新编译，极大地提高了 Web 应用程序的性能。

（4）丰富的控件库。

在 JSP 中实现一个树形导航菜单需要很多代码，但在 ASP.NET 中可以直接使用控件来完成，这样就节省了大量开发时间。内置的控件可以帮助开发人员实现许多功能，从而减少大量的代码。

（5）代码后置，使代码更加清晰。

ASP.NET 采用了代码后置的技术将 Web 页面元素和程序逻辑分开显示，这样可以使用代码更加清晰，有利于阅读和维护。

1.2 .NET Framework

ASP.NET 一般采用两种开发语言：VB.NET 和 C#。VB.NET 语言适合于 VB 程序员，而 C#是.NET 独有的语言，所以开发 ASP.NET 项目时常用 C#语言。任何程序的运行都需要一个开发环境，C#语言的开发环境就是.NET Framework，简称为.NET 或.NET 框架。本节将介绍.NET Framework 的相关内容，包括它的概念、功能体现和组件等。

1.2.1 .NET Framework 简介

.NET Framework 是由微软开发、致力于敏捷软件开发、快速应用开发、平台性无关和网络透明化的软件开发平台。它提供给程序开发者一个一致的编程环境，为下一个十年对服务器和桌面型软件工程迈出第一步。无论是本地代码还是网络代码，它都使用用户的编程经验在面对类型大不相同的应用程序时保持一致。

.NET Framework 是以一种采用系统虚拟机运行的编程平台，以公共语言运行时为基础，支持多种语言（如 C#、VB、Python 和 C++等）的开发。它也为应用程序接口提供了新功能和开发工具。

.NET Framework 的功能非常强大，目前最新的框架为.NET Framework 4.0。它主要提供了如下功能。

- 提供一个可提高代码执行安全性的代码执行环境。
- 提供一个面向对象的编程环境，完全支持面向对象编程。
- 提供了丰富的框架使用户可以快速进行数据驱动的开发，而无须编写代码。
- 提供了对 Web 应用和 Web Service（Web 服务）提供强大支持。
- 提高了 WPF 性能，缩短了启动时间，提供了与位图效果有关的性能。
- 提供一个将软件部署和版本控制冲突最小化的代码执行环境。
- LINQ to SQL 新增了对 SQL Server 中的新日期和文件流功能的支持。
- 提供一个可消除脚本环境或解释环境性能问题的代码执行环境。

.NET Framework 具有两个重要组件：公共语言运行时和类库。下面两节将会详细介绍它们的内容。

1.2.2 公共语言运行时

公共语言运行时（Common Language Runtime，CLR）是.NET Framework 的基础，也是所有.NET 应用程序运行时的环境和编程基础，还是 Microsoft 的公共语言基础结构的商业实现。

公共语言运行时是所有.NET 程序的执行引擎，用于加载及执行.NET 程序，为每个.NET 应用程序准备了一个独立、安全稳定的执行环境，包括内存管理、安全控制、代码执行、代码完全验证、编译及其他系统服务等。

公共语言运行为时可以看作是一个执行的管理代码的代理，管理代码是 CLR 的基本原则，能够被管理的代码称为托管代码，反之为非托管代码。托管代码有很多优点，如跨语言集成、跨语言异常处理、增强安全性、和分析服务等，其作用之一是防止一个应用程序干扰另一个应用程序的执行，此过程称作类型安全性。

公共语言运行时包括两个部分：公共语言规范（Common Language Specification，CLS）和通用类型系统（Command Type System，CTS）。

1．公共语言规范

公共语言规范通过通用类型系统实现严格的类型和代码验证来增强代码类型的安全性。它确定公共语言运行时如何定义、使用和管理类型的规范，其定义的规则说明如下。

- CLS 定义了原数据类型，如 Int32、Int64、Double 和 Boolean 等。
- CLS 禁止无符号数值数据类型。有符号数值数据类型的一个数据位被保留来指示数值的正负，而无符号数据类型没有保留这个数据位。
- CLS 定义了对支持基于 0 的数组的支持。
- CLS 指定了函数参数列表的规则以及参数传递给函数的方式。
- CLS 禁止内存指针和函数指针，但是可以通过委托提供类型安全的指针。

公共语言规范是一种最低的语言规范标准，它制定了一种以.NET 平台为目标的语言所必须支持的最小特征及该语言与其他语言之间实现互相操作性所需要的完备特征，如 C#语言中命名规范区分大小写，VB 语言中不区分大小写。公共语言规范规定编译后的中间代码必须除了大小写外，还有其他不同之处。

2．通用类型系统

通用类型系统是运行库支持跨语言集成的重要组成部分，用于解决不同语言的数据类型不同类型问题。它定义了如何在运行库中声明、使用和管理类型，所有.NET 语言共享这一类型系统，在它们之间实现无缝操作。

通用类型系统执行的主要功能如下。

- 提供一个支持完整实现多种编程语言的面向对象的模型。
- 建立一个支持跨语言的集成、类型安全和高性能代码执行的框架。
- 定义各语言必须遵守的规则，有助于确保用不同语言编写的对象能够交互作用。

.NET Framework 提供了两种数据类型：值类型和引用类型。通用类型系统支持这两种类型，并且每种类型又分为不同的子类型，它的基本结构如图 1-1 所示。

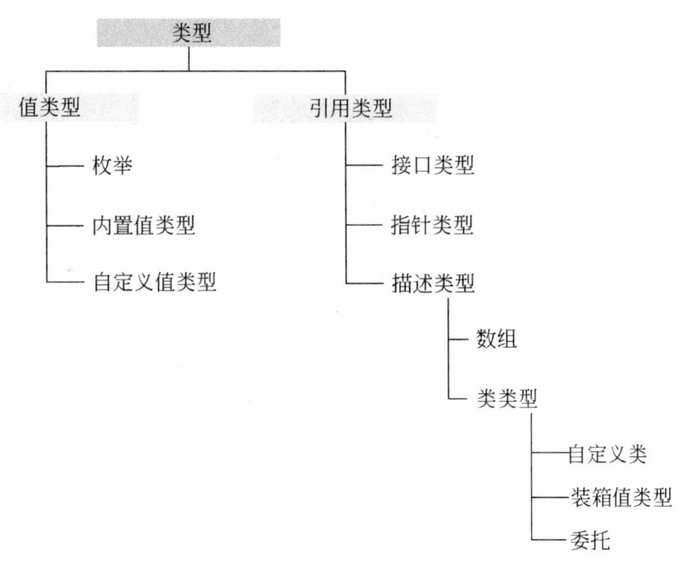

图 1-1　通用类型系统的基本结构

1.2.3　类库

.NET Framework 类库是一个综合性的面向对象的可重用类型集合，它是一个由 Windows 软件开发工具包中包含的类、接口和值类型所组成的库。使用该类库可以开发以下的服务和应用程序。

- ❑ 控制台应用程序。
- ❑ Windows 窗体应用程序。
- ❑ ASP.NET 应用程序。
- ❑ XML Web Services。
- ❑ Windows 服务。
- ❑ WCF 的面向服务的应用程序。
- ❑ WPF 应用程序。
- ❑ 使用 WF 的启用工作流程的应用程序。

.NET Framework 类库中提供的成百上千个面向对象的类就像许多零件，程序开发人员编写程序时只需要考虑程序逻辑部分，然后利用这些零件组装即可。图 1-2 显示了类库与.NET Framework 的关系。

从图 1-2 中可以看出类库是开发程序时的重要资源，其中核心部分主要包括以下几部分。

- ❑ 基础数据类型，如 String、StringBuilder、集合和泛型等。
- ❑ 安全控制，它为.NET 安全机制提供一系列的功能。
- ❑ XML，它是用于描述数据的一种文件格式。

图 1-2　类库和.NET Framework 的关系

- 数据访问，它利用 ADO.NET 开发数据库的应用程序。
- I/O 访问，输入输出流，主要用于对文件的操作。

1.3　ASP.NET 开发环境的搭建

Visual Studio 2010 是微软为了配合.NET 战略推出的最新 IDE 开发环境，可以开发 ASP.NET 2.0、ASP.NET 3.0、ASP.NET 3.5 和 ASP.NET 4.0 的应用程序。因此，在开发 ASP.NET 应用程序时必须确保 Visual Studio 2010 已经安装，本节将详细介绍如何安装 Visual Studio 2010，然后再介绍如何安装 IIS。

1.3.1　安装 Visual Studio 2010

一个好的开发工具可以让程序开发人员事半功倍，微软 Visual Studio 2010 开发工具是目前所有开发工具中的佼佼者，它和.NET Framework 的关系如图 1-3 所示。

从图 1-3 中可以看出 Visual Studio 依赖于.NET Framework 提供的服务。这些服务包括 Microsoft 公司或者第三方提供的语言编译器。用户在执行.NET Framework 语言开发的应用程序时必须安装.NET Framework，不过.NET Framework 会在安装 Visual Studio 程序时自动安装。

下面将详细介绍安装 Visual Studio 2010 的系统硬件要求和如何配置安装等。

1．系统硬件要求

Microsoft Windows XP、Microsoft Windows Server 2003、Windows Vista 和 Windows7 系统都能够支持运行 Visual Studio 2010。安装 Visual Studio 2010 时一般要求电脑配置的硬件合格，硬件要求如下。

- **CPU**　1.6GHz 或更快的处理器。
- **内存**　至少要 512MB 或更大的内存。

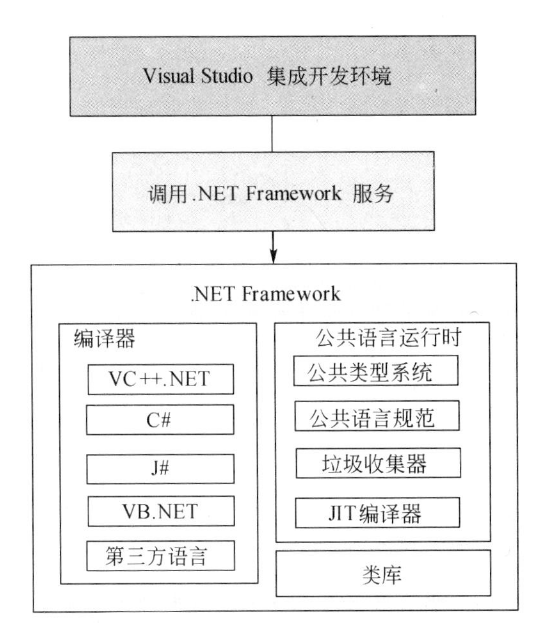

图 1-3　Visual Studio 2010 和.NET Framework 的关系

- **显示器**　至少 800*600 像素，256 色。但是建议用 1024×768 像素，增强色为 16 位。
- **磁盘**　如果不含 MSDN 的安装，安装盘上至少需要 2GB 磁盘空间，系统盘上至少剩余 1GB 磁盘空间；如果全部安装，安装盘上至少需要 3.8GB 磁盘空间，系统盘至少剩余 1GB 磁盘空间。

2. 安装步骤

在 MSDN 官方网站上下载最新版本的 Visual Studio 2010 文件，下载完成后进行解压。下面以 Windows XP 平台上安装 Visual Studio 2010 为例，具体安装步骤如下。

（1）打开 Visual Studio 2010 的下载安装包，然后找到 setup.exe 文件。双击该文件弹出【Microsoft Visual Studio 2010 安装程序】对话框，效果如图 1-4 所示。

（2）选择图 1-4 中的第一个安装选项弹出【Microsoft Visual Studio 2010 旗舰版】对话框，效果如图 1-5 所示。

（3）直接单击【下一步】按钮继续安装弹出【Microsoft Visual Studio 2010 旗舰版安装程序-起始页】对话框。对话框左侧的上部分显示了程序检测到的已安装的组件，下部分显示了即将要安装的组件；右侧显示了用户许可协议。运行效果如图 1-6 所示。

（4）选中【我已阅读并接受许可条款】选项后单击【下一步】按钮，弹出【Microsoft Visual Studio 2010 旗舰版安装程序-选项页】对话框，效果如图 1-7 所示。默认情况下 Visual Studio 2010 安装到 C 盘，为了不影响系统速度可以将它的安装路径更改为其他盘，如 D 盘或 E 盘。

（5）选择好安装路径后，单击【下一步】按钮进入选择安装组件的界面，用户可以根据需要选择要安装的组件，效果如图 1-8 所示。

（6）选择安装的组件完成后，单击【安装】按钮开始复制文件进行组件安装，效果如

图 1-9 所示。在图 1-10 中，上方表示正在安装的组件，下方表示当前组件的安装进度。

图 1-4　Visual Studio 2010 安装程序界面

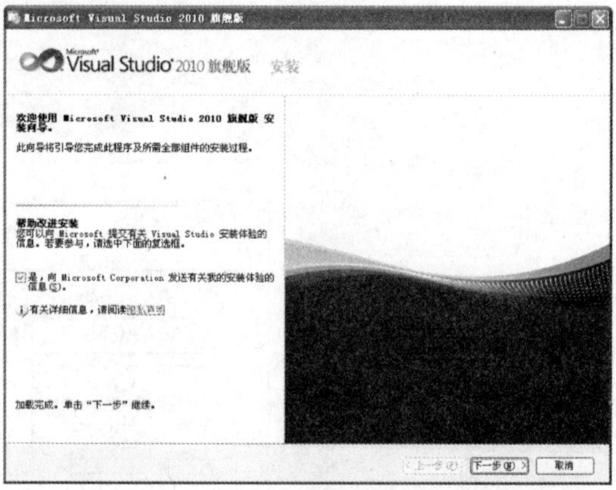

图 1-5　Visual Studio 2010 旗舰版安装界面

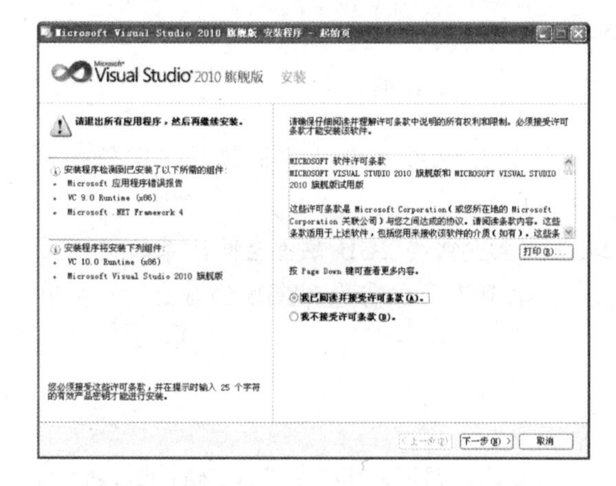

图 1-6　Visual Studio 2010 程序起始页

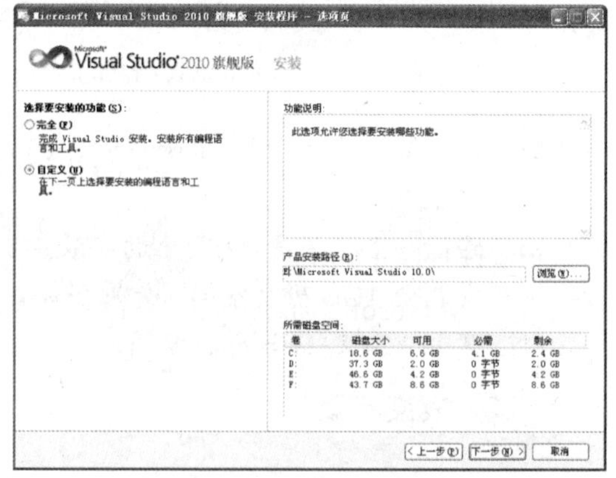

图 1-7　Visual Studio 2010 程序选项页

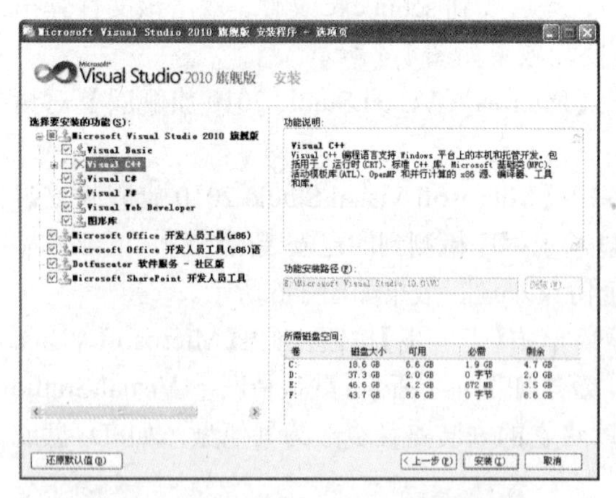

图 1-8　Visual Studio 2010 程序安装页

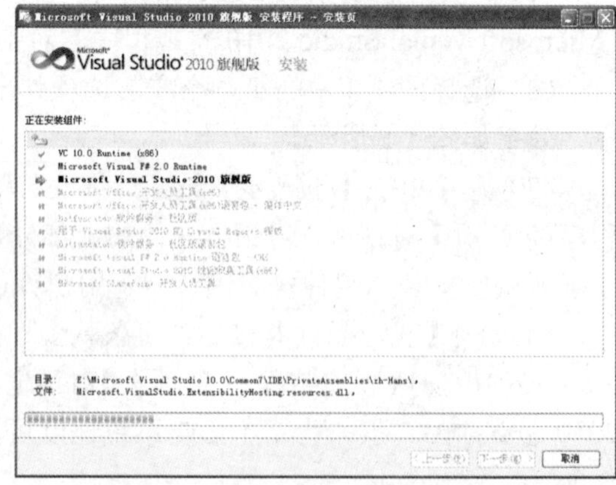

图 1-9　Visual Studio 2010 程序安装页

（7）安装完成后的效果如图 1-10 所示，该图包含安装建议、成功提示和其他的超链接信息。

（8）单击【完成】按钮结束 Visual Studio 2010 的安装过程。再次弹出初始安装的对话框，此时两个链接都可用，效果如图 1-11 所示。

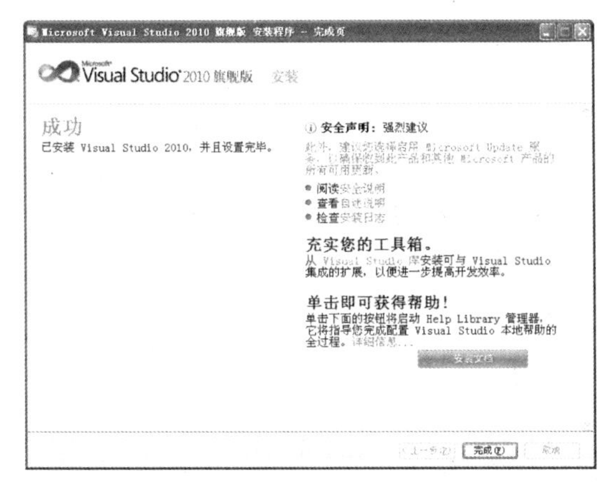

图 1-10　Visual Studio 2010 程序成功页

图 1-11　Visual Studio 2010 程序完成安装

1.3.2　安装 IIS

IIS（Internet Information Server）也叫互联网或网络信息服务，它是由微软公司提供的基于运行 Microsoft Windows 的互联网基本服务，也是发布网站最常用的工具。通过 IIS 可以把网站发布到 Internet，使得网络上的其他用户可以访问网站。本节主要介绍如何安装和配置 IIS。

1. 安装 IIS

通常在默认安装系统完成后不包括 IIS 组件，安装 IIS 之前需要准备系统安装光盘。下面以在 Windows XP 操作系统中安装 IIS 为例介绍安装 IIS 的具体步骤。

（1）打开【开始】菜单，选择【设置】|【控制面板】选项，打开【控制面板】窗口。

（2）在【控制面板】窗口中双击【添加和删除程序】图标，弹出【添加和删除程序】对话框，在弹出的对话框中单击左侧的【添加/删除 Windows 组件】按钮，弹出【Windows 组件向导】对话框，如图 1-12 所示。

（3）如果系统中安装过 IIS，则【Internet 信息服务（IIS）】选项是被选中的，如果没有安装则该选项没被选中。选中该项将操作系统的安装光盘插入光驱中，单击【下一步】按钮按照提示操作即可安装 IIS，如图 1-13 所示。

（4）安装 IIS 完毕后，在【控制面板】窗口的【管理工具】选项中发现有【Internet 信息服务】图标。

（5）双击该图标打开【Internet 信息服务】窗口，从窗口中展开【网站】|【默认网站】节点，再右击选择【浏览】命令，如果能打开图 1-14 所示的画面，则说明 IIS 安装成功。此外，也可直接打开 IE 浏览器，在地址栏中输入 http://localhost，验证 IIS 安装是否成功。

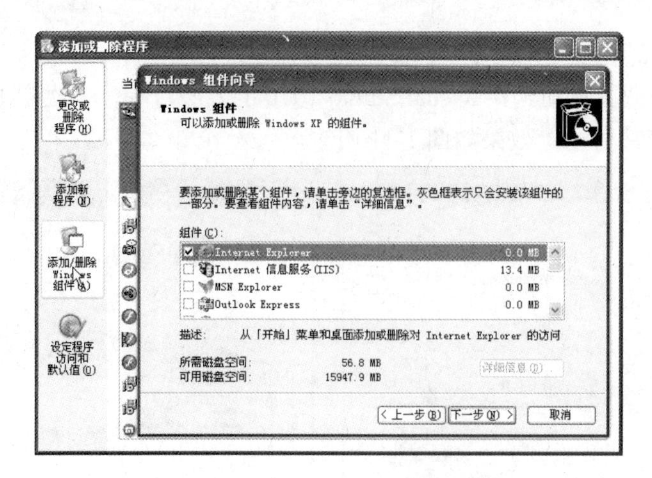

图 1-12 【Windows 组件向导】对话框

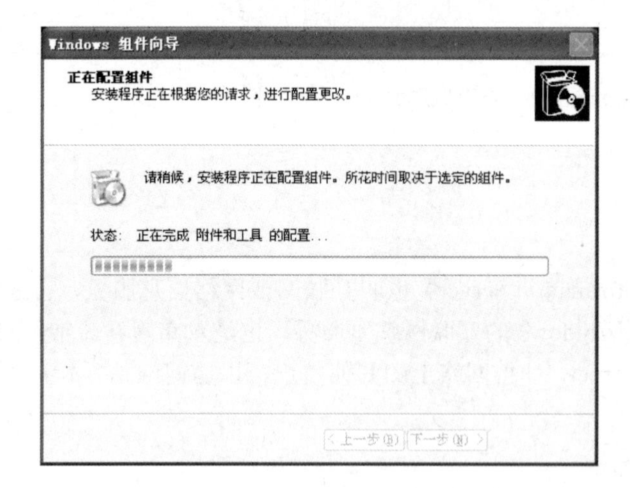

图 1-13 IIS 的安装过程

图 1-14 验证 IIS

2. 配置 IIS

安装好 IIS 后就可以配置“Internet 信息服务管理器”了，其具体步骤如下。

（1）展开【Internet 信息服务管理器】对话框中的【本地计算机】|【网站】|【默认网站】选项。

（2）右击【默认网站】选项并选择【属性】选项，打开【默认网站属性】对话框。该对话框显示【网站】选项卡的配置信息，如网站标识和连接信息，效果如图 1-15 所示。

（3）选择【主目录】选项卡，该选项卡可以配置资源的目的地、本地路径、资源的访问权限以及应用程序配置等信息。运行效果如图 1-16 所示。

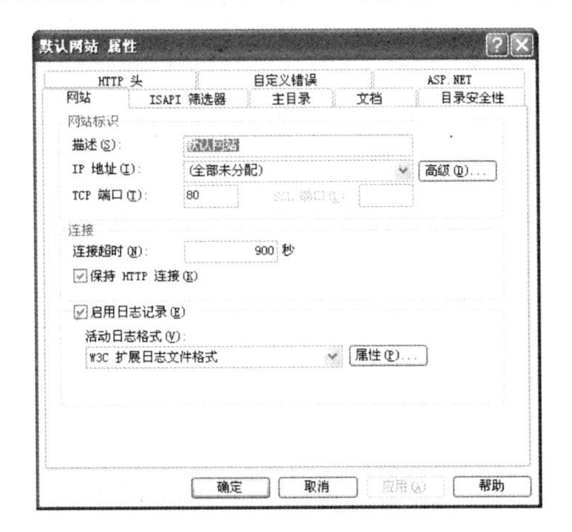

图 1-15 【网站】选项卡

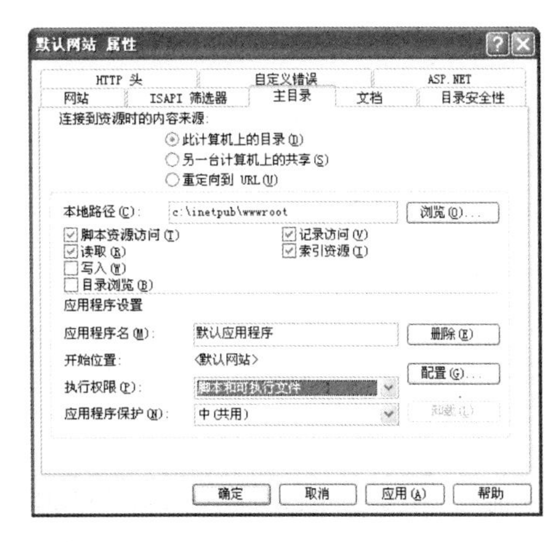

图 1-16 【主目录】选项卡

（4）选择【ASP.NET】选项卡，该选项卡可以配置 ASP.NET 版本、虚拟路径、文件位置、文件创建日期以及上次修改文件的时间等信息。运行效果如图 1-17 所示。

（5）选择【目录安全性】选项卡，该选项卡可以配置身份验证和访问控制、IP 地址和域名限制以及安全通信等信息。运行效果如图 1-18 示。

图 1-17 ASP.NET 选项卡

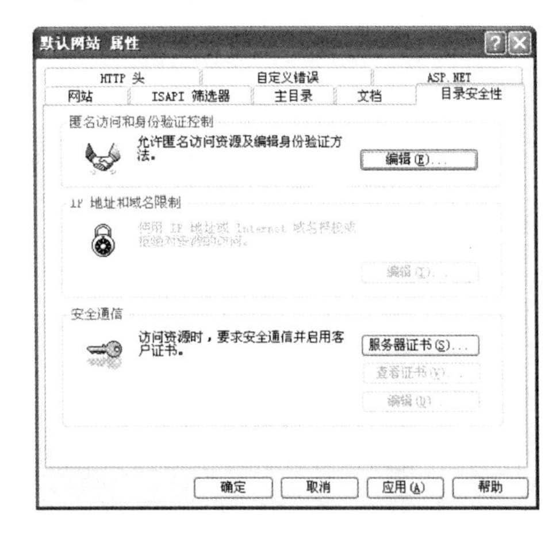

图 1-18 【目录安全性】选项卡

（6）选择【文档】选项卡，该选项卡可以配置启用默认文档和启用文档页脚等信息。

效果如图 1-19 所示。

（7）选择【自定义】选项卡，该选项卡可以设置 HTTP 错误消息。效果如图 1-20 所示。

图 1-19 【文档】选项卡

图 1-20 【自定义错误】选项卡

1.4 项目案例：创建第一个 ASP.NET 网站

前几节已经详细介绍了 ASP.NET 和.NET Framework 的相关知识，也介绍了如何安装 Visual Studio 2010 和 IIS。本节通过综合案例创建和发布一个简单的 ASP.NET 网站，该网站实现用户登录成功后进行主页面的功能。

【实例分析】

大部分的网站（如人才网、网易邮箱和空间登录等）都需要用户注册后才能对页面进行其他操作功能，本节实例就实现登录成功后访问页面的功能，然后将该网站通过复制的方式在 IIS 上进行发布。实现该功能的主要步骤如下所示。

（1）启动 Visual Studio 2010 开发环境，进入起始页界面。在该界面的选择栏中选择【文件】|【新建网站】选项，弹出【新建网站】对话框，效果如图 1-21 所示。

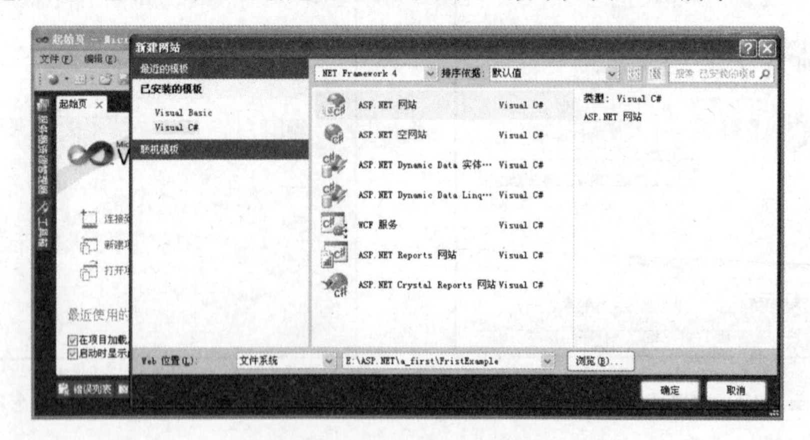

图 1-21 【新建网站】对话框

（2）选中新建的网站右击，选择【添加新项】选项弹出【添加新项】对话框，如图 1-22 所示。选中 Web 窗体后修改添加名称，然后单击【添加】按钮。

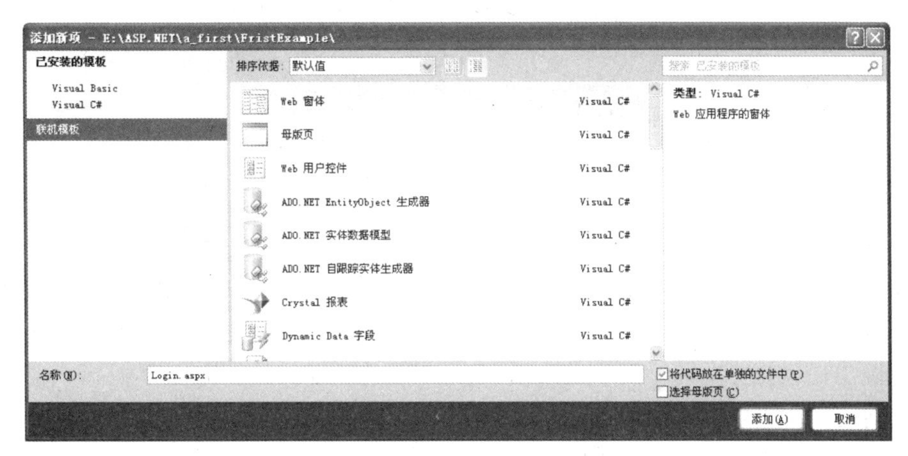

图 1-22 【添加新项】对话框

（3）从左侧【工具箱】顶中向新添加的窗体页中添加两个 TextBox 控件和一个 Button 控件，它们分别表示用户名、密码和执行的登录操作。页面效果如图 1-23 所示。

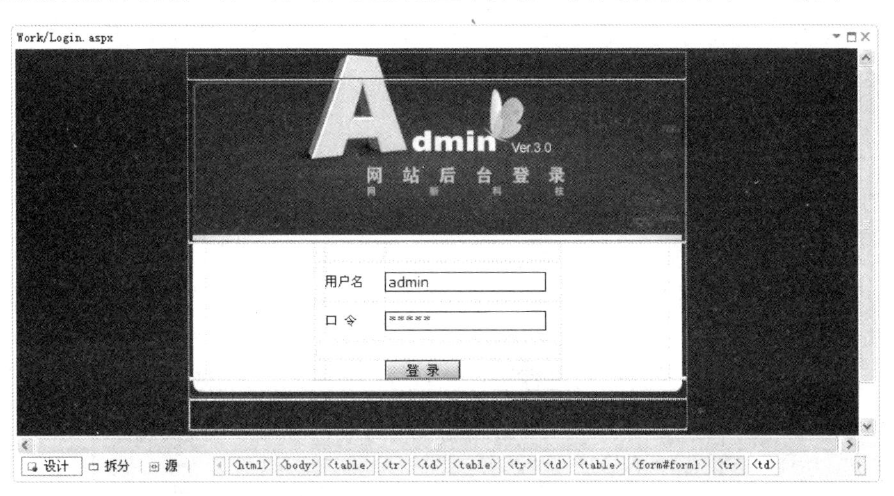

图 1-23 登录页面设计效果

（4）单击【登录】按钮触发按钮的 Click 事件实现用户登录操作，Click 事件的具体代码如下。

```
protected void imgBtn_Click(object sender, ImageClickEventArgs e)
{
    string username = txtName.Text;                          //获取用户名
    string userpass = txtPass.Text;                          //获取密码
    if (username == "admin" && userpass == "admin")//判断用户名和密码
    {
        Session["User"] = username;                          //保存用户名
```

```
        Response.Redirect("Index.aspx");                    //跳转页面
    }
    else
    {
        ClientScript.RegisterStartupScript(GetType(),"","<script>alert('
        用户名或密码错误! ')</script>");
    }
}
```


在上述代码中，首先获取 TextBox 控件中用户输入的内容，其中 txtName 和 txtPass 表示页面中 TextBox 控件 ID 的属性值。if 语句判断用户名和密码是否都等于“admin”，如果是则使用 Session 对象保存用户名，接着调用 Response 对象的 Redirect()方法跳转页面；如是不是则弹出错误提示。

（5）向网站中添加名称为 Index.aspx 的 Web 窗体页，该页面用于用户登录成功后的显示。窗体 Load 事件的具体代码如下。

```
protected void Page_Load(object sender, EventArgs e)
{
    if (!IsPostBack)
    {
        if (Session["User"] == null)
        {
            Response.Redirect("Login.aspx");
        }
    }
}
```

上述 Load 事件代码中首先使用 if 语句判断 Session 对象中的内容是否为空，如果为空则直接跳转到 Login.aspx 页面。

（6）运行 Login.aspx 页面输入内容进行测试，登录成功后的效果如图 1-24 所示。

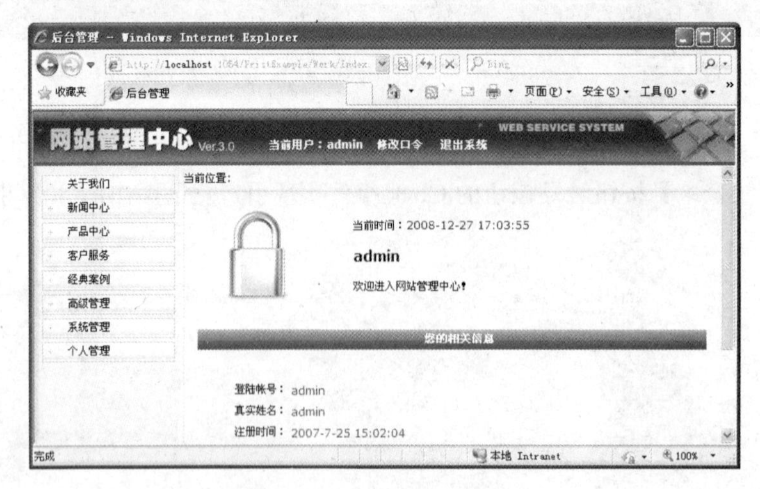

图 1-24　登录成功后的页面

（7）测试所有内容没有错误后发布项目，下面通过复制网站的方式完成项目的发布。选择 Visual Studio 2010 顶部菜单中【网站】|【复制网站】选项，弹出【复制网站】窗口，单击【连接】按钮弹出【打开网站】对话框，接着单击该对话框右侧的【创建新虚拟目录】按钮弹出【新虚拟目录】对话框，如图 1-25 所示。输入虚拟目录且选择路径发布路径后，单击【确定】按钮。

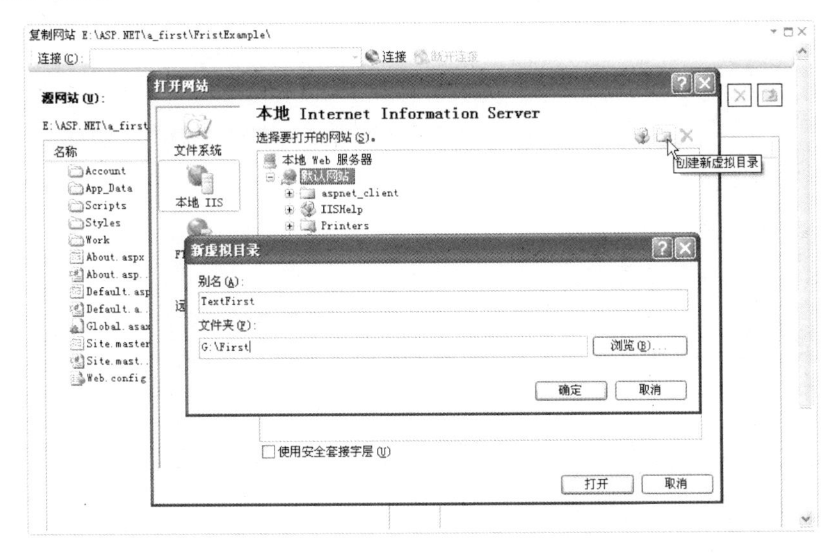

图 1-25 通过复制网站方式添加虚拟目录

（8）添加完成后选中新添加的虚拟目录，然后单击【打开】按钮，全部选择左侧的内容后单击【将选定文件从源网站复制到远程网站】按钮将所有文件添加到右侧，完成后的效果如图 1-26 所示。

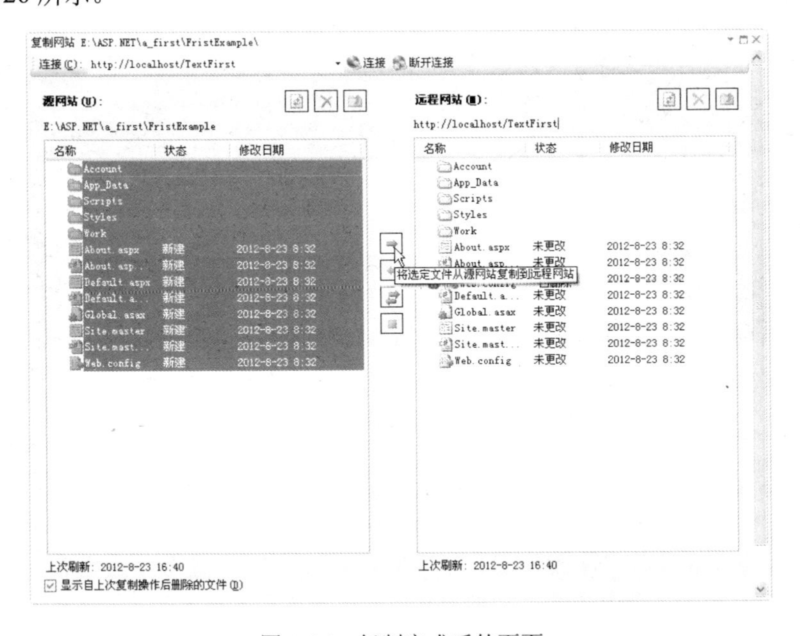

图 1-26 复制完成后的页面

（9）打开【Internet 信息服务管理器】，在新添加的目录中找到运行的页面，然后右击，效果如图 1-27 所示。选择【浏览】选项查看效果，效果图不再显示。

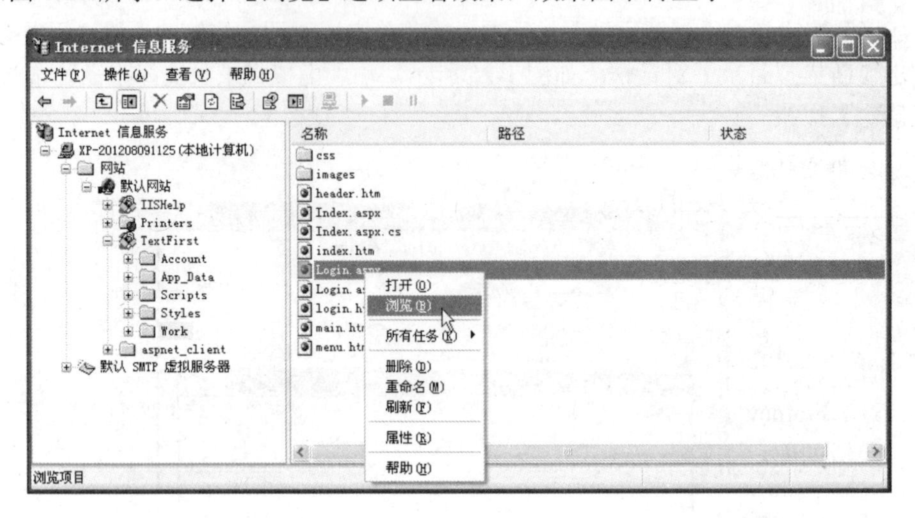

图 1-27　发布后 Internet 信息服务的内容

（10）选择【开始】|【运行】菜单，输入“http://192.168.0.9/TextFirst/Work/Login.aspx”进行测试，登录效果如图 1-28 所示。（提示：192.168.0.9 表示发布网站的本机 IP 地址；TextFirst 表示 IIS 上发布的虚拟目录；Work/Login.aspx 表示登录页面的路径。）

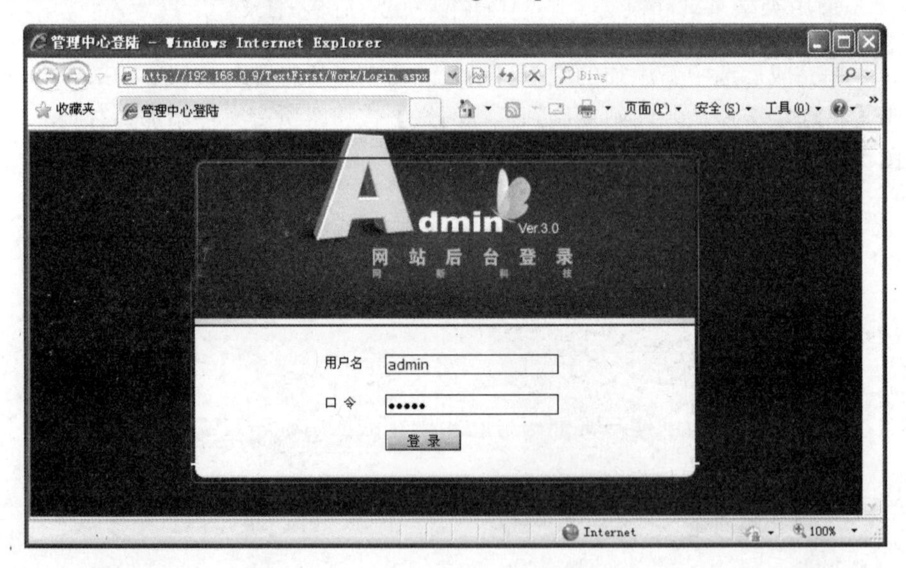

图 1-28　发布后测试登录页面效果

除了复制网站的方式外，还有一种简单的方法发布网站，选中项目后选择【发布网站】选项，然后选择发布到 IIS 上。感兴趣的读者可以亲自动手试一试。

1.5 习题

一、填空题

1. __________是.NET Framework 的基础，是所有.NET 应用程序运行时的环境和编程基础。

2. 通用类型系统的英文缩写是__________。

3. __________能够防止一个应用程序干扰另一个应用程序的执行，这个过程称叫作类型安全性。

4. .NET Framework 中__________是由 Windows 软件开发工具包中包含的类、接口和值类型所组成的库。

5. ASP.NET 包含两种开发语言：__________和 VB。

二、选择题

1. .NET Framework 的核心组件是__________。
   A. 公共语言规范和通用类型系统
   B. 通用类型系统和类库
   C. 公共语言运行库和类库
   D. 公共语言运行库和通用类型系统

2. 下面关于 ASP.NET 特色优势的说法中，选项__________是正确的。
   A. ASP.NET 的功能非常强大，它里面包含大量的丰富的控件库，但是没有支持文件上传的控件
   B. ASP.NET 项目受浏览器的制约，一般只能在 IE 浏览器中运行查看
   C. ASP.NET 的特色之一是实现了代码后置，使项目代码更加清晰
   D. ASP.NET 不方便设置断点，因此实现调试操作非常麻烦

3. .NET Framework 将__________定义为一组规则，所有的.NET 语言都应该遵循这个规则，这样开发人员才能创建与其他语言互相操作的应用程序。
   A. CLR（公共语言运行时）
   B. CTS（通用类型系统）
   C. MSIL（中间代码）
   D. CLS（公共语言规范）

4. 通用类型系统功能不包括__________。
   A. 它指定了函数参数列表的规则以及参数传递给函数的方式
   B. 提供一个支持完整实现多种编程语言的面向对象的模型
   C. 定义各语言必须遵守的规则，有助于确保用不同语言编写的对象能够交互作用
   D. 建立一个支持跨语言的集成、类型安全和高性能代码执行的框架

三、上机练习

1. 安装 Visual Studio 2010

在官方网站上下载 Visual Studio 2010 工具，然后亲自动手安装加深自己的印象。安装完成后如果出现图 1-12 所示的界面表示已经安装成功。

2. 向 IIS 发布网站

在新建的解决方案中添加 ASP.NET 网站，然后添加新的 Web 窗体页实现用户注册的功能，最后分别通过复制网站和直接发布两种方式发布网站，发布完成在本机或其他机器上进行测试。

1.6 实践疑难解答

ASP.NET 网站发布完成后访问.aspx 页面出错

网络课堂：http://bbs.itzcn.com/thread-19717-1-1.html

【问题描述】：大家好，我在使用安装好的 IIS 发布网站，发布完成后访问 IIS 网站中的.aspx 页面出现错误，错误提示如图 1-29 所示。

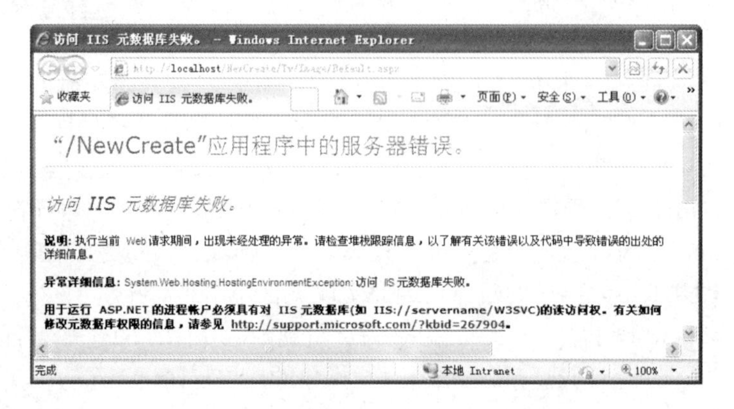

图 1-29 错误提示

【解决办法】：这位同学你好，你出现该问题的原因是因为先安装 Visual Studio 2010 然后才安装的 IIS，所以才会提示错误信息“访问 IIS 元数据库失败”。最简单的解决步骤如下所示。

（1）选择【开始】|【运行】选项在输入框中输入 CMD（或 cmd），然后通过命令进入“C:\WINDOWS\Microsoft.NET\Framework\v4.0.30319”目录中。

（2）输入“asp.net_regiis.exe –i”后按 Enter 键。

稍等片刻，提示“注册成功”问题就解决了，效果如图 1-30 所示。

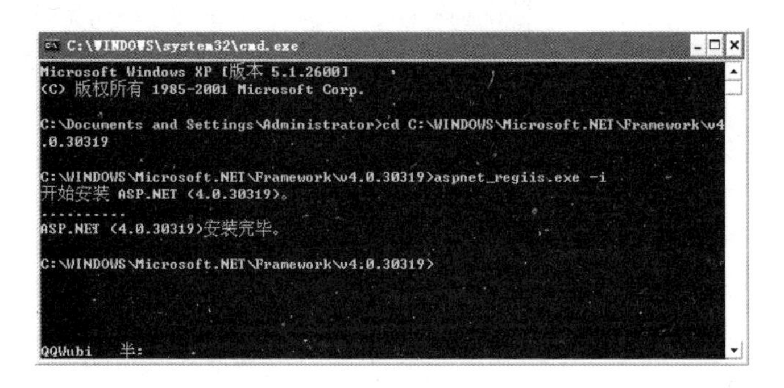

图 1-30 输入内容后完成注册

如果接着会出现“未能创建 Mutex”错误提示时，其解决办法如下。

（1）关闭 Visual Studio 2010 后打开“C:\WINDOWS\Microsoft.NET\Framework\ v4.0.30319\ Temporary ASP.NET Files”目录，找到你刚才调试的程序的名字目录并删除它。

（2）关闭 IIS 服务器，然后重开一次。

（3）重新使用 IE 浏览器运行程序。

第2章 ASP.NET的控件应用

和传统的 Web 开发技术相比，ASP.NET 提供了一种强大的服务器控件。常用的控件有很多种，如基本控件（Label、HyperLink 和 TextBox 等）、列表控件（ListBox、DropDownList 和 BulletedList）、容器控件（Panel、MultiView）和 TreeView 控件等。这些控件都有自己的内置功能，并且它们提供了丰富的对象模型，使开发人员更加方便地控制 Web 窗体页面。本章将详细介绍 ASP.NET 中的控件。

本章学习要点：

- 掌握 HTML 服务器控件的使用方法。
- 掌握常用的文本服务器控件和按钮服务器控件。
- 掌握图像控件 Image 和 ImageMap。
- 掌握选择服务器控件的使用方法。
- 熟悉 CheckBox 控件和 CheckBoxList 控件的区别。
- 熟悉 RadioButton 控件和 RadioButtonList 的区别。
- 掌握列表类控件 ListBox、DropDownList 和 BulltedList 控件。
- 能够熟练使用 Panel 控件和 MultiView 控件。
- 掌握 5 种验证控件和 1 个验证汇总控件。

2.1 控件的分类

通常情况下 ASP.NET 中的项目主要是由服务器控件来开发的。在 ASP.NET 中的服务器控件主要分为 3 类：HTML 服务器控件、Web 服务器控件和验证服务器控件。本节介绍 HTML 服务器控件以及 Web 服务器控件的常用属性和事件等。

2.1.1 HTML 服务器控件

HTML 服务器控件是与 HTML 元素相对应的服务器控件（如<input>和<button>），它提供了一种在服务器端操作 HTML 元素的方法，每一个 HTML 服务器控件都映射于 HTML 中的某一个特定的元素。

所有的服务器控件都继承自 System.Web.UI.Controls 类，而所有的 HTML 服务器控件都位于 System.Web.UI.HtmlControl 命名空间中。把一个 HTML 元素转化为 HTML 服务器控件的方法很简单，只需要在 HTML 元素中添加 runat=server 属性即可。其语法如下所示。

```
<控件名 id="名称" runat="server" 设置其他属性>
```

其中，runat=server 属性表示该元素是一个服务器控件，同时需要添加 id 属性来标识该服务器控件。添加完成后可以在后台页面通过 id 直接访问该控件。

所有的 HTML 服务器控件必须位于带有 runat=server 属性的<form>标签内。runat=server 属性指示该表单在服务器进行处理，它同时指示其包括在内的控件可被服务器脚本访问。

2.1.2 Web 服务器控件的共有属性、方法和事件

Web 服务器控件和 Windows 窗体编程中的控件比较相似，它能够将多个或复杂功能组合在一起，为开发人员开发应用程序提供了方便。

Web 服务器控件在服务器上创建，它们需要使用 runat=server 属性才能生效，但是它们不再映射任何已存在的 HTML 元素。所有的 Web 服务器控件都是以 asp:开头，被称为标记前缀，后面紧跟控件类型。

Web 服务器控件继承自 System.Web.UI.WebControls 类，该类提供了大多数 Web 服务器控件的公共属性、方法和事件。表 2-1、表 2-2 和表 2-3 分别列出了大多数控件的常用属性、方法和事件。下面几节中不再一一列举控件的这些属性、方法和事件。

表 2-1 WebControls 类的常用公共属性

属性名	说明
AccessKey	获取或设置快速导航到控件的快捷键
Enabled	获取或设置一个值，该值指示是否启用 Web 服务器控件
FailureText	获取或设置当前登录尝试失败时显示的文本
Font	获取与 Web 服务器控件关联的字体属性
ForeColor	获取或设置 Web 服务器控件的前景色（通常用于文本颜色）
ID	所有控件的惟一标识列
Style	获取将在 Web 服务器控件的外部标记上呈现为样式特性的文本特性的集合
SkinID	获取或设置要应用于控件的外观
Width	获取或设置控件的宽度
Height	获取或设置控件的高度
Visible	指定控件是否可见

表 2-2 WebControls 类的常用公共方法

方法名	说明
ApplyStyle()	将指定样式应用到控件，并改写控件的现有样式
MergeStyle()	将指定样式应用到控件，但不改写控件的现有样式
RenderBeginTag()	将控件的 HTML 开始标记呈现到指定的编写器中
RenderEndTag()	将控件的 HTML 结束标记呈现到指定的编写器中

表 2-3　WebControls 类的常用公共事件

事件名	说明
Init	当初始化页面时发生
Load	当加载页时发生
DataBinding	在要计算控件的数据绑定表达式时激发
PreRender	在呈现页之前触发
Unload	当控件从内存中卸载时发生
Disposed	当控件从内存释放后后发生

2.2　文本服务器控件

文本服务器控件用于在网页上显示和输入输出文本。ASP.NET 中的 Web 服务器控件主要包括 Label、HyperLink、TextBox 和 Literal 等。本节主要介绍这些控件的使用方法。

2.2.1　Label 控件和 HyperLink 控件

Label 控件也叫标签控件，它用于在页面上显示文本。用户常常使用它对页面上的内容或其他控件进行说明或标注，如“登录名”、“密码”和“年龄”等。它是 ASP.NET 中最常用的控件之一。

Label 控件最常用的属性是 ID 和 Text。ID 用来设置控件的惟一标识列；Text 用来显示文本信息。声明一个 Label 控件的语法如下。

```
<asp:Label ID="lblName" runat="server" Text="要显示的文本信息"></asp:Label>
或者
<asp:Label ID= "lblName" runat = "server">要显示的文本信息</asp:Label>
```

如果用户想要设置控件的样式信息，可以设置该控件的属性，也可以直接通过 Style 属性在控件内部设置。

HyperLink 控件用于创建超链接显示可单击的文本或图像，使用户可以在应用程序中的各个网页之间移动。HyperLink 控件的常用属性如表 2-4 所示。

表 2-4　HyperLink 控件的常用属性

属性名	说明
ImageUrl	显示此链接的图像的 URL
NavigateUrl	该链接的目标 URL
Target	URL 的目标框架
Text	显示该链接的文本

使用 HyperLink 控件的有两个优点。

- 可以在服务器代码中设置链接属性，如可以基于网页中的条件动态更改链接文本或目标网页。

- 使用数据绑定指定链接的目标 URL 以及必要时与链接一起传递的参数。

HyperLink 控件与大多数的 ASP.NET 控件不同，用户单击 HyperLink 控件并不会在服务器代码中引发事件。该控件起到导航的作用，另外如果不设置该控件的 NavigateUrl 属性，其效果和 Label 控件效果一样。

2.2.2 Literal 控件

Literal 控件常用于向网页中动态添加内容，它和 Label 控件非常相似，而最大的不同在于 Literal 控件不会在文本中添加任何 HTML 元素，并且它不支持任何的样式属性。但是，该控件可用来指定是否对内容进编码。

Literal 控件的常用属性如表 2-5 所示。

表 2-5　Literal 控件的常用属性

属性名	说明
Text	指定 Literal 控件中显示的文本
Mode	指定控件如何处理添入其中的标记，默认为 Transform
ViewStateMode	控件是否自动保存其状态以用于往返过程
ClientIDMode	指示应如何为该控件生成 ClientID

Literal 控件支持 Mode 属性，该属性指定了控件对所添加的标记如何进行处理。它的属性值有 3 个，具体说明如下所示。

- **Transform**　默认值，添加到控件中的任何标记都将进行转换，以适应请求浏览器的协议。如果向使用 HTML 外的其他协议的移动设备呈现内容可以使用此设置。
- **PassThrough**　添加到控件中的任何标记都将按原样呈现在浏览器中。
- **Encode**　添加到控件中的任何标记都将使用 HtmlEncode()方法进行编码，该方法将把 HTML 编码转换为其文本表示形式，如<b>将呈现为<b>。

2.2.3 TextBox 控件

TextBox 控件用于获取用户输入的信息或向用户显示文本。通常用于可编辑文本，不过也可使其成为只读控件。例如，用户注册时输入的内容通常都是 TextBox 控件。TextBox 控件也是 ASP.NET 中最常用的控件之一。

TextBox 控件的常用属性如表 2-6 所示。

表 2-6　TextBox 控件的常用属性

属性名	说明
Columns	控件的宽度（以字符为单位）
MaxLength	控件中所允许的最大字符数
ReadOnly	是否设置该控件为只读，默认为 false
Rows	控件的高度（只在 TextMode=Multiline 时使用）

续表

属性名	说明
Text	TextBox 控件的内容
TextMode	文本框的行为模式，默认值 SingleLine
Wrap	布尔值，指定文本是否换行，默认为 true
ValidationGroup	当控件导致回发时所验证的组

TextBox 控件的 TextMode 属性用于设置文本框的行为模式。它的属性值有 3 个，具体说明如下。

- **SingleLine** 默认值，用户只能在一行中输入信息，还可以限制控件接受的字符数。
- **Password** 密码框，用户输入的内容将以其他字符代替（如*和●等），以隐藏真实信息。
- **Multiline** 用户在显示多行并允许换行的框中输入信息。

2.3 按钮服务器控件

Web 服务器控件中包括 3 种类型的按钮：Button 控件、LinkButton 控件和 ImageButton 控件。每种按钮在网页上的显示方式都不相同，当用户单击任何一种按钮时都会向服务器提交一个表单。本节详细介绍这 3 种按钮的相关知识，包括它们的概念、属性和适用情况等。

2.3.1 Button 控件

Button 控件用于按钮的显示，它可以是提交按钮或命令按钮，默认情况下为提交按钮。单击提交按钮时会把网页传回服务器，而命令按钮允许在网页上面创建多个按钮控件。

Button 控件的常用属性如表 2-7 所示。

表 2-7 Button 控件的常用属性

属性名	说明
CausesValidation	当 Button 被单击时是否验证页面，默认为 true
CommandArgument	与此按钮关联的命令参数
CommandName	与 Command 相关的命令
PostBackUrl	当 Button 控件被单击时从当前页面所跳转到目标页面的 URL 地址
Text	Button 控件上所显示的文本
OnClientClick	获取或设置在引发某个 Button 控件的 Click 事件时所执行的客户端脚本

【实践案例 2-1】

本案例中向页面的文本框中输入两个数字，然后单击按钮计算两个数字的和，并且将结果显示出来。实现的具体步骤如下。

（1）添加一个新的 Web 页面，从【工具箱】项中向该页面添加一个 Literal 控件、一个 Label 控件、一个 Button 控件和两个 TextBox 控件。页面代码如下所示。

```
<table width="100%" style="text-align:center">
  <tr><td colspan="2" style=" font-size:25px;">计算两个数字的和</td></tr>
  <tr><td>请输入第一个操作数: <asp:TextBox ID="first" runat=
  "server"></asp:TextBox></td></tr>
  <tr><td>请输入第二个操作数: <asp:TextBox ID="second" runat=
  "server"></asp:TextBox></td></tr>
  <tr><td><asp:Button ID="btnAdd" runat="server" Text="计 算" onclick=
  "btnAdd_Click" /></td></tr>
  <tr>
    <td align="center">
     <asp:Literal ID="Literal1" runat="server" Text="计算结果:
     "></asp:Literal>
          <asp:Label ID="lblresult" runat="server" style="color:White;"
          Text=""></asp:Label>
       </td>
  </tr>
</table>
```

（2）单击【计算】按钮获取用户输入的内容，然后将相加的结果显示到 Label 控件中。具体代码如下。

```
protected void btnAdd_Click(object sender, EventArgs e)
{
    if (!string.IsNullOrEmpty(txtfirst.Text) && !string.IsNullOrEmpty
    (txtsecond.Text))
    {
        int first = Convert.ToInt32(first.Text);
        int second = Convert.ToInt32(second.Text);
        lblresult.Text = (first + second).ToString();
    }
}
```

（3）运行本案例，输入内容后单击【计算】按钮进行测试。运行效果如图 2-1 所示。

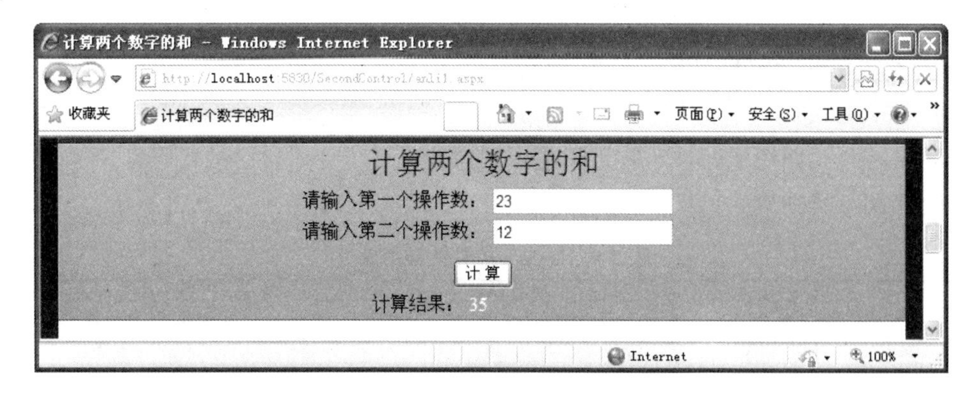

图 2-1　案例 2-1 运行效果

2.3.2 ImageButton 控件和 LinkButton 控件

ImageButton 控件也叫图像按钮控件，它用于将图片呈现为可单击的控件。ImageButton 控件的功能和 Button 控件一样。除了 Button 控件的常用属性外，ImageButton 控件还有 3 个常用的属性，具体说明如表 2-8 所示。

表 2-8 Button 控件的常用属性

属性名	说明
ImageUrl	在 ImageButton 控件中显示的图像路径
AlternateText	图像无法显示时显示的文本；如果图像可以显示则表示提示文本
ImageAlign	获取或设置 Image 控件相对于网页上其他元素的对齐方式

除了 Button 控件的常用属性外，Image 控件的其他属性、方法或事件也可以用在 ImageButton 控件上。

LinkButton 控件也叫链接按钮控件，它用于创建超链接样式按钮，它的外观和 HyperLink 控件相同，但是实现的功能和 Button 控件一样。LinkButton 控件的常用属性可以参考 Button 控件。

LinkButton 控件和 ImageButton 控件的功能一样，所以它们的具体使用方法可以参考 Button 控件，感兴趣的读者也可以亲自动手试试。

2.4 图像类控件

ASP.NET 中使用控件显示图像也是页面的基本功能之一。在 Web 服务器控件中提供了两种显示图像的控件：Image 控件和 ImageMap 控件。下面详细介绍这两种控件的使用方法。

2.4.1 Image 控件

Image 控件也叫图像控件，它用于显示图像并且可以使用自己的代码管理这些图像。该控件的常用属性如表 2-9 所示。

表 2-9 Image 控件的常用属性

属性名	说明
Width	显示图像的宽度
Height	显示图像的高度
ImageAlign	图像的对齐方式
ImageUrl	要显示图像的 URL

Image 控件的使用方法非常简单，直接指定显示的路径即可。如显示根目录下名称为“sg_icon.png”的图片，并且设置显示的其他属性，代码如下。

```
<asp:Image ID="imgShow" ImageUrl="~/sg_icon.png" runat="server" Width=
"200px" Height="200px" />
```

Image 控件显示时可以在后台通过代码指定图像文件，还可以将该控件的 ImageUrl 属性绑定到数据源，以根据数据库信息显示图形。

与大多数 ASP.NET 的控件不同，Image 控件不支持任何事件，但是可以通过使用 ImageMap 或 ImageButton 等控件来创建能够交互的图像。

2.4.2 ImageMap 控件

ImageMap 控件也叫图像地图控件，它和 Image 控件一样可以用来显示地图，但是 ImageMap 控件中可以包含许多由用户单击的区域，这些区域可以称为热点区域。每一个作用点都可以是一个单独的超链接或回发事件，用户单击时控件可以回发到服务器或跳转到其他页面。

ImageMap 控件由两个部分组成：它可以是任何格式（如 jpg、jpeg、png 和 gif 等）的图像；它也是一个热点控件集，每个热点控件都是一个不同的元素。该控件的常用属性如表 2-10 所示。

表 2-10　ImageMap 控件的常用属性

属性名	说明
ImageUrl	控件显示图像的地址
ImageAlign	控件相对于网页中的文本对齐方式
AlternateText	当显示的图像不可用时控件显示的替换文本；如果图像可用则显示为提示文本
Target	单击控件时链接到网页内容的目标窗口或框架
HotSpotMode	指定图像映射是否导致回发或导航行为
HotSpots	HotSpot 对象的集合，这些对象表示控件中定义的作用点区域

ImageMap 控件可以将图像划分为 3 种类型的区域。

- **CircleHotSpot**　Radius 属性指定圆形区域的半径，X 属性和 Y 属性分别指定圆形区域的圆心的 X 和 Y 坐标值。
- **PloygonHotSpot**　Coordinates 属性指定区域的点的坐标组成的字符串。
- **RectangleHotSpot**　Button、Left、Right 和 Top 分别指定区域的底部、左部、右部和上部相对于浏览器左上角的偏移量。

用户单击热点区域时可以执行预先设置的操作，如导航到指定的网页、触发预先定义的事件等。ImageMap 控件的 HotSpotMode 属性表示获取或设置单击 HotSpot 对象时该控件对象的默认行为。它的值是 HotSpotMode 枚举的值之一，其值的具体说明如下。

- **NotSet**　未设置。默认情况下控件会执行导航操作，即导航到指定的网页；如果未指定导航的网页，则导航到当前网站的根目录。

- **Navigate**　导航到指定的网页。如果未指定导航的网页则导航到当前网站的根目录。
- **PostBack**　执行回发操作。用户单击区域时执行预先定义的事件。
- **Inactive**　无任何操作。此时该控件和 Image 控件的效果一样。

此时，可以在控件的热点区域设置 Target、HotSpotMode、NavigateUrl 和 PostBackValue 等属性。如果将 HotSpotMode 的属性值设置为“PostBack”，那么 NavigateUrl 属性链接是无效的。

下面主要通过案例演示 ImageMap 控件的使用。

【实践案例 2-2】

本案例中通过单击图像的不同热点区域显示不同的文本信息。实现的主要步骤如下。

（1）首先在设计页面中添加 Label 控件和 ImageMap 控件，然后在 ImageMap 控件中声明 3 个热点区域。页面主要代码如下。

```
<form id="form1" runat="server">
    <asp:Label ID="lblpart" runat="server" Text="ab"></asp:Label>
    <asp:ImageMap ID="ImageMap1" ImageUrl="~/ab.jpg" runat="server"
    ImageAlign="Left" style="border:none" onclick="ImageMap1_Click" Width="500">
        <asp:CircleHotSpot Radius="80" X="100" Y="100" AlternateText="圆
        形区域" HotSpotMode="PostBack" PostBackValue="CH" />
        <asp:RectangleHotSpot Bottom="200" Left="300" Right="500" Top="0"
        HotSpotMode="PostBack" AlternateText="方形区域" PostBackValue="RH" />
        <asp:PolygonHotSpot Coordinates="100,100,300,300,200,300"HotSpot-
        Mode="PostBack" PostBackValue="PH" AlternateText="多边形区域" />
    </asp:ImageMap>
</form>
```

（2）ImageMap 控件单击不同的区域热点时显示不同的文本内容，通过 PostBackValue 属性获取单击时的返回值，根据返回值判断显示的内容信息。该控件 Click 事件的具体代码如下。

```
protected void ImageMap1_Click(object sender, ImageMapEventArgs e)
{
    String region = "";
    switch (e.PostBackValue)
    {
        case "CH":
          region = "圆形区域";
          break;
        case "RH":
          region = "方形区域";
          break;
        case "PH":
```

```
        region = "多边形区域";
        break;
    }
    lblpart.Text = "您单击的区域是: " + region;
}
```

（3）运行本案例单击不同的区域进行测试。运行效果如图 2-2 所示。

图 2-2　案例 2-2 运行效果

2.5　选择服务器控件

ASP.NET 的 Web 服务器中包括一种选择服务器控件，选择服务器控件主要包括 CheckBox 控件、CheckedListBox 控件、RadioButton 控件和 RadioButtonList 控件。本节主要介绍这些控件的相关知识。

2.5.1　CheckBox 控件和 CheckedListBox 控件

ASP.NET 中可以使用两种服务器控件将复选框添加到 Web 页面上，它们分别是 CheckBox 控件和 CheckedListBox 控件。这两种控件都提供了一种输入布尔型数据（真或假、是或否）的方法，下面详细介绍它们的使用方法。

1．CheckBox 控件

CheckBox 控件也叫复选框控件，它在 Web 窗体页面上显示为一个复选框，常用于为用户提供多项选择。如果该复选框被选择，那么它的 Checked 属性的值为 true；否则 Checked 属性的值为 false。

CheckBox 控件中包含多个常用属性，其具体说明如表 2-11 所示。

表 2-11　CheckBox 控件的常用属性

属性名	说明
Checked	控件被选中的状态，如果被选中该值为 true，否则为 false
Text	与该控件一起显示的文本
TextAlign	与控件关联的文本标签的对齐方式
AutoPostBack	当用户在控件中按 Enter 或 Tab 键时表示是否发生自动回发到服务器的操作
InputAttributes	控件的 Input 元素的属性集合
LabelAttributes	控件的 Label 元素的属性集合

2. CheckedListBox 控件

CheckedListBox 控件也叫复选框列表控件，它和 CheckBox 控件有所不同，该控件可作为复选框列表项集合的父控件。CheckedListBox 控件派生自 ListControl 基类，它的工作方式与 ListBox 控件、DropDownList 控件和 RadioButtonList 控件等服务器控件相似，所以该控件也属于列表控件。

与 CheckBox 控件相比，CheckedListBox 控件可以更好地控制网页上各个复选框的布局。如果想使用数据库中的数据创建一系列的复选框，使用 CheckedListBox 控件是最好的选择。

CheckedListBox 控件的属性可以参考 CheckBox 控件，除了表 2-11 的属性外，该控件也包含其他的常用属性，具体说明如表 2-12 所示。

表 2-12　CheckedListBox 控件的常用属性

属性名	说明
DataSourceID	获取或设置控件的 ID，数据绑定控件从该控件中检索其数据项列表
DataSource	指定该控件绑定的数据源
DataMember	用户绑定的表或视图
DataTextField	获取或设置为列表项提供文本内容的数据源字段
DataTextFormatString	获取或设置格式化字符串，该字符串用来控制如何显示绑定到列表控件的数据
DataValueField	获取或设置为各列表项提供值的数据源字段
Items	获取列表项的集合
SelectedIndex	获取或设置列表中选中项的最低序号索引
SelectedItem	获取列表控件中索引最小的选定项
SelectedValue	获取列表控件中选定项的值，或选择列表控件中包含指定值的项
RepeatColumns	获取或设置在该控件上显示的列数
RepeatDirection	获取或设置组中单选按钮的显示方向，它的值有 Vertical（默认值）和 Horizontal
RepeatLayout	获取或设置一个值，该值指定是否使用 table 元素、ul 元素、ol 元素或 span 元素呈现列表

下面主要通过案例演示 CheckedListBox 控件的使用。

【实践案例 2-3】

用户注册或者查看用户信息时通常显示用户的兴趣爱好，并且用户的兴趣爱好可以有多个。本案例使用 CheckedListBox 控件显示用户的兴趣爱好，当单击按钮提交时显示用户选择的兴趣爱好。实现的主要步骤如下。

（1）从【工具箱】项中向页面添加一个 CheckedListBox 控件、一个 Button 控件和一个

Label 控件。页面代码如下。

```
<form id="form1" runat="server">请选择您的兴趣爱好:
    <asp:CheckedListBox ID=" CheckedListBox 1" runat="server" ></asp:Checked
    ListBox>
    <asp:Button ID="Button1" runat="server" Text="提 交" onclick=
    "Button1_Click" /><br />
    您的爱好是: <asp:Label ID="lblresult" runat="server"></asp:Label>
</form>
```

（2）页面首次加载时显示用户的兴趣爱好列表，Load 事件的具体代码如下。

```
protected void Page_Load(object sender, EventArgs e)
{
    if (!Page.IsPostBack)                    //判断是否首次加载
    {
        CheckedListBox 1.Items.Add(new ListItem("唱歌", "0"));
        CheckedListBox 1.Items.Add(new ListItem("踢足球", "1"));
        CheckedListBox 1.Items.Add(new ListItem("爬山", "2"));
        CheckedListBox 1.Items.Add(new ListItem("打羽毛球", "3"));
        CheckedListBox 1.Items.Add(new ListItem("画画", "4"));
    }
}
```

（3）单击【提交】按钮时获取用户选择的兴趣爱好并将爱好显示到 Label 控件中。其具体代码如下。

```
protected void Button1_Click(object sender, EventArgs e)
{
    lblresult.Text = "";                //重新设置爱好
    for (int i = 0; i < CheckedListBox 1.Items.Count; i++)
                                        //循环遍历 CheckedListBox 1 控件的集合项
    {
        if (CheckedListBox 1.Items[i].Selected == true)
                                        //判断是否选中
          lblresult.Text +=  CheckedListBox 1.Items[i].Text+"  ";
        lblresult.ForeColor = Color.Red;
    }
}
```

上述代码中使用 for 语句首先循环遍历 CheckedListBox 1 控件中的所有元素内容，然后使用 Selected 属性判断是否选中，如果选中通过 Items 属性的 Text 获取选中的值。ForeColor 属性设置显示的字体颜色。

（4）运行本案例，选中内容后单击【提交】按钮进行测试。最终效果如图 2-3 所示。

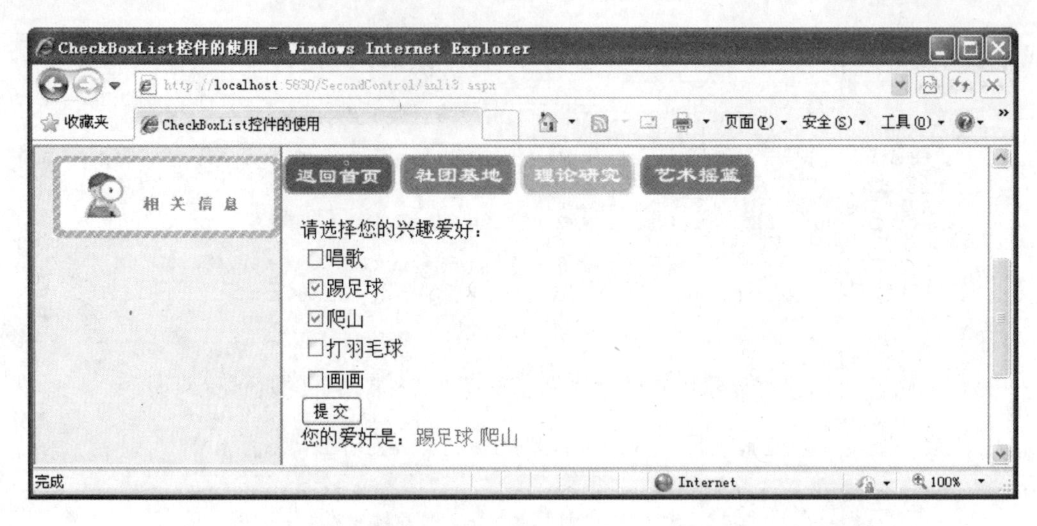

图 2-3　案例 2-3 运行效果

2.5.2　RadioButton 控件和 RadioButtonList 控件

RadioButton 控件和 RadioButtonList 控件都可以将单选按钮添加到网页上，它们都允许用户从一组互相排斥的预定义选项中进行选择。使用这些控件可以定义任意数目的带标签的单选按钮，并且可将它们水平或垂直排列。本节介绍这两种控件的使用方法。

1．RadioButton 控件

RadioButton 控件也叫单选按钮控件，它在 Web 窗体页面上显示为一个单选按钮。它和 CheckBox 控件不同，CheckBox 控件一次可以选择多个数量的选项，而 RadioButton 控件只能选择一个选项。

RadioButton 控件的常用属性如表 2-13 所示。

表 2-13　RadioButton 控件的常用属性

属性名	说明
CausesValidation	该控件是否导致激发验证
Checked	控件选中的状态，如果选中该值为 true；否则为 false
GroupName	指订单选按钮所属的组名，在一个组内每次只能选中一个单选按钮

2．RadioButtonList 控件

RadioButtonList 控件可叫单选控件列表，它和 RadioButton 控件有所不同。RadioButton 控件通常是将两个或多个单独的组合在一起；而 RadioButtonList 控件是个单独控件，它可以作为一组单选按钮列表项的父控件。

RadioButton 控件可以使用用户更好地控制单选按钮组的布局，但是 RadioButtonList 控件不允许在按钮之间插入文本，如果想要动态地绑定数据源可以使用该控件。

RadioButtonList 控件的常用属性如表 2-14 所示。

表 2-14　RadioButtonList 控件的常用属性

属性名	说明
AutoPostBack	当选定内容更改后，是否将内容提交到服务器，默认为 false
DataSourceID	获取或设置控件的 ID，数据绑定控件从该控件中检索其数据项列表
DataSource	指定该控件绑定的数据源
DataTextField	获取或设置为列表项提供文本内容的数据源字段
DataValueField	获取或设置为各列表项提供值的数据源字段
SelectedIndex	获取或设置列表中选中项的最低序号索引
SelectedItem	获取列表控件中索引最小的选定项
SelectedValue	获取列表控件中选定项的值，或选择列表控件中包含指定值的项
RepeatColumns	获取或设置在该控件上显示的列数
RepeatDirection	获取或设置组中单选按钮的显示方向，它的值有 Vertical（默认值）和 Horizontal
RepeatLayout	获取或设置一个值，该值指定是否使用 table 元素、ul 元素、ol 元素或 span 元素呈现列表

在用户更改 RadioButtonList 控件列表中的单选按钮时，可以引发 SelectedIndexChanged 事件。默认情况下该事件并不导致向服务器发送表单，但是通过将 AutoPostBack 属性设置为 true 来指定此选项。

下面主要通过案例演示 RadioButtonList 控件的具体使用。

【实践案例 2-4】

本案例使用 RadioButtonList 控件实现单选按钮的效果。其主要步骤如下。

（1）页面的合适位置添加一个 RadioButtonList 控件，然后向该控件的 ListItem 属性中添加不同的选项。页面的主要代码如下所示。

```
<form id="form1" runat="server">     神舟九号飞船是中国航天计划中的一艘载人宇宙飞船，是神舟号系列飞船之一。___________神舟九号飞船在酒泉卫星发射中心发射升空。<br />
    <asp:RadioButtonList ID="rblCheck" runat="server" RepeatColumns="2"
    RepeatDirection="Horizontal" AutoPostBack="True" onselectedindexc-
    hanged="RadioButtonList1_SelectedIndexChanged">
        <asp:ListItem Selected="True" Value="A">2012 年 6 月 16 日 18 时 37
        分</asp:ListItem>
        <asp:ListItem Value="B">2012 年 6 月 16 日 18 时 35 分</asp:ListItem>
        <asp:ListItem Value="C">2012 年 5 月 16 日 18 时 37 分</asp:ListItem>
        <asp:ListItem Value="D">2012 年 6 月 16 日 8 时 35 分</asp:ListItem>
        </asp:RadioButtonList>
    <asp:Button ID="Button1" runat="server" Text="提 交" onclick=
    "Button1_Click" /><br />
    您选择的答案是：<asp:Label ID="lblresult" runat="server" Text="A">
    </asp:Label><br />
    <asp:Label ID="lblerror" runat="server" Text=""></asp:Label>
</form>
```

（2）选择不同的选项时动态更改 lblresult 控件中的内容，单击【提交】按钮时首先判断用户的选择是否正确，然后将结果内容到 lblerror 控件中。后台的主要代码如下。

```
protected void Button1_Click(object sender, EventArgs e)
{
    string value = rblCheck.SelectedValue;          //获取选中的值
    lblresult.Text = value;                         //将值显示到Label控件中
    lblerror.ForeColor = System.Drawing.Color.Red; //设置字体颜色
    if (value == "A")                               //判断选择的结果
        lblerror.Text = "恭喜您，回答正确！";
    else
        lblerror.Text = "很抱歉，选择错误！";
    }
    protected void rblCheck _SelectedIndexChanged(object sender, EventArgs e)
{
        string value = rblCheck.SelectedValue;      //获取选中的结果
        l   blresult.Text = value;                  //显示选中的结果
        lblerror.Text = "";
}
```

（3）运行本案例，选择完成后单击【提交】按钮进行测试。最终效果如图 2-4 所示。

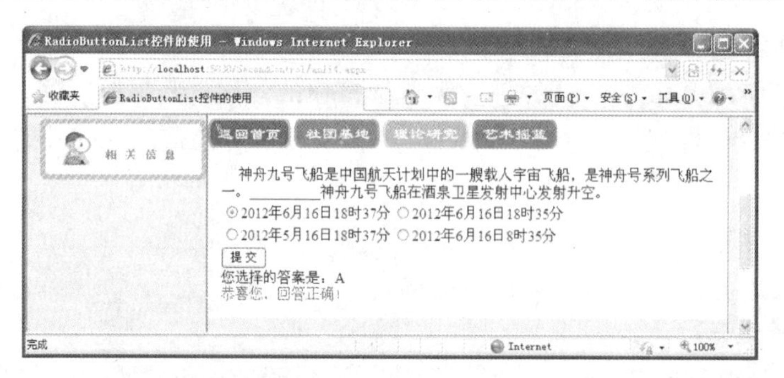

图 2-4　案例 2-4 运行效果

2.6　列表服务器控件

在 ASP.NET 中，列表服务器控件的数据会以列表的形式呈现出来，但是它们呈现的方式不一样。列表控件主要包括 ListBox 控件、DropDownList 控件和 BulltedList 控件。本节详细介绍列表服务器控件的相关知识。

2.6.1　ListBox 控件

ListBox 控件也叫普通列表控件，它用于显示一个完整的列表项，用户能够以单选或多选的方式选择控件中的列表项。列表中的每一个元素都被称为一个项。ListBox 控件的常用属性如表 2-15 所示。

表 2-15　ListBox 控件的常用属性

属性名	说明
AutoPostBack	获取或设置一个值，该值指示当用户更改列表中的选定内容时是否自动向服务器回发
DataSource	获取或设置对象，数据绑定控件从该对象中检索其数据项列表
DataTextField	获取或设置为列表项提供文本内容的数据源字段
DataValueField	获取或设置各列表项提供值的数据源字段
Height	获取或设置服务器控件的高度
Items	获取列表控件项的集合
Rows	获取或设置该控件中显示的行数
SelectedIndex	获取或设置列表中选定项的最低索引
SelectedItem	获取列表控件中索引最小的选定项
SelectedValue	获取列表控件中选定项的值，或选择列表控件中包含指定值的项
SelectionMode	获取或设置控件的选择模式，它的值有两个，分别为 Single 和 Multiple，默认为 Single

如果 ListBox 控件同时指定了 Rows 属性和 Height 属性，那么该控件会自动忽略 Rows 属性的值。

下面主要通过案例演示 ListBox 控件的具体使用。

【实践案例 2-5】

本案例主要通过使用两个 Button 控件和两个 ListBox 控件显示用户选择看的电影，实现的主要步骤如下。

（1）从【工具箱】项中向页面添加两个 ListBox 控件和两个 Button 控件，页面的设计效果如图 2-5 所示。其中左侧列表中 ListBox 控件的 SelectionMode 属性为 Single；右侧列表中 ListBox 控件的 SelectionMode 属性为 Multiple。

（2）选中左侧的 ListBox 控件，打开【属性】窗格找到 Items 属性，然后打开【ListItem 集合编辑器】对话框，如图 2-6 所示。单击【添加】按钮并通过设置 Text 属性和 Value 属性添加集合列表。

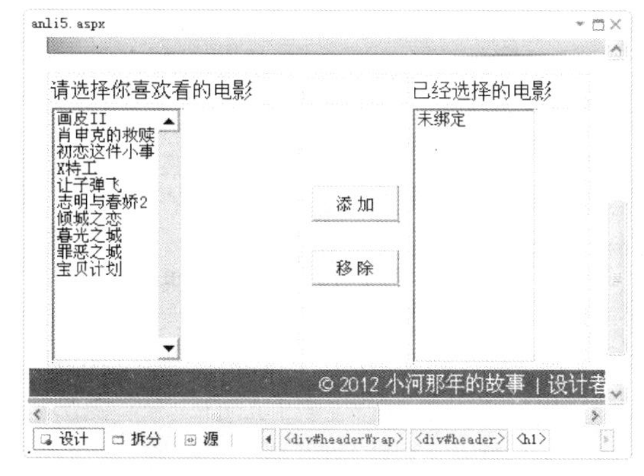

图 2-5　案例 2-5 的设计效果

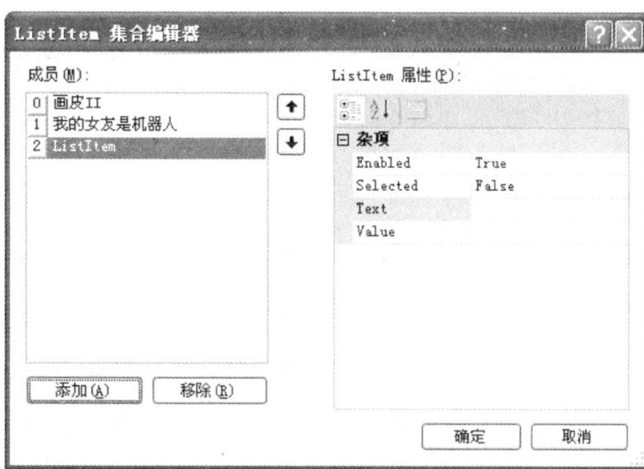

图 2-6　【ListItem 集合编辑器】对话框

（3）单击【添加】按钮将左侧选中的电影添加到右侧电影列表中。按钮的 Click 事件代码如下。

```
protected void btnLeft_Click(object sender, EventArgs e)
{
    if (lbList.Items.Count > 0 && lbList.SelectedIndex != -1)
                                            //判断 ListBox 控件中的元素个数
    {
        for (int i = 0; i < lbList.Items.Count; i++)
                                            //遍历 ListBox 控件中的所有元素
        {
            if (lbList.Items[i].Selected == true)   //判断某一项是否选中
            {
                lbCheckList.Items.Add(lbList.Items[i]);//向右侧列表添加选中的项
                lbList.Items.Remove(lbList.Items[i]);   //删除左侧列表中选中的项
            }
        }
    }
    lbCheckList.ClearSelection();           //清除右侧列表中所有选中的项
    if (lbCheckList.Items.Count > 0)
        lbCheckList.Items[lbCheckList.Items.Count - 1].Selected = true;
                                            //将最后一项选中
}
```

上述代码中首先判断左侧 ListBox 控件中元素的个数是否为空，接着遍历 ListBox 控件中的元素判断某项是否选中，如果选中则使用 Add()方法向右侧控件中添加选项，然后调用 Remove()方法删除左侧选中的项。如果右侧控件中的元素不为空则调用 Selected 属性将最后一项默认选中。

（4）单击【移除】按钮时将右侧控件中的内容重新显示到左侧列表中。按钮 Click 事件的代码如下。

```
protected void btnRight_Click(object sender, EventArgs e)
{
    if (lbCheckList.Items.Count > 0)        //判断右侧 ListBox 控件的项的总数
    {
        for (int i = lbCheckList.Items.Count; i >= 1; i--)
                                            //循环遍历 ListBox 控件中的元素
        {
            if (lbCheckList.Items[i - 1].Selected == true)
                                            //判断元素是否选中，如果选中
            {
                lbList.Items.Add(lbCheckList.Items[i - 1]);
                                            //向左侧控件添加选项
                lbCheckList.Items.Remove(lbCheckList.Items[i - 1]);
                                            //删除右侧控件的选项
```

```
                }
                lbList.ClearSelection();                          //清除列表中选择的项
            }
        }
    }
```

上述代码中首先判断右侧 ListBox 控件中项的数量是否为大于 0，接着使用 for 语句遍历 ListBox 控件中的所有元素。然后，调用 Selected 属性判断元素是否选中，如果选中则使用 Add()方法向左侧控件中添加内容选项，并且使用 Remove()方法删除右侧控件中的内容。最后，调用控件的 ClearSelection()方法清除列表中选择的项。

（5）运行本案例，选中左侧控件中的内容后单击【添加】按钮进行测试，运行效果如图 2-7 所示。

（6）选中右侧控件中的单个或多个电影后单击【删除】按钮进行测试，运行效果如图 2-8 所示。

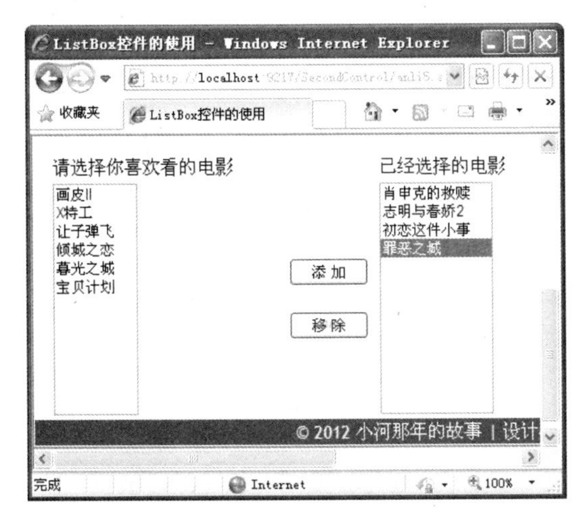

图 2-7　案例 2-5 单击【添加】按钮的效果

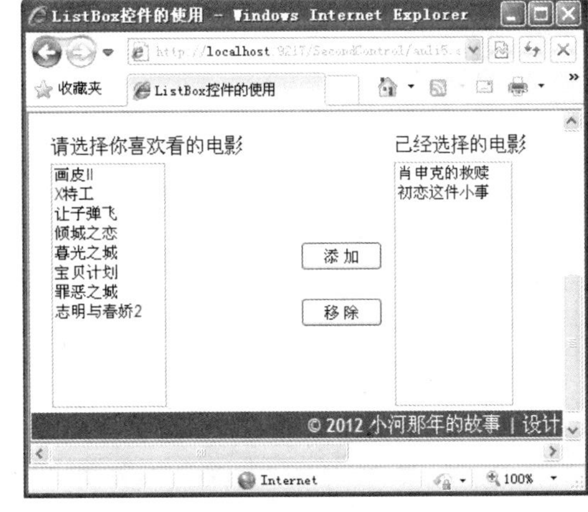

图 2-8　案例 2-5 单击【删除】按钮的效果

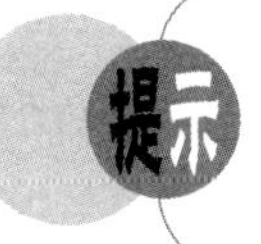

当向 ListBox 控件中添加元素内容时，除了选择 Items 属性添加外，用户也可以手动添加 ListItem 选项，另外还可以通过 DataSource 属性动态地绑定元素内容。

2.6.2　DropDownList 控件

DropDownList 控件也叫下拉列表控件，它用于创建下拉列表，该控件中的每个可选项都是 ListItem 元素定义的。DropDownList 控件和 ListBox 控件有所不同，该控件的列表在用户单击下拉按钮之前一直处于隐藏状态，并且它不支持多重选择模式。

DropDownList 控件的常用属性如表 2-16 所示。

表 2-16　DropDownList 控件的常用属性

属性名	说明
AutoPostBack	获取或设置一个值，该值指示当用户更改列表中的选定内容时是否自动向服务器回发
DataSource	获取或设置对象，数据绑定控件从该对象中检索其数据项列表
DataTextField	获取或设置为列表项提供文本内容的数据源字段
DataValueField	获取或设置各列表项提供值的数据源字段
Height	获取或设置服务器控件的高度
Items	获取列表控件项的集合
SelectedIndex	获取或设置列表中选定项的最低索引
SelectedItem	获取列表控件中索引最小的选定项
SelectedValue	获取列表控件中选定项的值，或选择列表控件中包含指定值的项
Width	获取或设置控件的宽度

DropDownList 控件可以通过以像素为单位的 Width 属性和 Height 属性分别设置宽度和高度控件其外观，但是部分浏览器不支持以像素为单位的宽度和高度，这些浏览器将使用行计数设置。

【实践案例 2-6】

本案例使用 DropDownList 控件实现用户所在区域的选择功能。实现的主要步骤如下。

（1）新建一个用户注册页面，在页面的合适位置添加 3 个 DropDownList 控件，然后可以设置该控件的相关属性。该页面的设计效果如图 2-9 所示。

图 2-9　案例 2-6 的设计效果

（2）页面首次加载时显示用户所在区域的省市县信息，Load 事件的具体代码如下。

```
protected void Page_Load(object sender, EventArgs e)
{
    if (!Page.IsPostBack)
    {
        string[] province = { "河南省", "河北省", "湖南省", "湖北省" };
                                                //省的列表
```

```
        ddlProvince.DataSource = province;          //绑定省份
        ddlProvince.DataBind();
        string[] city = { "平顶山市", "漯河市", "南阳市", "郑州市", "洛阳市" };
                                                    //市的列表
        ddlCity.DataSource = city;                  //绑定市
        ddlCity.DataBind();
        string[] country = { "鲁山县", "新华区", "宝丰县", "石龙区" };
                                                    //区或县的列表
        ddlCountry.DataSource = country;            //绑定区
        ddlCountry.DataBind();
    }
}
```

上述代码中分别通过 DropDownList 控件的 DataSource 属性指定该控件显示的数据源，然后调用 DataBind()方法绑定数据源。

（3）根据省的选择加载相应的市列表选项，该控件的 SelectedIndexChanged 事件主要代码如下。

```
protected void ddlProvince_SelectedIndexChanged(object sender, EventArgs e)
{
    ddlCountry.Items.Clear();                       //清空市或县的列表选项
    if (ddlProvince.SelectedIndex == 1)             //如果选中河北省
    {
        string[] city1 = { "石家庄", "唐山", "秦皇岛", "保定", "张家口" };
        ddlCity.DataSource = city1;
        ddlCity.DataBind();
    }
    /* 使用else if语句省略其他省的判断 */
    else
    {
        string[] city = { "平顶山市", "漯河市", "南阳市", "郑州市", "洛阳市" };
        ddlCity.DataSource = city;
        ddlCity.DataBind();
    }
}
```

（4）根据市的选择加载相应的区或县的列表选项，该控件的 SelectedIndexChanged 事件主要代码如下。

```
protected void ddlCity_SelectedIndexChanged(object sender, EventArgs e)
{
    ddlCountry.Items.Clear();                   //清空市或县的列表选项
    if (ddlProvince.SelectedIndex == 0 && ddlCity.SelectedIndex == 0)
                                                //判断选择的省和市
    {
        string[] country = { "鲁山县", "新华区", "宝丰县", "石龙区" };
```

```
        ddlCountry.DataSource = country;
        ddlCountry.DataBind();
    }
    /* 省略判断其他的省和市加载的区或县信息 */
    else
        ddlCountry.Items.Add("其他");
}
```


（5）运行本案例根据相应的加载城市列表，运行效果如图 2-10 所示。

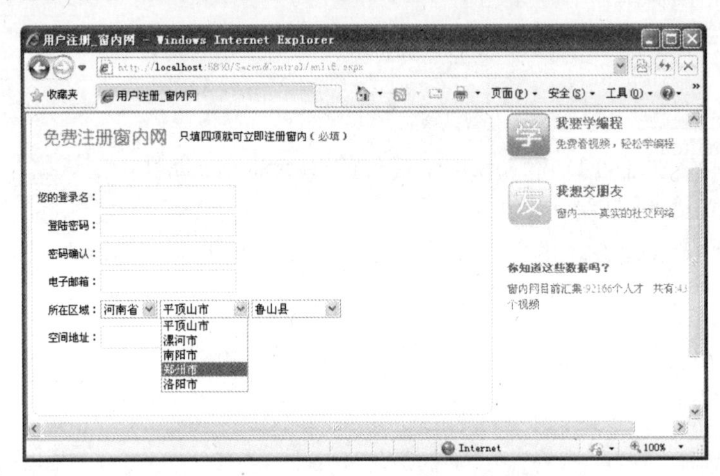

图 2-10　案例 2-6 市列表运行效果

（6）选中所在的市加载相应的区县列表，运行效果如图 2-11 所示。

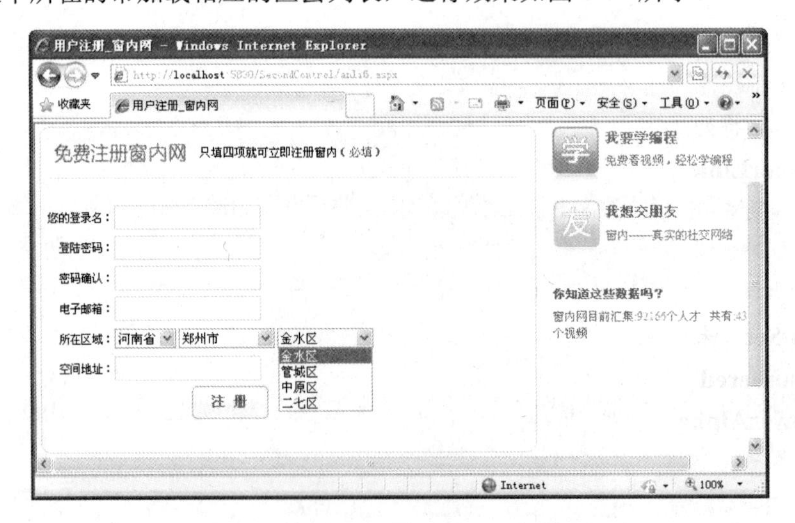

图 2-11 案例 2-6 区/县列表运行效果

2.6.3　BulletedList 控件

BulletedList 控件也叫项目符号与编号控件，它用于创建一个无序或有序的项列表。

BulletedList 控件的实现效果和 Word 文件中的项目符号与编号很相似，它和其他列表控件相比具有 5 个特点。

- 可以静态指定控件的列表项。
- 可以通过绑定数据的方式来创建控件的列表项。
- 呈现为一个有序或无序的列表项，最后这些项将呈现为 HTML 中的 ul 或 ol 元素。
- 可以指定项、项目符号或编号的外观和样式。
- 当用户单击项时控件能够做出响应。

BulletedList 控件中包含多个属性，常用属性的具体说明如表 2-17 所示。

表 2-17　BulletedList 控件的常用属性

属性名	说明
AppendDataBoundItems	获取或设置一个值，该值指示是否在绑定数据之前清除列表项，默认值为 false
BulletImageUrl	获取或设置为控件中的每个项目符号显示的图像路径，把 BulletStyle 的值设置为 CustomImage 时有效
BulletStyle	获取或设置控件的项目符号样式
DataSource	获取或设置对象，数据绑定控件从该对象中检索其数据项列表
DataTextField	获取或设置为列表项提供文本内容的数据源字段
DataValueField	获取或设置为列表项提供值的数据源字段
DisplayMode	获取或设置控件中的列表内容的显示模式，默认为 Text
FirstBulletMember	获取或设置排序控件中开始列表项编号的值
Height	获取或设置控件的高度
Items	获取列表控件项的集合
Width	获取或设置控件的宽度

BulletedList 控件的 DisplayMode 属性用来指定该控件的设计模式，它的值是枚举类型 BulletedListDisplayMode 的值之一。该枚举的属性值有 3 个，具体说明如下。

- **Text**　将列表项内容设置为文本。
- **HyperLink**　将列表项内容设置为超链接。
- **LinkButton**　将列表项内容设置为链接按钮。

BulletStyle 属性指定该控件项目符号与编号的样式，它的值是 BulletStyle 枚举的值之一，该枚举包括 10 个值，其具体说明如下所示。

- **NotSet**　未设置。
- **Numbered**　数字。
- **LowerAlpha**　小写字母。
- **UpperAlpha**　大写字母。
- **LowerRoman**　小写罗马数字。
- **UpperRoman**　大写罗马数字。
- **Disc**　实心圆。
- **Circle**　圆圈。
- **Square**　实心正方形。
- **CustomImage**　自定义图像。

通过创建静态项或将控件绑定到数据源可以定义该控件的列表项，通过将控件 AppendDataBoundItems 属性的值设置为 true 可以将静态列表项与绑定数据的列表项组合起来。

【实践案例 2-7】

本案例中使用 BulletedList 控件将某个页面的右侧导航列表显示出来。使用该控件时页面的主要代码如下。

```
<asp:BulletedList ID="BulletedList1" runat="server" BulletStyle="Square"
Width="140px" DisplayMode="HyperLink">
    <asp:ListItem Value="随便看看">随便看看</asp:ListItem>
    <asp:ListItem Value="查看记录">查看记录</asp:ListItem>
    <asp:ListItem Value="我的日志">我的日志</asp:ListItem>
    <asp:ListItem Value="乐于分享">乐于分享</asp:ListItem>
    <asp:ListItem Value="群组列表">群组列表</asp:ListItem>
</asp:BulletedList>
```

代码完成后运行本案例，最终效果如图 2-12 所示。

图 2-12　案例 2-7 运行效果

2.7　容器服务器控件

容器控件是指可以将其他的控件放置在容器控件中，即可以将这些控件作为容器控件的内置控件。容器控件包括 Panel、PlaceHolder、MultiView、Table、TableRow 和 TableCell 控件等。容器控件可以作为 Web 服务器控件、HTML 服务器控件和 HTML 元素对象的父控件，本节详细介绍常用的容器控件 Panel 和 MultiView 控件。

2.7.1 Panel 控件

Panel 控件也叫面板控件，可以将它用作静态文本和其他控件的父控件。该控件的常用属性如表 2-18 所示。

表 2-18 Panel 控件的常用属性

属性名	说明
BackImageUrl	控件背景图像文件和 URL
DefaultButton	控件中默认按钮的 ID
Direction	控件中内容的显示方向，默认值为 NoSet，其他的值有 LeftToRight 和 RightToLeft
GroupingText	获取或设置控件中包含的控件组的标题，如果指定了滚动条则设置该属性将不显示滚动条
ScrollBars	获取或设置控件中滚动条的可见性和位置
HorizontalAlign	获取或设置面板内容的水平对齐方式
Wrap	获取或设置一个指示面板中内容是否换行的值

例如，声明一个 Panel 控件，然后将它的 ID 属性值设置为 pshow，宽度和高度分别设置为 400 和 220，标题为“用户登录”。然后，在该控件内声明两个 TextBox 控件分别表示用户名和密码，最后声明一个 Button 控件表示登录按钮。主要代码如下。

```
<asp:Panel ID="pshow" runat="server" GroupingText="用户登录" width:400px;
height:220px">
    <p>用户名: <asp:TextBox ID="txtname" runat="server"></asp:TextBox></p>
    <p>密    码: <asp:TextBox ID="txtpass" TextMode=
    "Password" runat="server"></asp:TextBox></p>
    <p><asp:Button ID="btnSure" runat="server" Text="登 录" /></p>
</asp:Panel>
```

2.7.2 MultiView 控件

MultiView 控件也叫多视图控件，它通常和 View 控件一起使用，View 控件在页面中可表现为一个窗口，MultiView 为 View 控件提供了容器。一个 MultiView 中可以包含多个 View 控件，但是 MultiView 控件的活动控件只能是这些 View 控件中的一个。MultiView 控件和 View 控件能够打开或关闭页面的不同部分。

MultiView 控件最常用的属性有两个，具体说明如下所示。

- **ActiveViewIndex** 获取或设置 MultiView 控件的活动 View 控件的索引。
- **Views** 获取 MultiView 控件的 View 控件的集合。

除了常用属性外，该控件包含 4 个静态属性（字段），通过这些静态属性或字段可以设置 MultiView 控件的当前活动 View 控件。其属性的具体说明如表 2-19 所示。

表 2-19　MultiView 控件的静态属性

属性名	说明
NextViewCommandName	要显示在控件中、与下一个 View 控件相关联的命令名
PreviousViewCommandName	要显示在控件中、与上一个 View 控件相关联的命令名
SwitchViewByIDCommandName	与更改控件的活动 View 控件相关联的命令名，其中修改动作根据 View 控件的 ID 值指定
SwitchViewByIndexCommandName	与更改控件中活动 View 控件相关联的命令名，其中修改动作根据 View 控件的索引值指定

MultiView 控件可以通过表中的 4 个静态属性实现当前活动的 View 控件的功能。其具体说明如下。

- 如果把定位到上一个 View 控件的 CommandName 属性值设置为 PrevView（PreviousViewCommandName 属性的默认值），那么单击按钮时就可以把上一个 View 控件设置为当前活动控件。
- 如果把定位到下一个 View 控件的 CommandName 属性值设置为 NextView（NextViewCommandName 属性的默认值），那么单击按钮时就可以把下一个 View 控件设置为当前活动控件。
- 如果把 View 控件的指定按钮的 CommandName 属性值设置为 SwitchViewByID，CommandArgument 属性的值设置为将要跳转的活动 View 控件的 ID 属性值，那么单击按钮时就可以把指定的 View 控件设置为当前活动控件。
- 如果把 View 控件的指定按钮的 CommandName 属性值设置为 SwitchViewByIndex，CommandArgument 属性的值设置为将要跳转的活动 View 控件的索引值，那么单击按钮时就可以把指定的 View 控件设置为当前活动控件。

下面通过案例演示 MultiView 控件的使用方法。

【实践案例 2-8】

本案例使用 MultiView 控件根据按钮实现查看上一本和下一本图书的功能。实现的具体步骤如下。

（1）从【工具箱】项中向页面的合适位置添加一个 MultiView 控件，然后再声明 3 个 View 控件，它们的 ID 值分别为 vshow1、vshow2 和 vshow3。每个 View 控件中都包含一个 Image 控件和两个 Button 控件。页面的主要代码如下。

```
<asp:MultiView ID="mvshowlist" runat="server">
    <asp:View ID="vshow1" runat="server">
        <asp:Image ImageUrl="~/bookstore/pics/a1.jpg" runat="server"
        ID="image1" /><br /><br />
        <asp:Button ID="btnPrve1" runat="server" Text="上一本" onclick=
        "btnPrve1_Click" />    
        <asp:Button ID="btnNext1" runat="server" Text="下一本" OnClick=
        "btnNext1_Click" />
    </asp:View>
    <asp:View ID="vshow2" runat="server">
        <asp:Image ImageUrl="~/bookstore/pics/a2.jpg" runat="server" ID=
```

```
        "image2" /><br /><br />
        <asp:Button ID="BtnPrve2" runat="server" Text="上一本" onclick=
        "btnPrve1_Click" />    
        <asp:Button ID="btnNext2" runat="server" Text="下一本" OnClick=
        "btnNext1_Click" />
    </asp:View>
    <asp:View ID="vshow3" runat="server">
        <asp:Image ImageUrl="~/bookstore/pics/a4.jpg" runat="server" ID=
        "image3" /><br /><br />
        <asp:Button ID="btnPrve3" runat="server" Text="上一本" onclick=
        "btnPrve1_Click" />    
        <asp:Button ID="btnNext3" runat="server" Text="下一本" OnClick=
        "btnNext1_Click" />
    </asp:View>
</asp:MultiView>
```

(2)页面首次加载时将 MultiView 控件活动的 View 控件索引设置为 0。具体代码如下。

```
protected void Page_Load(object sender, EventArgs e)
{
    if (!Page.IsPostBack)
        mvshowlist.ActiveViewIndex = 0;
}
```

（3）单击每个 View 控件的【上一本】按钮时显示上本图书的图片，索引为 0 时弹出提示信息。具体代码如下。

```
protected void btnPrve1_Click(object sender, EventArgs e)
{
    int index = mvshowlist.ActiveViewIndex - 1;     //将活动索引减 1
    if (index < 0)                                 //判断索引是否小于 0，如果小于
        Page.ClientScript.RegisterStartupScript(GetType(), "", "<script>
        alert('已经是第一本书！')</script>");
    else                                           //如果所引大于 0
        mvshowlist.ActiveViewIndex = index;
}
```

（4）单击每个 View 控件的【下一本】按钮时显示下本图书的图片，索引大于 2 时弹出提示信息。具体代码如下。

```
protected void btnNext1_Click(object sender, EventArgs e)
{
    int index = mvshowlist.ActiveViewIndex + 1;          //将活动索引加 1
    if (index >= mvshowlist.Views.Count)
                         //如果活动索引大于 MultiView 控件中 View 控件的数量
        Page.ClientScript.RegisterStartupScript(GetType(),"","
        <script>alert('已经是最后一本书！')</script>");
```

```
        else
            mvshowlist.ActiveViewIndex = index;
    }
```

（5）运行本案例，运行效果如图 2-13 所示。

图 2-13　案例 2-8 运行效果 1

（6）单击【下一本】按钮时如果当前图书为最后一本，弹出提示效果如图 2-14 所示。

图 2-14　最后一本图书时的效果

（7）单击【上一本】按钮进行测试，运行效果不再显示。

本案例可以直接在 Button 控件中通过设置 CommandName 属性和 CommandArgument 属性实现上本图书和下本图书的显示功能。这种方法非常简单，而且便于理解，读者可以亲自动手试一试。

2.8 验证服务器控件

在许多网站和系统的操作过程中，如果用户不了解系统手误输入格式不正确的数据时就会出错。如图书的价格不小心输入字符“a”或商品库存数量不小心输入了小数等，这时就需要数据验证。

ASP.NET 提供了一组验证控件和一种易用且功能强大的检错技术（如 RequiredFieldValidator、CompareValidator 和 RangeValidator 等），使用这些控件和技术，开发人员可以轻松检查用户输入信息的有效性。本节主要介绍验证控件的相关知识，包括它们的概念、属性和使用方法等。

2.8.1 验证控件概述

数据验证有多种方式，用户可以在后台代码中进行判断，也可以使用 JavaScript 脚本进行判断。除了这两种方法外，ASP.NET 中提供了一系列的验证控件，为数据验证提供了方便而且安全的方式。

ASP.NET 中提供了 5 种验证控件和 1 个汇总控件，这 5 个验证控件实现了不同的验证功能，它们之间的关系如图 2-15 所示。

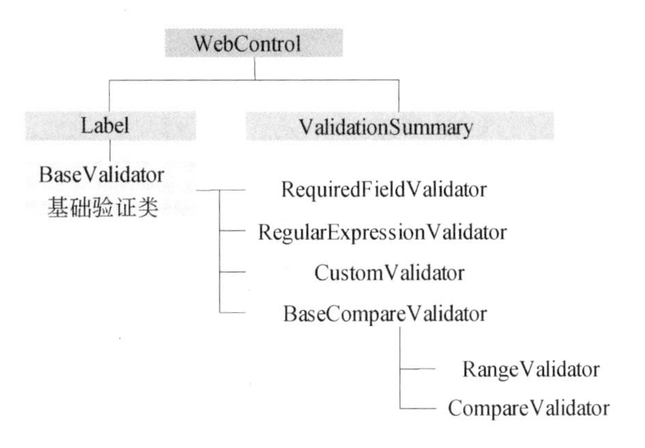

图 2-15　验证控件关系图

2.8.2 RequiredFieldValidator 控件

RequiredFieldValidator 控件也叫非空验证控件，用于确保用户不会跳过某个必填字段。该控件需要与另一个控件（如 TextBox 控件）配合使用，把将要验证的控件添加到网页中后再添加 RequiredFieldValidator 控件就可以了。

RequiredFieldValidator 控件常用的属性如表 2-20 所示。

表 2-20 RequiredFieldValidator 控件的常用属性

属性名	说明
ControlToValidate	该值必须设置，获取或设置要验证的控件 ID 名称
EnableClientScript	获取或设置一个值，该值指示是否启用客户端验证，默认为 false
SetFocusOnError	获取或设置一个值，该值指示验证失败时是否将焦点设置到第一个验证失败的控件上
Display	控件错误消息的显示方式，它的值为 None、Static（默认值）和 Dynamic
ValidationGroup	获取或设置此验证控件所属的验证组的名称
IsValid	获取或设置一个值，该值指示输入的控件是否通过验证
InitialValue	获取或设置关联的输入控件的初始值
ErrorMessage	获取或设置验证失败时显示的文本

下面主要通过案例演示如何使用 RequiredFieldValidator 控件。

【实践案例 2-9】

本案例实现用户后台登录的操作功能。首先向页面中添加两个 TextBox 控件、两个 Button 控件和两个 RequiredFieldValidator 控件，页面主要代码如下。

```
<table>
    <tbody>
    <tr>
        <td style="font-size: 9pt; color: #000000; align="middle" class=
        "style1" align="right">用户名</td>
        <td><asp:TextBox ID="txtname" runat="server" color: #000000;>
        </asp:TextBox></td>
        <td>
            <asp:RequiredFieldValidator ID="RequiredFieldValidator1"
            runat="server" ErrorMessage="用户名不能为空！" ControlToVal-
            idate="txtname" ForeColor="Red" Display="Dynamic">
            </asp:RequiredFieldValidator>
        </td>
    </tr>
    <tr>
        <td>密 码</td>
        <td><asp:TextBox ID="txtpass" runat="server" TextMode=
        "Password"></asp:TextBox></td>
        <td>
        <asp:RequiredFieldValidator ID="RequiredFieldValidator2" runat=
        "server" ErrorMessage="密码不能为空！" ControlToValidate="txtpass"
        ForeColor="Red" Display="Dynamic"></asp:RequiredFieldValidator>
        </td>
    </tr>
    <tr>
        <td colspan="3">
        <asp:ImageButton ID="imbbtn" runat="server" ImageUrl="images/
        login001.jpg" />
```

```
             
            <asp:ImageButton ID="imbbtn1" runat="server" ImageUrl=
            "images/login002.jpg" OnClientClick=" window.close()" />
            </td>
        </tr>
    </tbody>
  </table>
```


代码添加完成后单击【登录】按钮进行测试，运行效果如图 2-16 所示。

图 2-16　案例 2-9 运行效果

2.8.3　RangeValidator 控件

RangeValidator 控件也叫范围验证控件，用于检查用户的输入是否在指定的上下限内，可以对数字、字母和日期等限定范围。RangeValidator 控件也需要和其他控件（如 TextBox 控件）配合使用。

表 2-21 列出了 RangeValidator 控件的常用属性。

表 2-21　RangeValidator 控件的常用属性

属性名	说明
ControlToValidate	该值必须设置，获取或设置要验证的控件 ID 名称
EnableClientScript	获取或设置一个值，该值指示是否启用客户端验证，默认为 false
SetFocusOnError	获取或设置一个值，该值指示验证失败时是否将焦点设置到第一个验证失败的控件上
Display	控件错误消息的显示方式，它的值为 None、Static（默认值）和 Dynamic
IsValid	获取或设置一个值，该值指示输入的控件是否通过验证
ErrorMessage	获取或设置验证失败时显示的文本
MaximumValue	获取或设置验证范围的最大值
MinimumValue	获取或设置验证范围的最小值
Type	获取或设置在比较之间将所比较的值转换到的数据类型，默认为 String

RangeValidator 控件的 Type 属性用于指定比较的类型，不同类型之间的比较可能会引发问题。它的值是枚举类型 ValidationDataType 的值之一。该枚举的属性值有 5 个，其具体说明如下。

- **Currency** 货币数据类型。该值被视为 System.Decimal，但是仍允许使用货币和分组符号。
- **Date** 日期数据类型。仅允许使用数字日期，不能指定时间部分。
- **String** 字符串数据类型。该值被视为 System.String。
- **Integer** 32 位符号整数数据类型。该值被视为 System.Int32。
- **Double** 双精度浮点数数据类型。该值被视为 System.Double。

如果使用 RangeValidator 控件对用户输入的年龄进行限制，限制年龄必须在 10 到 100 岁之间，并且只能是整型数据类型。其实现的主要代码如下所示。

```
<asp:TextBox ID="txtage" runat="server"></asp:TextBox>
<asp:RangeValidator ID="rvagetest" runat="server" ControlToValidate=
"txtage" Display="Dynamic" ErrorMessage="输入的范围必须在 10-100 之间"
ForeColor="Red" MaximumValue="100" MinimumValue="10" Type="Integer">
</asp:RangeValidator>
```

2.8.4 CompareValidator 控件

CompareValidator 控件也叫比较验证控件，该控件可以将用户输入的内容与一个常数值、其他控件的值或特定数据类型的值进行比较。除此之外，该控件还提供比较类型（大于、等于、小于、小于等于等）的检查。

CompareValidator 控件中包含多个常用属性，其具体说明如表 2-22 所示。

表 2-22　RangeValidator 控件的常用属性

属性名	说明
ControlToCompare	获取或设置要与所验证的输入控件进行比较的输入控件
ControlToValidate	获取或设置要验证的输入控件
Display	获取或设置验证控件中错误消息的显示行为，其值为 None、Static（默认值）和 Dynamic
ErrorMessage	获取或设置验证失败时显示的文本
Operator	获取或设置要执行的比较操作，默认值为 Equal
Type	获取或设置在比较之前所比较的值转换到的数据类型
ValueToCompare	获取或设置一个常数值，该值要与由用户输入到所验证的输入控件中的值进行比较
IsValid	获取或设置一个值，该值指示输入的控件是否通过验证

CompareValidator 控件中 Type 属性的值是枚举类型 ValidationDataType 的值之一，具体说明可参考 RangeValidator 控件中 Type 属性的详细解释。

CompareValidator 控件的 Operator 用来执行比较操作，它的值是枚举类型 ValidationCompareOperator 的值之一。该枚举类型有 7 个值，其具体说明如下所示。

- **DataTypeCheck** 只对数据类型进行的比较。

- **Equal** 默认值，相等比较。
- **GreaterThan** 大于比较。
- **GreaterThanEqual** 大于或等于比较。
- **LessThan** 小于比较。
- **LessThanEqual** 小于或等于比较。
- **NotEqual** 不等于比较。

CompareValidator 控件也可以用于检查数据类型，如 String 类型、Double 类型和 Date 类型等。使用该控件实现时必须将 Operator 的属性值设置为 DataTypeCheck，然后设置 Type 的属性值进行比较。

例如，将用户输入文本框的值和“loveme”进行比较，具体代码如下。

```
<asp:TextBox runat="server" ID="confirm" />
<asp:CompareValidator runat="server" ID="confirmValidator" ControlToValidate=
"confirm" ValueToCompare="loveme" Type="String" Operator="Equal"
ErrorMessage="输入的值和比较的值不一样" />
```

如果想要比较两个控件的值，可以设置 CompareValidator 控件的 Operator 属性、ControlToValidate 和 ControlToCompare 属性等。具体代码如下。

```
<asp:TextBox runat="server" ID="password" TextMode="Password" />
<asp:TextBox runat="server" ID="passwordConfirmation" TextMode="Password" />
<asp:CompareValidator runat="server" ID="passwordValidator" ControlToValidate=
"password" ControlToCompare="passwordConfirmation" Operator="Equal"
ErrorMessage="两次输入的密码不一致！"/>
```

2.8.5 RegularExpressionValidator 控件

有些时候需要对用户输入的字符串格式进行判断，如判断用户输入的身份证号码或电子邮件是否正确等。除了自己编写方法进行判断外，还有另外一种方法，即使用正则表达式控件 RegularExpressionValidator。

RegularExpressionValidator 控件用于检查输入的内容与正则表示式所定义的模式是否匹配，此类验证用于检查可预测的字符序列，如电子邮件、电话号码和邮政编码等。

RegularExpressionValidator 控件的常用属性如表 2-23 所示。

表 2-23 RegularExpressionValidator 控件的常用属性

属性名	说明
ControlToValidate	获取或设置要验证的输入控件
Display	获取或设置验证控件中错误消息的显示行为，其值为 None、Static（默认值）和 Dynamic
ErrorMessage	获取或设置验证失败时显示的文本
ValidationGroup	验证程序所属的组
IsValid	获取或设置一个值，该值指示输入的控件是否通过验证
ValidationExpression	获取或设置确定字段验证模式的正则表达式

ASP.NET 中内置了几个常用的正则表达式，添加 RegularExpressionValidator 控件完成后找到 ValidationExpression 属性，接着打开【正则表达式编辑器】对话框，选择要使用的正则表达式就可以了，如图 2-17 所示。

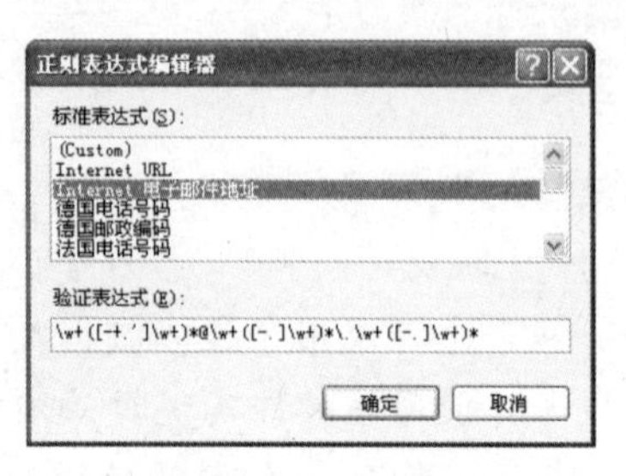

图 2-17 【正则表达式编辑器】对话框

除了通过选择设置表达式外，开发人员也可以直接设置该控件的 ValidationExpression 属性。常用的正则表达式如下。

```
非负整数（正整数+0）：^\d+$
正整数：^[0-9]*[1-9][0-9]*5
匹配中文字符的正则表达式：[\u4e00-\u9fa5]
匹配双字节字符（包括汉字在内）：[^\x00-\xff]
货币（非负数），要求小数点后有两个数字：\d+(\.\d\d)?
货币（正数或负数）：(-)?\d+(\.\d\d)?
```

如果想要判断用户输入的身份证号是否合法，具体代码如下。

```
<asp:TextBox ID="txtcardno" runat="server"></asp:TextBox>
<asp:RegularExpressionValidator ID="revTestCardNo" runat="server"
ErrorMessage="身份证号不正确！" ControlToValidate="txtcardno" Validation-
Expression="\d{17}[\d|X]|\d{15}"></asp:RegularExpressionValidator>
```

2.8.6 CustomValidator 控件

有时候对用户输入的内容验证比较特殊（如判断输入的数字是否为奇数），即当使用上述控件都不能满足需要时，开发人员可以定义一个自定义的服务器端验证函数，然后使用 CustomValidator 控件来进行调用。

CustomValidator 控件也叫自定义验证控件，该控件可使用自己编写的验证逻辑检查用户输入，使用此控件能够检查在运行时派生的值。CustomValidator 控件支持客户端脚本验证和服务器验证两种方法，它的常用属性如表 2-24 所示。

表 2-24 CustomValidator 控件的常用属性

属性名	说明
ClientValidationFunction	用户设置客户端验证的脚本函数
ControlToValidate	获取或设置要验证的输入控件
IsValid	获取或设置一个值，该值指示输入的控件是否通过验证

续表

属性名	说明
Display	获取或设置验证控件中错误消息的显示行为，其具体值为 None、Static（默认值）和 Dynamic
ErrorMessage	获取或设置验证失败时显示的文本
ValidateEmptyText	获取或设置一个值，该值指示是否验证空文本
OnServerValidate	服务器端验证的事件方法
EnableClientScript	指示是否在上级浏览器中对客户端执行验证

重新更改案例 2-1 的代码，用户输入完成后验证用户输入的数字是否为偶数，如果不为偶数提示用户重新输入。实现的主要步骤如下。

（1）向页面的合适位置添加两个 CustomValidator 控件，页面的主要代码如下。

```
<table width="100%" style="text-align:center">
  <tr><td colspan="2" style=" font-size:25px;">计算两个数字的和</td></tr>
  <tr><td>请输入第一个操作数：<asp:TextBox ID="txtfirst" runat=
  "server"></asp:TextBox></td>
  <td align="left">
    <asp:CustomValidator ID="cv1" runat="server" ErrorMessage="必须输入偶数
    " Display="Dynamic" ForeColor="Red" onservervalidate="cv1_Server-
    Validate"></asp:CustomValidator>
  </td>
  </tr>
  <tr><td>请输入第二个操作数：<asp:TextBox ID="txtsecond" runat="server">
  </asp:TextBox></td>
  <td align="left">
    <asp:CustomValidator ID="cv2" runat="server" ErrorMessage="必须输入偶数
    " Display="Dynamic" ForeColor="Red" onservervalidate="cv2_Server-
    Validate"></asp:CustomValidator>
  </td>
  </tr>
  <tr><td colspan="2"><asp:Button ID="btnAdd" runat="server" Text="计 算"
  onclick="btnAdd_Click" /></td></tr>
  <tr>
  <td align="center" colspan="2">
    <asp:Literal ID="Literal1" runat="server" Text="计算结果: "></asp:
    Literal>
    <asp:Label ID="lblresult" runat="server" style="color:White;" Text="">
    </asp:Label>
  </td>
  </tr>
</table>
```

（2）在服务器端通过设置 IsValid 属性对用户输入的内容进行验证，ServerValidate 事件的主要代码如下。

```
protected void cv1_ServerValidate(object source, ServerValidateEventArgs
args)
{
    int first = Convert.ToInt32(txtfirst.Text);
    if (first % 2 != 0)
        args.IsValid = false;
    else
        args.IsValid = true;
    }
    protected void cv2_ServerValidate(object source, ServerValidate-
    EventArgs args)
    {
        /* 省略对第 2 个数字的判断 */
}
```

（3）单击【计算】按钮时需要根据页面的 IsValid 属性判断页验证是否成功。Click 事件的主要代码如下。

```
protected void btnAdd_Click(object sender, EventArgs e)
{
    if (!string.IsNullOrEmpty(txtfirst.Text) && !string.IsNullOrEmpty
     (txtsecond.Text))
    {
        /* 省略获取输入的内容 */
        if (Page.IsValid)                        //判断页验证是否成功，如果成功
        lblresult.Text = (first + second).ToString();
    }
}
```

（4）重新运行本案例的代码，向文本框中输入内容后单击【计算】按钮进行测试。运行效果如图 2-18 所示。

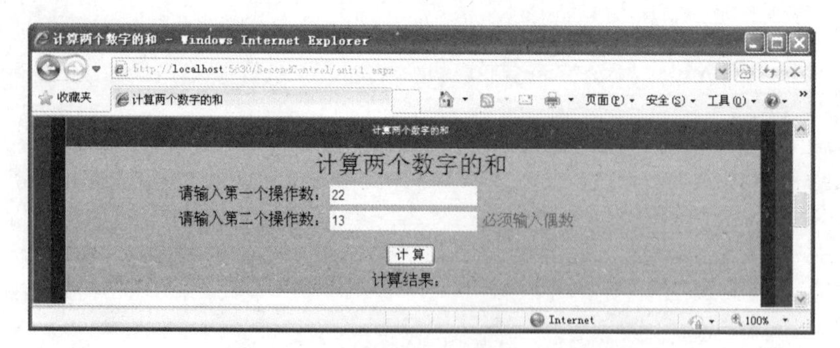

图 2-18　案例 12-1 更改后的运行效果

如果使用验证控件必须设置任何可能导致回发控件的 CausesValidation 属性，在代码的执行过程中必须检查 Page.IsValid 的属性值。

2.8.7 ValidationSummary 控件

ValidationSummary 控件用于在一个位置总结来自网页上所有验证程序的错误信息。该控件可以将错误信息归纳在一个简单的列表中，例如显示在页面中的一个段落或弹出的信息框中。

ValidationSummary 控件包括多个属性，常用属性如表 2-25 所示。

表 2-25　ValidationSummary 控件的常用属性

属性名	说明
DisplayMode	获取或设置验证摘要的显示模式，默认值为 BulletList
HeaderText	获取或设置显示在摘要上方的标题文本
ShowMessageBox	获取或设置一个值，该值指示是否在消息框中显示摘要信息
ShowSummary	获取或设置一个值，该值指示是否内联显示验证摘要
EnableClientScript	获取或设置一个值，用于指示该控件是否使用脚本更新自新

ValidationSummary 控件的 DisplayMode 属性用于设置控件中验证内容的显示格式。它的值是枚举类型 ValidationSummaryDisplayMode 的值之一。该枚举类型有 3 个值，具体说明如下。

- **BulletedList**　默认值，显示在项目符号中的验证摘要。
- **List**　显示在列表中的验证摘要。
- **SingleParagraph**　显示在单个段落内的验证摘要。

下面重新扩展案例 2-1 的代码，使用 ValidationSummary 控件显示所有的错误列表信息。在页面的合适位置添加 ValidationSummary 控件，设置该控件的 DisplayMode 属性和 ShowSummary 属性等。页面的主要代码如下。

```
<asp:ValidationSummary ID="vsAll" DisplayMode="BulletList" runat="server"
ShowMessageBox="false" ShowSummary="true" />
```

代码添加完成后重新输入数据单击【计算】按钮进行测试，运行效果如图 2-19 所示。

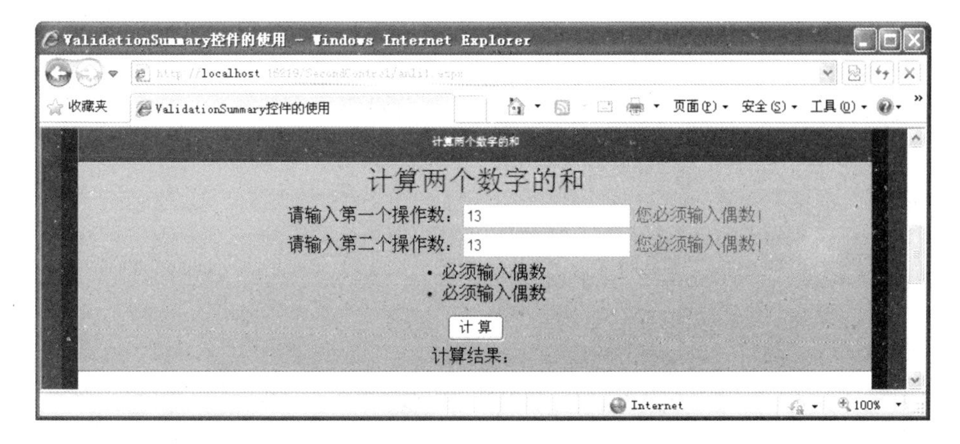

图 2-19　重新扩展案例 2-1 后的运行效果

如果使用 CustomValidator 控件验证用户输入的数据，代码完成后使用 ValidationSummary 控件将错误信息显示出来时，如果将该控件的 ShowMessageBox 属性设置为 true，则消息框没有任何显示效果。

2.9 项目案例：实现注册博客用户的功能

本章详细介绍了 ASP.NET 中常用的 Web 服务器控件和验证服务器控件，本节将前几节介绍的内容结合起来实现用户注册的功能。

【案例分析】

几乎所有的网站和系统中都实现了用户注册的功能，如人才招聘网、微博或博客、电子商务以及淘宝商城等。本节将常用的控件（如 TextBox 控件、Calendar 控件和 MultiView 控件等）结合起来实现注册博客用户的功能。

在本案例中使用容器控件 MultiView 显示内容信息，它包括用户注册信息和激活信息两部分的内容。用户注册部分主要使用 TextBox 控件表示用户输入信息，Calendar 控件用于选择出生日期，CheckBox 控件表示兴趣爱好，单击按钮后跳转到激活部分。实现的主要步骤如下。

（1）从【工具箱】项中向页面添加不同的 Web 服务器控件（如 MultiView 控件、View 控件和 TextBox 控件等），页面的部分设计效果如图 2-20 所示。开发人员可以根据效果添加相应的控件。（注意：直接使用 display=none 属性将 Calendar 控件隐藏。）

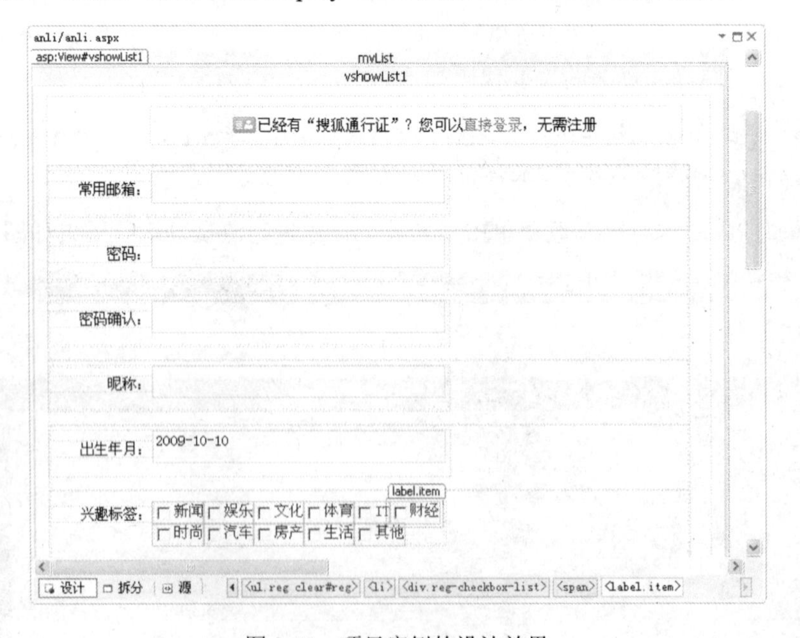

图 2-20 项目案例的设计效果

（2）向邮箱后添加 RequiredFieldValidator 控件和 RegularExpressionValidator 控件，然

后设置它们的 Display 属性、ErrorMessage 属性和 ControlToValidate 属性等，主要代码如下所示。

```
<asp:RequiredFieldValidator ID="rfvemail" runat="server" ErrorMessage="
电子邮箱不能为空! "Display="Dynamic" ForeColor="Red" ControlToValidate=
"txtuser">*</asp:RequiredFieldValidator>
<asp:RegularExpressionValidator ID="revemail" ControlToValidate="txtuser"
runat="server" Display="Dynamic" ErrorMessage="您输入的邮箱必须合法! "
ForeColor="Red" ValidationExpression="\w+([-+.']\w+)*@\w+([-.]\w+)*\.
\w+([-.]\w+)*">您输入的邮箱必须合法! </asp:RegularExpressionValidator>
```

（3）向密码框后添加 RequiredFieldValidator 控件表示密码必须输入；向密码确认框后添加 CompareValidator 控件判断两次输入的密码是否相等。其主要代码如下。

```
<asp:RequiredFieldValidator ID="rfvpass" runat="server" ErrorMessage="密
码必须输入! " ForeColor="Red" ControlToValidate="txtpassword" Display=
"Dynamic">*</asp:RequiredFieldValidator>
<asp:CompareValidator ID="cvpass" runat="server" ControlToCompare=
"txtpassword" ControlToValidate="txtagainpass" Display="Dynamic"
ErrorMessage="再次输入的密码不一致!" ForeColor="Red">再次输入的密码不一
致!</asp:CompareValidator>
```

（4）向昵称的输入框中添加 RequiredFieldValidator 控件表示昵称必须输入，页面代码非常简单，这里不再显示。

（5）鼠标放置出生日期输入框时触发 Click 事件显示 Calendar 控件；选中日期后触发该控件的 SelectionChanged 事件重新隐藏 Calendar 控件。页面代码和后台代码分别如下。

```
<asp:TextBox ID="txtbirthday" runat="server" Text="2009-10-10" class=
"showField"MaxLength="12" onclick="javascript:ShowBirth()"></asp:TextBox>
<script type="text/javascript" language="javascript">
function ShowBirth() {
    document.all.Calendar1.style.display = "block";
}
</script>
//页面后台代码
protected void Calendar1_SelectionChanged(object sender, EventArgs e)
{
    txtbirthday.Text = Calendar1.SelectedDate.ToShortDateString();
                                            //将选择的日期转换为短日期格式
    CssStyleCollection csc = Calendar1.Style;  //获取该日历控件的样式
    csc.Remove("display");                     //移除 Display 样式
    csc.Add("display", "none");                //重新添加样式
}
```

上述代码中前台页面使用 JavaScript 脚本控制 Calendar 控件的显示；后台页面主要通过 Style 属性控制控件的隐藏。其中，SelectedDate 属性表示用户选择的日期，Remove()方

法和 Add()方法分别表示移除和添加样式。

（6）单击【立即加入】按钮时跳转到注册激活页面部分。MultiView 控件可以直接使用静态属性获得当前活动的 View 控件，所有直接将按钮的 CommandName 属性值设置为 NextView。页面代码如下。


```
<asp:Button class="regBtn" type="submit" value="立即加入" data-log-click=
"register_now" CommandName="NextView" ID="btnSure" runat="server" Text="
立即加入" />
```

（7）代码完成后运行本案例，向输入框中输入内容后单击【立即加入】按钮进行测试，运行效果如图 2-21 所示。

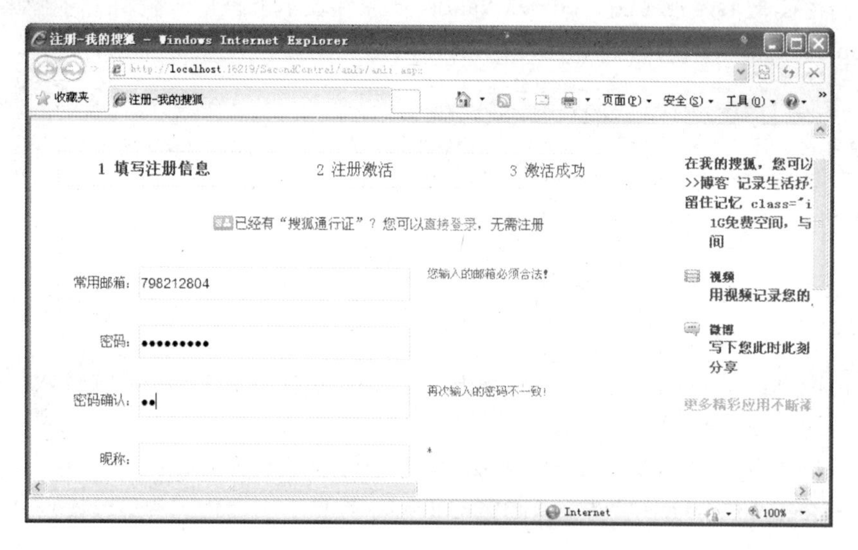

图 2-21　对输入的内容进行测试后的运行效果

（8）输入内容完成并且测试通过后单击【立即加入】按钮跳转到注册激活页面，运行效果如图 2-22 所示。

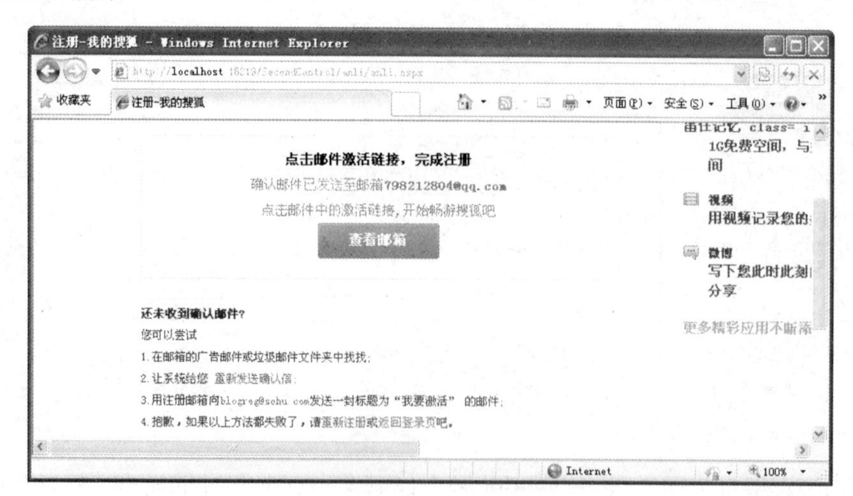

图 2-22　注册激活页面后的运行效果

2.10 习题

一、填空题

1．ASP.NET 中服务器控件主要分为 HTML 服务器控件、__________和验证服务器控件 3 类。

2．添加__________属性可以将 HTML 控件（元素）转换为 HTML 服务器控件。

3．ImageButton 控件中__________属性表示如果图像无法显示时显示的文本或图像显示时的提示文本。

4．当使用 TextBox 控件时，如果要文本框中输入的字符以密码方式显示（如“*”表示），则需要将该控件的 TextMode 属性设置为__________。

5．如果将多个单独的 RadioButton 控件形成一组具体 RadioButtonList 控件的功能，可以将__________的属性值设置为相同的组名来实现。

6．__________控件的 ActiveViewIndex 属性可以获取当前活动 View 控件的索引。

7．通过设置 BulletedList 控件的__________属性值可以将静态列表项与绑定数据的列表项组合起来。

二、选择题

1．关于服务器控件，下面__________的说法是正确的。

A. Web 服务器控件中可以将 runat=server 属性去掉，但是去掉后就是一般的 HTML 元素

B. 验证服务器控件中可以将 runat=server 属性去掉，但是去掉后就是一般的 HTML 元素

C．RequiredFieldValidator 控件是验证服务器控件，用来比较两个数值的大小

D．任何 HTML 元素添加上 runat=server 属性都可以成为 HTML 服务器控件

2．如果验证某个 TextBox 控件中输入的年龄大于 15 岁，小于 100 岁。此时应该使用的验证控件是__________。

A．RangeValidator 控件

B．RequiredFieldValidator 控件

C．RequiredFieldValidator 控件和 RangeValidator 控件

D．CompareValidator 控件和 RequiredFieldValidator 控件

3．如果用户信息必须填写出生日期，那么注册时日期的验证需要使用__________控件。

A．RegularExpressionValidator 控件

B．RequiredFieldValidator 控件

C．ValidationExpression 控件

D．ValidationSummary 控件

4．在下面选项中，__________的说法是正确的。

A．BulletedList 控件用于创建一个无序或有序的列表，其实现效果和 Word 文件中的项目符号与编号很相似

B．CheckBox 控件和 CheckBoxList 控件都是复选框按钮，它们没有多大区别

C．RadioButton 控件和 RadioButtonList 控件都是单选框按钮，它们没有多大区别

D．ListBox 控件中 SelectionMode 属性的默认值是 Multiline

5．ValidationSummary 控件的作用是__________。

A．集中显示所有的验证结果

B．判断输入的数据是否超出范围

C．比较输入的数据是否和某个固定值相等

D．获取所有的总和数

三、上机练习

1．使用 Web 服务器控件和验证控件制作注册页面

使用 Web 服务器控件（如 TextBox 控件、DropDownList 控件和 RadioButtonList 控件等）和验证控件（如 RequiredFieldValidator 控件）实现 QQ 注册的功能。实现的页面效果如图 2-23 所示。读者可以根据效果图添加相应的控件进行布局。

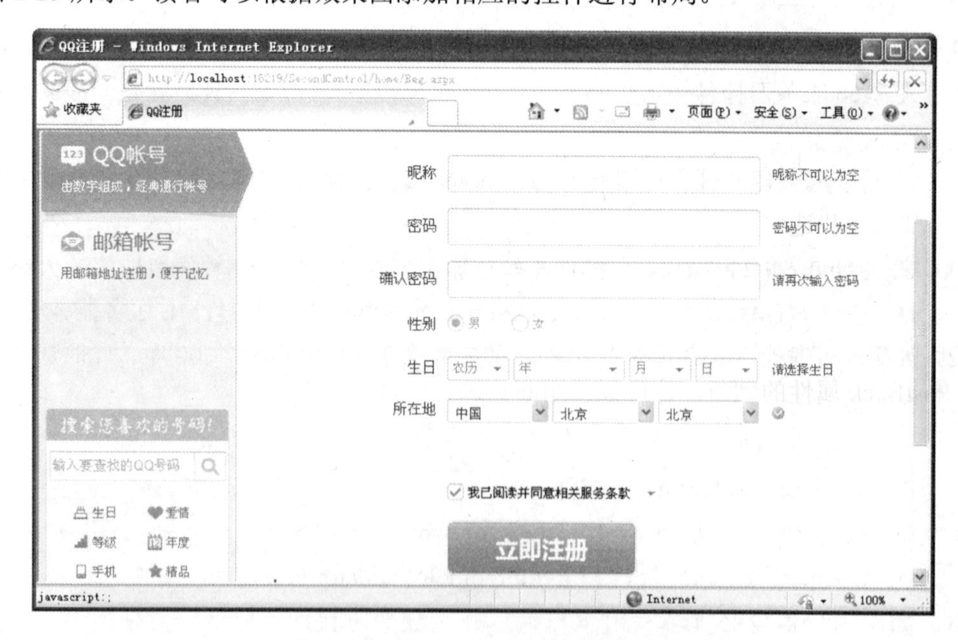

图 2-23　QQ 注册功能实现的运行效果

2.11 实践疑难解答

2.11.1 ASP.NET 中如何避开服务器控件的验证

ASP.NET 中如何避开服务器控件的验证
网络课堂：http://bbs.itzcn.com/thread-19675-1-1.html

【问题描述】：各位前辈好！我们使用验证控件的时候，在某些特定情况下可能需要避开验证。如在某个页面中及时用户没有正确填写所有的验证字段也可以提交该页，到底应该怎么实现呢？求解！

【解决办法】：要解决这个问题，需要设置 ASP.NET 服务器控件来避开客户端和服务器端的验证。这时，可以通过 3 种方式禁用数据验证。

（1）在特定控件中禁用验证，可以将相关控件的 CausesValidation 属性设置为 false。

（2）禁用验证控件，将验证控件的 Enabled 属性设置为 false。

（3）禁用客户端控件，将验证控件的 EnableClientScript 属性设置为 false。

2.11.2 DropDownList 控件回传数据

ASP.NET 中 DropDownList 控件如何回传数据
网络课堂：http://bbs.itzcn.com/thread-19676-1-1.html

【问题描述】：小弟最近刚开始学习 ASP.NET 服务器控件，我用 DropDownList 控件实现了一个小例子。当触发该控件的 SelectedIndexChanged 事件时，动态显示不同的图像，但是为什么当我选中下拉框的不同选项时没有任何反应？

【解决办法】：这位同学，DropDownList 控件中有一个 AutoPostBack 属性，该属性用于指示用户更改列表中的选定内容时是否自动产生向服务器的代码，默认值为 false。你必须将它设置为 true，然后重新运行你的项目查看效果。如果还是不行的话，你可以看看你对 IsPostBack 属性的判断，也可以使用断点进行调试。加油啊！

第3章 ASP.NET 的系统对象和状态管理

ASP.NET 改变了传统 Web 开发的很多习惯，但是读者在进行开发的时候还是会使用到请求对象、会话对象和响应对象等。ASP.NET 提供了一系列的对象来操作 ASP.NET 网站的请求、状态和配置，本章将详细介绍常见的系统对象。

通过本章的学习，读者可以了解 Request、Response、Session、Application 和 Cookie 等对象的使用方法，并且能够使用这些对象熟练地处理 ASP.NET 网站的请求和响应等。

本章学习要点：

- 了解 ASP.NET 的运行机制。
- 掌握 Request 对象和 Response 对象的常用属性和方法。
- 掌握 Page 对象的常用属性。
- 掌握 Cookie、Session 和 Application 的使用方法。
- 熟悉 ViewState 对象的使用方法。
- 掌握 Cookie、Session、Application 和 ViewState 的不同点。
- 熟悉 Server 对象的常用属性和方法。
- 掌握页面传值的几种方法。
- 掌握页面跳转的常用方法。

3.1 ASP.NET 运行机制

ASP.NET 文件编译后才会执行，在介绍 ASP.NET 的对象之前先了解下 ASP.NET 的运行机制，如图 3-1 所示。

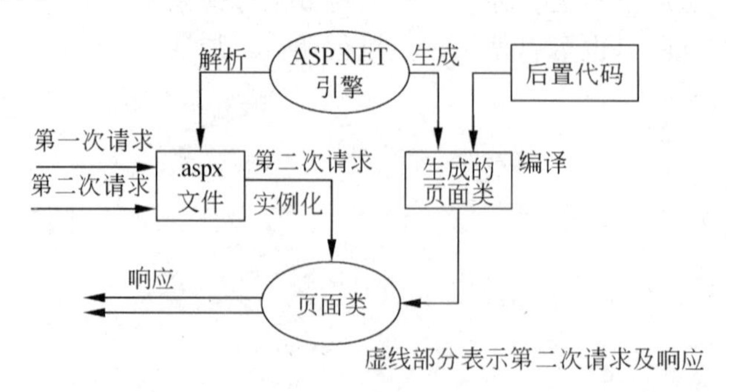

图 3-1 ASP.NET 运行机制

在图3-1中，仅仅展示了Web服务器将请求提交给ASP.NET处理程序的过程。ASP.NET页面有.aspx文件和.cs文件构成，两者是局部类的关系。用户访问时只能访问.aspx文件（Web服务器会屏蔽掉不合适的后缀名请求），此时ASP.NET引擎会编译.aspx文件和.cs文件并合并成页面类。用户请求经处理后，返回处理结果，这是第一次的请求过程。当第二次请求该页面时，由于页面类已经存在于内存中，所以省去了编译的环节只剩下执行和输出了。

.aspx 页面在第一次执行时会有一个编译的过程，页面在执行之前需要将aspx页及其后台代码编译成页面类，然后再执行页面中的处理方法。当第二次执行时，页面类已经存在不再执行编译过程，所以执行时间比第一次短。

3.2 系统对象

ASP.NET页面中包含一系列的对象，这些对象在页面中可以直接使用，可以将它们称为系统对象。表3-1列出了ASP.NET中常见的系统对象。

表 3-1 ASP.NET 常见的系统对象

对象名	说明
Page	指向页面自身的方式，在整个页面的执行期内，都可以使用该对象
Request	它封装了由Web浏览器或其他客户端生成的HTTP请求的细节，提供从浏览器读取信息或读取客户端信息等功能，用于页面请求期
Response	它封装了返回到HTTP客户端的输出信息，提供向浏览器输出信息或者发送指令，用于页面执行期
Server	它提供了服务器端的一些属性和方法，如文件的绝对路径等
Application	为所有用户提供共享信息，作用于整个应用程序运行期
Session	为某个用户提供共享信息，作用于会话期
Cookie	保存在客户端为单个用户提供信息

本节将详细介绍ASP.NET的系统对象，包括它们的概念、属性和使用方法等内容。

3.2.1 Request 对象

Request对象用来获取客户端在请求一个页面或传送一个Form时提供的所有信息。它包括用户的HTTP变量、能够识别的浏览器、存储客户端的Cookie信息和请求地址等。

Request对象是System.Web.HttpRequest类的对象，它的常用属性如表3-2所示。

表 3-2 Request 对象的常用属性

属性名	说明
QueryString	获取HTTP查询字符串变量集合，主要用于收集HTTP协议中Get请求发送的数据
Form	获取窗体或页面变量的集合，用于收集Post方法发送的请求数据
ServerVarible	环境变量集合包含了服务器和客户端的系统信息

续表

属性名	说明
Params	它是 QueryString、Form 和 ServerVarible 这 3 种方式的集合，不区分是由哪种方式传递的参数
Url	获取有关当前请求的 URL 信息
UserHostAddress	获取远程客户端的 IP 主机地址
UserHostName	获取远程客户端的 DNS 名称
IsLocal	获取一个值，该值指示该请求是否来自本地计算机
Browser	获取或者设置有关正在请求的客户端的浏览器功能信息

除了常用属性外，Request 对象也包含多个方法。例如，BinaryRead()方法执行对当前输入流进行指定字节数的二进制读取；SaveAs()方法将 HTTP 请求保存到磁盘。

下面通过一个具体案例演示如何使用 Request 对象。

【实践案例 3-1】

在新建项目中添加一个页面，然后向该页面中添加 4 个 Label 控件分别表示主机名称、IP 地址、请求页面和头部信息。页面部分的具体代码如下。

```
当前的主机名称: <asp:Label ID="lblhostname" runat="server" Text=""></asp:
Label><br />
当前的 IP 地址: <asp:Label ID="lblipaddress" runat="server" Text=""></asp:
Label><br />
当前的请求页面: <asp:Label ID="lblhostpage" runat="server" Text=""></asp:
Label><br />
-------------------------------------------------------------<br />
遍历头部信息:
<asp:Label ID="lblheader" runat="server" Text=""></asp:Label>
```

向该页面的 Load 事件中添加如下的代码。

```
protected void Page_Load(object sender, EventArgs e)
{
    lblhostname.Text = Request.UserHostName;
                              //获得客户端浏览器所在主机的 DNS 名称
    lblipaddress.Text = Request.UserHostAddress;    //获得 IP 地址
    lblhostpage.Text = Request.Url.ToString();     //获得 URL 信息
    int count = Request.Headers.Keys.Count;        //浏览器头部信息的个数
    for (int i = 0; i < count; i++)                //遍历头部信息
    {
        string key = Request.Headers.Keys[i];
        /* 添加内容到页面标签控件中 */
        lblheader.Text = key + ":" + Request.Headers[key] + "<br/>";
    }
}
```

在上述代码中，分别调用 Request 对象的 UserHostName 属性、UserHostAddress 属性和 Url 属性获得客户端浏览器所在主机的 DNS 名称、IP 地址和 URL 信息。然后，使用 for

语句遍历 Request 对象的 Header 属性的 Keys 集合，取出键后获得相应键的值后向页面展示所有的值。运行本案例代码最终效果如图 3-2 和图 3-3 所示。

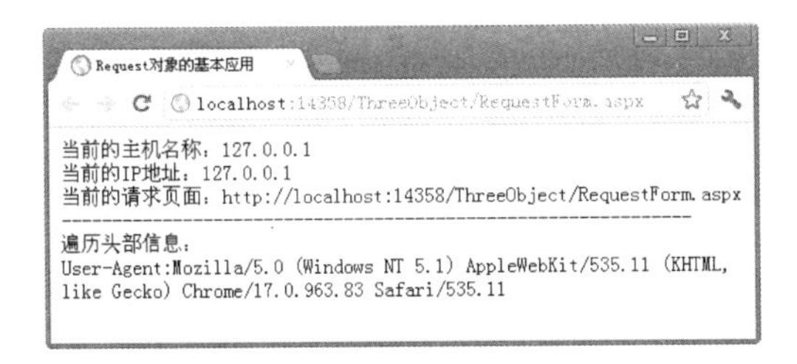

图 3-2　Chrome 浏览器的显示效果

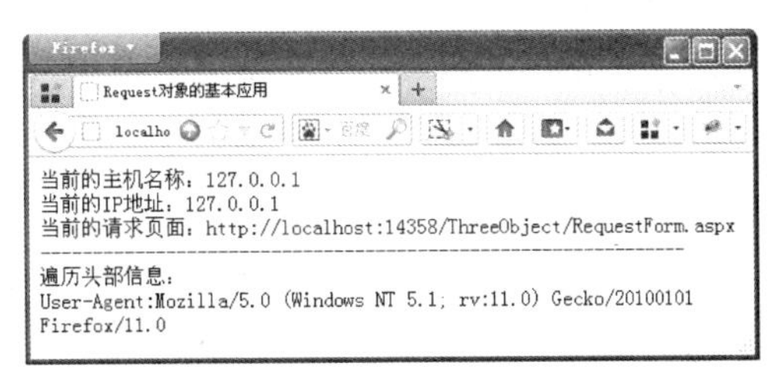

图 3-3　Filefox 浏览器的显示效果

因为浏览器不同，所以同样的访问其封装的数据也不尽相同。从返回信息中可以知道浏览器能接收的文档类型、字符集、编码、语言、请求主机地址和浏览器等版本的详细信息。

3.2.2　Response 对象

Response 对象用于输出数据到客户端，包括向浏览器输出数据、重定向浏览器到另一个 URL 或向浏览器输出 Cookie 文件等。

Response 对象是 System.Web.HttpResponse 类的对象，它可以在页面的任何地方使用。该对象的常用方法如表 3-3 所示。

表 3-3　Response 对象的常用方法

方法名	说明
Write()	输出指定的内容
WriteFile()	读取文件并写入客户端输出流
Clear()	清除缓存区流中的所有输出内容
Close()	关闭到客户端的套接字连接
End()	Web 服务器停止当前的程序并返回结果
Redirect()	将一个页面重新定向到另一个页面，地址栏中地址会发生改变

除了常用的方法外，Rcsponsc 对象也包含多个属性，如表 3-4 所示。

表 3-4　Response 对象的常用属性

属性名	说明
Charset	获取或设置响应数据流的字符集
ContentType	获取或设置输出流的 HTTP MIME 类型，默认值是 text/html
BufferOutput	获取或设置一个值，该值指示是否缓冲输出并在处理完整个页面之后发送

下面主要通过一个案例演示如何使用 Response 对象的方法和属性。

【实践案例 3-2】

在后台程序中经常需要向页面输出一些文本信息，如弹出对话框提示、单击某个按钮输出某句话、显示友好提示以及跳转页面等。本案例实现后台用户登录的功能，页面设计效果如图 3-4 所示，用户可以根据效果图添加相应的控件进行设置。

图 3-4　案例 3-2 的设计效果

用户单击【关闭】按钮时关闭当前页面，实现代码非常简单，这里不再显示。单击【登录】按钮时根据用户名和密码判断是否登录成功，如果登录成功跳转到当前页面，否则弹出错误信息提示。【登录】按钮的具体代码如下。

```
protected void ibtLogin_Click(object sender, ImageClickEventArgs e)
{
    string username = txtnames.Text;                        //获得输入的用户名
    string userpass = txtpasss.Text;                        //获得输入的密码
    if (username == "admin" && userpass == "admin")//判断用户名和密码
    {
        Response.Redirect("ResponseForm.aspx");     //跳转页面
    }
    else
    {
        Response.Write("<script>alert('用户名或者密码错误！')</script>");
                                                            //错误提示
    }
}
```

在上述代码中，分别声明两个变量 username 和 userpass 保存输入的用户名和密码。如果用户名和密码都等于 admin 调用 Response 对象的 Redirect()方法重新跳转到当前页面；否则使用 Response 对象的 Write()方法输出弹出的脚本提示。

运行本案例的代码，向输入框中输入用户名和密码进行测试。单击【登录】按钮提示出错的效果如图 3-5 所示。

3.2.3　Page 对象

每一个 ASP.NET 的页面都会对应一个页面类，Page 对象就是页面类的实例。它是由

System.Web.UI 命名空间中的 Page 类来实现的，作为公有属性被声明在 System.Web.UI.Control 类中，该对象又被 System.Web.UI.TemplateControl 类继承。Page 类又继承自 TemplateControl 类，所以页面中可以直接使用 Page 对象。该对象中包含多个属性，如 Request 属性可以获得请求的 HttpRequest 对象、Session 属性可以获取当前的 Session 对象以及 IsPostBack 属性可以判断是否为首次加载等。其常用属性如表 3-5 所示。

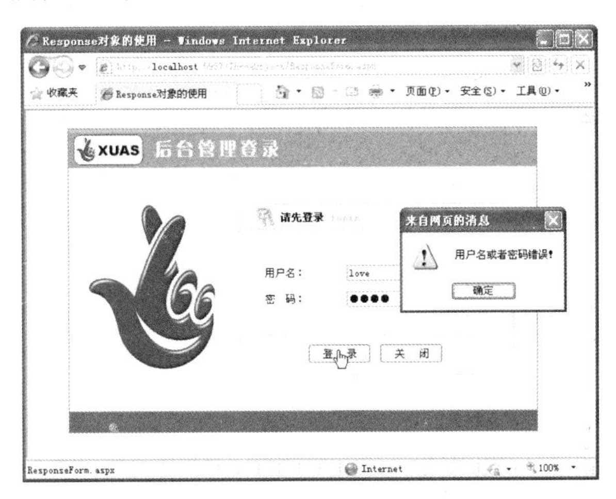

图 3-5 案例 3-2 登录错误的信息提示

表 3-5 Page 对象的常用属性

属性名	说明
IsPostBack	获取一个值，该值表示该页是否正在为响应客户端回发而加载。如果为 true 表示回传，否则为首次加载
IsValid	获取一个值，该值表示页面是否通过验证，一般在包含有验证服务器控件的页面中使用
IsCrossPagePostBack	获取一个值，该值指示跨页回发中是否指示该页
Application	为当前 Web 请求获得 Application 对象
Request	获取请求页的 HttpRequest 对象
Response	获取与 Page 关联的 HttpResponse 对象
Session	获取 ASP.NET 提供的当前 Session 对象
Server	获取 Server 对象，它是 HttpServerUtility 类的实例

Page 对象的常用方法如表 3-6 所示。

表 3-6 Page 对象的常用方法

方法名	说明
DataBind()	将数据源绑定到被调用的服务器控件及其所有子控件
RegisterClientScriptBlock()	向页面发出客户端脚本块
FindControl()	在页命名容器中搜索带指定标识符的服务器控件
RegisterStartupScript	在页响应中发送客户端脚本块
Validate()	指示指定验证组中的验证控件指派给它们的信息

除了常用的属性和方法外，Page 对象也包含多个内置事件。其常用事件如表 3-7 所示。

表 3-7　Page 对象的常用事件

事件名	说明
PreInit	在页面初始化开始时发生
InitComplete	在页面初始化完成时发生
PreLoad	在页面内容加载之前发生
LoadComplete	在页面生命周期加载阶段结束时发生
PreRenderComplete	在呈现页面内容之前发生
SaveStateComplete	在页面完成对页和页上控件的所有视图状态和控件状态信息的保存后发生

下面使用 Page 对象的属性和方法重新更改实践案例 3-2。实现的主要步骤如下。

（1）向页面设计中添加服务器控件，其登录部分的设计效果如图 3-6 所示。

图 3-6　登录设计效果

在图 3-6 中设置【登录】按钮的 PostBackUrl 属性值，将它的值指向 PageSuccess.aspx 页面。该属性表示单击按钮时所发送的 URL 地址，此属性可以实现跨页数据传递的功能。

（2）页面首次加载时为用户名和身份设置内容，Load 事件的具体代码如下。

```
protected void Page_Load(object sender, EventArgs e)
{
    if (!Page.IsPostBack)                  //如果为首次加载
    {
        txtnames.Text = "accp";            //设置用户名的默认值
        ddlrole.Items.Add("超级管理员");   //向 DropDownList 控件中添加数据
        ddlrole.Items.Add("普通管理员");
        ddlrole.Items.Add("一般用户");
    }
}
```

在上述代码中，使用 Page 对象的 IsPostBack 属性对页面进行判断。该属性返回一个布尔值，如果为 true 表示页面为回传，否则就是首次加载。

（3）向 PageSuccess.aspx 页面中添加两个 Label 控件，然后为该页面的 Load 事件添加如下的代码。

```
if (Page.PreviousPage != null)                    //获取向当前页传输控件的页是否为空
{
    if (PreviousPage.IsCrossPagePostBack)    //判断是否使用跨页提交
    {
        string name = ((TextBox)this.PreviousPage.FindControl
         ("txtnames")).Text;                        //获取用户名
        string pass = ((TextBox)this.PreviousPage.FindControl
        ("txtpasss")).Text;                         //获取父页面的密码
        string role = ((DropDownList)this.PreviousPage.FindControl
        ("ddlrole")).SelectedValue;                 //获取身份
        if (name != "admin" || pass != "admin")       //判断用户名和密码
        Page.ClientScript.RegisterStartupScript(GetType(), "",
        "<script>alert('用户名或者密码不正确！')</script>");
        else
        {
            lblname.Text = name + "，欢迎您的登录！您现在的身份是：";
            lblrole.Text = role;
        }
    }
}
```

在上述代码中，首先使用 Page 对象的 PreviousPage 属性判断向当前页传输的源页面是否为空；接着使用 IsCrossPagePostBack 属性判断是否使用跨页提交；然后使用源页面的 FindControl()方法通过控件 ID 找到相应控件的对象。如果用户登录失败调用 Page 对象的 ClientScript 属性获取当前客户端脚本管理对象的实例，紧接着使用 RegisterStartupScript()方法向当前页面注册输出一段 JavaScript 代码。

（4）重新运行本案例，登录页面的效果如图 3-7 所示。

图 3-7　案例 3-2 更改后登录页面的显示效果

在图 3-7 中分别输入用户名和密码进行测试，单击【登录】按钮提交输入信息。PageSuccess.aspx 页面输出的内容如下。

```
admin，欢迎您的登录！您现在的身份是：普通管理员
```

在本案例中，源页面表示登录页面，目标页面表示 PageSuccess.aspx 页面。只有源页面和目标页面都属于同一个应用程序时，目标页面才可以访问该页面上控件的内容。另外，PostBackUrl 属性的控件只有 Button、LinkButton 和 ImageButton，所示要使用 PostBackUrl 属性实现跨页数据传递，必须使用这三种控件。

3.3 状态保持

对网上购物的用户来说登录成功后需要保存用户的信息，如本次登录时间、登录的用户名和密码等。ASP.NET 中包含 4 个重要的状态保持对象：Cookie、Session、Application 和 ViewState。本节详细介绍这些对象的相关知识，包括它们的概念、属性、方法以及如何使用等内容。

3.3.1 Cookie 对象

Cookie 就是 Web 服务器保存在用户硬盘上的一段文本。它允许一个 Web 站点在用户的电脑上保存信息并且随后再取回它，信息的片断以键/值对的形式存储。

Cookie 是保存在客户机硬盘上的一个文本文件，在 ASP.NET 中对应 HttpCookie 类。Cookie 对象为 Web 应用程序保存用户的相关信息提供了一种有效的方法，它可以存储有关特定客户端、会话或应用程序的信息。每一个 Cookie 对象都属于集合 Cookies，所以可以使用索引器的方式获得 Cookie。

Cookie 对象中包含多个属性和方法，其常用属性如表 3-8 所示。

表 3-8　Cookie 对象的常用属性

属性名	说明
Name	获取或设置 Cookie 的名称
Value	获取或设置单个 Cookie 值
Values	获取单个 Cookie 对象所包含的键值对的集合
Path	获取或设置与当前 Cookie 一起传输的虚拟路径
Expires	获取或设置 Cookie 的过期日期和时间

在 ASP.NET 中 Cookie 有两种类型：会话 Cookie（Session Cookie）和持久性 Cookie。前者是临时性的，一旦会话状态结束它将不复存在；后者则具有确定的过期日期，在过期之前 Cookie 在用户的计算机上以文本文件的形式存储。

写入 Cookie 对象时需要使用 Response 对象，两种创建方法如下所示：

```
Response.Cookies[Cookie 的名称].Value = 变量值;        //第一种创建方法
HttpCookie hcCookie = new HttpCookie("Cookie 的名称","值");//第二种创建方法
Response.Cookies.Add(hcCookie);
```

读取 Cookie 对象时需要使用 Request 对象，其语法形式如下：

```
string 变量名 = Request.Cookies[Cookie 的名称].Value;
```

由于 Cookie 存储在客户端，所以它受到客户端浏览器的限制，一般不使用它进行客户登录的判断，并且最好不要使用它保存敏感信息。

【实践案例 3-3】

一些大中型企业经常会在网站的首页设立一项在线投票的功能，以便能够及时地了解企业的产品或服务在市民心中的地位。为了在投票系统中确保准确率，防止重复投票是一项必不可少的功能。本案例将介绍如何使用 Cookie 对象在投票系统中防止重复投票。实现的具体步骤如下。

（1）在新建的网站项目中添加一个页面，该页面的设计效果如图 3-8 所示。用户可以根据效果图添加相应的内容进行布局。

图 3-8　案例 3-3 效果图

（2）单击【提交】按钮实现防止重复投票的功能，为该按钮的 Click 事件添加如下代码。

```
protected void btnSubmit_Click(object sender, EventArgs e)
{
    string userip = Request.UserHostAddress.ToString();
                                        //获取用户的主机 IP 地址
    HttpCookie hcCookie = Request.Cookies["UserIP"];    //读取 Cookie 对象
    if (hcCookie == null)        //判断指定的 ID 是否已经投过票了，如果没有投票
```

```
        {
            HttpCookie newCookie = new HttpCookie("UserIP");    //写入 Cookie
            newCookie.Expires = DateTime.MaxValue;              //设置失效日期
            newCookie.Values.Add("AddressIP", userip);
            Response.AppendCookie(newCookie);
            Page.ClientScript.RegisterStartupScript(GetType(), "", "<script>
            alert('投票成功，谢谢您的参与！')</script>");
            return;
        }
        else                        //如果已经投过了，则弹出提示对话框
        {
            string oldip = hcCookie.Values[0];
            if (userip.Trim() == oldip.Trim())
            {
                Page.ClientScript.RegisterStartupScript(GetType(), "",
                "<script>alert('一个 IP 地址只能投一次票，谢谢您的参与！')</script>");
                return;
            }
            else
            {
                HttpCookie newCookie=new HttpCookie("UserIP");//重新写入 Cookie
                newCookie.Expires = DateTime.MaxValue;      //设置失效日期
                newCookie.Values.Add("AddressIP", userip);
                Response.AppendCookie(newCookie);
                Page.ClientScript.RegisterStartupScript(GetType(), "",
                "<script>alert('投票成功，谢谢您的参与！')</script>");
                return;
            }
        }
    }
```

在上述代码中，Request 对象的 UserHostAddress 属性获取用户主机的 IP 地址，接着使用 hcCookie 对象保存 Cookies 属性读取的 Cookie 对象。根据 hcCookie 对象的值进行判断，如果值为空则使用 Response 对象写入 Cookie，然后调用 Page 对象输出客户端的脚本；否则判断 hcCookie 对象中存储的值和主机 IP 地址是否相等，如果相等弹出提示，如果不等将值重新写入 Cookie 对象。

（3）运行本案例，单击【提交】按钮进行测试，最终效果如图 3-9 所示。

3.3.2 Session 对象

尽管 Cookie 对象可以存储一些状态信息，但是由于 Cookie 对象本身存在着一些限制，如安全性不高、自身内存小并且 Cookie 可以被禁用等，故为了解决 Cookie 的问题，ASP.NET 提供了另外一种对象：Session。

图 3-9　案例 3-3 运行效果

浏览器请求 Web 服务器，Web 服务器在需要保存用户状态的时候会为浏览器创建一个会话状态保存对象 Session。该对象有一个唯一的标识列 SessionID，使用 Session.SessionID 属性客户获得 SessionID。在对浏览器请求做出响应时会把 SessionID 一并发送给浏览器，下一次请求访问时将 SessionID 提交给服务器，服务器根据 SessionID 在服务器上查找相对应的会话状态持续使用。

Session 对象默认保存在服务器的内存中，它可以像数据字典一样存储和读取数据，其语法形式如下。

```
Session["keyname"] = value;或者 Session[0] = value;       //存储 Session
value = Session["keyname"];或者 value = Session[0];       //写入 Session
```

Session 对象是 System.Web.SessionState.HttpSessionState 类的实例，它的常用属性和方法如表 3-9 和表 3-10 所示。

表 3-9　Session 对象的常用属性

属性名	说明
Contents	获取对当前会话状态对象的引用
CookieMode	获取一个值，该值指示是否为 Cookie 会话配置应用程序
Count	获取会话状态集合中的项数
Keys	获取存储在会话状态集合中所有值的键的集合
Mode	获取当前会话状态模式
SessionID	获取会话的惟一标识符
Timeout	获取并设置在会话状态提供程序终止会话之前各请求所允许的时间

下面主要通过一个案例演示 Session 对象的使用方法。

表 3-10 Session 对象的常用方法

方法名	说明
Abandon()	取消当前会话
Add()	向会话状态集合添加一个新项
Clear()	清除会话状态集合中所有的键和值
Remove()	删除会话状态集合中的项
RemoveAll()	从会话状态集合中移除所有的键和值
RemoveAt()	删除会话状态中指定索引的项

【实践案例 3-4】

一般的管理系统登录界面需要将用户登录的用户信息进行保存，以便在登录成功后的主界面中显示用户的个人信息，如用户名、登录账号和角色等。实现的主要步骤如下。

（1）在新建的项目中添加名称为 User 的实体类表示用户登录信息。该类主要包括用户 ID、用户名、密码和角色等内容，主要代码如下。

```
public class User
{
    public User(){}                                   //无参构造函数
    public User(int id, string username, string userpass, string role)
                                                      //有参构造函数
    {
        this.userid = id;
        this.userName = username;
        this.userRole = role;
    }
    private int userid;                               //用户 ID
    private string userName;                          //用户名
    private string userPass;                          //密码
    private string userRole;                          //用户角色
    public string UserRole
    {
        get { return userRole; }
        set { userRole = value; }
    }
    /* 省略对其他字段属性的封装 */
}
```

（2）重新添加登录页面，页面效果如图 3-6 所示。单击【登录】按钮时判断输入的用户名和密码是否正确，具体代码如下。

```
protected void ibtLogin_Click(object sender, ImageClickEventArgs e)
{
    string username = txtnames.Text;                      //获得用户名
    string userpass = txtpasss.Text;                      //获得用户密码
    if (username == "foverlove" && userpass == "foverlove")
```

```
                                                    //判断用户名和密码
    {
        User user = new User(1,username,userpass,ddlrole.SelectedValue);
                                                    //获取用户角色
        Session["User"] = user;                     //使用 Session 保存用户信息
        Response.Redirect("/ThreeObject/Session/web/Cookie_
        SessionForm.aspx");                         //跳转页面
    }
    else
        Page.ClientScript.RegisterStartupScript(GetType(),"","<script>
        alert('对不起，您输入的用户名或密码错误！')</script>");
}
```


在上述代码中，首先判断用户输入的用户名和密码是否成功。如果登录成功调用 User 类的构造函数创建实例对象 user，然后调用 Session 对象保存用户信息后跳转页面，否则弹出错误提示。

（3）在登录成功后的主界面中显示用户名和角色，运行的最终效果如图 3-10 所示。

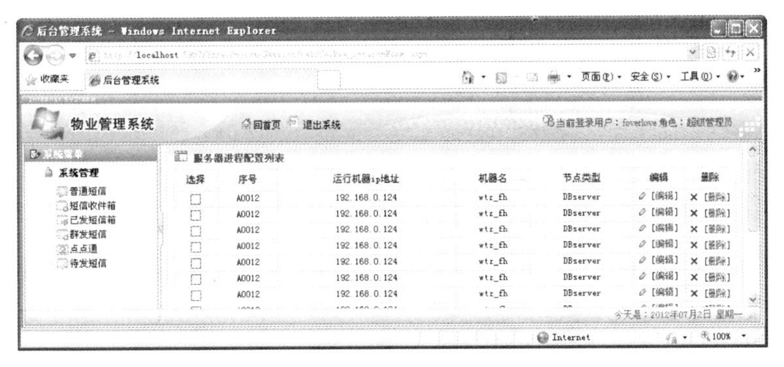

图 3-10　案例 3-4 登录成功后的主界面

（4）为主界面顶部区域的 Load 事件添加如下的代码。

```
User user = Session["User"] as User;
if (user != null)
{
    lblname.Text = user.UserName;
    lblrole.Text = user.UserRole;
}
```

在上述代码中，直接使用 Session 对象取出 User 的值，取出的值为 Object 类型，所以需要进行强制类型转换。然后判断 user 对象的值是否为空，如果不为空将用户名和角色在主界面中显示出来。

3.3.3　Application 对象和 Global.asax 文件

Application 对象是一个应用程序级的对象，它用于在所有用户间共享信息，并且可以在 Web 应用程序运行期间持久的保持数据。由于 Application 对象在整个应用程序生存周期中都有效，所以可以在不同的页面访问该对象的值。

Application 对象是 System.Web.HttpApplicationState 类的实例，该对象常用的属性有 3 个，具体说明如下所示。

- **Allkeys** 获取 HttpApplicationState 集合中的访问键。
- **Count** 获取 HttpApplicationState 集合中的对象数。
- **Item** 允许使用索引或 Application 变量名称传回内容值。

除了属性外，Application 对象中也包含多个方法，其具体说明如表 3-11 所示。

表 3-11 Application 对象的常用方法

方法	说明
Add()	将新的对象添加到 HttpApplicationState 集合中
Remove()	从 HttpApplicationState 集合中移除命名对象
RemoveAt()	按索引从集合中移除单个 HttpApplicationState 对象
RemoveAll()	从 HttpApplicationState 集合中移除所有对象
Clear()	从 HttpApplicationState 集合中清除所有对象
GetKey()	通过索引获取 HttpApplicationState 对象名
Set()	更新 HttpApplicationState 集合中的对象值
Lock()	锁定全部的 Application 变量
UnLock()	解除锁定的 Application 变量

Application 对象可以用来统计访问人数、历史访问次数和用户在线时长等问题。它通常和 Global.asax 文件一起使用。

Global.asax 文件是一个全局应用程序类，它主要用户监控应用程序、会话和请求等对象的运行状态。该文件存储存在应用程序的根目录下，为 System.Web.HttpApplication 类的子类。它包含一系列的方法，具体说明如表 3-12 所示。

表 3-12 Global.asax 文件的常用方法

方法	说明
Application_AuthenticateRequest()	认证请求时候触发该方法
Application_BeginRequest()	开始一个新的请求时触发事件，每次 Web 服务器被访问都执行该方法
Application_End()	应用程序结束事件，在这里可以做一些停止应用程序的善后工作
Application_Error()	应用程序出现错误时触发，可以做一些错误处理操作
Application_Start()	应用程序启动事件，可以在这里做一些全局对象初始化操作
Session_Start()	创建一个会话时执行该方法，在 Session 对象创建时触发
Session_End()	结束一个会话时执行该方法，在 Session 对象销毁时触发

下面主要通过案例演示如何将 Application 对象和 Global.asax 文件结合起来查看文章的历史访问数量。

【实践案例 3-5】

大多数的网站都具有统计网站访问量的功能，通过网站的访问量可以清楚地反映网站的人气指数。本案例利用 Application 对象和 Global.asax 文件来实现文章访问数量统计的功能。实现的主要步骤如下。

（1）在网站项目中添加新的页面，该页面的设计效果如图 3-11 所示。用户可以根据效果图添加相应的内容和控件。

图 3-11　案例 3-5 设计效果图

（2）打开 Global.asax 文件，当应用程序启动时初始化文章访问数量的全局参数。在 Application_Start()方法中添加如下代码。

```
void Application_Start(object sender, EventArgs e)
{
    if (Application["totalcount"] == null)
        Application["totalcount"] = 0;
}
```

（3）当会话启动时需要获取 Application 对象中的数据信息并且使访问数量加 1，其具体代码如下。

```
void Session_Start(object sender, EventArgs e)
{
    Application.Lock( );                        //锁定 Application 对象的访问
    int count = (int)Application["totalcount"];     //获取访问数量
    count++;                                    //将访问数量加 1
    Application["totalcount"] = count;  //重新为 Application 对象赋值
    Application.UnLock();                       //解除对 Application 对象的访问
}
```

（4）为该页面的 Load 事件添加如下的代码。

```
protected void Page_Load(object sender, EventArgs e)
```

```
{
    int count = (int)Application["totalcount"];
    lblnumber.Text = count.ToString();
}
```

在上述代码中，首先从 Application 对象中取出访问数量的值，然后将取出的值保存到 lblnumber 控件中。

（5）运行本案例，最终显示效果如图 3-12 所示。

图 3-12 案例 3-5 运行效果

3.3.4 ViewState 对象

ViewState 对象是一种非常特殊的状态保持对象，它由 Web 页面提供并且只保存当前页的状态信息。所有页面控件的状态都被以某种形式进行编码，然后保存到 ViewState 对象中。ViewState 对象可以获取类型为 StateBag 的示例，该类提供了多种属性和方法，具体说明如表 3-13 和表 3-14 所示。

表 3-13 StateBag 类的常用属性

属性名	说明
Count	获取 StateBag 对象中的 StateItem 对象的数量
Keys	获取表示 StateBag 对象中的项的集合
Values	获取表示 StateBag 对象中的视图状态值的集合

表 3-14　StateBag 类的常用方法

方法名	说明
Add()	将新的 StateItem 对象添加到视图状态中
Clear()	清除视图状态中的所有项
SetItemDirty()	设置指定项的 Dirty 属性的值
IsItemDirty()	判断指定项是否被修改

ViewState 对象的写入和读取非常简单，其语法形式如下。

```
ViewState["keyname"] = value;              //写入 ViewState 对象
变量名 = ViewState["keyname"];              //读取 ViewState 对象
```

下面主要通过案例演示如何使用 ViewState 对象。

【实践案例 3-6】

大多数的企业网站都会有留言板，方便浏览人员提交个人意见或提问信息等。本案例使用模拟实现添加企业网站的留言功能。使用 ViewState 对象存储公司的负责人电话，提交成功时将电话和输入的留言信息输出。实现的主要步骤如下。

（1）添加名称为 ViewStateExample.aspx 的页面，该页面的设计效果如图 3-13 所示。用户可以根据效果图添加相应的内容。

图 3-13　案例 3-6 的设计效果

（2）为该页面的 Load 事件添加代码，页面加载时隐藏服务器控件 Label 的内容，并且使用 ViewState 对象保存负责人电话信息。其具体代码如下。

```
protected void Page_Load(object sender, EventArgs e)
{
    showid.Visible = false;
    ViewState["Phone"] = "037169255672";                //存储电话号码
}
```


（3）单击【提交】按钮时显示留言人、留言信息和 ViewState 对象存储的联系电话。具体实现代码如下所示。

```
protected void btnSubmit_Click(object sender, EventArgs e)
{
    string name = txtmessagename.Text;                  //获取留言人名称
    string conent = txtmessagecontent.Text;             //获取留言内容
    showid.Visible = true;                              //显示控件内容
    lblinfo.Text = "<br/>留言人: " + name + "<br/><br/>留言内容: " + conent
    + "<br/><br/>已经提交成功，公司负责人电话: " + ViewState["Phone"].ToString();
}
```

（4）运行本案例，输入内容后单击【提交】按钮进行测试，最终效果如图 3-14 所示。

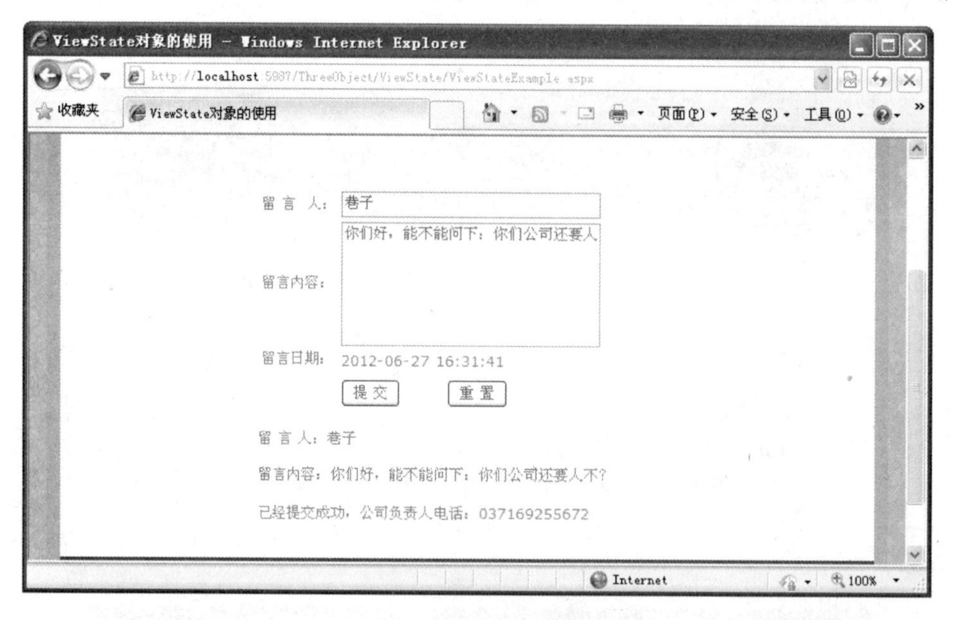

图 3-14　案例 3-6 运行效果

3.3.5　状态对象的异同点

Cookie、Session、Application 和 ViewState 这 4 个对象都是状态保持对象，都可以用来保存数据。但是，它们之间也有不同，如存储方式、内存空间大小和安全性能等。表 3-15 列出了这些对象的主要不同。

表 3-15　4 个状态对象的不同点

	Cookie	Session	Application	ViewState
保存位置	客户端	服务器端	服务器端	客户端
作用域和保存时间	根据需要设定	用户活动时间（一般为 20 分钟）	整个应用程序的生命期	一个 Web 页面的生命期
应用范围	单个用户	单个用户	整个应用程序/所有用户	单个用户
信息量大小	小量、简单的数据	安全但效率较低，保存小量、简单的数据	任意大小的数据	小量、简单的数据

3.4　Server 对象

在处理用户请求的时候需要获取一些服务器的信息，如获取应用程序的物理路径、计算机名称或者对字符串进行编码解码操作等。ASP.NET 提供了一个 Server 对象，它封装了一些 Web 服务器相关的常用方法，可以实现对用户请求的辅助性操作。

Server 对象是 System.Web.HttpServerUtility 类的对象，可以在页面的任何地方使用该对象。Server 对象中包含多个属性和方法，具体说明如表 3-16 和表 3-17 所示。

表 3-16　Server 对象的常用属性

属性名	说明
MachineName	获取服务器的计算机名称
ScriptTimeout	获取和设置请求的超时值（以秒计）

表 3-17　Server 对象的常用方法

方法名	说明
HtmlEncode()	该方法带有一个字符串参数，可以将其编码，使其在浏览器中正常显示
HtmlDecode()	对已经编码的字符串进行解码，并返回已经解码的字符串
MapPath()	返回与 Web 服务器上的指定虚拟路径相对应的物理文件路径
Transfer()	对于当前的请求，终止当前页的执行，并使用指定页的 URL 路径来开始执行一个新页
Execute()	在当前请求的上下文中执行指定虚拟路径的处理程序
UrlEncode()	对字符串进行 URL 编码并返回已编码的字符串
UrlDecode()	对字符串进行 URL 解码并返回已解码的字符串

如果用户想要获得某个页面的物理路径，可以使用 MapPath()方法。在该方法中传入一个参数，如果将 null 作为参数则返回应用程序所在的目录的物理路径。如返回根目录下 Default.aspx 的路径，具体实现如下。

```
Server.MapPath("~/Default.aspx");
```

Server 对象的 Transfer()方法可以跳转页面，它的效果和 Response.Redirect()、按钮的 PostBackUrl 属性以及 Response.Write("JavaScript")代码实现的效果一样。读者可以分别进行尝试，观察它们的异同点。

【实践案例 3-7】

在许多网站页面中用户会经常将一些中文文字作为参数值提交给 Web 服务器，服务器会经常把 URL 上的文本进行编码，如地址栏中经常会出现类似于“%e7%be%8e”这样的乱码数据。本案例实现网站根据关键字查找的功能，在地址栏中对输入的内容进行编码，在服务器解析的时候进行解码显示输入的文字。实现的具体步骤如下。

（1）在网站项目中添加页面 ServerExample.aspx，该页面的设计效果如图 3-15 所示。

图 3-15　案例 3-7 的设计效果

（2）为【搜索】按钮的 Click 事件添加如下的代码。

```
protected void btnSearch_Click(object sender, EventArgs e)
{
    string search = txtsearch.Text;                          //输入的关键字
    search = Server.UrlEncode(search);                       //进行编码
    Response.Redirect("/ThreeObject/Server/ServerExample.aspx?key=" +
    search);                                                 //跳转页面
}
```

在上述代码中，首先使用 Server 对象的 UrlEncode()方法对输入的关键字进行编码，然后使用 Response 对象的 Redirect()方法跳转页面。

（3）在搜索关键字的前面添加一个服务器控件 Label，用于显示从 URL 中接收到的值。

（4）在页面加载时获取 URL 的值并进行解码操作。其具体代码如下。

```
protected void Page_Load(object sender, EventArgs e)
```

```
{
    string search = Request.QueryString["key"];      //获取传入的 URL 值
    search = Server.UrlDecode(search);               //进行解码
    if (!string.IsNullOrEmpty(search))               //判断内容是否为空
        lblsearch.Text = "您要查询的关键字: " + search;
}
```


（5）运行本案例访问 ServerExample.aspx 页面，在文本框中输入内容后单击【搜索】按钮进行测试，最终效果如图 3-16 所示。

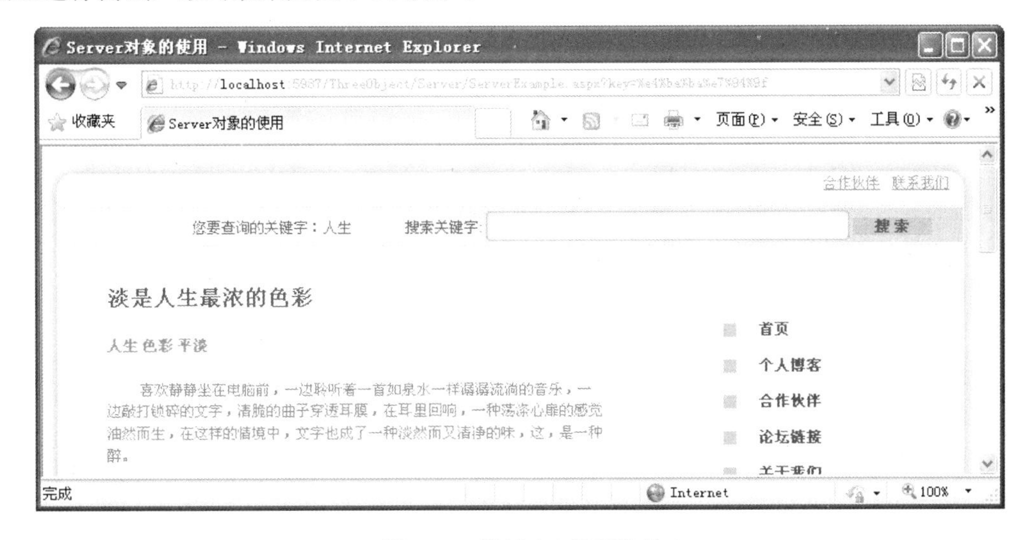

图 3-16　案例 3-7 运行效果

3.5　项目案例：实现简单的聊天系统

前几节已经详细介绍过如何使用 ASP.NET 中的系统对象，包括它们的概念、属性、方法和事件等。本章将前几节的内容结合起来实现一个简单的聊天系统。

【案例分析】

经常上网聊天的用户对聊天室一定不会陌生，它是用于交友、沟通和技术交流的桥梁。本节主要将 Application 对象和 Session 对象结合起来实现一个简单的聊天信息功能。在本案例中，可以查看当前的在线用户和所有的聊天信息。实现的具体步骤如下。

（1）添加一个新的 Web 网站项目，在该项目中添加名称为 Login.aspx 的用户登录页面。该页面包括登录昵称和按钮，具体效果不再显示。

（2）向项目中添加名称为 Message.aspx 的页面表示聊天记录，该页面的设计效果如图 3-17 所示。用户可以根据效果图添加相应的内容和控件。

（3）在应用程序启动时需要对用户列表、在线人数和聊天记录等数据进行初始化操作，Global.asax 文件中 Application_Start()方法的代码如下。

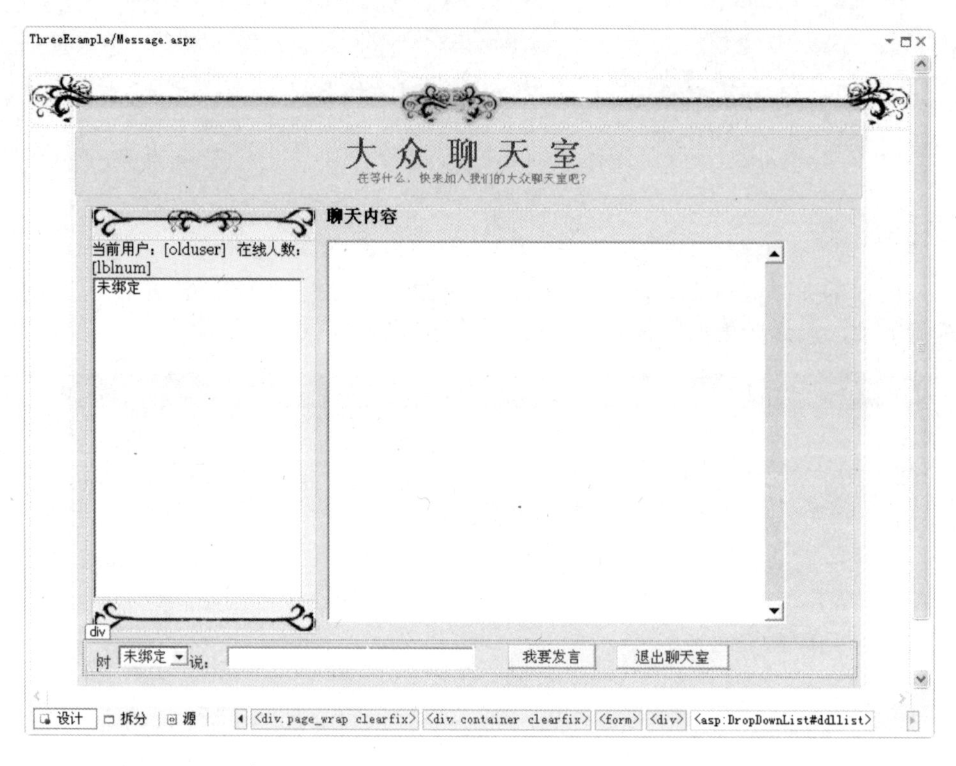

图 3-17　项目案例设计效果

```
void Application_Start(object sender, EventArgs e)
{
    string userlist = "";
    Application["user"] = userlist;              //建立用户列表
    Application["usernum"] = 0;                  //当前在线人数
    string chatlist = "";                        //聊天记录
    Application["chatlist"] = chatlist;
    Application["current"] = 0;                  //当前聊天记录数
}
```

（4）当会话启动和销毁时会触发 Session_Start()方法和 Session_End()方法，分别对在线人数进行操作。Global.asax 文件的具体代码如下。

```
void Session_Start(object sender, EventArgs e) //会话开始时
{
    Session.Timeout = 2;                         //设置会话失效时间为 2 分钟
    Application.Lock();                          //锁定 Application 对象
    int totalusernum = int.Parse(Application["usernum"].ToString());
                                                 //获取在线当前人数
    Application["usernum"] = totalusernum + 1; //将当前在线人数加 1
    Application.UnLock();                    //解除对 Application 对象的锁定
}
    void Session_End(object sender, EventArgs e)         //会话关闭时
```

```
{
    Application.Lock();                          //锁定 Application 对象
    int totalusernum = int.Parse(Application["usernum"].ToString());
                                                 //获取在线当前人数
    Application["usernum"] = totalusernum - 1;        //将当前在线人数减 1
    Application.UnLock();                        //解除对 Application 对象的锁定
}
```


(5) 为 Login.aspx 页面的【进入】按钮添加如下的代码。

```
protected void btnin_Click(object sender, EventArgs e)
{
    string nickname = txtname.Text;                   //昵称
    Session["username"] = nickname;                   //保存用户信息
    if (Application["user"] == null)                  //判断在线用户是否为空
        Application["user"] = nickname;
    else
        Application["user"] = Application["user"] + "," + nickname;
    Response.Redirect("Message.aspx");                //跳转到聊天页面
}
```

在上述代码中，使用 Session 对象保存用户输入的昵称，然后将昵称在线的所有用户存储到 Application 对象中。登录成功后使用 Response 对象的 Redirect()方法跳转到聊天页面。

(6) 聊天页面加载时会获取用户登录的昵称和当前的在线人数。Load 事件的主要代码如下。

```
protected void Page_Load(object sender, EventArgs e)
{
    if (Session["username"] != null)                      //判断是否登录
    {
        string name = Session["username"].ToString();   //获取用户登录信息
        olduser.Text = name;
        lblnum.Text = Application["usernum"].ToString();//获取当前登录人数
        if (!Page.IsPostBack)
            LoadUserName();
        LoadInfo();
    }
    else
        Response.Redirect("Login.aspx");
}
public void LoadUserName()                       //加载在线用户
{
    lblist.Items.Clear();                        //清除 ListBox 控件中的内容
    ddllist.Items.Clear();                       //清除 DropDownList 控件的内容
```

```
        string userlist = Application["user"].ToString();        //获取在线用户
        string[] userll = userlist.TrimStart(',').TrimEnd(',').Split(',');
        foreach (string str in userll)  //向 ListBox 控件遍历加载在线用户
            lblist.Items.Add(str);
        ddllist.DataSource = userll;
        ddllist.DataBind();
        }
        public void LoadInfo()              //加载所有的聊天记录
        {
            txtcontent.Text = "";           //清空聊天内容
            int intcurrent = int.Parse(Application["current"].ToString());
        //加载聊天记录总数
        Application.Lock();
        string strchat = Application["chatlist"].ToString();
    //获取所有聊天内容
        string[] strchats = strchat.Split(',');
        for (int i = (strchats.Length - 1); i >= 0; i--)
    //遍历加载聊天记录
        {
            if (intcurrent == 0)
                txtcontent.Text = strchats[i].ToString();
            else
                txtcontent.Text = txtcontent.Text + "\n" + strchats[i].
                ToString();
        }
        Application.UnLock();
    }
```

在上述代码中，首先获得登录用户的信息和在线人数，然后调用 LoadUserName()方法和 LoadInfo()方法分别加载所有在线用户和聊天记录。

（7）单击【我要发言】按钮将用户昵称、聊天对象和聊天内容保存到 Application 对象中，其主要代码如下。

```
    protected void btnliaotian_Click(object sender, EventArgs e)
    {
        if (Session["username"].ToString() == ddllist.SelectedValue)
                                                    //判断当前登录用户和聊天对象
        {
            Page.ClientScript.RegisterStartupScript(GetType(),"","<script>
            alert('不能给自己发信息')</script>");
            return;
        }
        if (string.IsNullOrEmpty(txtcontent2.Text))//判断聊天内容是否为空
        {
            Page.ClientScript.RegisterStartupScript(GetType(),"","<script>
```

```
        alert('内容不能为空！')</script>");
            return;
        }
        Application.Lock();                             //锁定 Application 对象
        string str = txtcontent2.Text;                  //发言内容
        string toname = ddllist.SelectedValue;
        int current = Convert.ToInt32(Application["current"].ToString());
                                                        //公共聊天内容
        if (current == 0 || current > 10)               //根据聊天记录条数保存聊天内容
        {
            current = 0;
            Application["chatlist"] = Session["username"].ToString() + "对" +
            toname + "说: " + str.ToString() + "(" + DateTime.Now.ToString() + ")";
        }
        else
            Application["chatlist"] = Application["chatlist"].ToString() + ","
            + Session["username"].ToString() + "对" + toname + "说: " +
            str.ToString() + "(" + DateTime.Now.ToString() + ")";
        Application["current"] = current + 1;           //将聊天记录数加 1 后重新保存
        Application.UnLock();                           //取消锁定
        txtcontent2.Text = "";                          //将内容清空
        LoadInfo();                                     //重新加载显示聊天记录
    }
```

（8）单击【退出聊天室】按钮注销当前登录用户，同时重新保存 Application 对象中的在线用户列表，然后使用 Session 对象的 Remove()方法删除当前用户。其主要代码如下。

```
    protected void btnexit_Click(object sender, EventArgs e)
    {
        string name = Session["username"].ToString();       //获得当前登录的用户
        string userlist = Application["user"].ToString();//获得所有的在线用户
        /* 重新加载 Application 对象中的用户列表 */
        Session.Remove(name);
        Session.Abandon();
        Response.Redirect("Login.aspx");
    }
```

（9）所有代码完成后运行 Login.aspx 进入登录页面，输入登录昵称后单击【进入】按钮进行测试。运行效果如图 3-18 所示。

（10）登录成功后的主界面如图 3-19 所示，用户可以选择聊天对象向他发送消息，然后单击【我要发言】按钮进行测试。

（11）单击【退出聊天室】按钮退出当前登录重新跳转到登录页面。运行效果不再显示。

图 3-18　项目案例登录页面

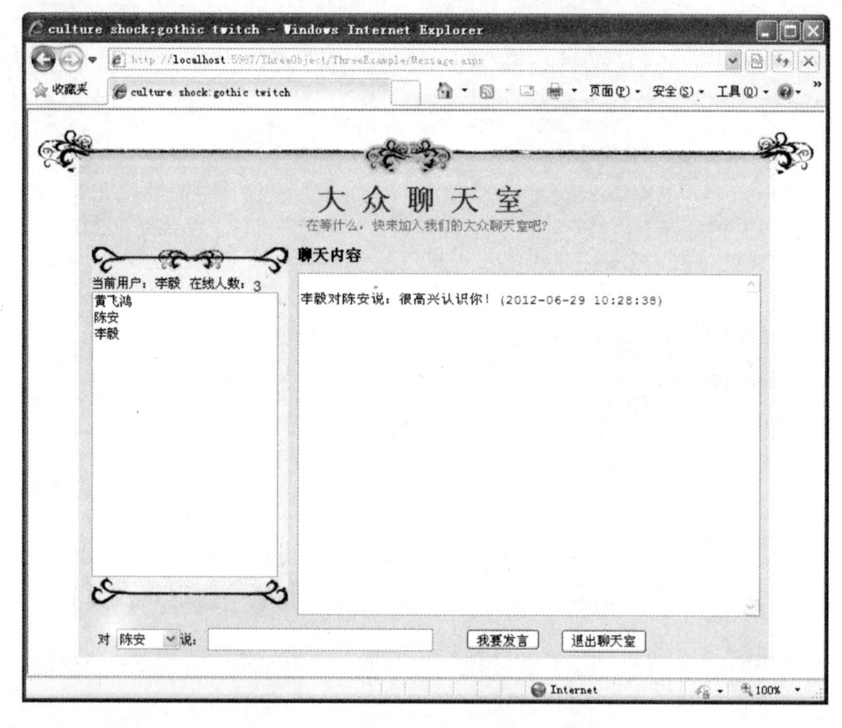

图 3-19　主界面

3.6　习题

一、填空题

1．__________对象用于动态的响应用户请求，如控制页面转向和输出文本内容等。

2．Request 对象的 Form 属性是用来获取以__________方式提交的数据。

3．如果想要设置 Session 对象会话的时间可以使用该对象的__________属性。

4．使用__________对象可以用来获取 Request、Response、Cookie 和 Application 等。

5．通过 Cookie 对象的__________属性可以设置它的有效日期和时间。

6．只有 Button 控件、__________控件和 ImageButton 控件有 PostBackUrl 属性。

7．Page 对象的__________属性用于判断页面是首次加载还是回传。

二、选择题

1．关于 ASP.NET 的运行机制原理，下面__________的说法是正确的。

A．第一次访问页面时需要生成页面类，以后每次访问都不需要重新生成

B．ASP.NET 页面的第一次运行速度比以后的速度都要快

C．ASP.NET 第一次运行速度慢是因为要将数据读入内存，以后直接访问就可以了

D．每个用户访问 ASP.NET 应用程序时都非常慢，但是过一段时间就很快了

2．实现跨页数据传递时需要使用 Page 对象的__________属性。

A．IsPostBack

B．IsCrossBack

C．IsCrossPagePostBack

D．PreviousPage

3．用户登录成功后一般将用户名和密码等信息保存到__________对象中。

A．ViewState

B．Application

C．Session

D．Cookie

4．如果用户想要从 A.aspx 页面跳转到 B.aspx 页面，下面__________的说法是错误的。

A．通过使用 Button 控件、ImageButton 控件或 LinkButton 控件的 PostBackUrl 属性实现

B．Response.Write("B.aspx")

C．Response.Redirect("B.aspx")

D．Server.Transfer("B.aspx")

5．关于状态保持对象的说法，正确的是__________。

A．Cookie 和 Session 保存在客户端，占用宽带资源；Application 和 ViewState 保存在服务器端，占用服务器资源

B．Session 对象保存的数据相对安全，所以可以使用该对象保存任何大小的数据

C．Application 对象是程序级的对象，所有在应用程序的任何地方都可以直接使用，如 string name = Application["name"]

D．ViewState 对象是一个特殊的状态保持对象，它只能在单个页面中使用，而不能在 B 页面中获得 A 页面中 ViewState 对象保存的数据

三、上机练习

1．实现登录成功后的注销功能

添加一个新的 Web 项目，当用户登录成功后使用 Session 对象保存用户的信息并且跳转到主界面。如果用户之前在本机登录过，需要显示用户名和上次登录时间；否则显示游客。然后，在主界面中单击【注销】按钮删除 Session 对象，并且跳转到登录页面。

2．使用 Request 对象和 Server 对象显示网站信息

添加一个新的 Web 项目页面，用户登录成功显示网站信息，包括客户端浏览器类型、版本、IP 地址、主机名称以及服务器端的机器名称和网站根路径等。最终效果如图 3-20 所示。

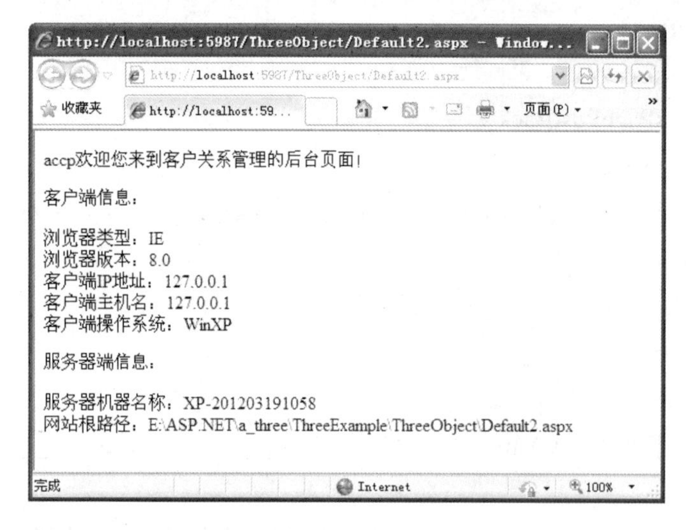

图 3-20　上机实践 2 的运行效果

3.7　实践疑难解答

3.7.1　ASP.NET 页面传值问题

ASP.NET 页面传值问题
网络课堂：http://bbs.itzcn.com/thread-19677-1-1.html

【问题描述】：各位前辈，ASP.NET 中 Cookie、Response、Application 和 ViewState 对象都可以用于保存数据，但是如果我想从 B.aspx 取得 A.aspx 中某个值如何实现？哪些对象或方法可以使用，哪些不能使用，能不能说得详细点？谢谢！

【解决办法】：这位同学你好，从 B.aspx 页面取得 A.aspx 页面某个值的方法有很多，

我总结了一下，主要有 3 种情况。

（1）使用状态保持对象 Cookie、Session 和 Application。ViewState 对象的生命周期是一个 Web 页面所以不能使用。

（2）跨页传递，通过 Button、ImageButton 和 LinkButton 控件的 PostBackUrl 属性实现跳转页面，然后在 B.aspx 页面中通过 FindControl()方法获取数据。

（3）URL 地址栏传参，通过 Response.Redirect("B.aspx?参数名")跳转到 B.aspx 页面，然后通过 Request 对象的 QueryString 属性获得值。用户也可以根据实际情况使用 Form 属性。

3.7.2　ASP.NET 中 Session 丢失的原因

ASP.NET 中 Session 对象丢失的原因
网络课堂：http://bbs.itzcn.com/thread-19678-1-1.html

【问题描述】：ASP.NET 中 Session 对象非常容易丢失，哪位大哥大姐能够说一下 Session 丢失主要有哪些原因？

【解决办法】：在 InProc 模式下 Session 对象丢失的原因有很多，常见的原因如下。

（1）aspnet_wp.exe 或 w3wp.exe 在“任务管理器”中或其他情况下导致其进行被终止运行。

（2）修改.cs 文件后，该文件被编译了两次。

（3）修改了 Web.Config 文件或者某些病毒软件扫描 Web.Config 文件。

（4）服务器上 bin 目录里的.dll 文件被更新。

（5）程序中有框架页面和跨越情况。

（6）Windows 2003 环境下应用程序池回收、停止后重启。

除了上述的原因外，也有其他的一些因素，欢迎继续补充或者纠正。

3.7.3　使用 Response 对象输出图像

Response 对象输出图像
网络课堂：http://bbs.itzcn.com/thread-19679-1-1.html

【问题描述】：各位大哥，小弟知道使用 Response 对象可以输出图片文件，但是具体是如何实现的呢？急求答案，谢谢啦！

【解决办法】：呵呵，这位同学，看来你很心急啊！为什么你不尝试动手做一下呢？要想输出图片需要使用文件流和 Response 对象的 BinaryWriter()方法，将一个二进制图片传入到该方法中。其主要代码如下所示，你也可以根据实际情况进行修改。

```
string path = Server.MapPath("water_4001.jpg");      //初始化图像的物理路径
```

```
FileStream fs = new FileStream(path, FileMode.Open, FileAccess.Read);
                                                //创建文件流
if (fs == null) return;
byte[] data = new byte[(int)fs.Length];         //将图像的二进制数据保存到 data 中
fs.Read(data, 0, (int)fs.Length);
fs.close();                                     //关闭文件流
Response.ContentType = "image/jpeg";
Response.BinaryWrite(data);
```

第4章 站点导航控件和母版页搭建框架

经常上网的用户一定会见到各种各样的导航，单击导航中的链接可显示不同的页面。另外，Web 开发中许多页面要求风格统一，在 ASP.NET 中存在一种母版页，它常用于各页面一致内容的显示（如页眉和页脚）。本章就详细学习母版页和常用的导航控件（如 Menu 控件、SiteMapPath 控件和 TreeView 控件），实现“面包屑”导航和树形目录导航。

通过本章的学习，读者可以使用站点导航控件实现站点之间的导航功能，也可以熟悉母版页和主题的相关知识，还可以使用站点导航控件和母版页搭建页面框架。

本章学习要点：

- 熟悉站点地图的相关知识。
- 掌握 SiteMapPath 控件的使用方法。
- 掌握 TreeView 控件的使用方法。
- 掌握 Menu 控件的使用方法。
- 掌握母版页和内容页的使用方法。
- 了解主题的概念和动态加载主题的方式。
- 掌握如何使用导航控件和母版页搭建框架。

4.1 站点导航控件

站点导航是 Web 开发中经常使用的模块，它的实现可以有多种方法，如 Table 表格、TreeView 控件、UL 列表和 Menu 控件等。ASP.NET 中提供了多个导航控件（如 SiteMapPath 控件、TreeView 控件和 Menu 控件），使用这些控件也可以实现站内和站外页面之间的导航功能。本节将详细介绍 ASP.NET 中常用的站点导航控件。

4.1.1 站点地图

如果要实现 ASP.NET 中的导航功能，必须有一种标准的方法来描述站点中的各个页面。这个标准页面不仅包含每个网页的名称，还应该能够表示它们的层次结构关系。ASP.NET 中的导航系统结构如图 4-1 所示。

站点地图是名称叫 Web.sitemap 的文件，该文件是一个 XML 文件，它包括有着层次结构的<siteMapNode>元素。添加该文件的方法非常简单，选中网站项目后右击并选择【新建项目】选项，弹出【添加新项】对话框，如图 4-2 所示。直接单击【添加】按钮即可。

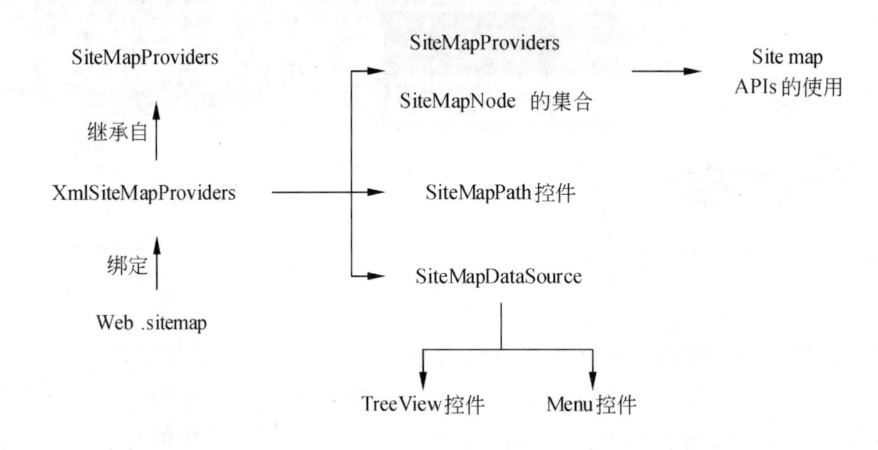

图 4-1　站点导航系统结构

图 4-2　【添加新项】对话框

添加完成后，Web.sitemap 文件的代码如下所示。

```
<siteMap xmlns="http://schemas.microsoft.com/AspNet/SiteMap-File-1.0" >
    <siteMapNode url="" title="" description="">
      <siteMapNode url="" title="" description="" />
      <siteMapNode url="" title="" description="" />
    </siteMapNode>
</siteMap>
```

该文件中各个节点的描述说明如下。

- **siteMap**　根节点，一个站点地图只能有一个 siteMap 元素。
- **siteMapNode**　对应于页面的节点，一个节点描述一个页面。
- **title**　描述页面（它与页面头部的<Title>标记没有任何联系）。
- **url**　文件在解决方案中的路径。
- **description**　指定链接的描述信息。

虽然 Web.sitemap 文件的内容非常简单，但是编写时需要注意以下几点。

（1）站点地图的根节点为<siteMap>，每个文件有且仅有一个根节点。

（2）<siteMap>下一级有且仅有一个<siteMapNode>节点。

（3）<siteMapNode>下面可以包含多个新的<siteMapNode>节点。

（4）每个<siteMapNode>中同一个 URL 只能出现一次。

Web.sitemap 文件的路径不能更改，必须存放在站点的根目录中，URL 属性必须相对于该根目录。

4.1.2 SiteMapPath 控件

SiteMapPath 控件也叫站点地图导航、痕迹导航或眉毛导航，它实现了为站点提供“面包屑导航”的功能。SiteMapPath 控件会显示一个导航路径，此路径用于显示当前网页的位置并且显示返回主页的路径链接。该控件提供了许多可供自定义链接外观的选项。

SiteMapPath 控件中包含多个属性，如 ParentLevelsDisplayed 属性可以获取父节点的级别数；PathDirection 可以设置导航路径节点的呈现顺序以及 PathSeparator 属性用于设置分隔字符串等。常用属性的具体说明如表 4-1 所示。

表 4-1　SiteMapPath 控件的常用属性

属性名	说明
CurrentNodeStyle	获取用于当前节点显示文本的样式
CurrentNodeTemplate	获取或设置一个控件模板，用于代表当前显示页的站点导航路径的节点
NodeStyle	获取用于站点导航路径中所有节点的显示文本样式
NodeStyleTemplate	获取或设置一个控件模板，用于站点导航路径的所有功能站点
ParentLevelsDisplayed	获取或设置控件显示的相对于当前显示节点的父节点级别数
PathDirection	获取或设置导航路径节点的呈现顺序
PathSeparator	获取或设置一个字符串，该字符串在呈现的导航路径中分隔 SiteMapPath 的节点，导航默认的分隔符是“>”
PathSeparatorStyle	获取用于 PathSeparator 字符串的样式
PathSeparatorTemplate	获取或设置一个控件模板，用于站点导航路径的路径分隔符
RootNodeStyle	获取根节点显示文本的样式
RootNodeTemplate	获取或设置一个控件模板，用于站点导航路径的根节点

如果显示时想使用图片作为分隔符，则需要使用分隔符模板。选中控件后右击，然后选择【编辑模板】|PathSeparatorTemplate 选项即可。

SiteMapPath 控件使用起来非常方便，它使用站点地图作为数据源，所以如果使用该控件必须要有站点地图。上节已经介绍过站点地图的相关知识，下面通过案例演示 SiteMapPath 控件和站点地图的使用。

【实践案例 4-1】

随着 Web 应用程序的不断扩大，静态导航越来越满足不了应用程序的要求。因此，开发人员不得不通过内置控件或第三方组件来构建复杂的导航系统。在本案例中主要通过使用 SiteMapPath 控件显示后台管理系统中右侧页面的当前位置。实现该功能的主要步骤如下。

（1）向 Web.sitemap 文件中添加如下的代码。

```
<siteMap xmlns="http://schemas.microsoft.com/AspNet/SiteMap-File-1.0" >
    <siteMapNode url="http://www.baidu.com" title="用户管理系统"
    description="用户管理系统">
        <siteMapNode url="/FourExample/anli1/index.html" title="用户信息查
        询" description="用户信息查询" >
        <siteMapNode url="/FourExample/anli1/Default.aspx" title="精确查询
        " description="精确查询" ></siteMapNode>
    </siteMapNode>
  </siteMapNode>
</siteMap>
```

（2）在网站页面中右侧的合适位置添加 SiteMapPath 控件并且设置该控件的相关属性，页面主要代码如下。

```
<asp:SiteMapPath ID="sp" runat="server" Font-Names="Verdana" Font-
Size="0.8em" PathSeparator=" : ">
    <CurrentNodeStyle ForeColor="#333333" />
    <NodeStyle Font-Bold="True" ForeColor="#990000" />
    <PathSeparatorStyle Font-Bold="True" ForeColor="#990000" />
    <RootNodeStyle Font-Bold="True" ForeColor="#FF8000" />
</asp:SiteMapPath>
```

（3）页面设计完成后运行本案例，单击左侧的超链接内容进行测试。最终效果如图 4-3 所示。

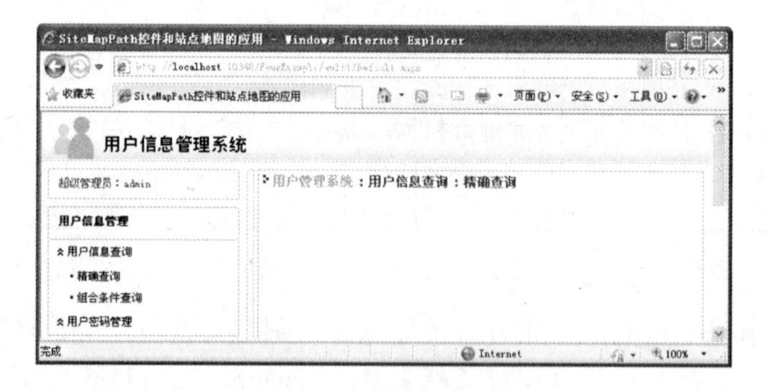

图 4-3　案例 4-1 运行效果

如果同时设置了分隔符属性和分隔符模板，那么显示时以模板为主。另外如果将该控件置于未在站点地图列出的网页上，则该控件将不会在客户端显示任何信息。

4.1.3 TreeView 控件

使用传统的方式编写树形导航需要复杂而且庞大的编码，但是如果使用 ASP.NET 中的内置导航菜单控件就可以实现简单代码显示强大的树形导航的功能。

TreeView 控件也叫树形视图控件，它能够以层次或树形结构显示数据，并提供导航到页面的功能。TreeView 控件支持 7 个常用的功能。

- 站点导航，即导航到其他页面的功能。
- 以文本或链接方式显示节点的内容。
- 可以将样式或主题应用到控件以及节点。
- 数据绑定，允许直接将控件的节点绑定到 XML、表格或关系数据源。
- 可以为节点实现客户端的功能。
- 可以在每一个节点旁边显示复选框按钮。
- 可以使用编程方式动态设置控件的属性。

TreeView 控件中包含多个常用的属性，其具体说明如表 4-2 所示。

表 4-2 TreeView 控件的常用属性

属性名	说明
CheckedNodes	获取 TreeNode 对象的集合，这些对象表示在该控件中显示的选中了复选框的节点
CollapseImageToolTip	获取或设置可折叠节点的指示符所显示的图像的工具提示
CollapseImageUrl	获取或设置自定义图像的 URL，该图像用作可折叠节点的指示符
DataSource	获取或设置对象，数据绑定控件从该对象中检索其数据项列表
ExpandDepth	获取或设置第一次显示 TreeView 控件时所展开的层次数
ExpandImageToolTip	获取或设置可展开节点的指示符所显示图像的工具提示
ExpandImageUrl	获取或设置自定义图像的 URL，该图像用作可展开节点的指示符
LineImagesFolder	获取或设置文件夹的路径，该文件夹包含用于连接子节点和父节点的线条图像
MaxDataBindDepth	获取或设置要绑定到 TreeView 控件的最大树级别数
Nodes	获取 TreeNode 对象的集合，它表示该控件中根节点
NodeWrap	获取或设置一个值，它指示空间不足时节点中的文本是否换行
NoExpandImageUrl	获取或设置自定义图像的 URL，该图像用作不可展开节点的指示符
PathSeparator	获取或设置用于分隔由 TreeNode.ValuePath 属性指定的节点值的字符
SelectedNode	获取表示该控件中选定节点的 TreeNode 对象
SelectedValue	获取选定节点的值
ShowExpandCollapse	获取或设置一个值，它指示是否显示展开节点指示符

TreeView 控件由节点组成，它包括 4 种类型的节点：父节点、子节点、叶节点和根节点。它的节点类型为 TreeNode，TreeNode 提供了许多常用的属性，如表示节点文本的 Text 属性、是否选中该节点的 Selected 属性和节点显示图像的 URL 路径等。表 4-3 列出了常用的属性。

表 4-3　TreeNode 对象的常用属性

属性名	说明
Text	获取或设置控件中节点的文本
Value	获取或设置控件中节点的值
Checked	获取或设置一个值，该值指示节点的复选框是否被选中
ChildNodes	获取 TreeNodeCollections 集合，该集合表示第一级节点的子节点
Depth	获取节点的深度
ShowCheckBox	表示是否选择复选框
Expanded	获取或设置一个值，该值指示是否展开节点
ImageUrl	获取或设置节点旁显示的图像的 URL
NavigateUrl	获取或设置单击节点时导航到的 URL
ShowCheckBox	获取或设置一个值，该值指示是否在节点旁显示一个复选框
Selected	获取或设置一个值，该值指示是否选择节点
Target	获取或设置用来显示与节点关联的网页内容的目标窗口或框架

普通的树结构只存在一个根节点，但是 TreeView 控件中可以包含多个根节点。

根据数据源类型的不同通常将 TreeView 的使用方式分为两种：使用站点地图作为数据源；XML 格式文件作为数据源。下面通过案例演示 TreeView 控件的使用。

【实践案例 4-2】

导航是每个系统中的核心部分，本节案例将 XML 文件作为数据源，然后使用 TreeView 控件编写后台的导航管理，主要步骤如下。

（1）向该项目中添加 XML 文件，与站点地图相比 XML 文件没有条件限制，只要符合 XML 的标准即可。其主要代码内容如下。

```
<siteMapNode url="" title="系统菜单" description="系统菜单">
    <siteMapNode url="" title="人事管理" description="人事管理">
        <siteMapNode url="" title="机构管理" description="机构管理">
        </siteMapNode>
        <siteMapNode url="" title="部门管理" description="部门管理">
        </siteMapNode>
        <siteMapNode url="" title="员工管理" description="员工管理">
        </siteMapNode>
    </siteMapNode>
    <siteMapNode url="" title="日程管理" description="日程管理">
        <siteMapNode url="" title="我的日程" description="我的日程">
        </siteMapNode>
        <siteMapNode url="" title="部门日程" description="部门日程">
        </siteMapNode>
        <siteMapNode url="" title="我的便签" description="我的便签">
        </siteMapNode>
    </siteMapNode>
```

```
        <siteMapNode url="" title="文档管理" description="文档管理">
        <siteMapNode url="" title="文档管理" description="文档管理">
        </siteMapNode>
        <siteMapNode url="" title="回收站" description="回收站">
        </siteMapNode>
        <siteMapNode url="" title="文件搜索" description="文件搜索">
        </siteMapNode>
    </siteMapNode>
        <siteMapNode url="" title="消息传递" description="消息传递">
        <siteMapNode url="" title="消息管理" description="消息管理">
        </siteMapNode>
        <siteMapNode url="" title="信箱" description="信箱"></siteMapNode>
    </siteMapNode>
</siteMapNode>
```

（2）从【工具箱】项中将 TreeView 控件拖动到显示树形导航的 Left.aspx 页面中，然后设置该控件的数据源，如图 4-4 所示。

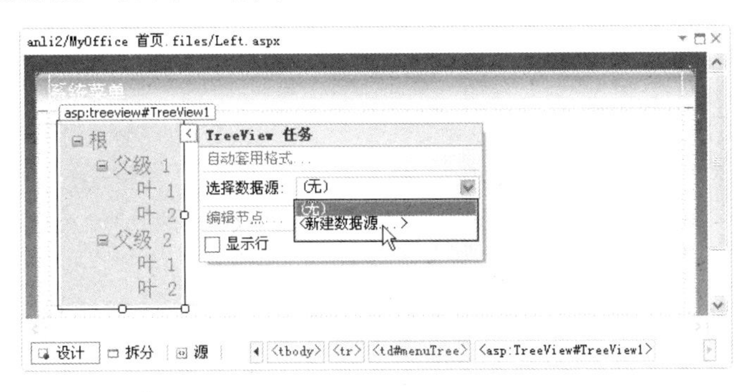

图 4-4　添加 TreeView 控件

（3）选择【新建数据源】选项弹出【数据源配置向导】对话框，如图 4-5 所示。

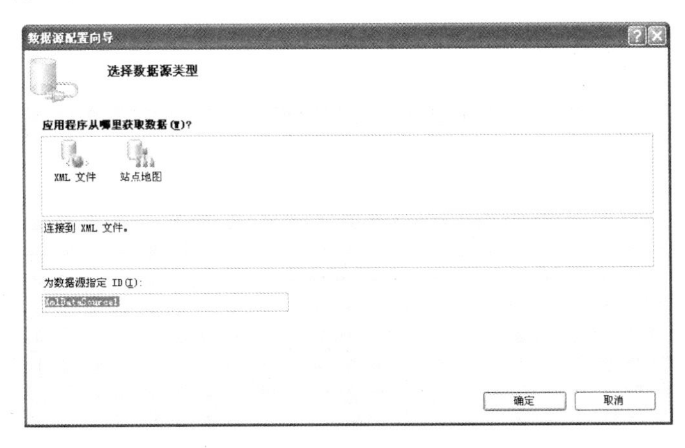

图 4-5　设置数据源类型

（4）选择 XML 文件作为数据源后设置指定 ID，然后单击【确定】按钮弹出【配置数据源】对话框，如图 4-6 所示。

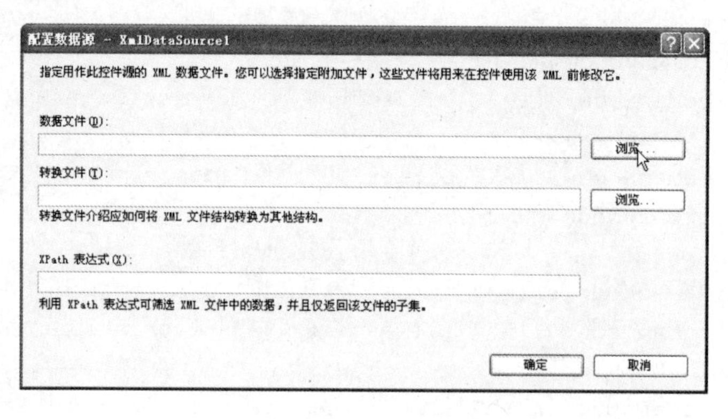

图 4-6　配置数据源对话框

（5）单击【浏览】按钮选择要绑定的 XML 文件，然后单击【确定】按钮，效果如图 4-7 所示。

图 4-7　编辑数据绑定

（6）选择【编辑 TreeView 数据绑定】选项弹出【TreeView DataBindings 编辑器】对话框，如图 4-8 所示。在图 4-8 中添加要绑定的节点，然后在右侧根据属性设置要绑定的元素，全部完成后单击【确定】按钮即可。

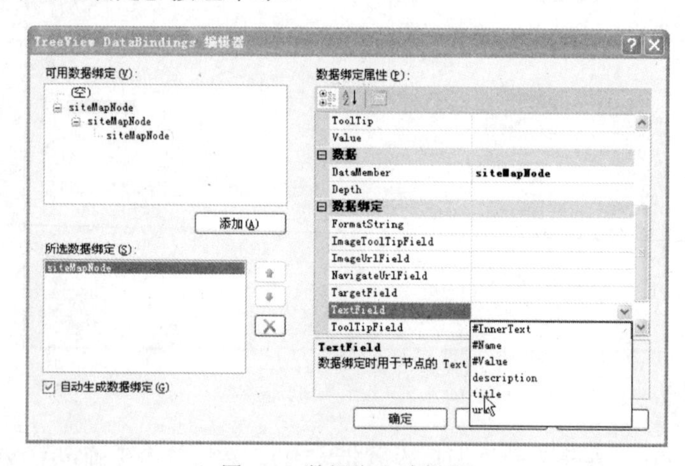

图 4-8　数据绑定编辑器

（7）TreeView 控件显示的是默认效果，但是如果认为显示效果不太理想可以右击并选择【自动套用格式】选项。在弹出的【自动套用格式】对话框中选择要设置的格式即可，如图 4-9 所示。

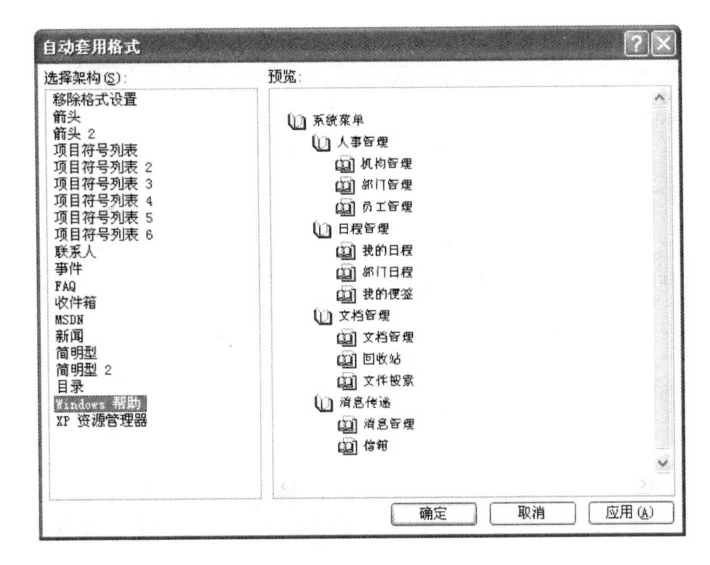

图 4-9　选择自动套用格式

（8）运行本案例最终效果如图 4-10 所示。

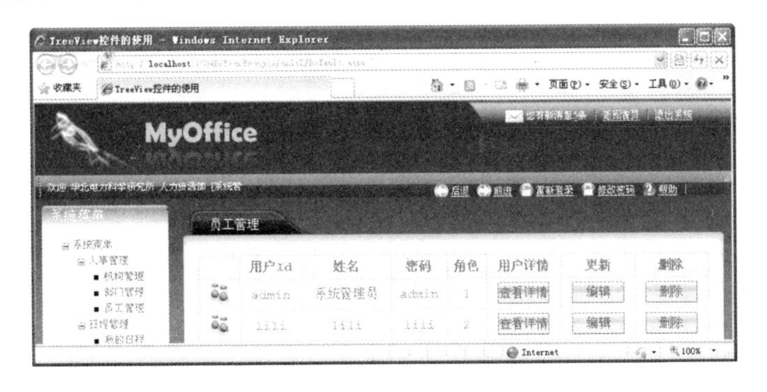

图 4-10　案例 4-2 运行效果

4.1.4　Menu 控件

Menu 控件也叫动态菜单控件，它包括两种显示模式：静态模式和动态模式。静态模式表示 Menu 控件始终是完全展开的，并且整个结构是可视的，用户可以单击任何模块和部位。动态模式表示只有指定的部分是静态的，并且只有用户将鼠标指针放置在父节点上时才会显示其子菜单项。

与 SiteMapPath 控件和 TreeView 控件一样，开发人员可以直接在 Menu 控件中添加内容，也可以通过绑定数据源的方式来指定内容。除此之外 Menu 控件也提供了大量的属性，如 Orientation 属性可以设置 Menu 控件内容呈现的方向，PathSeparator 属性可以设置分隔

Menu 控件菜单项路径的字符以及 SelectedValue 属性获取选中菜单项的值等。其属性的具体说明如表 4-4 所示。

表 4-4　Menu 控件的常用属性

属性名	说明
DataSource	获取或设置对象，数据绑定控件从该对象中检索其数据项列表
DynamicBottomSeparatorImageUrl	获取或设置图像的 URL，该图像显示在各动态菜单项底部，将动态菜单项与其他菜单项隔开
DynamicEnableDefaultPopOutImage	获取或设置一个值，该值指示是否显示内置图像，其中内置图像指示动态菜单项具有子菜单
DynamicHorizontalOffset	获取或设置动态菜单相对于其父菜单项的水平移动像素数
Items	获取 MenuItemCollection 对象，该对象包含 Menu 控件中的所有菜单项
ItemWrap	获取或设置一个值，该值指示菜单项的文本是否换行
MaximumDynamicDisplayLevels	获取或设置动态菜单的菜单呈现级别数
Orientation	获取或设置 Menu 控件的呈现方向，默认值是 Vertical
PathSeparator	获取或设置用于分隔 Menu 控件的菜单项路径的字符
ScrollDownText	获取或设置 ScrollDownImageUrl 属性中指定的图像的替换文字
ScrollUpText	获取或设置 ScrollUpImageUrl 属性中指定的图像的替换文字
SelectedItem	获取选中的菜单项
SelectedValue	获取选中菜单项的值
StaticEnableDefaultPopOutOutImage	获取或设置一个值，该值指示是否显示为内置图像，其中内置图像指示静态菜单项包含的子菜单项
DisappearAfter	获取或设置鼠标指针不再置于菜单上后显示动态菜单的持续

如果将 MaximumDynamicDisplayLevels 的属性值设置为 0，则不会动态显示任何菜单节点；如果将该属性的值设置为负数，则会引发异常。

下面主要通过案例演示 Menu 控件的使用。

【实践案例 4-3】

许多系统网站（如企业网站和博客网站）中导航是整个网站页面的精髓部分。本案例使用 Menu 控件实现动态显示横向菜单的功能。实现的具体步骤如下。

（1）添加新的 XML 文件，该文件的具体代码如下。

```
<?xml version="1.0" encoding="utf-8" ?>
<siteMapNode url="" title="" description="">
    <siteMapNode url="" title="首页" description=""></siteMapNode>
    <siteMapNode url="" title="衬衫" description="">
        <siteMapNode url="" title="短袖衬衫" description=""></siteMapNode>
        <siteMapNode url="" title="长袖衬衫" description=""></siteMapNode>
        <siteMapNode url="" title="无袖衬衫" description=""></siteMapNode>
    </siteMapNode>
        <siteMapNode url="" title="卫衣" description="">
        <siteMapNode url="" title="休闲裤" description=""></siteMapNode>
```

```
        <siteMapNode url="" title="卡其裤" description=""></siteMapNode>
        <siteMapNode url="" title="牛仔裤" description=""></siteMapNode>
    </siteMapNode>
    <siteMapNode url="" title="裤子" description=""></siteMapNode>
    <siteMapNode url="" title="联系我们" description=""></siteMapNode>
</siteMapNode>
```


（2）在网页的导航的合适位置添加 Menu 控件，设置该控件的 StaticDisplayLevels 属性、StaticEnableDefaultPopOutOutImage 属性和 Orientation 属性等。然后，将 XML 文件作为该控件的数据源。页面的主要代码如下。

```
<asp:Menu ID="DynamicShow" runat="server" DataSourceID="XmlDataSource1"
StaticDisplayLevels="2" Orientation="Horizontal" StaticEnableDefaultPop-
OutImage="False">
    <DataBindings>
        <asp:MenuItemBinding DataMember="siteMapNode" TextField="title" />
    </DataBindings>
    </asp:Menu>
    <asp:XmlDataSource ID="XmlDataSource1" runat="server" DataFile=
    "~/anli3.xml">
    </asp:XmlDataSource>
```

（3）运行本案例，页面的最终效果如图 4-11 所示。

图 4-11　案例 4-3 运行效果

4.2　母版页

上一节已经详细介绍了 ASP.NET 中内置的导航控件，它们经常和母版页结合起来进行开发。本节详细介绍母版页的相关知识，包括常见的网页布局、母版页和内容页等内容。

4.2.1　网页典型布局

母版页用于站点布局的控制，它为页面提供统一的布局。典型的页面布局有两种：分栏式结构布局和区域结构布局。

1. 分栏式结构布局

分栏式结构是很常见的一种结构，它简单实用、条理分明并且格局清晰严谨，适合信息量大的页面。常见的几种栏式布局如图 4-12 所示。

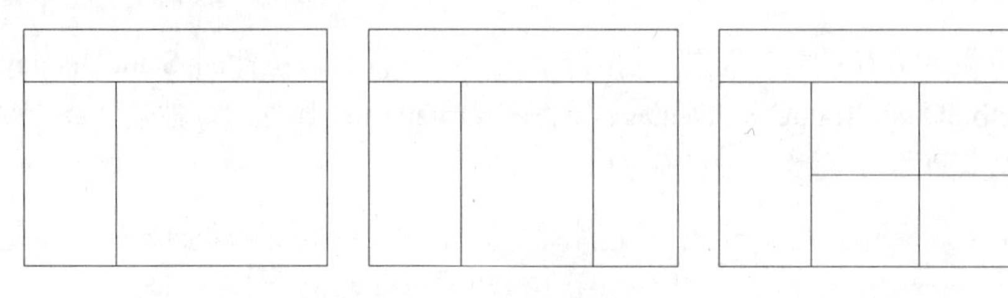

图 4-12　常见的分栏式布局

2. 区域结构布局

区域结构的特点是页面精美、主题突出以及空间感很强，但是它适合信息量比较少的页面，并且在国内使用的比较少。区域结构可以被分隔成若干个区域，图 4-13 列出了一种常用的区域结构。

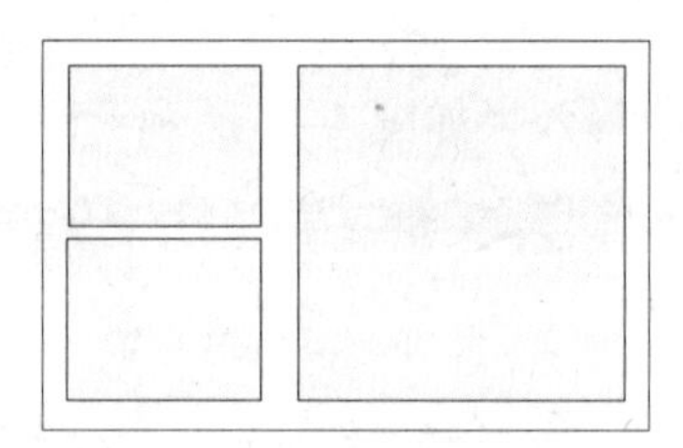

图 4-13　区域结构示例

实现页面的布局一般采用 DIV+CSS，但是并不代表<Table>作为布局方式已经过时，在 DIV 布局的页面上或者许多项目中，通常使用<Table>实现页面的整体布局。

4.2.2　母版页

母版页是以“.master”作为后缀名的文件，它和 Web 窗体页面非常相似，都可以存放 HTML 元素和服务器端控件等。但是，它们还存在着一些差别，具体说明如下。

- 母版页使用@ Master 指令，而 Web 窗体页使用@ Page 指令。
- 母版页可以使用一个或多个 ContentPlaceHolder 控件，用来占据一定的空间，而 Web 窗体页则不允许使用 ContentPlaceHolder 控件。
- 母版页派生自 MasterPage 类，而 Web 窗体页派生自 Page 类。
- 母版页后缀名是.master，普通页面后缀名为.aspx。

母版页能够将页面上的公共元素（如系统网站的 Logo、导航条和广告条等）整合到一起用来创建一个通用的外观，它的优点如下。

（1）有利于站点修改和维护，降低开发人员的工作强度。

（2）提供高效的内容整合能力。

（3）有利于实现页面布局。

（4）提供一种便于利用的对象模型。

【实践案例 4-4】

创建一个母版页的方法非常简单，下面通过案例演示如何添加母版页。右击项目并选择【新建项目】选项，弹出【添加新项】对话框，如图 4-14 所示。重新设置母版页的名称，然后单击【添加】按钮即可。

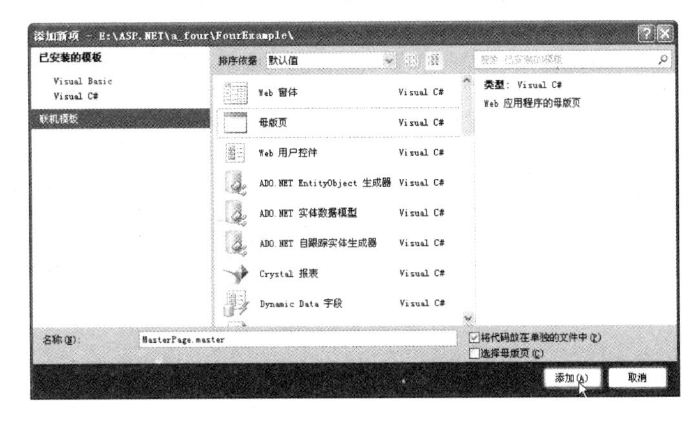

图 4-14　添加新项对话框

添加完成后，母版页内只有一个 ContentPlaceHolder 控件，它是预留给内容页显示内容的控件。开发人员可以设计母版页的内容显示效果，设计效果如图 4-15 所示。

图 4-15　案例 4-4 母版页设计效果

在实际开发过程中开发人员只需将美工制作的页面代码粘贴到母版页即可，但是必须保留至少一个 ContentPlaceHolder 控件。

4.2.3 内容页

母版页是页面的框架，但是还需要有内容页支撑页面的内容。每一个内容页都需要对应母版页中的一个 ContentPlaceHolder 控件。本节主要介绍内容页的相关知识。

1. 创建内容页

创建内容页有两种方式：创建页面时选择内容页，或者右击母版页中的 ContentPlaceHolder 控件添加内容页，如图 4-16 所示。

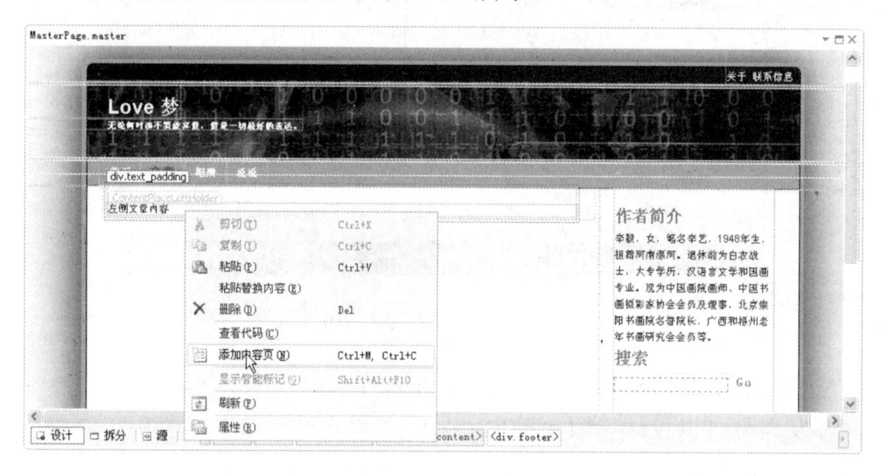

图 4-16　添加内容页

添加内容页完成后，内容页没有任何的 HTML 元素，页面具体代码如下所示。

```
<%@ Page Title="" Language="C#" MasterPageFile="~/MasterPage.master"
AutoEventWireup="true" CodeFile="Default3.aspx.cs" Inherits="Default3" %>
<asp:Content ContentPlaceHolderID="ContentPlaceLeftHolder" runat=
"server">
</asp:Content>
```

内容页代码中重要属性的具体说明如下。

- **MasterPageFile**　用户指定所使用母版页的路径。
- **Title**　用于设置内容页显示的标题。
- **ContentPlaceHolderID**　用于控制该 Content 控件在页面中的位置，即指定所对应的母版页中的 ContentPlaceHolder 控件的 ID，如果指定的 ID 在母版页中不存在将会发生错误。

向该内容页中添加代码，添加完成后重新运行该页面，最终效果如图 4-17 所示。

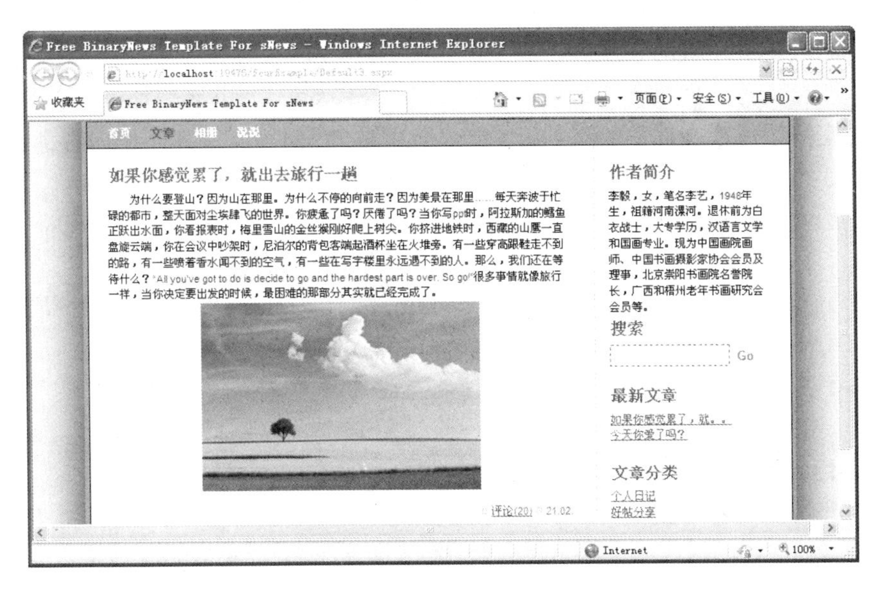

图 4-17　内容页的运行效果

在内容页或母版页的 JavaScript 脚本代码中，当通过使用 getElementById()方法根据服务器控件获取的 ID 为空时，需要使用 ClientID 来获取，如 getElementById("<%=控件 ID.ClientID %>")。

2. 将现有页面更改为内容页

将一个普通的 Web 窗体页更改为内容页需要的步骤如下。

（1）在@Page 标记中指定 MasterPageFile 的位置。

（2）去除 form 标记。

（3）去除内容页中多余的 html 标签。

（4）创建<asp:Content>标签设置相应的 ContentPlaceHolderID，然后再放入对应的内容。

4.3　主题

除了导航控件和母版页外，ASP.NET 中还包括另外一个常见的内容：主题。主题可以包含定义 ASP.NET 服务器控件属性设置的外观文件，还可以包含级联样式表文件和图形。本节主要介绍主题的相关知识。

4.3.1　主题概述

用户可以定义一些页主题，然后将这些页主题用于应用程序的一个或多个页。用户也可以创建计算机级的主题，这种主题可用在服务器上的多个应用程序中。通过应用主题可以为网站中的页提供一致的外观。

主题由多个支持文件组成，它包括页外观样式表、定义服务器控件外观以及构成主题的任何其他支持图像或文件。无论主题是页主题还是全局主题，主题中的内容都是相同的。主题中包含 3 个重要的概念：主题、外观和样式表。其具体说明如下。

- **主题（Theme）** 它是一组属性，包括外观文件、级联样式表（CSS）文件、图像等元素，它可以将这些元素应用于服务器控件并规定其样式。
- **外观（Skin）** 外观文件的后缀名是.skin，它包含各个服务器控件的属性（一般与样式相关）设置。
- **样式表（CSS）** 它是一组属性，主要包括与样式有关的文件。

4.3.2 加载主题的多种方式

在 ASP.NET 中可以通过多种方式加载主题，如在页面中设置 Theme 或 StylesheetTheme 属性、通过配置文件以及通过改变页面的 Theme 属性值、SkinID 属性值或 CssClass 属性值动态加载等。下面详细介绍如何使用这些方式加载主题。

1. 通过修改配置文件为多个页面批量加载主题

在 Web.config 文件中添加 Theme 属性或者 StylesheetTheme 属性时，所有的页面都会自动加载修改主题。该文件中的主要代码如下。

```
<configuration>
    <system.web>
      <pages styleSheetTheme="Theme_XP"/>
    </system.web>
</configuration>
```

在配置文件目录下设置页面主题时，必须去掉页面中 Page 指令里的 Theme 属性或者 StylesheetTheme，否则会重写配置文件中的对应属性。

2. 通过改变页面的 Theme 属性值动态加载主题

在页面的 PreInit 事件中可以动态的加载主题，这时主题中的皮肤文件和样式表文件会同时被加载。

例如，用户单击某个链接时更改页面的主题，后台的主要代码如下。

```
protected void Page_PreInit(object sender,EventArgse)
{
    Theme = "Theme_XP";                //创建 Theme 的实例
    if (Request["theme"] !=null)       //判断传入的主题参数是否为空，如果不为空
    {
        switch (Request["theme"])      //获取传入的主题参数
```

```
        {
            case "XP":                          //如果传入的参数为 XP
                Theme = "Theme_XP";
                break;
            case "Win7":                        //如果传入的参数为 Win7
                Theme = "Theme_Win7";
            break;
        }
    }
}
```

3. 通过改变控件的 SkinID 属性值动态加载主题中的皮肤

除了可以在 PreInit 事件中动态加载主题外，还可以在该事件中选择加载主题中的皮肤，但皮肤只能是已经命名的皮肤。在后台代码中根据传入的皮肤参数通过 SkinID 设置其属性值即可。

4. 通过改变控件的 CssClass 属性值动态加载主题中的样式表

除了动态加载主题和动态加载主题中的皮肤外，还可以在后台页面中直接通过控件的 CssClass 属性值动态加载主题中的样式表。

母版页中不能定义主题，所以不能在@ Master 指令中使用 Theme 属性或 StylesheetTheme 属性。如果需要集中定义所有页面的主题，可以通过在 Web.config 文件中配置来实现。

下面通过案例演示如何实现更改字体的样式。

【实践案例 4-5】

同一款手机可以有不同的颜色，同一件衣服可以有不同的颜色，同一个网站的字体也可以有不同的颜色。本节案例通过使用主题更换字体的皮肤样式，主要步骤如下。

（1）在新建网站页面的合适位置添加 DropDownList 控件，然后为该控件添加 4 个选项：“默认”、“绿色字体”、“黄色字体”和“蓝色字体”。接着，在合适的位置添加 Label 控件，该控件包括正文的所有内容。页面的主要代码如下。

```
更换字体颜色: <asp:DropDownList ID="ddlSelect" runat="server" Width="100"
AutoPostBack="True" OnSelectedIndexChanged="ddlSelect_SelectedIndexChanged">
<asp:ListItem Value="Black" Selected>默认</asp:ListItem>
<asp:ListItem Value="Green">绿色字体</asp:ListItem>
<asp:ListItem Value="Yellow">黄色字体</asp:ListItem>
<asp:ListItem Value="Blue">蓝色字体</asp:ListItem>
</asp:DropDownList>
<asp:Label ID="label1" runat="server">
/* 省略正文的内容 */
</asp:Label>
```

（2）选择【ASP.NET 的文件夹】|【主题】选项添加名称为 UpdateFont 文件夹，它位于 App_Themes 目录下。添加外观文件 Blue.skin，并向该文件中添加如下的代码。

```
<asp:Label runat="server" ForeColor="Black"></asp:Label>
<asp:Label runat="server" ForeColor="Green" SkinID="Green"></asp:Label>
<asp:Label runat="server" ForeColor="Yellow" SkinID="Yellow"></asp:Label>
<asp:Label runat="server" ForeColor="Blue" SkinID="Blue"></asp:Label>
```

在上述代码中，为 Label 控件设置了 4 个字体样式主题，第一行为默认的字体样式，其他三行通过 SinkID 和 ForeColor 属性设置字体颜色。

（3）在网站页面的 Page 指令中，设置 Theme 属性的值为 UpdateFont，选择下拉列表框选项时根据选中的颜色值实现更改正文字体颜色的功能。页面后台的主要代码如下。

```
protected void Page_PreInit(object sender, EventArgs e)
{
    string name = "Black";                          //声明字体颜色变量
    int id = 0;                                     //声明选中列表框索引 ID
    if (Request.QueryString["name"] != null)        //判断传入的字体颜色
        name = Request.QueryString["name"].ToString();
    if (Request.QueryString["id"] != null)          //判断传入的索引 ID
        id = Convert.ToInt32(Request.QueryString["id"].ToString());
    label1.SkinID = name;                           //更改字体颜色
    ddlSelect.SelectedIndex = id;                   //更改选中索引
}
protected void ddlSelect_SelectedIndexChanged(object sender, EventArgs e)
{
    string name = ddlSelect.SelectedItem.Value; //获取选中下拉框的 Value 值
    int id = ddlSelect.SelectedIndex;               //获取选中索引的值
    Session["theme"] = name;                        //保存选中下拉框的 Value 值
    Server.Transfer("Default.aspx?name=" + Session["theme"].ToString() +
    "&id=" + id);
}
```

在上述代码中，PreInit 事件首先声明 2 个变量 name 和 id，它们分别用来保存字体颜色和下拉框的索引。然后，根据传入的参数 name 和 id 的值是否为空获取参数值。最后，使用 SkinID 属性更改控件中的字体颜色，SelectedIndex 属性设置下拉框的选中索引。SelectedIndexChanged 事件中首先根据 SelectedItems 属性的 Value 获取用户选中的下拉框的值，SelectedIndex 属性获取选中的索引值。最后，调用 Server 对象的 Transfer()方法跳转页面。

（4）运行本案例选择下拉框的列表项进行测试，最终效果如图 4-18 所示。

加载主题时主题文件中的皮肤或样式表中的样式不会对 HTML 服务器控件起作用。

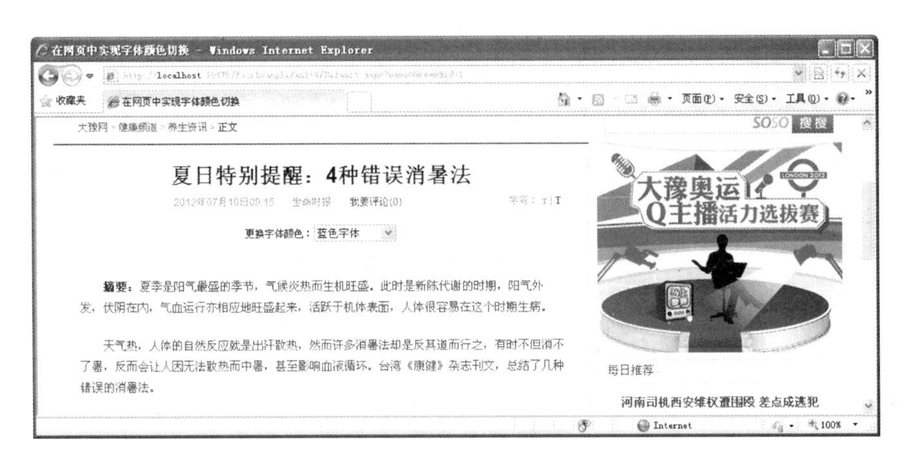

图 4-18　案例 4-5 运行效果

4.3.3　Theme 和 StylesheetTheme 的比较

在页面的 Page 指令中添加 Theme 或 StylesheetTheme 属性都可以用来加载指定的主题。但是，当主题中不包含皮肤文件时，两者的效果都一样；当主题中包含皮肤文件时，两者因为优先级不一样会产生不一样的效果。它们的优先级依次为 StylesheetTheme>Page>Theme。

当加载主题到页面后，因为某些原因需要禁用某个页面或某个控件的主题。这时候可以通过设置 Theme 或 StylesheetTheme 的值为空来完成。另外，还可以将控件的 EnableTheming 的属性值设置为 false 指定禁用主题中的皮肤。

读者可以通过添加新的案例或更改案例 4-4 中的代码比较 Theme 和 StylesheetTheme 的不同。

4.4　项目案例：使用母版页和导航控件搭建框架

前面几节已经详细介绍过导航系统控件 Menu、SiteMapPath 和 TreeView 以及母版页的相关知识，本节主要将前几节的内容结合起来实现搭建后台管理系统框架的功能。

【案例分析】

本案例采用简单的分栏式结构实现母版页的搭建功能。使用 TreeView 控件显示左侧导航系统信息；SiteMapPath 控件用来显示右侧内容页的位置。然后分别使用 XML 文件和 Web.sitemap 文件作为 TreeView 控件和 SiteMapPath 控件的源文件。具体步骤如下。

（1）添加文件名称为 MasterPage.master 母版页，母版页采用简单的分栏式结构分为上下两部分，其中中间部分又包括左侧和右侧。页面的最终设计效果如图 4-19 所示。

（2）母版页左侧使用 TreeView 控件实现显示后台系统导航的功能。将 XML 文件作为 TreeView 控件的源数据文件，该文件的具体代码如下。

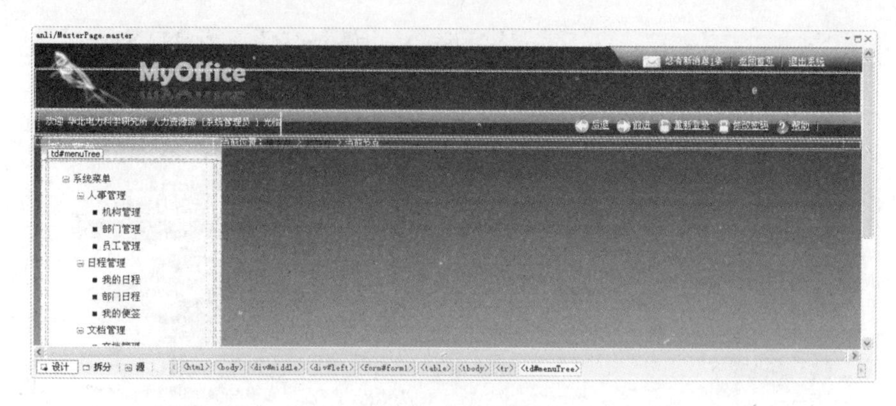

图 4-19　项目案例设计效果

```
<siteMapNode url="" title="系统菜单" description="系统菜单">
    <siteMapNode url="" title="人事管理" description="人事管理">
        <siteMapNode url="" title="机构管理" description="机构管理">
        </siteMapNode>
        <siteMapNode url="Part.aspx" title="部门管理" description="部门管理
        "></siteMapNode>
        <siteMapNode url="Employee.aspx" title="员工管理" description="员
        "></siteMapNode>
    </siteMapNode>
    <siteMapNode url="" title="日程管理" description="日程管理">
        <siteMapNode url="" title="我的日程" description="我的日程">
        iteMapNode>
        <siteMapNode url="" title="部门日程" description="部门日程">
        iteMapNode>
        <siteMapNode url="" title="我的便签" description="我的便签">
        iteMapNode>
    </siteMapNode>
    <siteMapNode url="" title="文档管理" description="文档管理">
        <siteMapNode url="" title="文档管理" description="文档管理">
        iteMapNode>
        <siteMapNode url="" title="回收站" description="回收站">
        iteMapNode>
        <siteMapNode url="" title="文件搜索" description="文件搜索">
        iteMapNode>
    </siteMapNode>
    <siteMapNode url="" title="消息传递" description="消息传递">
        <siteMapNode url="" title="消息管理" description="消息管理">
        iteMapNode>
        <siteMapNode url="" title="信箱" description="信箱"></siteMapNode>
    </siteMapNode>
</siteMapNode>
```

（3）从【工具箱】项中拖入 TreeView 控件到页面左侧，然后指定该控件的数据源。页面主要代码如下。

```
<asp:TreeView ID="TreeView1" runat="server" DataSourceID="xdstreeview"
mageSet="Simple">
    <DataBindings>
        <asp:TreeNodeBinding DataMember="siteMapNode" TextField="title"
        igateUrlField="url" />
    </DataBindings>
    <HoverNodeStyle Font-Underline="True" ForeColor="#5555DD" />
    <NodeStyle Font-Names="Tahoma" Font-Size="10pt" ForeColor="Black"
    rizontalPadding="0px" NodeSpacing="0px" VerticalPadding="0px" />
    <ParentNodeStyle Font-Bold="False" />
    <SelectedNodeStyle Font-Underline="True" ForeColor="#5555DD"
    rizontalPadding="0px"
    VerticalPadding="0px" />
</asp:TreeView>
<asp:XmlDataSource ID="xdstreeview" runat="server" DataFile=
/anli2.xml"></asp:XmlDataSource>
```

（4）在该项目中添加 Web.sitemap 文件，然后在该文件中添加如下的代码。

```
<?xml version="1.0" encoding="utf-8" ?>
<siteMap xmlns="http://schemas.microsoft.com/AspNet/SiteMap-File-1.0" >
<siteMapNode url="" title="系统菜单"  description="">
    <siteMapNode url="" title="人事管理"  description="" >
        <siteMapNode url="~\anli\Part.aspx" title="部门管理"
        cription="" ></siteMapNode>
        <siteMapNode url="~\anli\Employee.aspx" title="员工管理"
        cription="" ></siteMapNode>
    </siteMapNode>
</siteMapNode>
</siteMap>
```

（5）从【工具箱】项中拖动 SiteMapPath 控件到母版页右侧实现显示网页当前位置的查看功能。页面主要代码如下。

```
<div style="display:block; color:White; WIDTH: 75%; margin-left: 20px; float:
left; margin-bottom:5px;">
    当前位置: <asp:SiteMapPath ID="SiteMapPath1" runat="server">
    </asp:SiteMapPath>
</div>
```

（6）分别添加名称为 Employee 和 Part 的内容页，然后设计内容页的详细内容。

（7）运行 Part.aspx 页面，最终运行效果如图 4-20 所示。

图 4-20　部门管理页面的运行效果

如果已经设置了内容页的 title 属性却不能正常显示页面的标题，则需要检查母版页中 Head 标签的 runat=server 属性是否存在。只有当 Head 标签包含该属性时，内容页标题才能按照 Title 设置的内容显示。

4.5　习题

一、填空题

1. 常用的导航控件有 SiteMapPath 控件、__________和 Menu 控件。
2. __________文件必须放在项目的根目录中，并且只能有一个 siteMap 元素。
3. __________控件只能使用站点地图作为数据源。
4. 母版页提供一个页面框架，而__________则提供了页面的内容。
5. __________由多个支持文件组成，它包括页外观样式表、定义服务器控件外观以及构成主题的任何其他支持图像或文件。

二、选择题

1. 有关导航控件的说法正确的是__________。
   A. TreeView 控件所使用的数据源一定是后缀名为.xml 的文件
   B. Menu 控件可使用动态的方式，但是它不生成任何的 HTML 代码
   C. 作为服务器控件，导航控件将生成浏览器可执行的 JavaScript 脚本和 HTML 代码
   D. SiteMapPath 控件可以使用站点地图和 XML 文件作为数据源
2. SiteMapPath 控件通过__________属性可以设置导航控件的分隔符。
   A. PathSeparator

B．PathSeparatorStyle

C．RootNodeSeparator

D．RootNodeSeparatorStyle

3．关于普通页面和母版页的说法，选项__________是错误的。

A．母版页的后缀名是.master，而普通页的后缀名是.aspx

B．母版页的后缀名是.aspx，而普通页的后缀名是.master

C．母版页使用@Master 声明，而使用@Page 来声明普通页

D．母版页可以使用一个或多个 ContentPlaceHolder 控件，但是普通页不可以使用该控件

4．下面是 aspx 页面中的一段代码：

```
<%@ Page Language="C#" AutoEventWireup="true" CodeFile="Part.aspx.cs"
MasterPageFile="~/anli/MasterPage.master" Inherits="anli_Part" %>
```

其中，关于 MasterPageFile 值的说法正确的是__________。

A．其值表示母版页在当前目录

B．其值表示母版页在应用程序中的根目录

C．其值表示站点地图在应用程序中的根目录

D．其值表示站点地图在应用程序中的当前目录

5．关于母版页的说法是__________正确的。

A．内容页相当于 HTML 中的 iframe 页，但是它的浏览器地址显示的是母版页的地址

B．母版页中只能包含一个 ContentPlaceHolder 控件

C．一个系统网站中只能有一个母版页

D．母版页提供了一种统一的布局，它的后缀名是.master

6．TreeView 控件的节点类型是__________，开发人员可以通过设置该对象的__________属性指定节点是展开还是收缩。

A．TreeNode，Expanded

B．TreeNode，Expands

C．TreeNodeCollections，Expanded

D．TreeNodeCollections，Expands

7．将 Menu 控件__________的属性值设置为 false，表示隐藏该控件中具有子菜单的内置图像。

A．PathSeparator

B．DynamicBottomSeparatorImageUrl

C．DynamicEnableDefaultPopOutImage

D．MaximumDynamicDisplayLevels

8．下面选项中，__________的说法是错误的。

A．通过将控件的 EnableTheming 属性的值设置为 false 可以禁用主题中的皮肤

B．StylesheetTheme 的优先级高于 Theme

C．StylesheetTheme 的优先级低于 Theme

D．主题一般有两种形式：页主题和全局主题

三、上机练习

1．使用 TreeView 控件显示系统导航菜单

使用 TreeView 控件显示导航菜单，将站点地图文件作为该控件的数据源。设计完成后将自动套用格式设置为“Windows 帮助”格式。最终效果如图 4-21 所示。

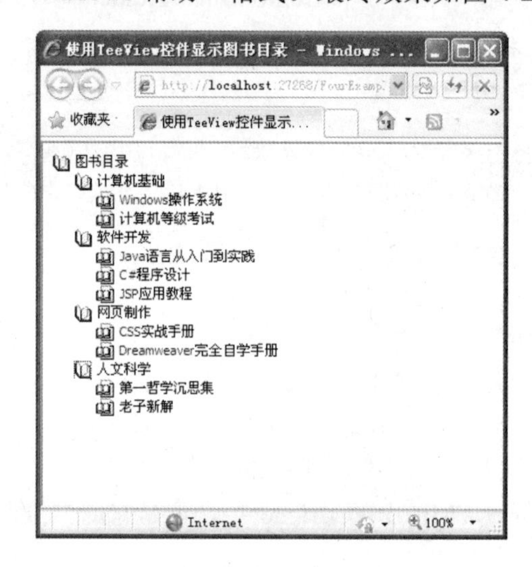

图 4-21　上机实践 1 的最终效果

2．Menu 控件和 SiteMapPath 控件的使用

选择适当的数据源将 Menu 控件和 SiteMapPath 控件相结合实现页面的显示功能。最终效果如图 4-22 所示。

图 4-22　上机实距 2 的最终效果

4.6 实践疑难解答

4.6.1 导航控件的具体使用

ASP.NET 中导航控件的具体使用
网络课堂：http://bbs.itzcn.com/thread-19680-1-1.html

【问题描述】：各位大哥大姐，小弟刚刚接触 ASP.NET 中的导航控件，哪位前辈能够详细说明一下这些控件通常使用在哪些情况下？顺便说下它们的不同。谢谢！

【解决办法】：这位同学，其实这 3 个控件的使用都非常简单，如果使用的时间久了就会发现它们非常好区分。

SiteMapPath 控件通常用来显示某个页面的当前位置，该控件使用站点地图作为数据源，并且它通常会和导航控件 TreeView 或 Menu 结合使用。

TreeView 控件通常用来显示树形菜单的导航，它的数据源可以是站点地图或 XML 文件；而 Menu 控件通常动态显示横向或纵向的导航信息，它的数据源也可以是 XML 文件或站点地图。

4.6.2 ASP.NET 母版页中对控件 ID 的处理

ASP.NET 母版页中 ID 污染后的处理
网络课堂：http://bbs.itzcn.com/thread-19681-1-1.html

【问题描述】：各位前辈，由于排版和设计的需要，我们通常会使用母版页实现整个网站的统一性。最近由于项目的需要我把原来整个项目的页面全部套用了母版页，但是出现了一个问题：控件 ID 的取值。由于页面的内容过多，所以我把主要的代码粘贴出来，具体代码如下所示。

```
<head id="Head1" runat="server">
<title>单一页面使用母版页</title>
<script language="javascript" type="text/javascript">
function insert() {
    document.getElementById("txtcontent").value=document.getElementById(
    "txtcontent").value+"(__)";
    return;
}
</script>
</head>
<body>
<form id="form1" runat="server">
```

```
<div>
<textarea id="txtcontent" runat="server" name="txt" rows="10" cols="50">
</textarea>
<asp:Button ID="btnInsert" runat="server" Text="服务器端插入内容"
OnClientClick="insert();" />
<input id="btnInsert2" name="insert" onclick="insert();" type="button"
value="客户端插入内容" runat="server" /></div>
</form>
</body>
</html>
```

上述代码如果不使用母版页没有任何错误，但是使用母版页后会出现错误提示“document.getElementById(...)为空或不是对象”，这是怎么回事？

【解决办法】：这位同学，首先你可以右击查看一下使用母版页前后两个页面的源文件。通过观察你可以发现，使用母版页后源文件控件的 ID 和 name 属性与生成的 HTML 文件的 ID 不一致，这种情况通常可以称作 ID 污染。解决的办法非常简单，第一种方法是查看源文件后直接在 JavaScript 脚本中通过源文件中的控件 ID 获得 value 值，但是如果页面上的控件有多个的话非常麻烦。这时，可以使用第二种方法，即直接通过 ClientID 获得，如 JavaScript 脚本文件中的代码如下。

```
<script language="javascript" type="text/javascript">
function insert() {
    var value = document.getElementById("<%=txtcontent.ClientID %>").value
    + "(__)";
    alert("测试控件中输入的值: " + value);
}
</script>
```

第5章 ADO.NET 技术访问数据库

前两章已经向读者介绍了大量的 Web 服务器控件，利用这些控件可以对 Web 应用程序进行简单的操作。但是，这些操作并没有真正的从数据库中对数据进行操作，.NET Framework 提供了一种专门用来处理数据的技术——ADO.NET。通过使用 ADO.NET 技术开发人员能够访问不同的数据源并且实现对数据查看、添加、修改以及删除等功能的操作。

通过本章的学习，读者可以了解 ADO.NET 的组件内容和连接数据库的方法，并且能够熟练地使用 ADO.NET 中的基本对象和 SQL 语句或存储过程对数据库中的数据进行增删改查操作。

本章学习要点：

- 熟悉 ADO.NET 的组件以及常用的 5 个基本对象。
- 掌握 SqlConnection 和 SqlCommand 对象的常用属性和方法。
- 掌握如何使用 SqlConnection 对象连接数据库。
- 掌握 SqlDataReader 和 SqlDataAdapter 对象的常用属性和方法。
- 掌握 SqlCommand 和 SqlDataReader 对象的使用步骤。
- 掌握如何使用 SqlDataAdapter 对象向 DataSet 对象中填充数据。
- 熟悉动态创建 DataTable 对象的步骤。
- 了解 DataTable 和 DataView 对象常用属性和方法。
- 熟悉 SqlDataReader 和 DataSet 对象的区别。

5.1 ADO.NET 简介

ADO.NET 是一组向.NET 程序开发者提供数据访问服务的类，.NET 应用程序通过这些类可以实现访问数据库的功能。ADO.NET 的功能非常强大，它是.NET Framework 中不可缺少的重要组成部分。ADO.NET 也提供了对 XML、关系型数据库以及其他数据存储的访问，本节将详细介绍 ADO.NET 的相关知识。

5.1.1 ADO.NET 组件

ADO.NET 向开发人员提供了两个组件：.NET Framework 数据提供程序和 DataSet（数据集）。

.NET Framework 数据提供程序是专门为数据处理以及快速地只进、只读访问数据而设计的组件，它提供了包含访问各种数据源数据的对象。表 5-1 列出了 4 种类型的数据提供程序。

表 5-1 .NET Framework 数据提供程序

.NET Framework 数据提供程序名	说明
SQL Server .NET Framework 数据提供程序	适合 SQL Server 公开的数据源，使用 System.Data.SqlClient 命名空间
OLE DB .NET Framework 数据提供程序	适合 OLE DB 公开的数据源，使用 System.Data.OleDb 命名空间
ODBC .NET Framework 数据提供程序	适合 ODBC 公开的数据源，使用 System.Data.Odbc 命名空间
Oracle .NET Framework 数据提供程序	适合 Oracle 公开的数据源，使用 System.Data.Oracle 命名空间

具体使用哪种应用程序是由用户使用的数据库决定的，本书中只介绍用于 SQL Server 数据库的 SQL Server .NET Framework 数据提供程序，其他数据提供程序不再详细介绍。

DataSet（数据集）为非连接对象，与其相关的有 DataTable、DataColumn 和 Constraint 等对象。它是专门为独立于任何数据源的数据访问而设计的，而且直接和数据库打交道。通过 DataSet 对象可以查看或更新数据，同时保持该副本和数据源一致。

5.1.2 ADO.NET 基本对象

ADO.NET 体系结构中的对象可以分为两组：.NET Framework 数据提供程序对象和数据集对象。常用对象的具体说明如下。

- **Connection** 它是 ADO.NET 与数据库的惟一会话，用于建立一个数据库连接。
- **Command** 对数据源执行命令。
- **DataReader** 从数据源中读取只进且只读的数据流。
- **DataAdapter** 用数据源填充 DataSet 并且可以解析更新。
- **DataSet** 提供断开式的数据访问和操作，直接和数据库打交道。

下一节以及后续章节会以 SQL Server 数据库为例详细讲解如何使用 ADO.NET 中的基本对象对数据进行操作。

5.2 使用 SqlConnection 对象连接数据库

连接数据库是处理数据最基本的条件之一。ADO.NET 中提供了多种连接数据库的方式，如以 OLEDB 方式连接数据库的 OdbcConnection 类、以 ODBC 方式连接数据库的 OdbcConnection 和连接 SQL Server 数据库的 SqlConnection 类等。本节详细介绍如何使用 SqlConnection 对象连接数据库。

5.2.1 SqlConnection 对象

ADO.NET 中提供了一套专门用来访问 SQL Server 数据库的类库，它们都在 System.Data.SqlClient 命名空间下。该命名空间提供了访问 SQL Server 数据库的所有的类，如 SqlConnection、SqlCommand、SqlDataAdapter 和 SqlDataReader 等。

创建 SQL Server 数据库连接时需要使用 SqlConnection 对象，该对象不支持 Execute() 方法，它不能直接向数据库发送 SQL 命令。SqlConnection 对象提供了两个构造方法。

- **SqlConnection()** 创建一个 SqlConnection 对象。
- **SqlConnection(string connectionString)** 创建一个 SqlConnection 对象并且初始化连接字符串。

SqlConnection 可以建立与数据库的连接，该对象中包括多个常用的属性和方法。表 5-2 和表 5-3 分别列出了常用的属性和方法。

表 5-2 SqlConnection 对象的常用属性

属性名	说明
ConnectionString	获取或设置用于打开 Sql Server 数据库的字符串
ConnectionTimeout	获取在尝试建立连接时终止尝试并生成错误之前所等待的时间
Database	获取当前数据库或连接打开后要使用的数据库的名称
DataSource	获取要连接的 SQL Server 实例的名称
WorkstationId	获取标识数据客户端的一个字符串
ServerVersion	获取包含客户端连接的 SQL Server 实例版本的字符串

表 5-3 SqlConnection 对象的常用方法

方法名	说明
Close()	关闭与数据库的连接，它是关闭任何打开连接的首选方法
CreateCommand()	创建并返回一个与 SqlConnection 关联的 SqlCommand 对象
Dispose()	释放当前所使用的资源
Open()	使用 ConnectionString 属性所指定的值打开数据库连接

5.2.2 连接数据库

使用 SqlConnection 对象连接数据库主要分为 4 步：定义字符串、创建 SqlConnection 对象、打开数据库的连接以及关闭数据库连接。

1. 定义字符串

不同的数据库连接字符串的格式有所不同，使用 SQL Sever 数据库连接字符串的一般格式如下。

```
Data Source = 服务器名;Initial Catalog = 数据库名;User ID = 用户名;Pwd = 密码
```

连接 SQL Servaer 数据库的字符串一般由键值对组合而成。键表示连接字符串的属性，值表示该属性的值。连接字符串的常用属性如表 5-4 所示。

表 5-4　连接 SQL Server 数据库字符串的常用属性

属性名	说明
Data Source	数据源，一般为机器名称或 IP 地址
User ID（Uid）	登录数据库的用户名称
Password（Pwd）	登录数据库的用户密码
Database	数据库或 SQL Server 实例的名称
Initial Catalog	数据库或 SQL Server 实例的名称（与 Database 一样）
Server	数据库所在的服务器名称，一般为机器名称
Pooling	表示是否启用连接池。如果为 true 则表示启用连接池
Connection Timeout	连接超时时间，默认值为 15 秒

例如，要连接本机 SQL Server 数据库中自带的数据库 master，其连接的字符串如下。

```
string connectionString = "Data Source=XP-201203191058\SQLEXPRESS;Initial
Catalog=master;User ID=sa;Pwd = 123456";
```

如果服务器是本机，可以输入“.”来代替计算机名称或者 IP 地址；如果密码为空，可以省略 Pwd 这项。

2. 创建 SqlConnection 对象

使用 new 和已经定义好的字符串创建 SqlConnection 对象，创建该对象两种方法，具体内容如下。

```
SqlConnection connection = new SqlConnection(connectionString);//直接创建
//或者
SqlConnection connectin = new SqlConnection(); //创建 SqlConnection 对象
connectin.ConnectionString = connectionString;//设置 ConnectionString 属性
```

3. 打开数据库的连接

创建 SqlConnection 对象完成后调用该对象的 Open()方法打开数据库连接，如 connection.Open()。

4. 关闭数据库的连接

所有的代码全部完成后直接调用 SqlConnection 对象的 Close()方法关闭数据库连接，如 connection.Close()。

第 1 步用户声明连接数据库字符串时可以直接使用 Visual Studio 的服务资源管理器获得连接的字符串。其具体步骤如下。

（1）在 Visual Studio 2010 中选择菜单中的【视图】|【服务器资源管理器】选项，快捷键为 Ctrl+Alt+S。右击并选择【数据连接】|【添加连接】选项，弹出【添加连接】对话框，如图 5-1 所示。

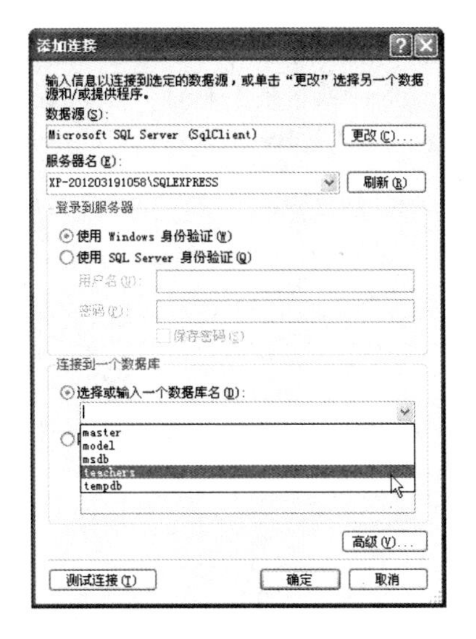

图 5-1 【添加连接】对话框

（2）在图 5-1 中输入服务器名，然后选择身份验证和连接的数据库。输入完成后单击【测试连接】按钮可以测试连接的数据库是否成功。如果成功单击【高级】按钮弹出【高级属性】对话框，然后复制要连接的字符串即可。

（3）输入完成后不单击其他按钮，而直接单击【确定】按钮添加数据库连接信息，选中新添加的数据库连接，在【属性】窗格中找到连接的字符串，然后复制该字符串即可。

【实践案例 5-1】

例如，本案例实现测试连接数据库 master 是否成功的功能，具体步骤如下。

（1）新建 Web 窗体页然后向页面的合适位置添加 Label 控件和 Literal 控件，分别表示连接成功提示和连接成功时的详细内容。

（2）页面加载时创建与数据库 master 的连接，连接成功后将结果输出显示到页面。页面后台具体代码如下。

```
protected void Page_Load(object sender, EventArgs e)
{
    string connectionString = "Data Source=XP-201203191058\\SQLEXPRESS;
    Initial Catalog=master;User ID=sa;Password=123456";     //定义字符串
    SqlConnection connection = new SqlConnection(connectionString);
                                              //创建 SqlConnection 对象
    try
    {
        connection.Open();                    //打开数据库连接
        LabelInfo.Text = "连接" + connection.Database + "数据库成功!
        <br/><br/>";
        LiteralInfo.Text = "连接的字符串: " + connection.ConnectionString +
        "<br/>";
        LiteralInfo.Text += "连接状态: " + connection.State.ToString() +
        "<br/>";
```

```
            LiteralInfo.Text +="主机名称: " + connection.WorkstationId + "<br/>";
            LiteralInfo.Text += "数据源名称: " + connection.DataSource + "<br/>";
            LiteralInfo.Text += "数据库名称: " + connection.Database + "<br/>";
            LiteralInfo.Text += "数据库版本: " + connection.ServerVersion +
            "<br/>";
            LiteralInfo.Text +="数据包大小: " + connection.PacketSize.ToString()
            + "<br/>";
            LiteralInfo.Text +="超时的等待时间: " + connection.ConnectionTimeout
            + "<br/>";
        }
        catch (Exception ex)
        {
            LiteralInfo.Text = ex.Message;
        }
        finally
        {
            if (connection != null)
                connection.Close();
        }
    }
```

在上述代码中，首先定义字符串变量 connectionString 保存数据库的连接信息，接着使用 new 和 connectionString 创建 SqlConnection 对象。然后，调用 connection 对象的 Open()方法打开数据库连接，连接成功后分别调用该对象的 Database、DataSource、ServerVersion 以及 ConnectionString 等属性获取连接内容。最后，调用 Close()方法关闭数据库连接。

（3）运行本案例最终效果如图 5-2 所示。

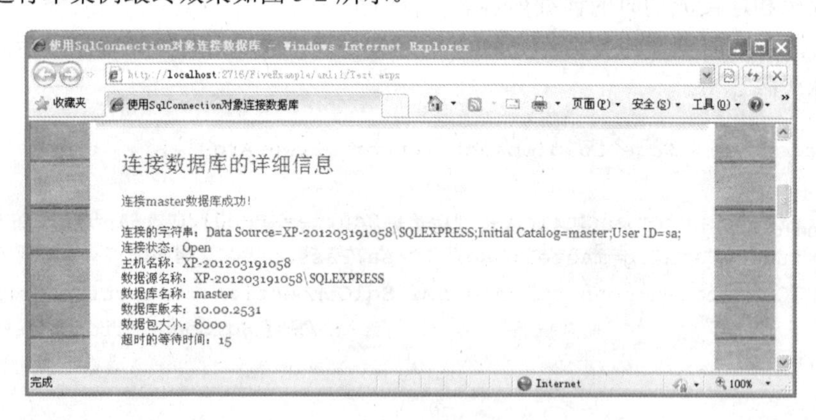

图 5-2　连接数据库

5.3　SqlCommand 对象和 SqlDataReader 对象读取数据

ADO.NET 除了包括用于连接数据库的对象之外，还包括执行 SQL 语句的对象、读取数据对象以及填充数据对象等，如 SqlCommand 和 SqlDataReader。本节详细介绍 SqlCommand 和 SqlDataReader 对象的使用方法，包括它们的概念、属性和方法等内容。

5.3.1 SqlCommand 对象

SqlCommand 对象表示执行操作数据库的命令，该命令可以是 SQL 语句或存储过程。该对象执行的操作类型如图 5-3 所示。

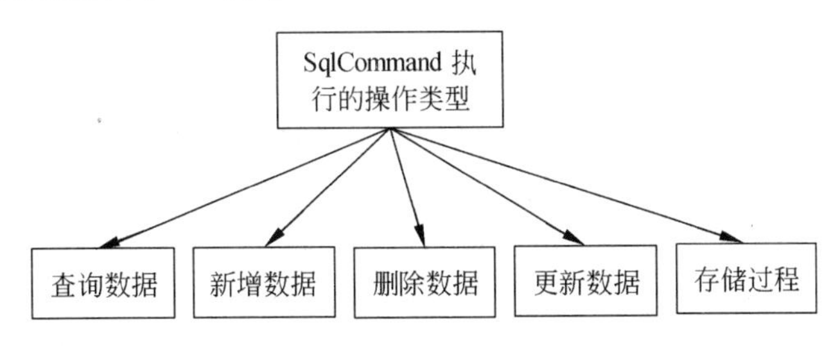

图 5-3 SqlCommand 对象执行的操作类型

创建 SqlCommand 对象非常简单，必须有一个可用的 Connection 对象，主要步骤如下。

（1）使用 SqlConnection 对象创建数据库连接。

（2）定义要执行的 SQL 语句。

（3）创建 SqlCommand 对象。

（4）调用方法执行 SQL 语句。

（5）关闭数据库连接。

与 SqlConnection 对象一样，SqlCommand 对象也提供了多个常用的属性和方法，如 CommandText 属性指定执行的 SQL 语句或存储过程，CommandType 属性指定该对象执行的方式以及 ExecuteNonQuery()方法返回受影响的行数等。表 5-5 和表 5-6 分别列出了该对象的常用属性和方法。

表 5-5 SqlCommand 对象的常用属性

属性名	说明
CommandText	获取或设置对数据源执行的 SQL 语句或存储过程
CommandTimeout	获取或设置在终止执行命令的尝试并生成错误之前的等待时间
CommandType	获取或设置一个值，该值指示如何解释 CommandText 属性
Connection	获取或设置此实例使用的 SqlConnection
Transaction	获取或设置将在其中执行 SqlCommand 的 SqlTransaction
Parameters	设置 SqlCommand 对象要执行的命令文本参数列表，默认为空集合

表 5-6 SqlCommand 对象的常用方法

方法名	说明
ExecuteNonQuery()	执行增删改的命令语句，返回受影响的行数
ExecuteReader()	执行返回一个列表命令，比如查询语句，返回值是 SqlDataReader 对象
ExecuteScalar()	返回结果集中的第一行第一列，返回值是 Object 类型

5.3.2 SqlDataReader 对象

使用数据库存储数据，归根结底是要使用它。如果所有的数据只存不取那么存储数据就会变得毫无意义。上一节已经介绍了 SqlCommand 对象的相关知识，下面将介绍 ADO.NET 中读取数据的 SqlDataReader 对象。

SqlDataReader 对象可以从数据库中检索只读的数据，它每次从查询结果中读取一行数据到内存中。该对象具有以下 3 个特征。

- 只能读取数据，不能对数据库执行任何修改或插入操作。
- 只能向前读取数据，即不能回头读取已经被访问的数据。
- 直接把数据传递到对象或 Web 窗体页。

创建 SqlDataReader 对象需要使用 Command 对象的 ExecuteReader()方法，该方法返回 SqlDataReader 对象。创建完成后调用该对象的 Read()方法读取每一行的数据记录，使用该对象的步骤如下。

（1）使用连接字符串创建 SqlConnection 对象。

（2）创建执行的 SQL 语句存储过程。

（3）创建 SqlCommand 对象。

（4）打开数据库连接并且创建 SqlDataReader 对象。

（5）调用 SqlDataReader 对象的 Read()方法逐行读取数据。

（6）读取当前行的某列数据。

（7）调用 SqlDataReader 对象的 Close()方法关闭该对象

（8）关闭 SqlConnection 对象。

SqlDataReader 对象中包含多个常用的属性，如 FieldCount 可以获取当前行中列数，HasRows 表示返回的结果。表 5-7 列出了该对象常用的属性。

表 5-7　SqlDataReader 对象的常用属性

属性名	说明
Depth	获取一个值，用于指示当前行的嵌套深度
FieldCount	获取当前行中的列数
HasRows	获取一个值，该值指示 SqlDataReader 中是否包含一行或多行
IsClosed	检索一个布尔值，该值指示是否已关闭指定的 SqlDataReader 实例
VisibleFieldCount	获取 SqlDataReader 中未隐藏的字段的数目

除了属性外该对象也包括多个方法，如 GetDateTime()方法可以获取指定列的布尔类型的值，Read()方法用来读取数据。常用方法的具体说明如表 5-8 所示。

表 5-8　SqlDataReader 对象的常用方法

方法名	说明
Close()	关闭 SqlDataReader 对象
Dispose()	释放当前实例所使用的所有资源
Read()	使用 SqlDataReader 前进到下一条记录
GetString()	获取指定列的字符串形式的值

续表

方法名	说明
GetBool()	获取指定列的布尔值形式的值
GetDouble()	获取指定列的双精度浮点数形式的值
GetDateTime()	获取指定列的 DateTime 对象形式的值

SqlDataReader 对象在读取数据时必须与数据库保持连接，一旦断开与数据库的连接将不能读取数据。另外，使用该对象读取数据时不能对数据进行修改。

5.3.3 使用 ExecuteNonQuery()方法添加数据

ExecuteNonQuery()方法主要对数据执行添加、修改和删除的操作，该方法表示返回受影响的行数，其类型为 int 类型。

下面将 SqlConnection 对象、SqlCommand 对象和 ExecuteNonQuery()方法等结合起来实现向数据库添加数据的操作。

【实践案例 5-2】

任何系统和网站都少不了用户注册的功能。本案例以九博人才网实现个人注册的功能来讲解如何使用 SqlCommand 对象和 ExecuteNonQuery()方法。其主要步骤如下。

（1）新的 Web 窗体页面，然后向页面中添加 TextBox 控件和 Button 控件。该页面的设计效果如图 5-4 所示。

图 5-4 案例 5-2 的设计效果

（2）单击【立即注册】按钮时后台接收并处理用户输入的内容，然后向数据库添加数据。按钮 Click 事件的具体代码如下。

```
protected void btnRegister_Click(object sender, EventArgs e)
{
    string conString = "Data Source=XP-201203191058\\SQLEXPRESS;Initial
```

```
Catalog=Homework;User ID=sa;Password=123456";   //定义字符串
    SqlConnection connection = new SqlConnection(conString);
                                                //创建 SqlConnection 对象
    try
    {
        connection.Open();                      //打开数据库连接
        string sql = "insert into registeruser values('" + txtUserName.Text
        + "','" + txtPwd.Text + "','" + txtEmail.Text + "','" + txtPhone.Text
        + "')";                                 //声明 SQL 语句
        SqlCommand command = connection.CreateCommand();
                                                //创建 SqlCommand 对象
        command.CommandText = sql;              //设置 SQL 语句
        command.CommandType = CommandType.Text; //设置 CommandType 属性
        int result = command.ExecuteNonQuery(); //执行 SQL 语句
        if (result > 0)                         //判断执行的结果
        Page.ClientScript.RegisterStartupScript(GetType(), "", "<script>
        alert('保存数据成功! ')</script>");
    }
    catch (Exception ex)
    {
        Page.ClientScript.RegisterStartupScript(GetType(), "", "<script>"
        + ex.Message + "</script>");
    }
    finally
    {
        connection.Close();                     //关闭数据源
    }
}
```

在上述代码中，首先声明字符串变量 connString，接着创建 SqlConnection 对象后打开数据库连接。然后，使用 connection 对象的 CreateCommand()方法创建 SqlCommand 对象，接着初始化 command 对象的 CommandText 属性和 CommandType 属性，调用 ExecuteNonQuery()方法执行 SQL 语句并返回执行的结果。最后，关闭数据库连接，弹出提示结果。

（3）运行本案例，在页面输入内容后单击【立即注册】按钮进行测试。最终运行结果如图 5-5 所示。

5.3.4 使用 Read()方法读取数据

SqlDataReader 对象提供了多个读取数据的方法，如 Read()方法定位到下一条记录，NextResult()方法定位到下一个记录集。

下面通过案例将 SqlCommand 对象、ExecuteReader()方法以及 SqlDataReader 对象等结合起来演示如何调用 SqlDataReader 对象的 Read()方法读取数据库中的数据。

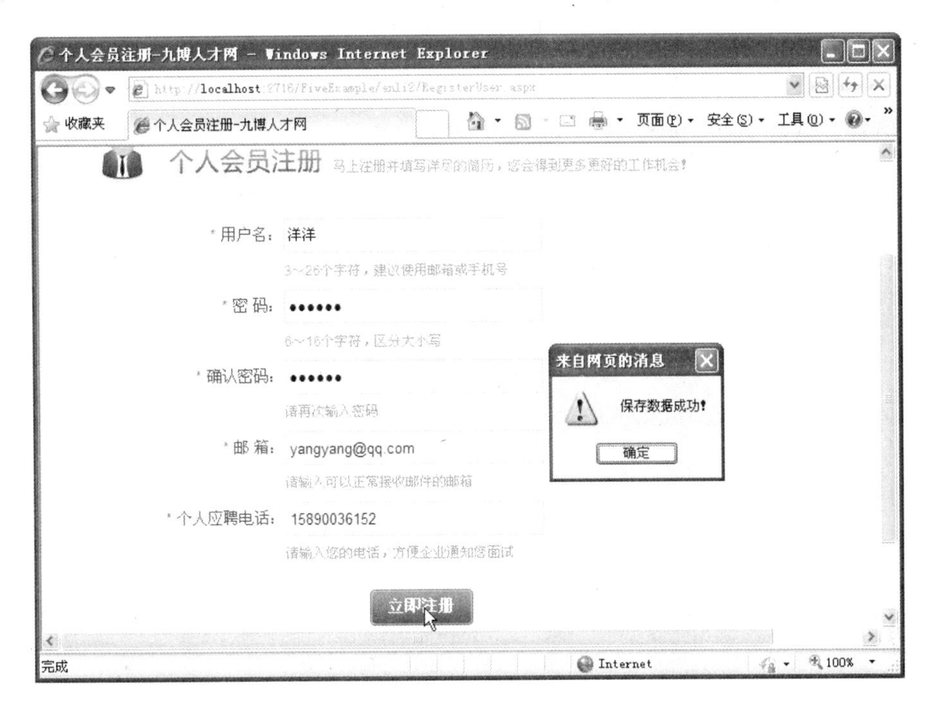

图 5-5　添加成功提示

【实践案例 5-3】

在本案例中，首先创建 SqlConnection 对象、SqlCommand 对象和 SqlDataReader 对象，然后调用 Read()方法循环读取数据，最后关闭数据连接。实现的具体步骤如下。

（1）添加新的 Web 窗体页，该页面的设计效果如图 5-6 所示。

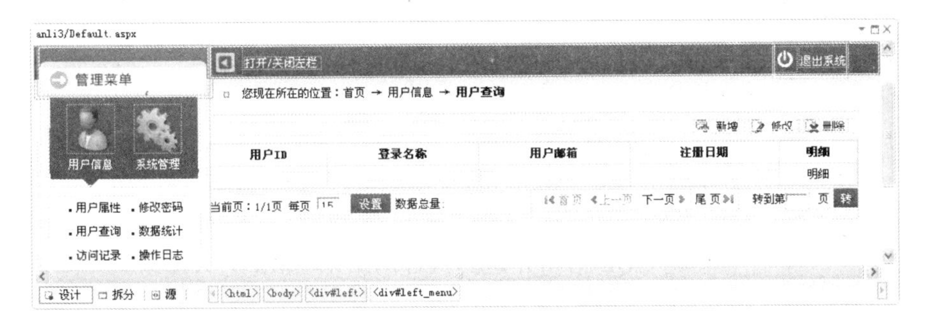

图 5-6　案例 5-3 的设计效果

（2）页面加载时实现获取数据库中所有注册人员列表的功能。页面后台 Load 事件的主要代码如下。

```
public IList<UserInfo> userlist = new List<UserInfo>();
protected void Page_Load(object sender, EventArgs e)
{
    string connString = "Data Source=XP-201203191058\\SQLEXPRESS;Initial
    Catalog=Homework;User ID=sa;Password=123456";            //定义字符串
    SqlConnection connection = new SqlConnection(connString);
```

```
                                        //创建 SqlConnection 对象
    string sql = "select * from registeruser";          //声明 SQL 语句
    SqlCommand command = new SqlCommand(sql, connection);
                                        //创建 SqlCommand 对象
    connection.Open();                  //打开数据库连接
    using (SqlDataReader dr = command.ExecuteReader())
                                        //创建 SqlDataReader 对象
    {
        while (dr.Read())               //循环读取数据
        {
            UserInfo info = new UserInfo();
            info.UserId = Convert.ToInt32(dr["uid"]);       //用户 ID
            info.UserName = dr["uname"].ToString();         //用户名
            info.UserPass = dr["upass"].ToString();         //用户密码
            info.UserPhone = dr["phone"].ToString()         //联系电话
            info.UserEmail = dr["umail"].ToString();        //邮箱
            info.RegisterTime = Convert.ToDateTime(dr["registerTime"]);
                                        //注册日期
            userlist.Add(info);         //向 List 集合中添加数据
        }
    }
    connection.Close();                 //关闭数据库连接
}
```

在上述代码中，首先声明全局变量存储所有的人员列表，接着在 Load 事件中根据定义的字符串创建 SqlConnection 对象，然后根据声明的 SQL 语句创建 SqlCommand 对象。使用 Open()方法打开数据库连接，然后调用 command 对象的 ExecuteReader()方法创建 SqlDataReader 对象。接着，调用 Read()方法循环读取数据，将读取的数据信息循环添加到 userlist 集合中，最后关闭数据库的连接。

（3）在 Web 窗体页中循环遍历 userlist 集合中的数据，前台页面绑定的主要代码如下。

```
<%
    foreach (UserInfo info in userlist){
%>
    <tr>
        <td height="22" bgcolor="#FFFFFF">
            <div align="center"><span class="STYLE3"><%=info.UserId %>
            </span></div>
        </td>
        <td height="22" bgcolor="#FFFFFF">
            <div align="center"><span class="STYLE3"><%=info.UserName
            %></span></div>
        </td>
        /* 省略其他字段信息的绑定 */
        <td height="22" bgcolor="#FFFFFF">
```

```
            <div align="center" class="STYLE5">明细</div>
        </td>
    </tr>
<%
    }
%>
<span class="STYLE7">数据总量：<%=userlist.Count %> </span>
```

当上述代码循环遍历 userlist 集合中的元素时，根据<%=实体对象.字段名 %>绑定即可。然后，使用集合对象的 Count 属性获取所有的记录总数。

（4）运行本案例，其最终显示效果如图 5-7 所示。

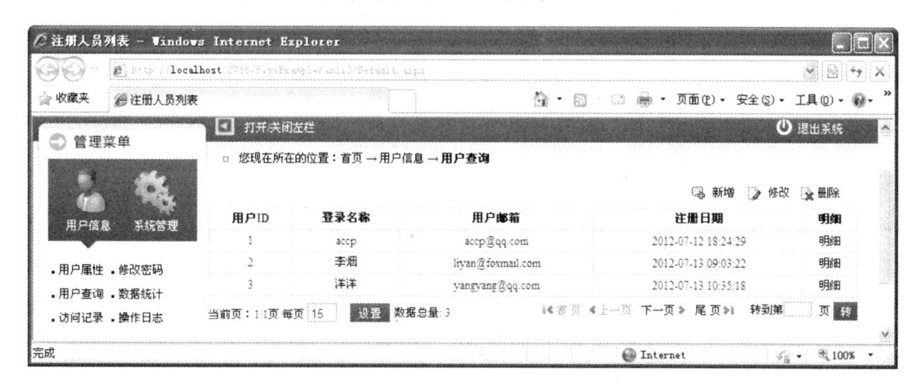

图 5-7 案例 5-3 运行效果

SqlDataReader 对象读取数据完成后如果不关闭该对象，它会一直占用系统的资源。如果应用程序多次使用该对象并且都未关闭，将很容易耗尽资源。所以，当使用 SqlDataReader 对象时，必须使用 using 或调用 Close()方法关闭该对象。

5.4 DataSet 对象和 SqlDataAdapter 对象

上一节主要介绍在连接数据库的情况下如何使用 SqlCommand 对象和 SqlDataReader 对象中的方法对数据进行简单的添加和读取操作。但是，如果断开服务器的连接，怎样在短时间内对大量的数据进行查询操作呢？很简单：使用 DataSet 和 SqlDataReader。本节详细介绍 DataSet 和 SqlDataAdapter 对象的相关知识。

5.4.1 DataSet 对象

DataSet 也叫数据集，它是数据内存驻留的一种表示形式，而且它提供了一种断开式的数据访问机制。DataSet 对象可以看成数据存储器的部分数据的本地副本，通过 DataSet 对象还可以查看、修改、添加和删除数据。

DataSet 对象的内容是用 XML 来描述数据的，所以它不依赖于任何的数据连接。该对象一般有两种用法。

（1）把文本或 XML 数据流加载到 DataSet 对象。

（2）使用 DataAdapter 对象更新或填充 DataSet 对象。

DataSet 对象的作用是临时存储数据，那么它的工作原理是什么呢？很简单，如图 5-8 所示。

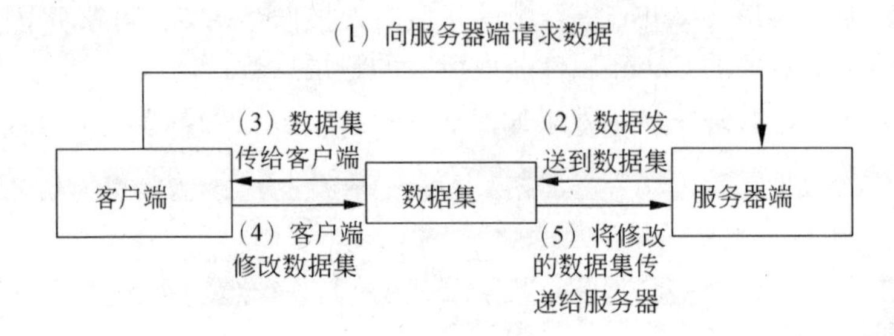

图 5-8　DataSet 对象的工作原理

当应用程序需要数据时，会向数据库发出请求获取数据，服务器先将数据发送到 DataSet 中，然后再将数据集传递给客户端。当客户端将数据集中数据修改后，会统一将修改过的数据集发送到服务器，服务器接收并修改数据库的数据。

DataSet 对象的结构和 SQL Server 数据库的结构非常相似，它包括多个常用的对象，如 DataTable、DataRelation（表之间的关系）、Constraint（约束）以及 UniqueKeyConstraint（惟一约束）等。图 5-9 列出了该对象的结构图。

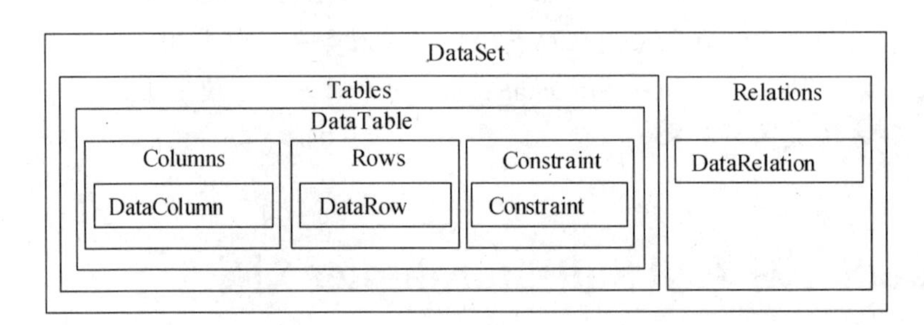

图 5-9　DataSet 对象结构图

DataSet 对象中可以包含一个或多个 DataTable，每个 DataTable 可以包含对应 DataRow 集合对象的 Rows 属性、对应 DataColumn 集合对象的 Columns 属性以及对应约束对象集合的 Constraints 属性。除此之外，DataSet 对象还包含 DataRelation 集合的 Relations 属性。

了解 DataSet 对象的工作原理和结构后主要来看下如何创建 DataSet 对象。创建该对象时需要使用 new 关键字，其语法如下。

```
DataSet 对象名 = new DataSet("数据集的名称字符串");
```

在创建语法中其数据集的名称字符串参数可有可无。如果没有写参数则默认的名称为 NewDataSet。创建 DataSet 对象的两种方法如下。

```
DataSet ds = new DataSet();                    //未指定创建时的参数
DataSet ds = new DataSet("Customer");          //指定创建时的参数
```

5.4.2 SqlDataAdapter 对象

DataSet 对象可以在断开数据库连接的情况下查询数据，那么如何解决数据库和 DataSet 之间数据的同步问题呢？ADO.NET 针对各种数据库提供了一个对象类专门处理该问题。对于 SQL Server 数据库而言需要使用到 SqlDataAdapter 对象。

SqlDataAdapter 对象是一个适配器，它表示一组操作数据的命令和一个数据库连接。SqlDataAdapter 对象也是数据库和 DataSet 之间的桥梁，用以协调双方数据同步。该对象提供有 4 种构造方法，其具体说明如下。

- **SqlDataAdapter()** 初始化该对象的实例。
- **SqlDataAdapter(SqlCommand)** 初始化 SqlDataAdapter 对象的实例将 SqlCommand 作为 SelecteCommand 的属性值。
- **SqlDataAdapter(String，SqlConnection)** 使用 SelectCommand 和 SqlConnection 对象初始化该对象的实例。
- **SqlDataAdapter(String，String)** 使用 SelectCommand 对象和连接字符串初始化该对象的实例。

和其他对象（如 SqlConnection 和 SqlCommand）一样，SqlDataAdapter 对象也包含多个常用的属性，如 DeleteCommand 属性可以设置从数据集中删除数据的 SQL 语句或存储过程，TableMappings 属性提供源表和 DataTable 之间的映射。表 5-9 列出了该对象的常用属性。

表 5-9 SqlDataAdapter 对象的常用属性

属性名	说明
DeleteCommand	获取或设置一个 SQL 语句或存储过程，以从数据集删除记录
InsertCommand	获取或设置一个 SQL 语句或存储过程，以在数据源中插入新记录
ReturnProviderSpecificTypes	获取或设置 Fill()方法是应当返回提供程序特定的值，还是返回公用的符合 CLS 的值
SelectCommand	获取或设置一个 SQL 语句或存储过程，用于在数据源中选择记录
TableMappings	获取一个集合，它提供源表和 DataTable 之间的主映射
UpdateCommand	获取或设置一个 SQL 语句或存储过程，用于更新数据源中的记录

除了常用属性外，SqlDataAdapter 对象中也包括两个常用的方法，其具体说明如下。

- **Fill()** 填充 DataSet 对象或 DataTable 对象。
- **Update()** 为 DataSet 中每个已插入、已更新或已删除的行调用相应的 INSERT、UPDATE 或 DELTE。

5.4.3 使用 SqlDataAdapter 对象填充 DataSet 对象

使用 SqlDataAdapter 对象可以直接向 DataSet 对象中填充数据，它不用打开和关闭数据库，也省了释放资源的操作。使用 SqlDataAdapter 对象向 DataSet 中填充数据的主要步骤如下。

（1）使用连接字符串创建 SqlConnection 对象。

（2）创建要执行的 SQL 语句或存储过程。

（3）利用 SQL 语句和 SqlConnection 对象创建 SqlDataAdapter 对象。

（4）打开数据库连接并且调用 SqlDataAdapter 对象的 Fill()方法填充 DataSet。

（5）关闭数据库的连接。

下面通过案例演示如何使用 SqlDataAdapter 对象向 DataSet 中填充数据。

【实践案例 5-4】

本案例重新读取数据库表中人员注册的列表信息。实现的主要步骤如下。

（1）新建 Web 窗体页然后在页面的合适位置添加服务器控件 GridView，然后设置该控件的 ID 为 gvShowList，页面主要代码如下。

```
<asp:GridView ID="gvShowList" runat="server" Width="100%"></asp:GridView>
```

（2）打开页面的后台文件，窗体页加载时获取所有的注册人员列表，然后将列表绑定到 GridView 控件。后台 Load 事件的具体代码如下。

```
protected void Page_Load(object sender, EventArgs e)
{
    string connString = "Data Source=XP-201203191058\\SQLEXPRESS;Initial
    Catalog=Homework;User ID=sa;Password=123456";  //定义字符串
    SqlConnection connection = new SqlConnection(connString);
                                              //创建 SqlConnection 对象
    string sql = "select uid as 用户 ID,uname as 用户名称,umail as 邮
    箱,registertime as 注册日期 from registeruser";  //声明 SQL 语句
    SqlDataAdapter da = new SqlDataAdapter(sql, connection);
                                              //创建 SqlDataAdapter 对象
    DataSet ds = new DataSet("registeruser");  //创建 DataSet 对象
    da.Fill(ds);                              //向 DataSet 中填充数据
    connection.Close();                       //关闭数据源
    gvShowList.DataSource = ds;               //绑定控件的数据源
    gvShowList.DataBind();
}
```

在上述代码中，首先根据声明的字符串创建 SqlConnection 对象，接着使用 SQL 语句和 connection 对象创建一个 SqlDataAdapter 对象。然后，创建 DataSet 对象的实例对象 ds，接着调用 da 对象的 Fill()方法向 DataSet 对象中填充数据。最后，将填充过的数据集 ds 对象绑定到页面控件 GridView 中。

（3）运行本案例，其最终效果如图 5-10 所示。

GirdView 控件属性于数据绑定控件，下一章中会对该控件进行详细介绍，本章只要能看懂、能进行简单的使用即可。

图 5-10　案例 5-4 运行效果

5.4.4　DataTable 和 DataView

DataTable 对象是 ADO.NET 中非常重要的对象之一，它又称为数据表，和数据库的表非常相似。DataTable 表示驻留在内存中的单个数据表，它由行集合（DataRowCollection）、列集合（DataColumnCollection）和约束集合（ConstraintCollection）组成。

DataTable 对象中包括多个常用的属性，如 Columns 属性可以获取表中列的集合，Rows 属性可以获取行的集合，TableName 属性可以获取 DataTable 的名称。表 5-10 列出了该对象的常用属性。

表 5-10　DataTable 对象的常用属性

属性名	说明
Columns	获取属于该表的列的集合
Rows	获取属于该表的行的集合
DefaultView	用于获取可能包括筛选视图或游标位置的表的自定义视图
HasErrors	获取或设置一个值，该值表示表所属的 DataSet 的任何表的任何行中是否有错误
TableName	获取或设置 DataTable 的名称
MinimumCapacity	获取或设置该表最初的起始大小

除了常用的属性外，DataTable 对象中也包含多个方法，如 Clear()方法用于清除 DataTable 的所有数据，Copy()方法用于复制 DataTable 的结构和数据。表 5-11 列出了该对象常用的方法。

表 5-11　DataTable 对象的常用方法

方法名	说明
Clear()	用于清除所有数据的 DataTable
Clone()	用于克隆 DataTable 结构，包括所有的 DataTable 架构和约束
Copy()	用于复制 DataTable 的结构和数据
Merge()	用于将指定的 DataTable 与当前的 DataTable 合并
NewRow()	创建与该表具体相同的新的 DataRow
Reset()	用于将 DataTable 重置为其初始状态
ReadXml()	用于将 XML 架构和数据读入 DataTable
WriteXml()	用于将 DataTable 的当前内容以 XML 格式写入

DataTable 对象在 System.Data 命名空间下，它可以直接使用，也可以动态创建。创建动态 DataTable 的一般步骤如下。

（1）创建 DataTable 对象。

（2）创建 DataColumn 对象构建表结构。

（3）将创建好的表结构添加到 DataTable 对象中。

（4）创建 DataRow 对象并新增数据。

（5）将数据插入到 DataTable 对象中。

例如，动态创建一个 4 行 3 列的 Table 对象，每列分别表示 ID、用户名和密码，具体代码如下。

```
DataTable dt = new DataTable();                         //创建 DataTable
dt.Columns.Add(new DataColumn("ID", typeof(int)));
                                            //将创建 DataColumn 对象添加到 DataTable 中
dt.Columns.Add(new DataColumn("Name", typeof(string)));
dt.Columns.Add(new DataColumn("Pass", typeof(string)));
for (int i = 0; i < 4; i++)
{
    DataRow row = dt.NewRow();  //创建 DataRow 对象
    row["ID"] = i + 1;
    row["Name"] = "Name" + i.ToString();
    row["Pass"] = "Password" + i.ToString();
    dt.Rows.Add(row);             //将 DataRow 对象中的数据添加到表中
}
```

除了使用 SqlDataAdapter 对象可以向 DataSet 中填充数据外，也可以通过创建 DataTable 方法将数据添加到 DataSet 中，如 ds.Tables.Add(dt)。

DataView 表示对 DataTable 中的数据进行排序、筛选、搜索、编辑和导航等操作，它也叫数据视图。一个 DataSet 中可以有多个 DataTable，而每一个 DataTable 对象都存在一个默认的数据视图，可以使用 DataTable 对象的 DefaultView 属性获取，该属性返回一个 DataView 对象。

DataView 对象中包含多个常用属性，如 Sort 属性可以设置排序顺序，RowFilter 属性可以设置用于该对象中的行状态筛选器，Count 可以获取 DataView 中记录的总数量。表 5-12 详细地列出了 DataView 对象中的常用属性。

表 5-12　DataView 对象的常用属性

属性名	说明
AllowDelete	用于获取或设置一个值，该值指示是否允许删除
AllowEdit	用于获取或设置一个值，该值指示是否允许编辑
AllowNew	用于获取或设置一个值，该值指示是否可以使用 AddNew()方法添加新行
ApplyDefaultSort	获取或设置一个值，该值指示是否使用默认排序
Count	用于 RowFilter 和 RowStateFilter 之后，获取 DataView 中记录的数量

续表

属性名	说明
RowFilter	获取或设置用于筛选在 DataView 中查看哪些行的表达式
RowStateFilter	获取或设置用于 DataView 中的行状态筛选器
Sort	用于获取或设置 DataView 中的一个或多个排序列以及排序顺序
Table	用户获取或设置源 DataTable

除常用的属性外 DataView 中也包含 3 个常用的方法，其具体说明如下所示。

- **AddNew()** 将新行添加到 DataView 中。
- **Delete()** 删除指定索引位置的行。
- **FindRows()** 返回 DataRowView 对象的数组，这些对象的列与指定的排序关键字值匹配。

下面重新更改上一节的实践案例 5-4，筛选邮箱符合 QQ 邮箱的所有用户，并且根据用户 ID 降序排列。重新更改 Load 事件的代码，其主要代码如下。

```
protected void Page_Load(object sender, EventArgs e)
{
    string connString = "Data Source=XP-201203191058\\SQLEXPRESS;Initial
    Catalog=Homework;User ID=sa;Password=123456";  //定义字符串
    SqlConnection connection = new SqlConnection(connString);
                                                  //创建 SqlConnection 对象
    string sql = "select uid as 用户 ID,uname as 用户名称,umail as 邮
    箱,registertime as 注册日期 from registeruser";  //声明 SQL 语句
    SqlDataAdapter da = new SqlDataAdapter(sql, connection);
//创建 SqlDataAdapter 对象
    DataSet ds = new DataSet("registeruser");     //创建 DataSet 对象
    da.Fill(ds);                                  //填充数据
    connection.Close();                           //关闭数据库连接
    DataTable dt = ds.Tables[0];                  //获取 DataTable 对象
    DataView dv = dt.DefaultView;                 //创建 DataView 对象
    dv.RowFilter = "邮箱 like '%qq.com%'";        //筛选
    dv.Sort = "用户 ID desc";                     //排序
    gvShowList.DataSource = dt;                   //重新绑定数据源
    gvShowList.DataBind();
}
```

在上述代码中，使用 DataSet 对象的 Tables 属性获取 DataTable 对象，然后使用 dt 对象的 DefaultView 属性获取 DataView 对象。RowFilter 属性用于筛选出符合 QQ 邮箱的所有注册用户，Sort 属性设置用户 ID 按照降序排列。最后，重新绑定 GridView 的数据源。

重新运行案例，最终的显示效果如图 5-11 所示。

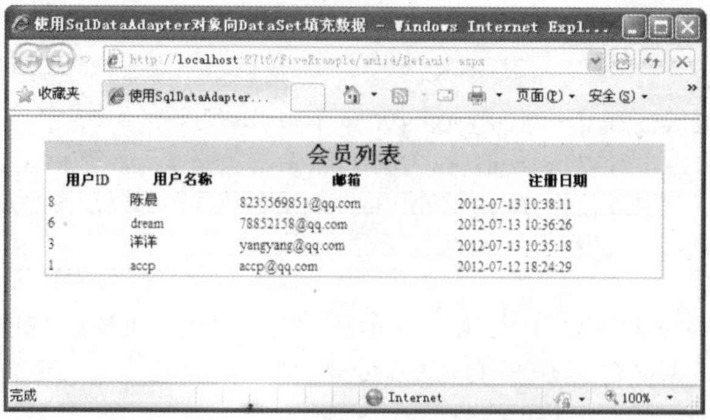

图 5-11　重新更改案例 5-4 后的运行效果

5.4.5　SqlDataReader 和 DataSet 的区别

ADO.NET 中 SqlDataReader 对象和 DataSet 对象都可以将检索的关系数据存储在内存中。它们的功能非常相似，但是这两个对象不能相互替换。表 5-13 列出了这两个对象的主要区别。

表 5-13　SqlDataReader 和 DataSet 的主要区别

	SqlDataReader	DataSet
数据库连接	必须与数据库进行连接，读表时，只能向前读取，读取完成后由用户决定是否断开连接	可以不和数据库连接，把表全部读到 Sql 中的缓冲池，并断开和数据库的连接
处理数据的速度	读取和处理数据的速度较快	读取和处理数据的速度较慢
更新数据库	只能读取数据，不能对数据库中数据更新	对数据集中的数据更新后，可以把数据库中的数据更新
是否支持分页和排序功能	不支持	支持
内存占用	占用内存较少	占用内存较多

另外，DataReader 和 DataSet 有各自的适用场合，如果数据源控件只是读取查询结果，而并不需要提供分页或排序功能，可以使用 DataReader 对象。如果用户想把数据缓存在本地，供程序使用、想在断开数据库连接的情况下仍能使用数据或者想为控件指定数据源或者实现分页和排序的功能，都可以使用 DataSet 对象。

5.5　项目案例：操作人员管理后台数据

前几节已经详细介绍过如何使用 ADO.NET 中的基本对象对数据进行简单的操作，本节主要将前面几节介绍的内容结合起来实现后台数据列表显示、删除以及详细查看的功能。

【案例分析】

本案例主要通过 ADO.NET 的基本对象实现后台数据的操作功能，如使用 SqlConnection 对象连接数据库，SqlCommand 对象执行查询的操作以及使用 SqlDataReader

对象读取数据库中的数据等。其具体步骤如下。

（1）新建数据库文件然后在该文件中添加 UserManage 表，该表表示用户的详细信息，如用户名、用户角色、IP 地址以及入职日期等。表 5-14 列出了 UserManage 表的具体字段说明。

表 5-14　UserManage 表的具体字段

字段名	类型	是否为空（是=Yes，否=No）	备注
userId	int	No	主键，自动增长列
userName	nvarchar(20)	No	用户名称
userRole	nvarchar(20)	No	用户角色
userPhone	nvarchar(20)	No	联系电话
userIP	nvarchar(20)	No	IP 地址
userDesc	text	Yes	用户角色的描述内容
userTime	datetime	Yes	用户入职日期，默认为系统当前日期

（2）在 Web 项目中新建 Web 窗体页，然后添加 UserManageInfo 实体类。该类封装了用户所有的详细信息。该类的主要代码如下。

```
public class UserManageInfo
{
    public UserManageInfo(){}
    private int userId;                    //用户 ID
    private string userName;               //用户名称
    private string userRole;               //角色名称
    private string userPhone;              //联系电话
    private string userIP;                 //IP 地址
    private string userDesc;               //描述信息
    private DateTime userTime;             //入职时间
    public int UserId
    {
        get { return userId; }
        set { userId = value; }
    }
    public string UserName
    {
        get { return userName; }
        set { userName = value; }
    }
    /* 省略对其他字段的内容封装 */
}
```

（3）修改 Web.config 文件的内容，在该文件中配置数据库连接字符串的信息。该文件的主要配置内容如下。

```
<connectionStrings>
    <add name="SqlConnection" connectionString="Data Source=XP-
```

```
    201203191058\SQLEXPRESS;Initial Catalog=ExampleDataBase;User ID=sa;
    Password=123456" />
</connectionStrings>
```

（4）选中该项目然后选择添加引用选项，弹出【添加引用】对话框，如图 5-12 所示。找到添加的引用选项 System.Configuration 后，单击【确定】按钮即可。

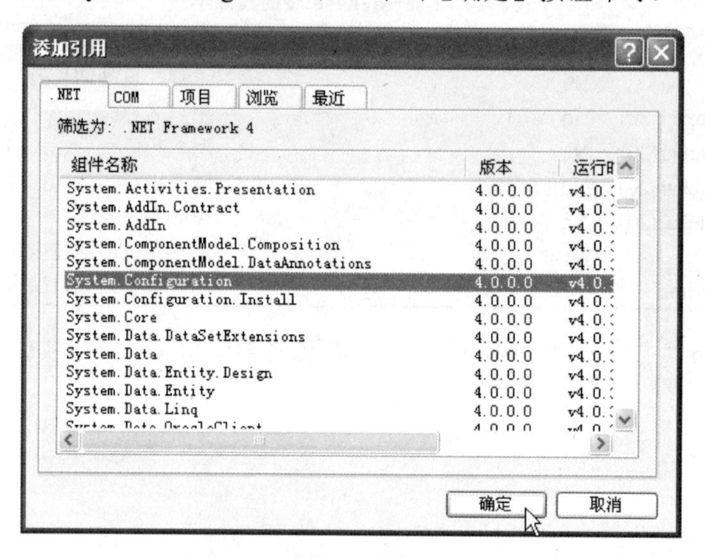

图 5-12　添加引用

（5）添加新的窗体页用于显示后台所有的用户列表，该页面的主要设计效果如图 5-13 所示。

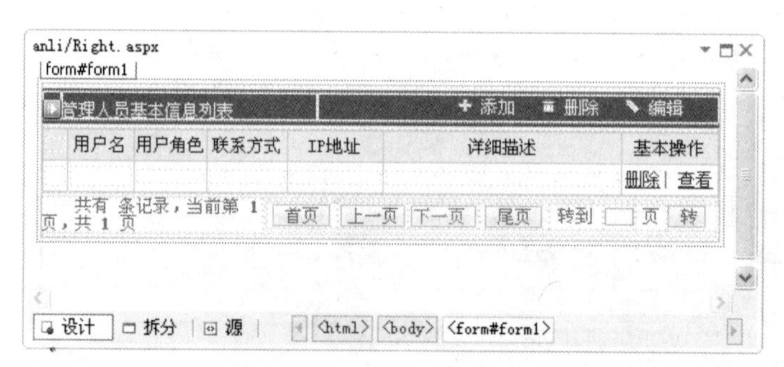

图 5-13　用户列表设计效果图

（6）列表页面加载时显示所有的用户，Load 事件的主要代码如下。

```
public int userids = 1;
public IList<UserManageInfo> userlist = new List<UserManageInfo>();
protected void Page_Load(object sender, EventArgs e)
{
    string connString = ConfigurationManager. ConnectionStrings
    ["SqlConnection"].ConnectionString;
    SqlConnection connection = new SqlConnection(connString);
```

```
                                                //创建 SqlConnection 对象
        connection.Open();
        string sql1 = "select * from usermanage";  //声明 SQL 语句
        SqlCommand command = new SqlCommand(sql1, connection);
                                                //创建 SqlCommand 对象
        using (SqlDataReader dr = command.ExecuteReader())
                                                //创建 SqlDataReader 对象
        {
            while (dr.Read())                   //循环读取数据
            {
                UserManageInfo usermanage = new UserManageInfo();
                                                //创建用户类
                usermanage.UserId = Convert.ToInt32(dr["userId"]);
                                                //为类中的字段赋值
                /* 省略其他字段的赋值 */
                if (!Convert.IsDBNull(dr["userTime"]))
                                            //判断日期是否为空，如果不为空
                    usermanage.UserTime = Convert.ToDateTime(dr["userTime"]);
                userlist.Add(usermanage);        //向集合中添加数据
            }
        }
        connection.Close();
    }
```

在上述代码中，首先声明泛型集合变量 userlist 保存所有的用户列表，然后根据数据库连接字符串创建 SqlConnection 对象。接着，根据 SQL 语句和 connection 创建 SqlCommand 对象，然后使用 command 对象的 ExecuteReader()方法创建 SqlDataReader 对象，调用该对象的 Read()方法循环读取数据记录。最后，调用 Close()方法关闭数据库连接。

（7）在页面中，使用 foreach 语句循环遍历 userlist 对象中的内容，然后使用<%=和 %>在页面中输入详细信息，其效果相当于 Response.Write()的效果。页面的主要代码如下。

```
<%
    foreach (UserManageInfo um in userlist){
    int userid = um.UserId;
%>
<tr>
    <td height="20" bgcolor="#FFFFFF" class="RightStyle6">
        <div align="center"><span class="RightStyle19"><%=um.UserName %>
        </span></div>
    </td>
    <td height="20" bgcolor="#FFFFFF" class="RightStyle19">
        <div align="center"><%=um.UserRole %></div>
    </td>
    <td height="20" bgcolor="#FFFFFF" class="RightStyle19">
        <div align="center"><%=um.UserPhone %></div>
```

```
    </td>
    <td height="20" bgcolor="#FFFFFF" class="RightStyle19">
        <div align="center"><%=um.UserIP %></div>
    </td>
    <td height="20" bgcolor="#FFFFFF" class="RightStyle19">
    <div align="left"><%=um.UserDesc %></div>
    </td>
    <td height="20" bgcolor="#FFFFFF">
        <div align="center" class="RightStyle21"><a href=
        "Default.aspx?f=del&uid=<%=um.UserId %>">删除</a>| <a href=
        "RightDetail.aspx?f=sel&uid=<%=um.UserId %>"target="_self">查看
        </a></div>
        </td>
    </tr>
    <%
      }
%>
```

（8）单击【删除】链接根据传入的参数进行判断然后删除相应的记录，删除完成后重新加载用户信息。重新扩展页面 Load 事件的代码，主要代码如下。

```
public int userids = 1;
public IList<UserManageInfo> userlist = new List<UserManageInfo>();
                                            //声明泛型集合
protected void Page_Load(object sender, EventArgs e)
{
    /* 省略获取连接字符串和创建 SqlConnection 对象的代码 */
    string f = ""; int id = 0;
    if (Request.QueryString["f"] != null)   //判断传入的参数是否为空
        f = Request.QueryString["f"];
    if (Request.QueryString["uid"] != null) //判断传入的 ID 是否为空
        id = Convert.ToInt32(Request.QueryString["uid"]);
    connection.Open();                      //打开数据库连接
    if (f == "del")                         //判断是否删除
    {
        string sql = "delete from usermanage where userid = " + id;
                                            //声明 SQL 语句
        command = new SqlCommand(sql, connection);
                                            //创建 SqlCommand 对象
        int result = command.ExecuteNonQuery();
                                            //执行 SQL 语句
        Page.ClientScript.RegisterStartupScript(GetType(), "", "<script>
        alert('删除成功！')</script>");
    }
    /* 省略重新加载数据库数据列表的代码 */
}
```

在上述代码中，首先判断参数 f 和 uid 是否为空，如果不为空获取参数值。然后，调用 Open()方法打开数据库连接，创建 SqlCommand 对象成功后调用该对象的 ExecuteNonQuery()方法执行删除的结果，接着调用 RegisterStartupScript()方法弹出删除成功的提示。

（9）单击【查看】链接跳转到用户详细信息查看页面，该页面的设计效果如图 5-14 所示。

图 5-14　查看用户详细信息页面效果

（10）为该页面的 Load 事件添加如下的代码。

```
public UserManageInfo uminfo = null;          //声明 UserManageInfo 的对象
protected void Page_Load(object sender, EventArgs e)
{
    int uid = 0;
    if (Request["uid"] != null)      //判断传入的参数 ID 是否为空，如果不为空
        uid = Convert.ToInt32(Request["uid"]);      //获取传入的参数
    string connString = ConfigurationManager.ConnectionStrings
    ["SqlConnection"].ConnectionString;
    using (SqlConnection connection = new SqlConnection(connString))
                                    //创建 SqlConnection 对象
    {
        string sql = "select * from usermanage where userid = " + uid;
                                    //创建 SQL 对象
        connection.Open();          //打开数据库连接
        SqlCommand command = new SqlCommand(sql, connection);
                                    //创建 SqlCommand 对象
        using (SqlDataReader dr = command.ExecuteReader())
                                    //创建 SqlDataReader 对象
        {
        if (dr.Read())              //读取数据
        {
            uminfo = new UserManageInfo();      //创建 UserManageInfo 对象
            uminfo.UserId = Convert.ToInt32(dr["userId"]); //为字段赋值
            uminfo.UserName = dr["userName"].ToString();
```

```
                /* 省略其他字段的读取代码 */
            }
        }
    }
}
```


在上述代码中，首先获取从上个页面中传入的参数 ID，接着先后创建 SqlConnection 对象和 SqlCommand 对象。然后，使用 using 关键字自动释放创建的 SqlDataReader 对象。

（11）运行本案例，用户列表页面的最终效果如图 5-15 所示。

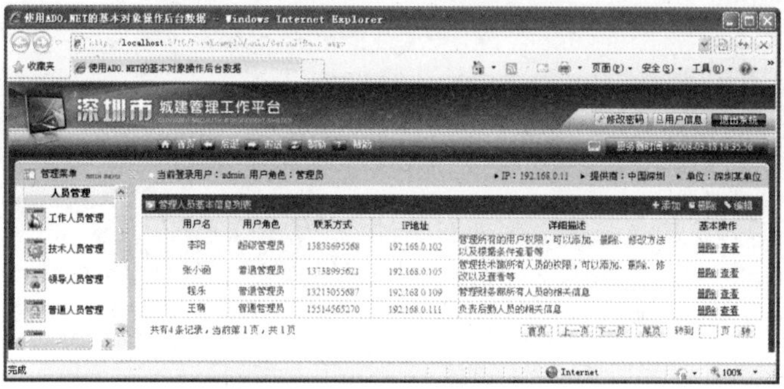

图 5-15　用户列表页面

（12）单击【删除】链接删除用户信息后重新跳转到当前页，运行效果不再显示。

（13）单击【查看】链接跳转到详细页面查看用户的详细信息，页面的运行效果如图 5-16 所示。

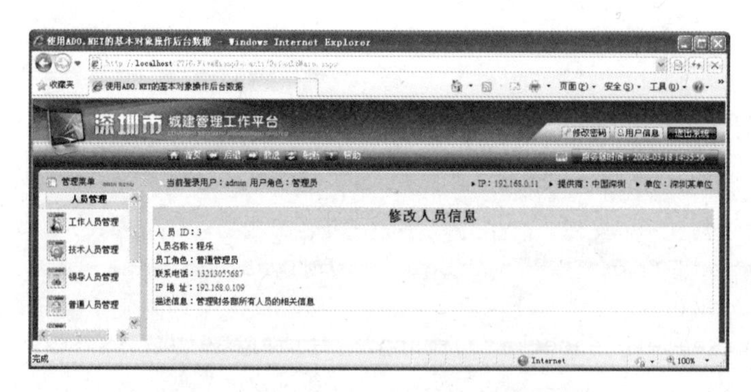

图 5-16　详细信息查看页面

5.6　习题

一、填空题

1．ADO.NET 中提供了两个组件：__________和数据集。

2．ADO.NET 中的基本对象包括 Connection、Command、DataReader、__________和

DataSet。

3．使用 SqlConnection 对象关闭数据库连接时需要调用__________方法。

4．__________对象表示执行操作数据库添加、删除、修改和查询的命令。

5．SqlDataReader 对象的__________方法用来循环读取每一行记录。

6．动态创建 DataTable 对象时__________方法用于创建新的 DataRow 对象。

二、选择题

1．ADO.NET 中的两个组件是__________。

A．.NET Framework 数据提供程序和数据集

B．.NET Framework 数据提供程序和 DataAdapter

C．数据集和 DataAdapter

D．数据集和 DataReader

2．SqlCommand 对象的__________属性表示要执行的命令文本参数列表。

A．CommandText

B．Parameter

C．Parameters

D．CommandType

3．如果用户想要查询数据库某个表中的所有数据总记录，他可以调用 SqlCommand 对象的__________方法。

A．ExecuteNonQuery()

B．ExecuteReader()

C．ExecuteScalar()

D．ExecuteQuery()

4．在下面这段代码中，空白部分的代码应该是：__________。

```
using (SqlConnection conn = new SqlConnection(connString))
{
    SqlCommand command = new SqlCommand(sql, conn);
    conn.Open();
    SqlDataReader reader = command.ExecuteReader();
    while (__________)
    {
        /* 省略读取的代码 */
    }
    reader.Close();
}
```

A．reader.ReadResult()

B．reader.Read()

C．command.ReadRead()

D．command.ReadResult()

5. 用户已经创建了 DataSet 对象 ds 和 SqlDataAdapter 的对象 da，如果想把数据库 Member 表中的数据存放到 ds 对象的 MemberInfo 表中，下面选项__________是正确的。

A. ds.Fill(da, "MemberInfo")

B. da.Fill(ds, "MemberInfo")

C. da.Fill(ds, "Member")

D. ds.Fill(da, "Member")

6. __________对象用于在 DataSet 和 SQL Servaer 数据库之间传递数据。

A. SqlCommand

B. DataView

C. SqlDataReader

D. SqlDataAdapter

7. 关于 SqlDataReader 对象和 DataSet 对象的说法，下面选项__________是错误的。

A. SqlDataReader 对象和 DataSet 对象都只是分页和排序功能

B. SqlDataReader 对象读取和处理数据的速度要比 DataSet 对象快

C. SqlDataReader 必须和数据库进行连接，而 DadaSet 对象可以断开和数据库的连接

D. SqlDataReader 占用内存少，而 DadaSet 对象占用的内存比较多

8. DataSet 对象与 DataTable、DataView 之间的关系是__________。

A. DataTable 既包含 DataView，又包含 DataSet

B. DataSet 包含 DataTable，DataTable 包含 DataView

C. DataSet 既包含 DataTable，又包含 DataView

D. DataSet 包含 DataView，DataView 包含 DataTable

三、上机练习

1. 实现评论的查看、添加和删除

本次上机练习实现文章留言内容的添加、删除以及查看功能。在新建的 Web 项目中添加新的 Web 窗体页，页面的最终运行效果如图 5-17 所示。（提示：数据库可以根据自己的需要进行设计。）

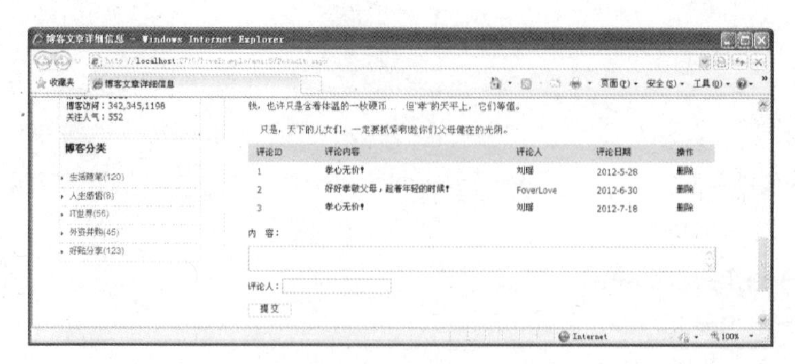

图 5-17　上机练习效果图

5.7 实践疑难解答

5.7.1 使用 Read()方法读取空数据

使用 SqlDataReader 对象的 Read()方法读取空数据
网络课堂：http://bbs.itzcn.com/thread-19682-1-1.html

【问题描述】：各位前辈，小弟刚刚接触 ASP.NET 不久，在使用 ADO.NET 中的 SqlDataReader 对象读取数据时遇到了情况。请看下面的代码。

```
using (SqlDataReader dr = command.ExecuteReader())
{
    while (dr.Read())
    {
        UserInfo info = new UserInfo();
        info.UserId = Convert.ToInt32(dr["uid"]);
        info.UserName = dr["uname"].ToString();
        info.UserPass = dr["upass"].ToString();
        info.UserPhone = dr["phone"].ToString();
        info.UserEmail = dr["umail"].ToString();
        info.RegisterTime = Convert.ToDateTime(dr["registerTime"]);
        userlist.Add(info);
    }
}
```

调试运行上段代码，读取运行到 RegisterTime 字段时总是会提示“对象不能从 DBNull 转换为其他类型”。使用 Read()方法读取的数据不是 Object 类型的吗？为什么会提示 DBNull 呢？这个问题应该怎么解决，哪位高手赐教？谢谢！

【解决办法】：首先，使用 Read()方法读取出来的数据是 Object 类型，之所以会出现上面的错误是由你数据库中的数据决定的。如果你数据库中该字段设置为可以为空，且添加数据时没有任何的数据，那么直接使用 Read()方法读取时就会出现错误。所以，在读取该字段之前必须解决这个错误，解决的方法非常简单，代码如下。

```
using (SqlDataReader dr = command.ExecuteReader())
{
    while (dr.Read())
    {
        UserInfo info = new UserInfo();
        /* 省略其他字段的读取 */
        if (dr["registertime"] is DBNull)
            info.RegisterTime = DateTime.Now;
```

```
        else
            info.RegisterTime = Convert.ToDateTime(dr["registerTime"]);
        userlist.Add(info);
    }
}
```


除了上面的方法外，也可以通过 Convert.IsDBNull()进行判断，另外如果要判断读取的值是否为空，可以通过 DBNull.Value 来获取。这些方法你都可以试一试，祝你好运。加油！

5.7.2 ADO.NET 中如何执行带有参数的 SQL 语句

ADO.NET 中如何执行带有参数的 SQL 语句
网络课堂：http://bbs.itzcn.com/thread-19683-1-1.html

【问题描述】：各位大哥大姐，我现在要实现学员管理系统中简单的添加功能。实现该功能时需要传入多个参数，完成后调用 ExecuteNonQuery()执行 SQL 语句。我实现的主要代码如下。

```
string sql = "insert into student(sname,spass,smail,sphone) values
(@name,@pass,@email,@phone)";
SqlParameter[] param = new SqlParameter[4];
param[0] = new SqlParameter("@name", txtUserName.Text);
param[1] = new SqlParameter("@pass", txtPwd.Text);
param[2] = new SqlParameter("@email", txtEmail.Text);
param[3] = new SqlParameter("@phone", txtPhone.Text);
SqlCommand command = connection.CreateCommand();
command.CommandText = sql;
command.CommandType = CommandType.Text;
int result = command.ExecuteNonQuery();
```

请问上段代码有没有错误，为什么执行 ExecuteNonQuery()方法时问是会提示“没有声明参数@name”，可是我明明声明了啊？这到底是怎么回事？

【解决方法】：这位同学，你上面的代码确实没有错误，但是你还缺少最重要的一步：把赋值后的参数添加到命令对象中。添加完成后再执行 ExecuteNonQuery()就好了！其主要代码如下。

```
command.CommandType = CommandType.Text;
foreach (SqlParameter sp in param)
{
command.Parameters.Add(sp);
}
int result = command.ExecuteNonQuery();
```

第6章 ASP.NET 的数据展示技术

数据服务是 ASP.NET 提供用来网站处理数据的一种服务，它实现了 Web 窗体页和数据源之间的数据交互功能。数据服务主要包括数据绑定技术、数据源控件和数据服务技术等内容，本章将详细讲述与数据展示技术相关的数据源控件和数据绑定控件。

通过本章的学习，读者可以了解 ASP.NET 中的常用的数据源控件、数据绑定控件以及 ASP.NET 中处理数据的分页技术和绑定技术等。

本章学习要点：

- 掌握页面数据绑定的两种方式。
- 掌握 GridView 控件的常用属性、方法和事件。
- 掌握如何使用 GridView 控件实现自动删除、编辑、排序和分页的功能。
- 掌握如何使用代码实现 GridView 控件的显示、删除和更新功能。
- 掌握如何使用 DetailsView 控件显示数据。
- 熟悉 DataList 控件的常用属性和事件。
- 掌握 DataList 控件各个模板的使用。
- 掌握 PagedDataSource 类的常用属性。
- 掌握如何使用 DataList 控件和 PagedDataSource 类实现数据的显示和分页。
- 掌握 Repeater 控件的常用属性和事件。
- 了解 ListView 控件和 DataPager 控件的常用属性。
- 掌握如何使用 DataPager 控件实现分页的功能。

6.1 数据绑定技术

ASP.NET 服务器控件可以直接与数据源进行交互，这种技术被称为数据绑定控件。它能够将 Web 窗体页和数据源无缝结合起来，增强了 Web 窗体页和数据源的交互能力。数据绑定技术可以分为简单的数据绑定技术和复杂的数据绑定技术。本节详细介绍这两种技术。

6.1.1 简单数据绑定技术

简单数据绑定技术可以将数据源中的单个值直接绑定到控件的某一属性中，这些值将在运行时确定。

某些情况下开发人员需要在页面中显示部分内容信息，开发人员可以使用<%=内容%>的方式进行输出，但是这种方法有一定的局限性。除了此方法外，还可以使用单值绑定和数据源控件等。

1. 单值绑定<%# %>

单值绑定可以绑定公有或受保护的变量，也可以绑定某个方法的结果，还可以绑定某个表达式等。

例如，在后台页面中分别声明 4 个公有的全局变量，然后在前台页面中进行调用，页面代码如下。

```
<asp:TextBox ID="TextBox1" runat="server" Text='<% # strName %>'>
</asp:TextBox>                          //字符串
<%# getResult() %>                      //显示方法结果
<%# "wang" + "Hello" + 1 %>             //表达式
<%# Request.Browser.Browser %>          //系统表达式
<asp:ListBox id="lbShow" DataSource='<%# myArrayList %>' runat="server" >
</asp:ListBox>                          //集合
```

在调用页面或控件的 DataBind()方法之前，不会有任何数据呈现给控件，所以必须有父控件调用 DataBind()方法。如 Page.DataBind()或者 Control.DataBind()调用 DataBind()方法后，所有的数据源都将绑定到它们的服务器控件。

2. DataBind()方法

当 Web 窗体页或服务器控件使用单值绑定时，表达式的值不会主动被计算，这时需要调用 DataBind()方法。该方法能够将数据源绑定到被调用的对象及其子对象上，主要代码如下所示。

```
protected void Page_Load(object sender, EventArgs e)
{
    Page.DataBind();
}
```

6.1.2 复杂数据绑定技术

封闭式数据技术能够将一组值绑定到指定的控件上，这些控件被称为数据绑定控件。如 DropDownList、BulletedList、GridView 以及 Repeater 控件等。

1. 编码指定数据源

编码指定数据源就是指通过编写代码在程序运行中动态的绑定数据源。DataSource 属性指定要绑定的数据列表，DataBind()方法激活绑定控件。另外，如果控件（如

DropDownList）存在 DataTextField 和 DataValueField 属性，可以通过指定它们的值与数据表中的字段相对应。

例如，要绑定 ID 为 gvShowList 的 GridView 控件，其主要代码如下。

```
this.gvShowList.DataSource = UserManager.GetUserList();
                                         //调用业务层的方法绑定数据
this.gvShowList.DataBind();
```

2. 使用数据源控件

数据源控件用于实现从不同数据源获取数据获取的功能，它可以设置连接信息、查询信息、行为以及参数，这样就可以把指定的数据绑定到数据控件上。它的实现效果与编码指定数据源的效果一样，下一节将介绍数据源控件的相关知识。

3. 绑定表达式

通过上述两种方法都可以实现为控件指定数据源，但是如果为迭代控件（如 GridView、Repeater 和 DataList 等）绑定数据呢？很简单，使用绑定表达式。

开发人员可以通过 Eval()方法或 Bind()方法直接绑定数据。例如，GridView 控件绑定所有的图书列表，在页面中可以直接通过 Eval()方法绑定，主要代码如下。

```
<asp:Label ID="lblBookName" runat="server" Text='<%# Eval("BookName") %>'>
</asp:Label>
```

Eval()方法和 Bind()方法都可以实现页面数据的绑定，但是它们之前也有区别。

- Eval()是只读的方法（单向数据绑定），而 Bind()方法支持读和写的功能（双向数据绑定）。
- 当对字符串操作或格式化字符串的时候，必须使用 Eval()方法，如<%#Eval("字段名").ToString().Trim() %>或<%#Eval("BookPrice","{0:C}") %>等。

6.2 数据源控件

数据源控件可以使用数据库、XML 文件或中间层业务对象作为数据源并从中检索和处理数据。例如在站点导航控件中已经使用过 SiteMapDataSource 控件和 XMLDataSource 控件，它们都属于数据源控件。图 6-1 列出了 ASP.NET 中数据源控件类的层次结构图。

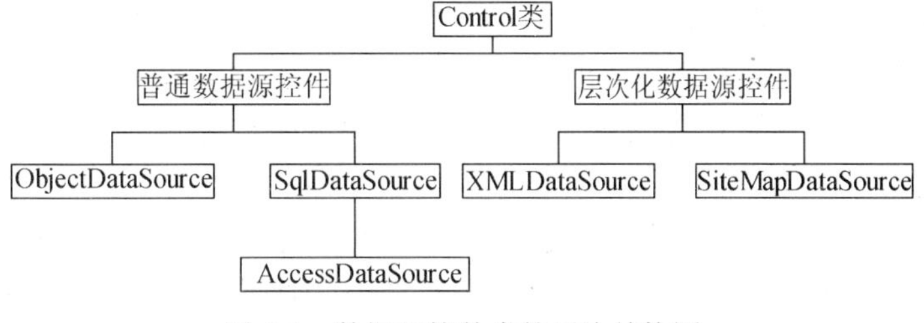

图 6-1　数据源控件类的层次结构图

从图 6-1 中可以看出所有的数据源控件都继承自 System.Web.UI.DataSourceControls 类，普通数据源控件是指 DataSourceControl 控件，层次化数据源控件是指 HierarchicalDataBoundControl 控件。表 6-1 列出了常见的数据源控件。

表 6-1　数据源控件

数据源控件名称	说明
AccessDataSource	它用于检索 Access 数据库（文件后缀名为.mdb 的文件）中的数据
LinqDataSource	它常常用于访问数据库实体类提供的数据
ObjectDataSource	它能够将来自业务逻辑层的数据对象与表示层中的数据绑定，实现数据的显示、编辑和删除等任务
SiteMapDataSource	专门处理类似站点地图的 XML 数据，默认情况下数据源以.sitemap 为扩展名的 XML 文件
SqlDataSource	它可以使用基于 SQL 关系的数据库（如 SQL Server、Oracle、ODBC 以及 OLE DB 等）作为数据源，并从这些数据源中检索数据
XmlDataSource	它常常用来访问 XML 文件或具有 XML 结构层次数据（如 XML 数据块等），并向数据提供 XML 格式的层次数据

数据源控件一般提供数据而不会显示，它必须和绑定控件（如 ListBox、DropDownList、CheckBoxList 和 GridView 等）一起使用。下面通过案例演示如何使用 SqlDataSource 控件为 DropDownList 控件添加数据源。

【实践案例 6-1】

本案例通过使用 SqlDataSource 控件访问 SQL Servaer 数据库中名称为 SixExample 的 BookType 表，然后将从该表中获取的信息绑定到 DropDownList 控件中。其具体步骤如下。

（1）添加新的 Web 窗体页，在页面的合适位置添加名称为 ddlShow 的 DropDownList 控件，页面的设计效果如图 6-2 所示。

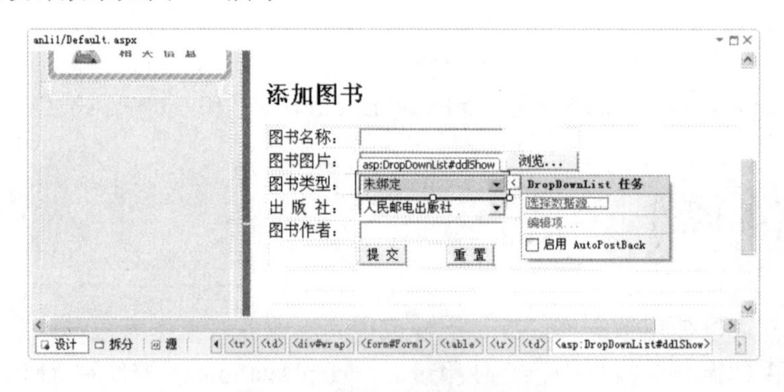

图 6-2　案例 6-1 的设计效果

（2）选择【选择数据源】选项弹出【选择数据源】对话框，在【选择数据源】列表中选择【新建数据源】选项，如图 6-3 所示。

（3）选择【新建数据源】选项弹出【选择数据源类型】对话框，将数据库作为数据源控件，并且在文本框中为数据源指定 ID，如图 6-4 所示。

（4）在图 6-4 中单击【确定】按钮弹出【选择您的数据连接】对话框，在下拉列表框中选择需要的列表项或直接单击【新建连接】按钮添加新的数据源连接，如图 6-5 所示。

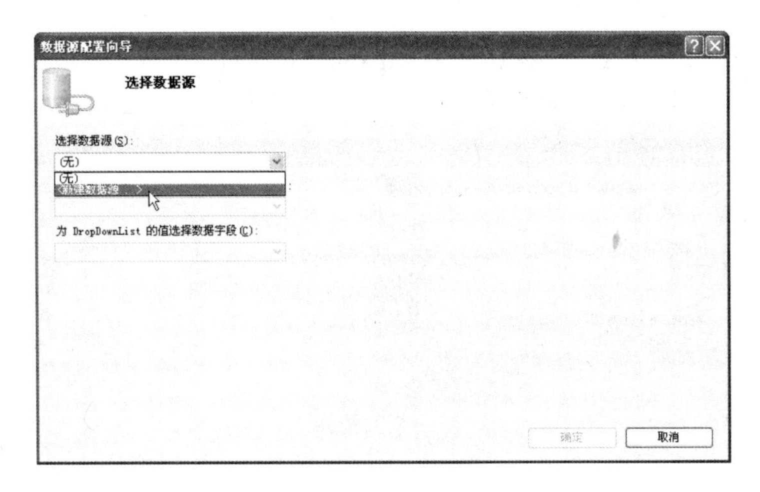

图 6-3　选择数据源

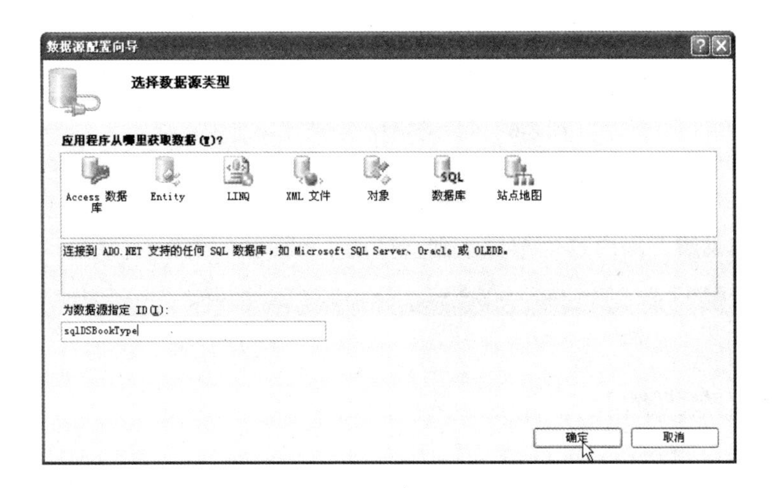

图 6-4　选择数据源类型列表

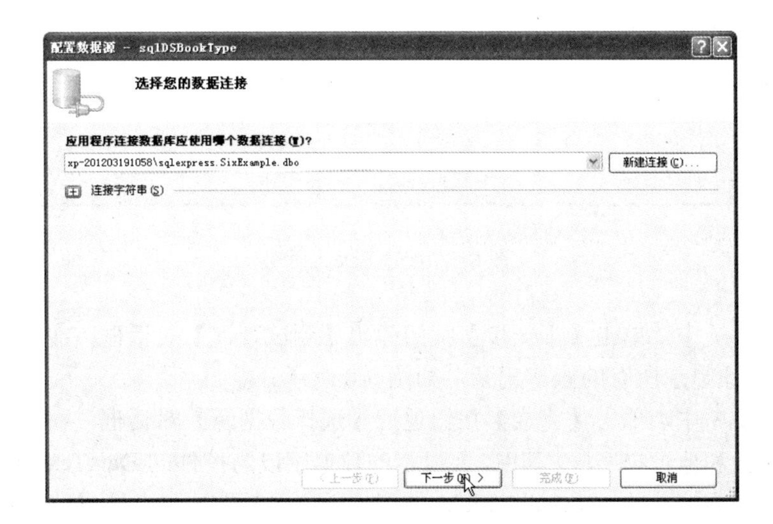

图 6-5　选择数据连接

（5）在图 6-5 中单击【下一步】按钮弹出【将连接字符串保存到应用程序配置文件中】对话框，将复选框选中表示将此连接保存到应用程序配件中，如图 6-6 所示。

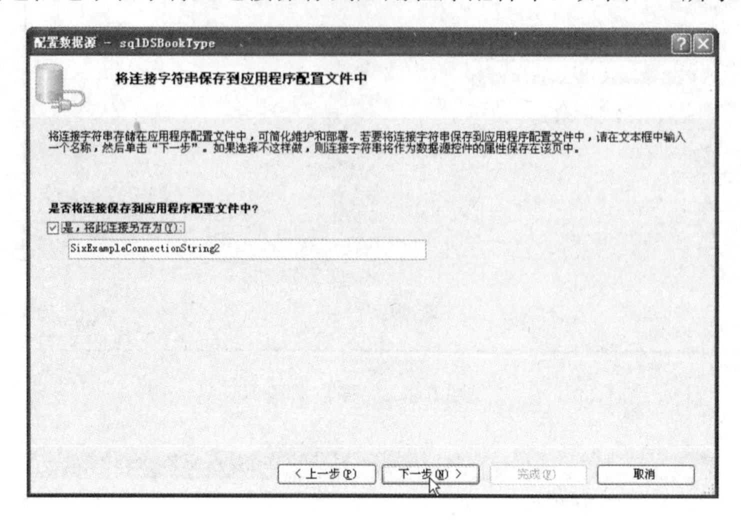

图 6-6　将字符串保存到配置文件中

（6）在图 6-6 中，单击【下一步】按钮弹出【配置 Select 语句】对话框，选择要显示的字段名称，如果所有的内容全部显示则直接选中*即可，如图 6-7 所示。

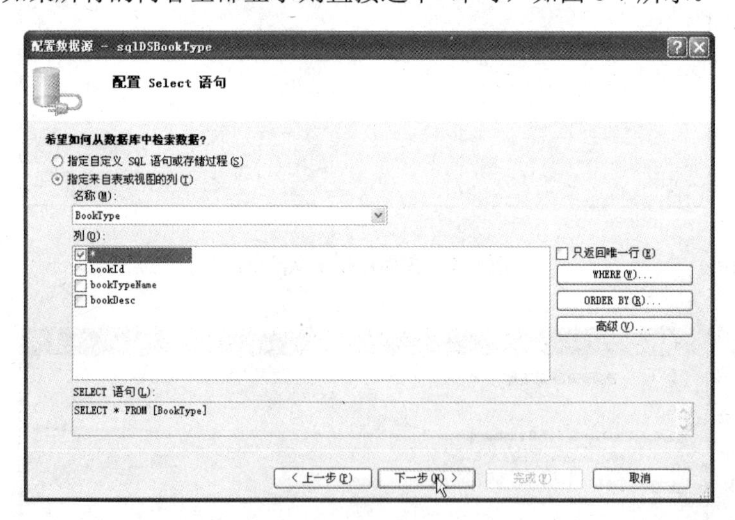

图 6-7　配置 Select 语句

（7）在图 6-7 中，单击【下一步】按钮弹出【测试查询】对话框，在该对话框中单击【测试查询】按钮显示所有的查询记录，如图 6-8 所示。

（8）在图 6-8 中，单击【完成】按钮返回【选择数据源】对话框，在列表框中选择要显示的数据字段和值数据字段。其中，要显示的数据字段为控件的 DataTextField 的属性值，值选择数据字段为控件的 DataValueField 的属性值。选择完成后单击【确定】按钮，如图 6-9 所示。

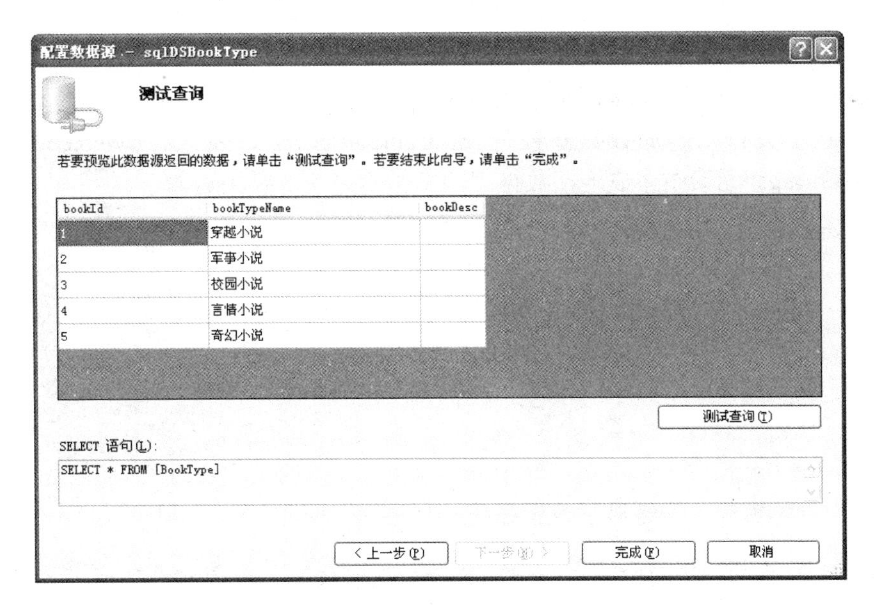

图 6-8　测试连接的查询

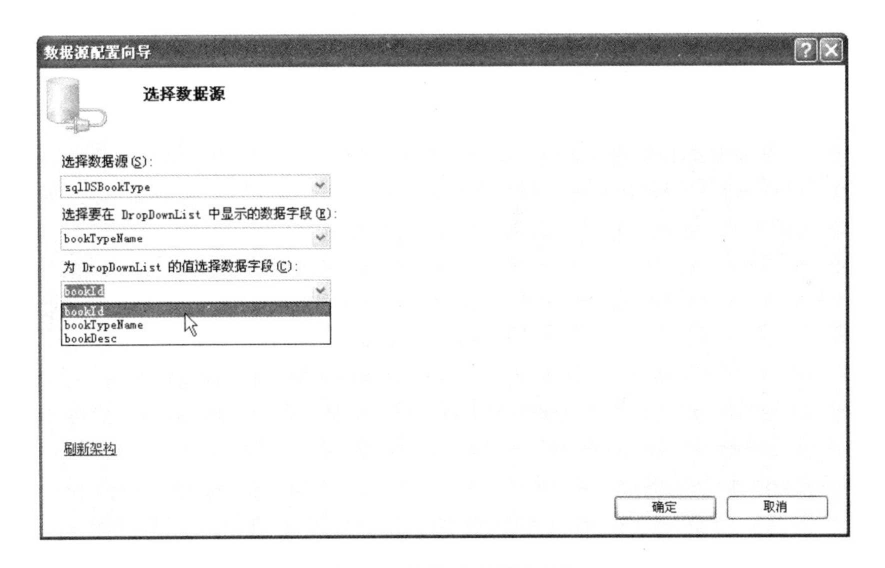

图 6-9　重新选择数据源

（9）为 DropDownList 控件添加数据源完成后会在页面上自动添加 SqlDataSource 控件，其页面代码如下。

```
<asp:DropDownList ID="ddlShow" runat="server" Width="150px" DataSourceID=
"sqlDSBookType" DataTextField="bookTypeName" DataValueField="bookId">
</asp:DropDownList>
<asp:SqlDataSource ConnectionString="<%$ ConnectionStrings:SixExample-
ConnectionString %>" ID="sqlDSBookType" runat="server" SelectCommand=
"SELECT * FROM [BookType]"></asp:SqlDataSource>
```

在上述代码中，SqlDataSource 控件的 ConnectionString 属性用于获取连接字符串，其属性值表达式表示从配置文件 Web.Config 文件中获取。SelectCommand 属性指定 sqlDSBookType 控件查询 BookType 表的 SQL 语句。

（10）除了会自动添加数据源控件 SqlDataSource 外，还会在 Web.config 文件的 <connectionStrings>元素中生成连接数据库的字符串。其主要代码如下。

```
<configuration>
    <connectionStrings>
        <add name="SixExampleConnectionStringShow" providerName="System.
        Data.SqlClient" connectionString="Data Source=XP-201203191058\
        SQLEXPRESS;Initial Catalog=SixExample;User ID=sa;Password=123456" />
    </connectionStrings>
</configuration>
```

（11）运行本案例，最终显示效果如图 6-10 所示。

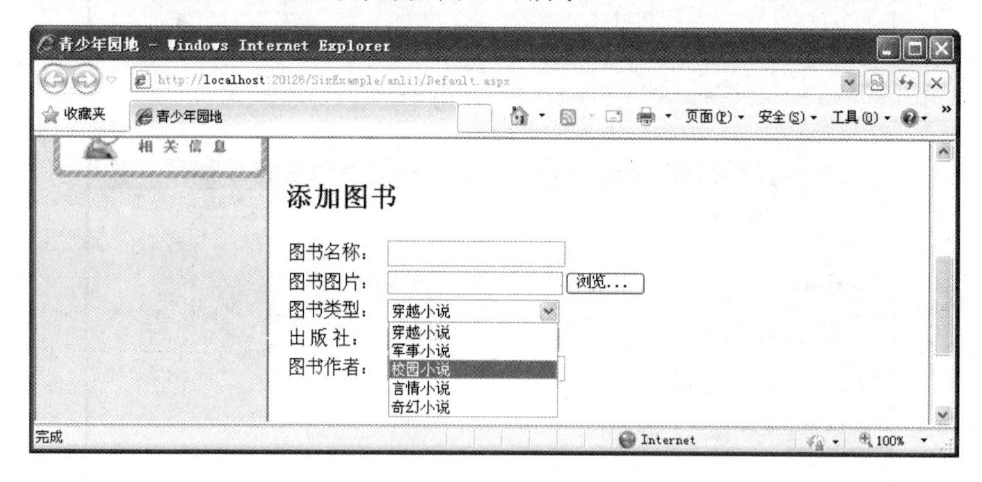

图 6-10　案例 6-1 运行效果

6.3　数据绑定控件

ASP.NET 中数据的展示可以通过数据源控件+数据绑定控件的方式实现，其中数据源控件提供数据，数据绑定控件提供展示。数据绑定控件主要包括列表控件和迭代控件。列表控件包括 BulletedList、DropDownList、CheckBoxList、ListBox 和 RadioButtonList 控件。迭代控件包括 GridView、DataList、ListView 和 Repeater 等控件。图 6-11 列出了数据绑定控件的层次结构。

从图 6-11 中可以看出，按照层次来分数据绑定控件分为两类：普通绑定控件和层次化绑定控件。其中，普通绑定控件又分为标准控件、列表控件和复合型控件。一般情况下复合型控件也叫迭代控件，它常常用于列表或表格的显示。

案例 6-1 已经介绍了如何将数据源控件 SqlDataSource 和数据绑定控件 DropDownList 结合起来绑定显示数据，下一节及其后面几节主要介绍其他常用的数据绑定控件。

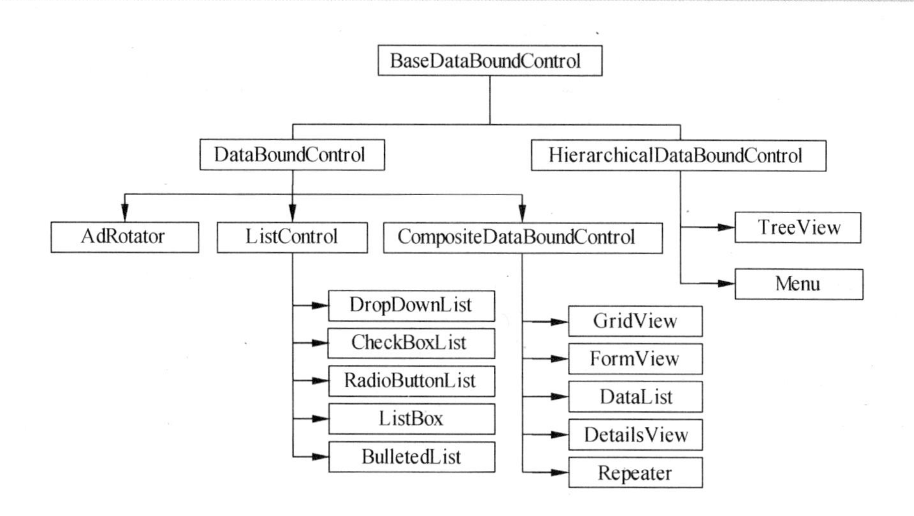

图 6-11　数据绑定控件的层次结构

6.4　GridView 控件

GridView 控件是 ASP.NET 中功能非常强大的一个数据处理控件，它能够以网格的形式显示数据，并且为数据提供了编辑、分页、排序以及删除等功能。

6.4.1　GridView 控件概述

GridView 控件能够以数据网格的形式显示数据源中的数据，每行表示一条记录，每列表示一个字段，所以它也叫网格视图控件。GridView 控件可以使用多种数据源，如 XML、数据库和公开的数据业务对象等。GridView 控件的功能非常强大，其主要实现的功能如下。

- 绑定到数据源控件，如 SqlDataSource 和 ObjectDataSource 等。
- 内置排序功能。
- 内置更新和删除功能。
- 内置分页功能。
- 内置行选择功能。
- 以编程方式访问 GridView 对象模型以动态设置属性、处理事件等。
- 多个键字段。
- 用于超链接列的多个数据字段。
- 可通过主题和样式进行自定义的外观。

GridView 控件中包含多个常用属性，如 AllowPaging 属性指定是否启用分页功能，DataSource 属性指定绑定的数据列表，DataKeyNames 属性可以设置主键字段的名称。表 6-2 列出了该控件的常用属性。

表 6-2　GridView 控件的常用属性

属性名	说明
AllowPaging	获取或设置一个值，该值指示是否启用分页功能，默认为 false
AllowSorting	获取或设置一个值，该值指示是否启用排序功能，默认为 false
AutoGenerateColumns	获取或设置一个值，该值指示是否为数据源中的每个字段自动创建绑定字段，默认为 true
AutoGenerateDeleteButton	获取或设置一个值，该值指示是否为每个数据行添加“删除”按钮，默认为 false
AutoGenerateEditButton	获取或设置一个值，该值指示是否为每个数据行添加“编辑”按钮，默认为 false
AutoGenerateSelectButton	获取或设置一个值，该值指示是否为每个数据行添加“选择”按钮，默认为 false
CellSpacing	获取或设置单元格间的空间量
CellPadding	获取或设置单元格的内容和单元格的边框之间的空间量
Columns	获取表示该控件中列字段的 DataControlField 集合
DataMember	当数据源包含多个不同的数据项列表时，获取或设置数据绑定控件到的数据列表名称
DataKeyNames	获取或设置一个数组，该数组包含显示在 GridView 控件中项的主键字段的名称
DataKeys	获取一个 DataKey 集合，这些对象表示 GridView 控件中的每一行的数据键值
DataSource	获取或设置对象，数据绑定控件从该对象中检索其数据项列表
DataSourceID	获取或设置控件的 ID，数据绑定控件从控件中检索其数据项列表
EditIndex	获取或设置要编辑的行的索引
EmptyDataText	获取或设置 GridView 控件绑定到不包含任何记录数据源时所呈现的空数据行中显示的文本
GridLines	获取或设置 GridView 控件的网格线样式，默认为 Both
HorizontalAlign	获取或设置 GridView 控件在页面上的水平对齐方式
PageCount	获取在 GridView 控件中显示数据源记录所需的页数
PageIndex	获取或设置当前显示页的索引
PageSize	获取或设置 GridView 控件在每页上所显示的记录条数
PagerSettings	设置 GridView 控件中页导航按钮的属性
Rows	获取表示该控件中数据行中 GridViewRow 对象的集合
SelectedIndex	获取或设置 GridView 控件中选中行的索引
SelectedValue	获取 GridView 控件中选中行的数据键值
SelectedDataKey	获取 DataKey 对象，该对象包含 GridView 控件中选中行的数据键值
SelectedRow	获取对 GridViewRow 对象的引用，该对象表示控件中的选中行
SortDirection	获取正在排序的列的排序方向
SortExpression	获取与正在排序的列关联的排序表达式

将 GridView 控件的 AllowSorting 属性值设置为 true 表示启用排序功能，而 SortDirection 属性用于获取排序方向，它返回枚举类型 SortDirection 中的一个值。该枚举类型的值有两个：Ascending 和 Descending。Ascending 表示从小到大排序，如 A~Z；Descending 表示从大到小排序，如 Z~A。

将 GridView 控件的 AllowPaging 属性值设置为 true 表示启用分页功能。除此之外，还可以通过 PageCount、PageSize、PagerSettings 和 PageIndex 等属性设置分页的相关内容。

PagerSettings 属性的 Mode 指定 GridView 控件的分页模式，并且还定义了分页使用的方向导航控件，Mode 属性指定了 4 种分页模式。

- **NextPrevious** 显示“上一页”和“下一页”分页导航按钮。
- **Numeric** 默认值，直接以超链接形式显示页码。单击每一个页码就可以导航到相应的页。
- **NextPreviousFirstLast** 显示“上一页”、“下一页”、“首页”和“尾页”分页导航按钮。
- **NumericFirstLast** 直接以超链接形式显示页码，同时还显示“首页”和“尾页”超链接。

如果启用了 GridView 控件的分页功能，那么它的数据源必须实现 ICollection 接口或数据集，否则会引发分页事件异常。另外，如果该控件的数据源为 SqlDataReader 对象，则它不能实现分页的效果。

除了常用的属性外，GridView 控件也包含多个方法，如 DataBind()可以将数据源绑定到 GridView 控件，Sort()方法可以根据表达式和方向对 GridView 控件进行排序。表 6-3 列出了该控件的常用方法。

表 6-3 GridView 控件的常用方法

方法名	说明
ApplyStyleSheetSkin()	将页样式表中定义的样式属性应用到控件
DataBind()	将数据源绑定到 GridView 控件，不能继承此方法
DeleteRow()	从数据源中删除位于指定索引位置的记录
Dispose()	使服务器控件得以在从内存中释放之前执行最后的清理操作
FindControl()	在当前的命名容器中搜索指定的服务器控件
IsBindableType()	确定指定的数据类型是否能绑定到 GridView 控件中的列
SelectRow()	选择要在 GridView 控件中编辑的行
Sort()	根据指定的排序表达式和方向对 GridView 控件进行排序
UpdateRow()	使用行的字段值更新位于指定行索引位置的记录

除了属性和方法外，GridView 控件中也提供了数据绑定、选择、编辑以及删除等操作相关的事件，其常用事件的具体说明如表 6-4 所示。

表 6-4 GridView 控件的常用事件

事件名	说明
DataBinding	当服务器控件绑定到数据源时发生
DataBound	在服务器控件绑定到数据源后发生
PageIndexChanged	在单击某一页导航按钮时，但在控件处理分页操作之后发生
PageIndexChanging	在单击某一页导航按钮时，但在控件处理分页操作之前发生
RowCommand	当单击 GridView 控件中的按钮时发生
RowsCreated	在 GridView 控件中创建行时发生
RowDataBound	在 GridView 控件中将数据行绑定到数据时发生
RowDeleted	在单击某一行的“删除”按钮时，但在 GridView 控件删除该行之后发生
RowDeleting	在单击某一行的“删除”按钮时，但在 GridView 控件删除该行之前发生

续表

事件名	说明
RowEditing	发生在单击某一行的“编辑”按钮以后，GridView 控件进入编辑模式之前
RowUpdated	发生在单击某一行的“更新”按钮，并且 GridView 控件对该行进行更新之后
RowUpdating	发生在单击某一行的“更新”按钮以后，GridView 控件对该行进行更新之前
SelectedIndexChange	发生在单击某一行的“选择”按钮，GridView 控件对相应的选择操作进行处理
SelectedIndexChanging	发生在单击某一行的“选择”按钮之后，GridView 控件对相应的选择操作进行处理之前

单击 GridView 按钮的控件时总会触发 RowCommand 事件，在使用该控件的 RowCommand 事件时需要设置按钮的 CommandName 的属性值。CommandName 属性的值及具体说明如表 6-5 所示。

表 6-5　CommandName 的属性值

名称	说明
Cancel	取消编辑操作，并将 GridView 控件返回为只读模式
Delete	删除当前记录
Edit	将当前记录置于编辑模式
Page	执行分页操作，将按钮的 CommandArgument 属性设置为 First、Last、Next 和 Prev 或页码，以指定要执行的分页操作类型
Select	选择当前记录
Sort	对 GridView 控件进行排序
Update	更新数据源中的当前记录

6.4.2　GridView 控件的模板、行和数据绑定列的类型

GridView 控件的功能非常强大，它不但提供了模板，也提供了行和域。GridView 控件只支持以下两种模板。

- **EmptyDataTemplate**　当 GridView 控件的数据源为空时将显示该模板的内容。
- **PagerTemplate**　页模板，定义与 GridView 控件的页导航相关的内容。

GridView 控件支持 5 种行，并且为每一种行都提供了相应的样式。其具体说明如表 6-6 所示。

表 6-6　GridView 控件的行

名称	说明
HeaderRow	控件的标题行，使用 HeaderStyle 样式
SelectedRow	控件的选择行，使用 SelectedRowStyle 样式
FooterStyle	控件的脚注行，使用 FooterStyle 样式
TopPagerRow	控件的顶部页导航行，使用 PagerStyle 样式
BottomPagerRow	控件中的底部页导航行，使用 PagerStyle 样式

另外，GridView 控件中的每一列都是由一个 DataControlField 对象表示的。默认情况下，如果将 AutoGenerateColumns 属性设置为 true，则会为数据源中的每个字段创建一个

该对象；如果将其属性值设置为 false，则可以自定义数据绑定列。

GridView 控件中提供了 7 种数据绑定列的类型，它们分别是 BoundField、CheckBoxField、HyperLinkField、ImageField、ButtonField、CommandField 以及 TemplateField。下面详细介绍这些绑定列的相关内容。

1. BoundField

BoundField 列是默认的数据绑定类型，通常用于显示普通文本。HtmlCode 属性表示字段是否以 HTML 编码的形式显示给用户，DataFormatString 属性可以设置显示的格式，常见的格式有 3 种。

- **{0:C}** 设置要显示的内容是货币类型。
- **{0:D}** 设置显示的内容是数字。
- **{0:yy-mm-dd}** 设置显示的是日期格式。

例如，设置要显示图书的价格，则用以代码。

```
<asp:BoundField DataField="BookPrice" HeaderText="图书价格"
DataFormatString="{0:yy-mm-dd}" />
```

当使用 DataFormatString 属性设置显示内容的格式时，必须将 HtmlCode 属性的值设置为 false，否则 DataFormatString 的设置无效。

2. CheckBoxField

CheckBoxField 列显示为复选框，常常用来显示布尔类型的数据。在正常情况下，CheckBoxField 列显示在表格中的复选框控件处于只读状态，只有 GridView 控件的某一行进入编辑状态后，复选框才恢复可修改状态。

3. HyperLinkField

HyperLinkField 允许将所绑定的数据以超链接的形式显示出来，开发人员可以定义绑定超链接的显示文字、超链接和打开窗口方式等。

例如，为图书添加跳转到详细页面的超链接，则用以下代码。

```
<asp:HyperLinkField HeaderText="查看详细" Text="详细" DataNavigateUrlFields=
"BookId" DataNavigateUrlFormatString="BookDetails.aspx?id={0}" />
```

4. ImageField

ImageField 在 GridView 控件中所呈现表格中显示图片列，一般来说它绑定的内容是图片的路径。例如，要使用 ImageField 列显示图书的封面，具体代码如下。

```
<asp:ImageField HeaderText="图书封面显示" DataImageUrlFormatString=
"~/images/bookimage/{0}.jpg" DataImageUrlField="BookImage" >
```

5. ButtonField

ButtonField 为 GridView 控件创建命令按钮，可以通过 CommandName 属性设置按钮的命令。一般使用自定义代码实现命令按钮发生之后的操作。

ButtonField 列中可以通过字段的 ButtonType 属性变更命令按钮的外观，该属性的值有 3 个：Link（默认值）、Button 和 Image。

6. CommandField

CommandField 和 ButtonField 相似，它提供了用来执行选择、编辑或删除的预定义命令按钮。它是非常特殊的字段列，可以自动生成命令而无须手写代码。

7. TemplateField

TemplateField 允许以模板的形式自定义数据绑定列的内容，它是这 7 种绑定列中最灵活的绑定形式，也是最复杂的。TemplateField 列的添加有两种方式：直接添加或者将现有字段转换为模板字段。

在 GridView 控件中，TemplateField 列也有可视化的编辑界面，该字段的常用模板如下。

- **HeaderTemplate** 最上方的表头（或标题），默认 GridView 都会显示其标题。
- **FooterTemplate** 最下方的脚注。
- **ItemTemplate** 显示每一条数据的模板。
- **AlternatingTemplate** 使奇数条数据及偶数条数据以不同的模板显示，该模板与 ItemTemplate 结合可产生两个模板交错显示的效果。
- **InsertItemTemplate** 数据添加模板。
- **EditItemTemplate** 数据编辑模板，对于 EditTemplate 用户可以自定义编辑界面。

只有将 GridView 控件的列设置为 TemplateField 模板列，才会出现 ItemTemplate、EditItemTemplate 和 AlternatingTemplate 等模板。

6.4.3 GridView 控件的简单使用

简单地了解过 GridView 控件的概念、属性、方法和事件后，本节通过案例演示如何实现对该控件的简单操作。

【实践案例 6-2】

在本案例中使用数据源控件 SqlDataSource 和展示控件 GridView 显示管理后台的广告申请列表，同时实现查看、编辑和删除单条记录的功能。其主要步骤如下。

（1）添加新的 Web 窗体页面，在页面的合适位置添加 GridView 控件，将该控件的 AutoGenerateColumns 的属性值设置为 false，将 AllowSorting 的属性值设置为 true。页面的初始设计效果如图 6-12 所示。

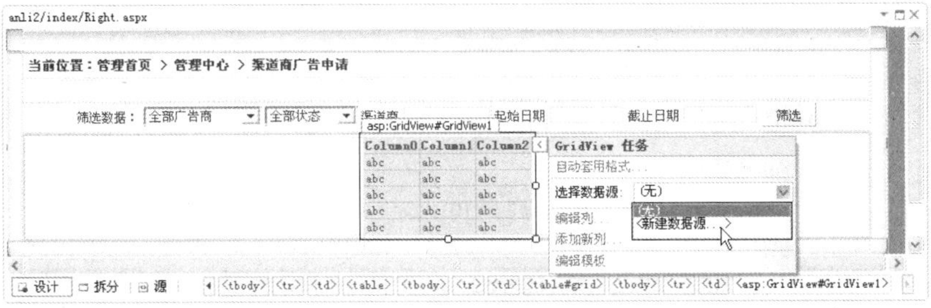

图 6-12　案例 6-2 的初始设计效果

（2）选择【新建数据源】选项，弹出【选择数据源类型】对话框，在该对话框中以 SQL Server 数据库作为数据源。其他具体步骤可以参考案例 6-1。

（3）新建数据源完成后将 GridView 控件的 DataKeyNames 属性设置为 BuyerTwo 表的主键 buyId。然后重新编辑页模板，添加 HyperLinkField 列显示查看记录详细信息的超链接，TemplateField 列对记录进行删除和编辑的操作按钮。窗体设计页面的主要代码如下。

```
<asp:GridView ID="GridView1" runat="server" AutoGenerateColumns="False"
DataKeyNames="buyId" DataSourceID="SqlDataSource1" BackColor="White"
BorderColor="#DEDFDE" BorderStyle="None" BorderWidth="1px" CellPadding="4"
ForeColor="Black" GridLines="Vertical" AllowSorting="True">
    <AlternatingRowStyle BackColor="White" />
    <Columns>
      <asp:BoundField DataField="buyId" HeaderText="ID" InsertVisible=
      "False" ReadOnly="True" SortExpression="buyId" Visible="False" />
      <asp:BoundField DataField="userName" HeaderText="用户名"
      SortExpression="buyName" />
      <asp:BoundField DataField="logoName" HeaderText="网站名称"
      SortExpression="buyName" />
      <asp:BoundField DataField="buyName" HeaderText="广告商"
      SortExpression="buyName" />
      <asp:BoundField DataField="RequestTime" DataFormatString="{0:yyyy
       年 MM 月 dd 日}" HtmlEncode="false" HeaderText="申请时间"
       SortExpression="RequestTime" ReadOnly />
      <asp:HyperLinkField HeaderText="查看" Text="详细" DataNavigateUrl-
      Fields="buyId" DataNavigateUrlFormatString="~/anli2/index/Details.
      aspx?id={0}" />
      <asp:TemplateField ShowHeader="False" HeaderText="其他操作">
        <EditItemTemplate>
          <asp:LinkButton ID="L0" runat="server" CommandName="Update"
          OnClientClick='return confirm("您确定要修改当前内容吗？")' Text="更
          新"></asp:LinkButton>
          <asp:LinkButton ID="LinkButton2" runat="server" OnClientClick=
          'return confirm("您确定要返回到上页吗？")' CommandName="Cancel"
          Text="取消"></asp:LinkButton>
        </EditItemTemplate>
```

```
        <ItemStyle Width="120px" />
        <ItemTemplate>
          <asp:LinkButton ID="L1" runat="server" CommandName="Edit" Text="
          编辑"></asp:LinkButton>
          <asp:LinkButton ID="L2" runat="server" OnClientClick='return
          confirm("您是否确认删除？删除后不能更改！")' CommandName="Delete"
          Text="删除"></asp:LinkButton>
        </ItemTemplate>
      </asp:TemplateField>
    </Columns>
      <FooterStyle BackColor="#CCCC99" />
      <HeaderStyle BackColor="#6B696B" Font-Bold="True" ForeColor="White" />
      <PagerStyle BackColor="#F7F7DE" ForeColor="Black" HorizontalAlign=
      "Right" />
      <RowStyle BackColor="#F7F7DE" />
      <SelectedRowStyle BackColor="#CE5D5A" Font-Bold="True" ForeColor=
      "White" />
      <SortedAscendingCellStyle BackColor="#FBFBF2" />
      <SortedAscendingHeaderStyle BackColor="#848384" />
      <SortedDescendingCellStyle BackColor="#EAEAD3" />
      <SortedDescendingHeaderStyle BackColor="#575357" />
  </asp:GridView>
  <asp:SqlDataSource ConnectionString="<%$ ConnectionStrings:SixExampleCon-
  nectionStringShow %>" SelectCommand="SELECT * FROM [BuyerTwo]" ID="SqlDat-
  aSource1" runat="server">
  </asp:SqlDataSource>
```

（4）全部完成后设计页面的最终效果如图 6-13 所示。

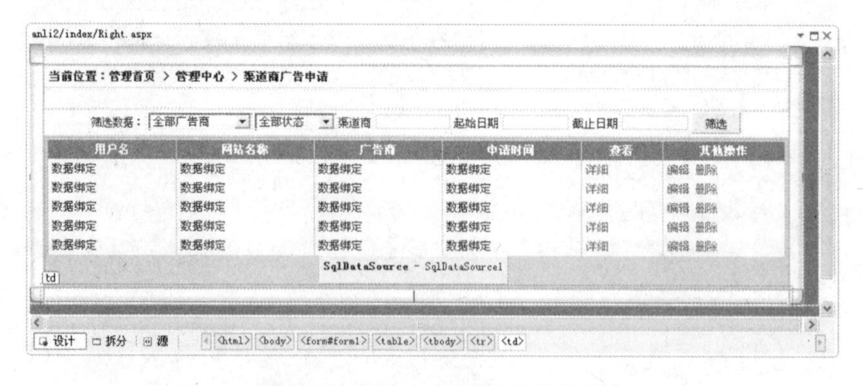

图 6-13　案例 6-2 的最终设计效果

（5）单击【编辑】按钮时 GridView 控件实现自动更新的功能。为 SqlDataSource 控件的 UpdateCommand 属性指定对数据库表 BuyerTwo 操作的 SQL 语句，UpdateParameters 指定要修改的所有参数列表。页面的主要代码如下。

```
<asp:SqlDataSource ConnectionString="<%$ ConnectionStrings:SixExample-
ConnectionStringShow %>" SelectCommand="SELECT * FROM [BuyerTwo]"
UpdateCommand="UPDATE [BuyerTwo] SET [userName] = @userName, [logoName] =
@logoName, [buyName] = @buyName WHERE [buyId] = @buyId" ID="SqlDataSource1"
runat="server">
    <UpdateParameters>
      <asp:Parameter Name="userName" Type="String" />
      <asp:Parameter Name="logoName" Type="String" />
      <asp:Parameter Name="buyName" Type="String" />
      <asp:Parameter Name="RequestTime" Type="DateTime" />
      <asp:Parameter Name="buyId" Type="Int32" />
</UpdateParameters>
</asp:SqlDataSource>
```

（6）单击【删除】按钮时 GridView 控件实现自动删除的功能。为 SqlDataSource 控件的 DeleteCommand 属性指定对数据库表 BuyerTwo 操作的 SQL 语句，DeleteParameters 指定要删除的参数列表。页面的主要代码如下。

```
<asp:SqlDataSource ConnectionString="<%$ ConnectionStrings:SixExample-
ConnectionStringShow %>" SelectCommand="SELECT * FROM [BuyerTwo]"
DeleteCommand="DELETE FROM [BuyerTwo] WHERE [buyId] = @buyId" ID=
"SqlDataSource1" runat="server">
    <DeleteParameters>
      <asp:Parameter Name="buyId" Type="Int32" />
</DeleteParameters>
</asp:SqlDataSource>
```

（7）所有代码完成后运行本案例，页面运行效果如图 6-14 所示。

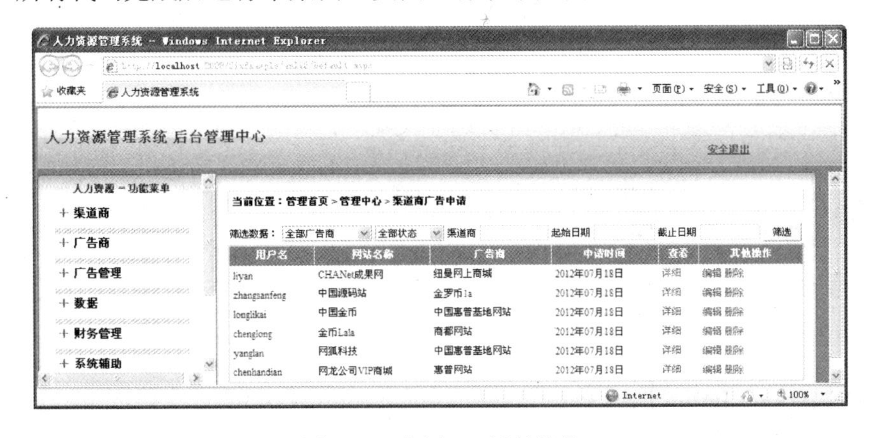

图 6-14　案例 6-2 运行效果

（8）单击【编辑】按钮更改单条记录的详细信息，修改完成后单击【更新】按钮弹出更改提示。如果确定更改单击【确定】按钮，否则单击【取消】按钮。

图 6-15　更改单条记录信息

（9）单击【删除】按钮时弹出是否删除的提示，删除成功后刷新当前页面。删除效果不再显示。

（10）单击某列标题实现根据该列自动排序的功能。如单击标题广告商实现的效果如图 6-16 所示。

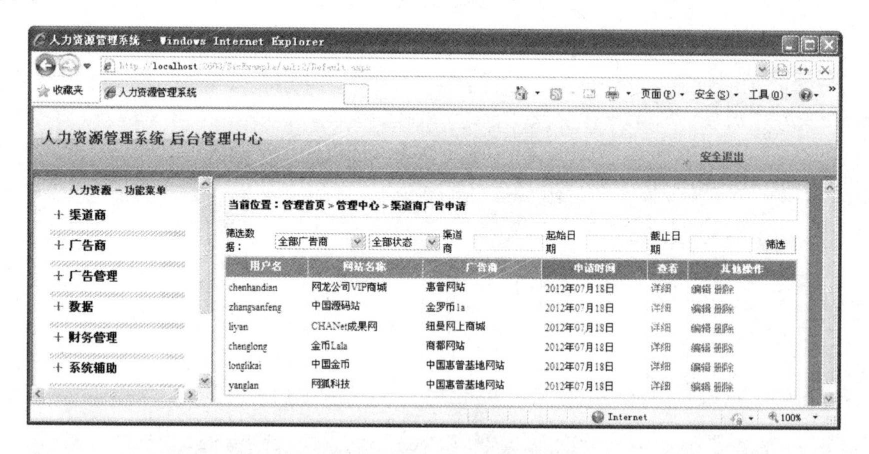

图 6-16　根据广告商自动排序

当为 SqlDataSource 控件的 UpdateCommand 或 DeleteCommand 等属性指定 SQL 语句（如指定 DeleteCommand 属性）时，Delete 语句中参数名的设置应该和 GridView 控件的 DataKeyNames 的值匹配，如果不匹配则 GridView 控件无法将值传递给 SQL 语句中的参数。

6.5　DetailsView 控件

DetailsView 控件可以逐一显示、编辑、插入或删除其关联数据源中的记录，它的字段和模板等的用法与 GridView 控件一样。默认情况下 DetailsView 控件将逐行显示记录的各个字段，DetailsView 控件通常用于显示、更新和插入新记录，并且常用在主/详细方案中使用。另外，DetailsView 控件只会显示一条数据记录，且该控件不支持排序。

和 GridView 控件一样，DetailsView 控件中有多个常用属性。如 AllowPaging 属性可以设置是否启用分页，CurrentMode 属性获取控件的当前数据输入模式，GridLines 属性设置控件的网格线样式。表 6-7 列出了该控件的常用属性。

表 6-7　GridView 控件的常见属性

属性名	说明
AllowPaging	获取或设置一个值，该值指示是否启用分页功能，默认为 false
AutoGenerateDeleteButton	获取或设置一个值，该值指示是否为每个数据行添加“删除”按钮
AutoGenerateEditButton	获取或设置一个值，该值指示是否为每个数据行添加“编辑”按钮
AutoGenerateSelectButton	获取或设置一个值，该值指示是否为每个数据行添加“选择”按钮
AutoGenerateRows	获取或设置一个值，该值指示对应于数据源中每个字段是否的行字段是否自动生成并在 DetailsView 控件中显示
CurrentMode	获取 DetailsView 控件的当前数据输入模式
DataKeyNames	获取或设置一个数组，该数组包含数据源的键字段的名称
DefaultMode	获取或设置 DetailsView 控件中默认数据输入模式，其值有 ReadOnly（默认值）、Insert 和 Edit
DataItem	获取绑定到 DetailsView 控件的数据项
DataItemCount	获取基础数据源中的项数
DataItemIndex	从基础数据源中获取 DetailsView 控件中正在显示的项的索引
DataKey	获取一个 DataKey 对象，该对象表示所显示的记录的主键
DataSource	获取或设置对象，数据绑定控件从该对象中检索其数据项列表
DataSourceID	获取或设置控件的 ID，数据绑定控件从该控件中检索其数据项列表
GridLines	获取或设置 DetailsView 控件的网格线样式，默认值为 Both
HorizontalAlign	获取或设置 DetailsView 控件在页面上的水平对齐方式
PageCount	获取在 GridView 控件中显示数据源记录所需的页数
PageIndex	获取或设置当前显示页的索引
PageSize	获取或设置 GridView 控件在每页上所显示的记录的条数
PagerSettings	设置 GridView 控件中页导航按钮的属性

除了常用属性外，DetailsView 控件也包含多个常用事件，表 6-8 列出了该控件的常用事件。

表 6-8　GridView 控件的常用事件

事件名	说明
DataBinding	当服务器控件绑定到数据源时发生
DataBound	在服务器控件绑定到数据源后发生
ItemCommand	当单击 DetailsView 控件中的按钮时发生
ItemCreated	在 DetailsView 控件中创建记录时发生
ItemDeleted	在单击 DetailsView 控件中的“删除”按钮时，但在删除操作之后发生
ItemDeleting	在单击 DetailsView 控件中的“删除”按钮时，但在删除操作之前发生
ItemInserted	在单击 DetailsView 控件中的“插入”按钮时，但在插入操作之后发生
ItemInserting	在单击 DetailsView 控件中的“插入”按钮时，但在插入操作之前发生
ItemUpdated	在单击 DetailsView 控件中的“更新”按钮时，但在更新操作之后发生
ItemUpdating	在单击 DetailsView 控件中的“更新”按钮时，但在更新操作之前发生
SelectedIndexChange	当 PageIndex 属性的值在分页操作后更改时发生
SelectedIndexChanging	当 PageIndex 属性的值在分页操作前更改时发生

下面重新扩展案例 6-2 实现单击【详情】按钮时查看广告申请记录的详细内容。其主要步骤如下。

（1）新建名称为 Details.aspx 的 Web 窗体页，在页面的合适位置添加 DetailsView 控件，将该控件 AutoGenerateColumns 的属性值设置为 false，然后选择【新建数据源】选项为该控件添加新的数据源。

（2）为 DetailsView 控件按步骤配置数据源时会弹出【配置 Select 语句】对话框，根据效果选择要查询的字段，如图 6-17 所示。

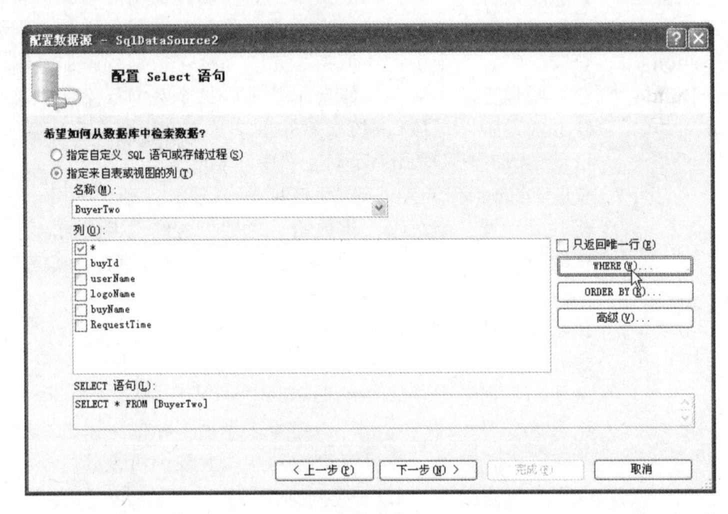

图 6-17　配置 Select 语句

（3）单击 WHERE 按钮弹出【添加 WHERE 子句】对话框，选择 WHERE 子句的字段列名，然后将源字段指定为 QueryString。在参数属性中 QueryString 字段的值为从主页面中传入的参数名，选择输入完成后单击【添加】按钮会在 WHERE 子句中添加语句，最后单击【确定】按钮即可。效果如图 6-18 所示。

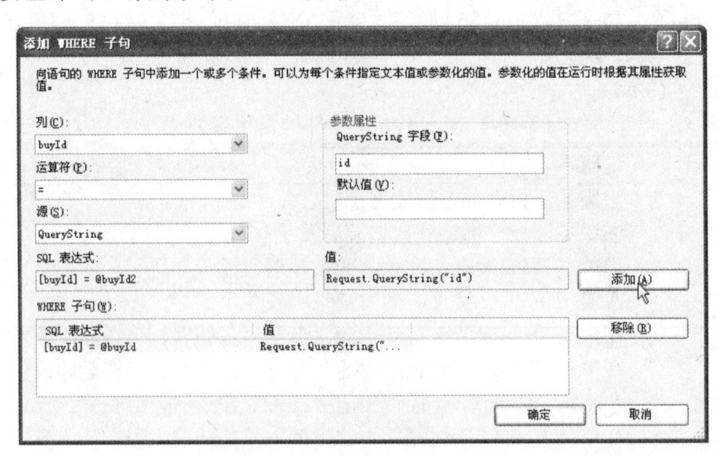

图 6-18　添加 WHERE 子句

（4）DetailsView 控件添加数据源完成后页面的最终设计效果如图 6-19 所示。

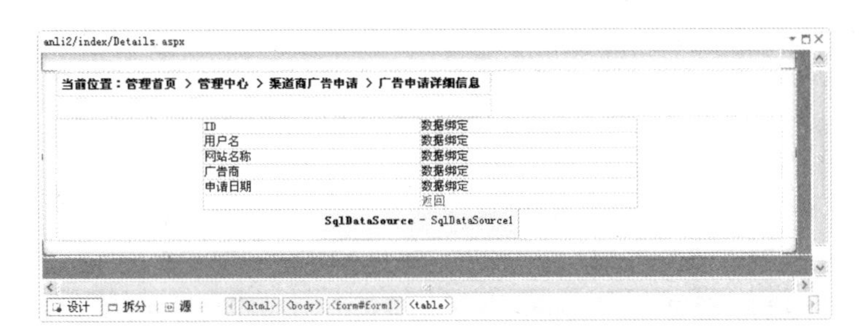

图 6-19　广告申请详细页面效果图

（5）打开 Details.aspx 页面找到与 DetailsView 控件和 SqlDataSource 相关的代码，页面的主要代码如下。

```
<asp:DetailsView ID="dvshow" runat="server" Height="50px" Width="60%"
AutoGenerateRows="False" DataKeyNames="buyId" DataSourceID=
"SqlDataSource1">
    <Fields>
        <asp:BoundField DataField="buyId" InsertVisible="False" ReadOnly=
        "True" SortExpression="buyId" HeaderText="ID"/>
        <asp:BoundField DataField="userName" HeaderText="用户名"
        SortExpression="userName" />
        <asp:BoundField DataField="logoName" HeaderText="网站名称"
        SortExpression="logoName" />
        <asp:BoundField DataField="buyName" HeaderText="广告商"
        SortExpression="buyName" />
        <asp:BoundField DataField="RequestTime" HeaderText="申请日期"
        SortExpression="RequestTime" />
        <asp:HyperLinkField Text="返回" NavigateUrl=
        "~/anli2/index/Right.aspx" />
    </Fields>
</asp:DetailsView>
<asp:SqlDataSource ConnectionString="<%$ ConnectionStrings:SixExam-
pleConnectionStringShow %>" ID="SqlDataSource1" runat="server"
SelectCommand="SELECT * FROM [BuyerTwo] WHERE ([buyId] = @buyId)">
    <SelectParameters>
      <asp:QueryStringParameter Name="buyId" QueryStringField="id" Type=
      "Int32" />
    </SelectParameters>
</asp:SqlDataSource>
```

在上述生成的代码中，QueryStringParameter 用于接收从父页面（广告申请页面）传递过来的参数。

（6）重新运行本案例，在广告申请列表中单击【详细】链接跳转到详细页面，运行效果如图 6-20 所示。

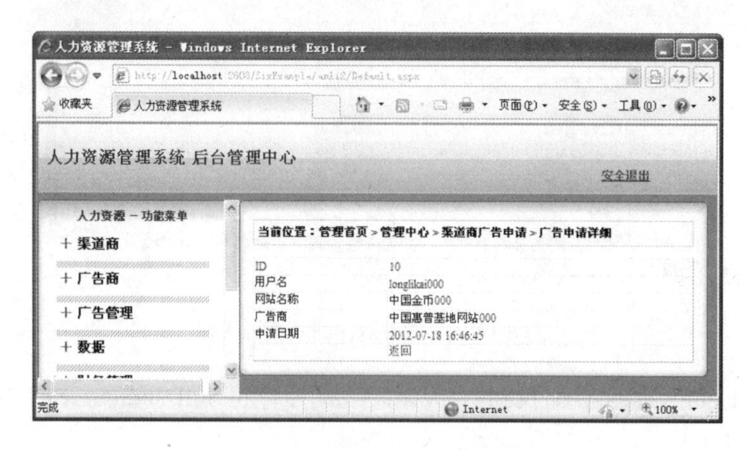

图 6-20　详细页面运行效果

6.6　DataList 控件

一般来说对于多行多列数据（或称为表格类数据）的展示一般使用 GridView 控件，但是对于多行单列或单行多列的数据一般采用 DataList 控件或 Repeater 控件。本节详细介绍 DataList 控件的相关知识，包括它的概念、属性、事件以及如何使用等内容。

6.6.1　DataList 控件概述

DataList 控件与 GridView 控件一样属性于迭代控件，它能够以事先指定的样式和模板重复显示数据源中的数据，常常用于创建模板化的列表数据。与 GridView 控件相比，DataList 控件相对简单，该控件实现的主要功能如下。

- DataList 控件支持 7 种模板，并且为每种模板提供了相应的样式。
- DataList 控件能够控件数据显示的方向，即可以横向或纵向显示数据。
- DataList 控件能够控制每一列显示数据项的最大数量。
- DataList 控件提供了对数据进行选择、编辑、更新、取消以及删除的功能。

DataList 控件中包含多个常用的属性，如 RepeatColumns 属性可以设置在控件中显示的列数，RepeatDirection 属性可以设置控件的显示方向，RepeatLayout 属性可以设置控件的显示方式。表 6-9 列出了该控件的常用属性。

表 6-9　DataList 控件的常用属性

属性名	说明
DataKeyField	获取或设置 DataSource 属性指定的数据源中的键字段
DataKeys	获取 DataKeyCollection 对象，它存储数据列表控件中每个记录的键值
DataSource	获取或设置源，该源包含用于填充控件中的项的值列表
DataSourceID	获取或设置数据源控件的 ID 属性，数据列表控件应使用它来检索其数据
EditItemIndex	获取或设置 DataList 控件中要编辑的选定项的索引号，默认值为-1

续表

属性名	说明
GridLines	当 RepeatLayout 属性设置为 Table 时，获取或设置 DataList 控件的网格线样式。其值有 None（默认值）、Both、Vertical 和 Horizontal
HorizontalAlign	获取或设置数据列表控件在其容器内的水平对齐方式
Items	获取表示控件内单独项的 DataListItem 对象的集合
RepeatColumns	获取或设置要在 DataList 控件中显示的列数
RepeatDirection	获取或设置 DataList 控件是垂直显示还是水平显示。其值为 Vertical（默认值）和 Horizontal
RepeatLayout	获取或设置控件是在表中显示还是在流布局中显示。其值有 Table（默认值）、Flow、UnorderedList 和 OrderedList
SelectedIndex	获取或设置 DataList 控件中的选定项的索引
SelectedItem	获取或设置 DataList 控件中的选定项
SelectedValue	获取所选择的数据列表项的键字段的值
ShowHeader	获取或设置一个值，该值指示是否在 DataList 控件中显示页眉节。默认值为 true
ShowFooter	获取或设置一个值，该值指示是否在 DataList 控件中显示脚注部分。默认值为 true

除了常用属性外，GridView 控件中也包含多个常用的事件，如 DataBinding 事件、ItemCommand 事件和 ItemDataBound 事件等。表 6-10 列出了 DataList 控件中的常用事件。

表 6-10　DataList 控件的常用事件

事件名	说明
CancelCommand	对 DataList 控件中的某项单击 Cancel 按钮时发生
DataBinding	当服务器控件绑定到数据源时发生
DeleteCommand	对 DataList 控件中的某项单击 Delete 按钮时发生
EditCommand	对 DataList 控件中的某项单击 Edit 按钮时发生
ItemCommand	当单击 DataList 控件中的任一按钮时发生
ItemCreated	当在 DataList 控件中创建项时在服务器上发生
ItemDataBound	当项被数据绑定到 DataList 控件时发生
SelectedIndexChanged	在两次服务器发送之间，在数据列表控件中选择了不同项时发生
UpdateCommand	对 DataList 控件中的某项单击 Update 按钮时发生

6.6.2　使用 DataList 控件的模板显示数据

与 GridView 控件一样，DataList 控件也可以使用模板和样式设计数据的显示格式。Datalist 控件支持 7 种模板，其具体说明如下。

- **HeaderTemplate**　呈现控件标题部分的内容，应用 HeaderStyle 样式。如果将 ShowHeader 的属性值设置为 false，将不显示页眉节。
- **FooterTemplate**　呈现控件脚注部分的内容，应用 FooterStyle 样式。如果将 ShowFooter 的属性值设置为 false，将不会显示脚注部分。
- **ItemTemplate**　呈现控件的普通内容，应用 ItemStyle 样式。
- **AlternatingTemplate**　呈现交替项的内容，应用 AlternatingStyle 样式。如果未定义则使用 ItemTemplate。
- **EditItemTemplate**　呈现控件编辑项的内容，应用 EditItemStyle 样式。如果未定

义则使用 ItemTemplate。

- ❑ **SelectedItemTemplate** 呈现控件选择项的内容，应用 SelectedItemStyle 样式。如果未定义则使用 ItemTemplate。
- ❑ **SeparatorTemplate** 呈现控件分隔项的内容，应用 SeparatorStyle 样式。如果未定义则不显示分隔符。

DataList 控件可以为项、交替项、编辑项和选定项等创建模板，也可以使用标题、分隔符和脚注模板自定义 DataList 控件的整体外观。

喜欢上网的用户对分页一定不会陌生，如淘宝网站商品列表可以分页查看，也可以通过某个字段进行排序。使用 GridView 控件时可以通过设置 AllowPaging 的属性值实现分页，设置 AllowSorting 的属性值实现排序。但是 DataList 控件没有自带的排序和分页属性，因此需要通过编写后台代码实现它们的效果。

DataList 控件实现分页有两种方式：使用基于 SQL 语句的分页和基于 PagedDataSource 类的分页。

PagedDataSource 类不能被继承，它封装了数据绑定控件（如 DataGrid、GridView、DetailsView、FormView 和 DataList 等）与分页有关的属性，以允许该控件执行分页操作。该类的常用属性如表 6-11 所示。

表 6-11 PagedDataSource 控件的常用属性

属性名	说明
AllowCustomPaging	获取或设置一个值，指示是否在数据绑定控件中启用自定义分页
AllowPaging	获取或设置一个值，指示是否在数据绑定控件中启用分页
AllowServerPaging	获取或设置一个值，指示是否启用服务器端分页
Count	获取要从数据源使用的基数
CurrentPageIndex	获取或设置当前页的索引
DataSource	获取或设置数据源
DataSourceCount	获取数据源中的项数
IsFirstPage	获取一个值，该值指示当前页是否是首页
IsLastPage	获取一个值，该值指示当前页是否是最后一页
PageCount	获取显示数据源中的所有项所需要的总页数
PageSize	获取或设置要在单页上显示的项数
VirtualCount	获取或设置在使用自定义分页时数据源中的实际项数

下面通过案例演示如何使用 DataList 控件显示数据并且对多条记录进行分页。

【实践案例 6-3】

本案例中使用 DataList 控件显示数据列表，使用 PagedDataSource 类实现分页的功能。其主要步骤如下。

（1）添加新的 Web 窗体页，在页面的合适位置添加 DataList 控件。然后，将该控件的 RepeatColumns 的属性值设置为 3，RepeatDirection 的属性值设置为 Horizontal。页面的最终设计效果如图 6-21 所示。

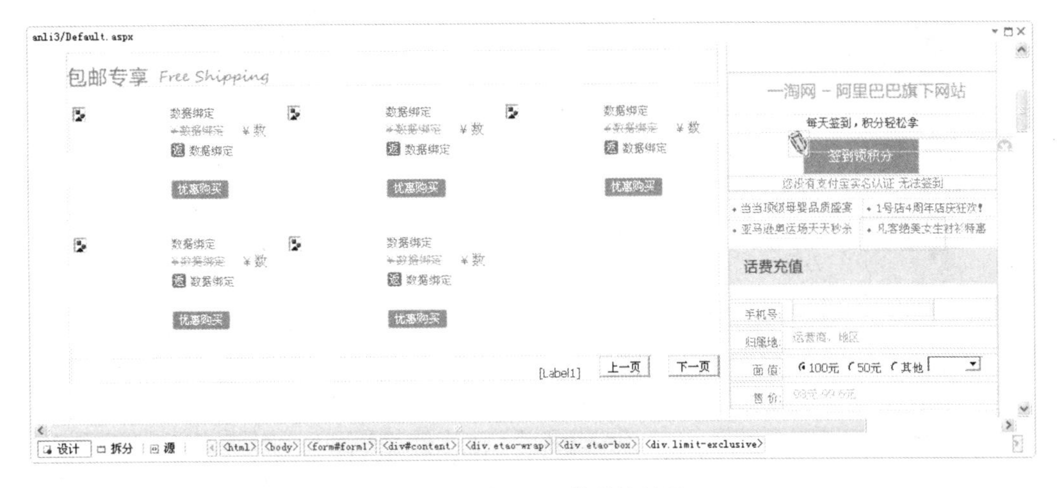

图 6-21　案例 6-3 的设计效果

（2）页面加载时显示分页并且加载所有的数据记录，Load 事件的具体代码如下。

```
public int Pager
{
    get
    {
        return (int)ViewState["Page"];
    }
    set
    {
        ViewState["Page"] = value;
    }
}
protected void Page_Load(object sender, EventArgs e)
{
    if (!IsPostBack)                        //判断是否首次加载，如果是
    {
        ViewState["Page"] = 0;              //当前页的索引为 0
        ListBinding();                      //显示数据
    }
}
```

在上述代码中，首先声明全局变量 Pager 储存当前的访问页，set 索引器中使用 ViewState 对象保存当前的索引页。Load 事件中首先使用 IsPostBack 属性判断页面是否首次加载，如果是则将当前页的索引设置为 0，调用 ListBinding()方法显示数据。

（3）ListBinding()方法主要使用 PagedDataSource 类实现分页的功能。其具体代码如下。

```
public void ListBinding()
{
    PagedDataSource pdsGoods = new PagedDataSource();
                                        //创建 PagedDataSource 类
```

```
        pdsGoods.DataSource = GetGoodList();//调用 GetGoodList()方法指定数据源
        pdsGoods.AllowPaging = true;                 //允许使用分页
        pdsGoods.PageSize = 9;                       //设置每页显示的条数
        pdsGoods.CurrentPageIndex = Pager;           //设置当前索引页
        btnPrev.Enabled = true;
        btnNext.Enabled = true;
        if (pdsGoods.IsFirstPage)                    //判断当前页是否为首页，如果是
            btnPrev.Enabled = false;                 //【上一页】按钮不能使用
        if (pdsGoods.IsLastPage)                     //判断当前页是否为尾页，如果是
            btnNext.Enabled = false;                 //【下一页】按钮不能使用
        Label1.Text = "第" + (pdsGoods.CurrentPageIndex + 1).ToString() + "页
        | 共" + pdsGoods.PageCount.ToString() + "页";    //显示分页
        dlGoodList.DataSource = pdsGoods;            //绑定数据源
        dlGoodList.DataBind();                       //激活绑定控件
    }
```

在上述代码中，首先使用 new 创建 PagedDataSource 的实例对象 pdsGoods，然后调用 GetGoodList()方法设置 pdsGoods 对象的数据源。PageSize 属性用于设置显示的项数，CurrentPageIndex 属性设置当前页的索引。IsFirstPage 属性判断当前显示页是否为首页，如果是将【上一页】按钮的 Enabled 属性值设置为 false；IsLastPage 属性判断当前显示页是否为尾页，如果是将【下一页】按钮的 Enabled 属性值设置为 false。最后为 DataList 控件的 DataSource 属性指定数据源，使用 DataBind()方法激活绑定控件。

（4）GetGoodList()方法用于查找数据库中 Goods 表的所有记录，该方法的具体代码如下。

```
    public DataView GetGoodList()                    //查找所有的数据
    {
        SqlConnection conn = new SqlConnection("Data Source=XP-201203191058\\
        SQLEXPRESS;Initial  Catalog=SixExample;User  ID=sa;Password=123456");
                                                     //连接字符串
        string sql = "select * from Goods";          //声明 SQL 语句
        conn.Open();                                 //打开数据库连接
        SqlDataAdapter sda = new SqlDataAdapter(sql, conn);
                                                     //创建 SqlDataAdapter 对象
        DataSet ds = new DataSet("Goods");           //创建 DataSet 对象
        sda.Fill(ds);                   //使用 SqlDataAdapter 对象向 DataSet 中填充数据
        conn.Close();                                //关闭数据库连接
        return ds.Tables[0].DefaultView;             //返回 DataView 对象
    }
```

上述代码中首先创建 SqlConnection 的实例对象 conn，然后调用 Open()方法打开数据库连接。接着根据 SQL 语句和 conn 对象创建 SqlDataAdapter 的实例对象 sda，然后调用 sda 对象的 Fill()方法向 DataSet 对象中填充数据。最后调用 DataTable 对象的 DefaultView 属性获取视图，并且返回该对象。

（5）单击【上一页】按钮实现查看上一页商品的功能；单击【下一页】按钮实现查看下一页商品的功能。按钮 Click 事件的具体代码如下。

```
protected void btnPrev_Click(object sender, EventArgs e)
{
    Pager--;
    ListBinding();
}
protected void btnNext_Click(object sender, EventArgs e)
{
    Pager++;
    ListBinding();
}
```

（6）运行本案例的代码，运行效果如图 6-22 所示。单击【下一页】或【上一页】按钮进行测试，测试效果不再显示。

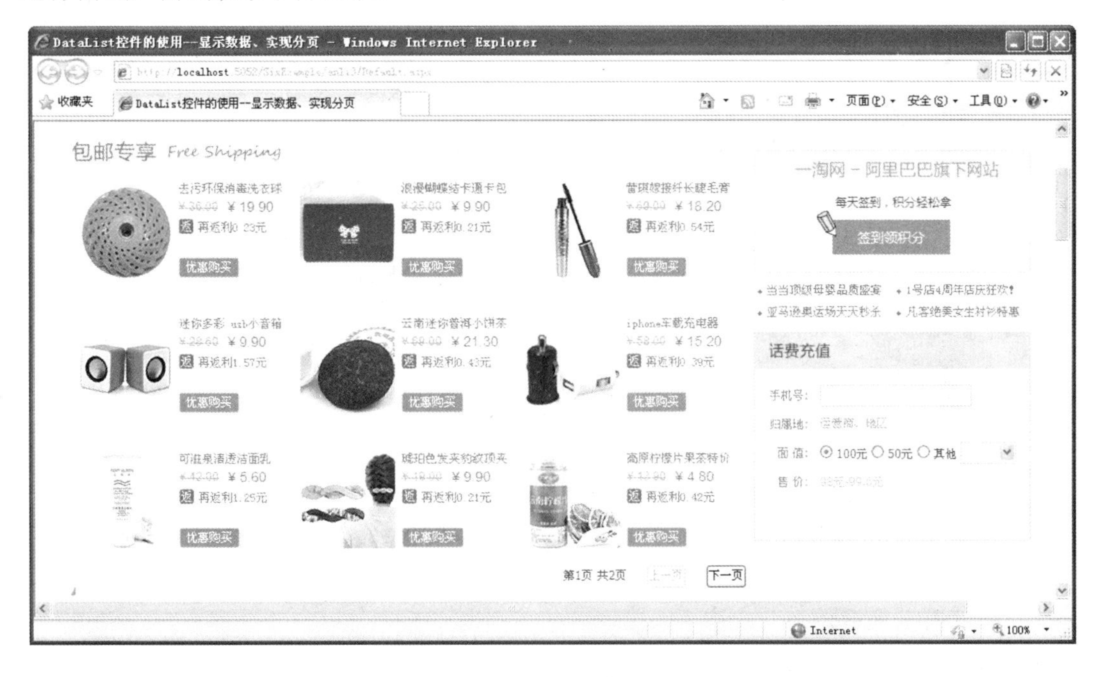

图 6-22　案例 6-3 运行效果

6.7　Repeater 控件

Repeater 控件也是一个迭代控件，它能够以相似的样式重复显示数据源中的每一项数据，所以也叫重复控件。与 GridView 控件和 DataList 控件相比，Repeater 控件最为简单。这三者之间的类关系如图 6-23 所示。

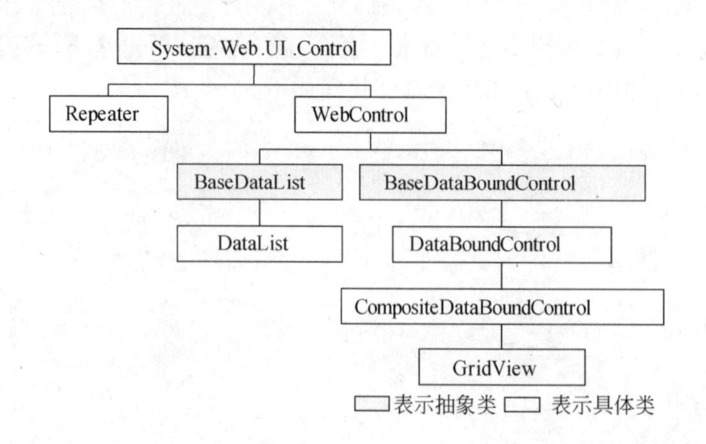

图 6-23 GridView、DataList 和 Repeater 控件的层次结构

Repeater 控件专门用于精确内容的显示，它不会自动生成任何用于布局的代码。Repeater 控件甚至没有一个默认的外观，它完全是通过模板来控制，而且也只能通过源代码视图进行模板的编辑。

Repeater 控件本身不具有内置呈现数据的功能，若要该控件显示数据，则必须为其创建模板，以便于为数据提供布局。

Repeater 控件最常用的属性有 3 个，具体说明如下。

- **DataSource** 获取或设置为填充列表提供数据的数据源。
- **DataSourceID** 获取或设置数据源控件的 ID 属性，Repeater 控件应使用它来检索其数据源。
- **Items** 获取 Repeater 控件中的 RepeaterItem 对象的集合。

Repeater 控件最常用的事件也有 3 个，具体说明如下。

- **ItemCommand** 当单击 Repeater 控件中的按钮时发生。
- **ItemCreated** 当在 Repeater 控件中创建一项时发生。
- **ItemDataBound** 该事件在 Repeater 控件中的某一项被数据绑定后但尚未呈现在页面上之前发生。

Repeater 控件很重要的一个功能就是使用模板来显示数据，与 DataList 控件相比 Repeater 控件提供了 5 种不同的模板，其中 mTemplate 和 SeparatorTemplate 模板被使用。其模板的具体说明如下。

- **ItemTemplate** 为 Repeater 中的项提供内容和布局所要求的模板。
- **HeaderTemplate** 为 Repeater 的页眉节提供内容和布局。
- **AlternatingTemplate** 交替项模板，为 Repeater 中的交替项提供内容和布局。
- **FooterTemplate** 为 Repeater 的脚注部分提供内容和布局。
- **SeparatorTemplate** 为 Repeater 中各项之前的分隔符提供内容和布局。

Repeater 控件既可以轻松实现数据的绑定，又不会生成任何无用的代码。所以，除了绑定数据外，Repeater 控件也可用于 RSS 文件的发布。下面通过案例演示如何使用 Repeater

控件实现商品的 RSS 发布。

【实践案例 6-4】

本案例中使用 Repeater 控件和 SqlDataSource 控件实现 RSS 的发布。其主要步骤如下。

（1）添加新的 Web 窗体页，然后在页面的合适位置拖入 Repeater 控件。选择【新建数据源】选项为 Repeater 控件绑定数据源。

（2）在页面的 Page 指令中添加 ContentType 属性，将它的值指定为 text/xml。其具体代码如下。

```
<%@ Page Language="C#" AutoEventWireup="true" CodeFile="Default.aspx.cs"
nherits="anli4_Default"
ContentType="text/xml" %>
```

（3）删除所有与 HTML 页面相关的元素，如 html、Body 和 Title 等。只留下与 XML 文件有关的代码。全部完成后前台页面的主要代码如下。

```
<form id="form1" runat="server">
    <asp:repeater id="Repeater1" runat="server" datasourceid=
    "SqlDataSource1">
    <HeaderTemplate>
        <?xml version="1.0" encoding="utf-8" ?>
        <rss version="2.0" xmlns:a10="http://www.w3.org/2005/Atom">
        <channel>
        <title>特价商品列表</title>
        <description>所有商品全部在甩卖</description>
        <link>http://sou80.cn</link>
    </HeaderTemplate>
    <ItemTemplate>
        <item>
            <title><%# Encode(Eval("goodName")) %></title>
            <price>现价: <%# Encode(Eval("goodDisPrice","{0:C}")) %>
            </price>
            <description>图片路径: <%# Encode(Eval("goodImage")) %>
            </description>
            <link><%# Encode(Eval("goodurl"))%></link>
        </item>
    </ItemTemplate>
    <FooterTemplate>
        </channel> </rss>
    </FooterTemplate>
    </asp:repeater>
    <asp:sqldatasource connectionstring="<%$ ConnectionStrings:
    SixExampleConnectionStringShow %>" id="SqlDataSource1" runat="server"
    selectcommand="SELECT Goods.* FROM Goods"></asp:sqldatasource>
</form>
```

在上述代码中，HeaderTemplate 模板中的内容表示 RSS 文件的开头，这部分内容也可以放置在 Repeater 控件外。ItemTemplate 模板循环输出商品的相关信息，调用 Encode()方法对内容项进行编码处理。FooterTemplate 模板放置 RSS 文件的结束部分，这部分内容也可以放在 Repeater 控件之外。

（4）Encode()方法主要对 ItemTemplate 模板列的内容项进行处理，该方法在后台的具体代码如下。


```
public string Encode(object obj)
{
    return Server.HtmlEncode(obj as string);
                              //调用 Server 对象的 HtmlEncode()方法进行编码
}
```

（5）运行本案例，最终显示效果如图 6-24 所示。

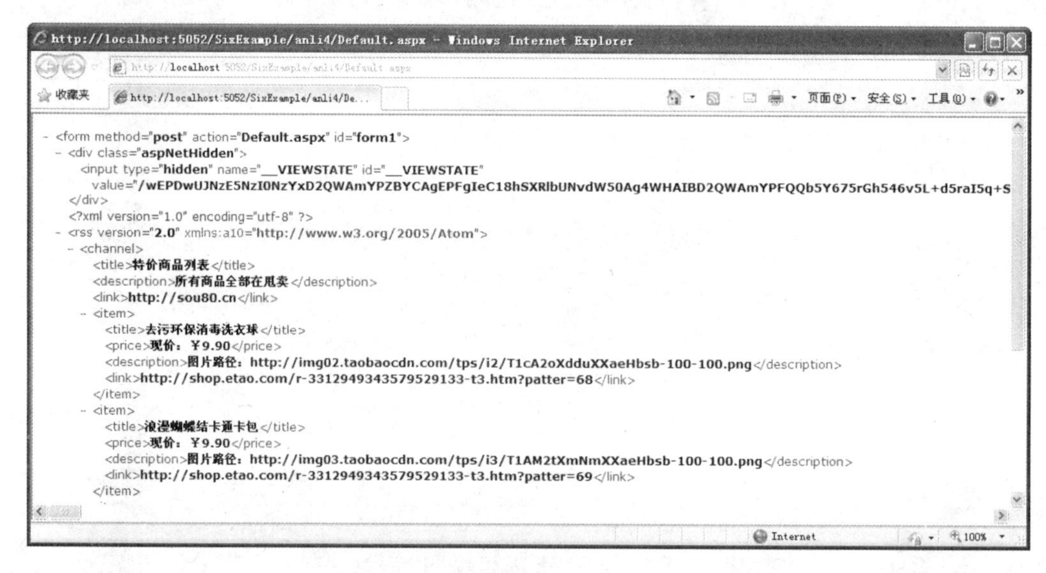

图 6-24　案例 6-4 的运行效果

由于 RSS 是基于 XML 格式，所以它的格式要求非常严格，尤其不能在内容中出现 HTML 标签的元素内容。如果不知道某字段中是否会包含非法字条，最好将它们进行 HTML 编码。

6.8　ListView 控件和 DataPager 控件

ListView 控件会根据使用的模板和样式的定义格式显示数据，它与 DataList 和 Repeater 控件一样，该控件也适用于任何具有重复结构的数据。

ListView 控件支持 11 种模板，它提供了编辑、删除、插入、排序以及分页等功能。这 11 种模板的具体说明如下。

- **LayoutTemplate** 定义 ListView 控件的主要布局和内容的根模板。
- **ItemTemplate** 定义显示控件中的项的内容。
- **ItemSeparatorTemplate** 定义显示控件中的各个项之间呈现的内容。
- **GroupTemplate** 定义控件中组容器的内容。
- **GroupSeparatorTemplate** 定义控件要在项组之前呈现的内容。
- **EmptyItemTemplate** 定义在使用 GroupTemplate 模板为空项时呈现的内容。
- **EmptyDataTemplate** 定义在数据源未返回数据时要呈现的内容。
- **SelectedItemTemplate** 为区分所选数据项与显示的其他项，而为该选项呈现的内容。
- **AlternatingTemplate** 数据交替模板，该模板与 ItemTemplate 结合可产生两个模板交错显示的效果。
- **EditItemTemplate** 数据编辑模板，对于正在编辑的数据项，该模板内容替换 ItemTemplate 项的内容。
- **InsertItemTemplate** 数据添加模板。

ListView 控件中包含多个常用属性，如 DataSourceID 属性可以设置控件的 ID，SortDirection 属性获取要排序字段的排序方向。表 6-12 列出了该控件的常用属性。

表 6-12 ListView 控件的常用属性

属性名	说明
DataKeyNames	获取或设置一个数组，该数组包含了显示在 ListView 控件中的项的主键字段的名称
DataSource	获取或设置对象，数据绑定控件从该对象中检索其数据项列表
DataSourceID	获取或设置控件的 ID，数据绑定控件从该控件中检索其数据项列表
SelectedIndex	获取或设置 ListView 控件中的选定项的索引
SelectedValue	获取 ListView 控件中的选定项的数据键值
SortDirection	获取要排序的字段的排序方向
SortExpression	获取与要排序的字段关联的排序表达式
GroupItemCount	获取或设置 ListView 控件中每组显示的项数
GroupPlaceholderID	获取或设置 ListView 控件中的组占位符的 ID
InsertItemPosition	获取或设置 InsertItemTemplate 模板在作为 ListView 控件的一部分呈现时的位置

除了常用属性外，ListView 控件中也包含多个常用事件，具体说明如表 6-13 所示。

表 6-13 ListView 控件的常用事件

事件名	说明
ItemCanceling	在请求取消操作之后，ListView 控件取消插入或编辑操作之前发生
ItemCommand	当单击 ListView 控件中的按钮时发生
ItemCreated	在 ListView 控件中创建项时发生
ItemDataBound	在数据项绑定到 ListView 控件中的数据时发生
ItemDeleted	在请求删除操作且 ListView 控件删除项之后发生
ItemDeleting	在请求删除操作之后，ListView 控件删除项之前发生
ItemEditing	在请求编辑操作之后，ListView 项进入编辑模式之前发生
ItemInserted	在请求插入操作且 ListView 控件在数据源中插入项之后发生
ItemInserting	在请求插入操作之后，ListView 控件执行插入之前发生

ListView 控件可以实现分页的功能，但是它是通过 DataPager 控件来实现的。DataPager 控件可以摆放在两个位置：一是内嵌在 ListView 控件的<LayoutTemplate>标签内，二是独立于 ListView 控件。

DataPager 控件的常用属性如表 6-14 所示。

表 6-14　DataPager 控件的常用属性

属性名	说明
Fields	获取 DataPagerField 对象的集合，这些对象表示在 DataPager 控件中指定的页导航字段
MaximumRows	获取为每个数据页显示的最大记录数
PageSize	获取或设置为每个数据页显示的记录数
QueryStringField	获取或设置查询字符串字段的名称
StartRowIndex	获取在数据页上显示的第一条记录的索引
TotalRowCount	获取由管理数据绑定控件所引用的基础数据源对象检索到总记录数
ViewStateMode	获取或设置此控件的视图状态模式

下面通过案例演示如何使用 ListView 控件和 DataPager 控件实现数据的显示和分页。

【实践案例 6-5】

本案例中使用 ListView 控件显示数据，DataPager 控件实现数据的分页功能。其主要步骤如下。

（1）新建 Web 窗体页，在页面的合适位置拖入 ListView 控件。选择 ListView 控件的【新建数据源】选项为该控件添加数据源。

（2）打开窗体页设计窗口的源代码，向 ListView 控件中添加 ItemTemplate 模板列并且添加数据绑定，然后添加 AlternatingTemplate 模板列并且添加数据绑定。完成后设计页面的主要代码如下。

```
<asp:ListView ID="ListView1" runat="server" DataSourceID="sdsList">
    <ItemTemplate>
    <li class="">
        <em><%# Eval("fcId") %></em>
        <span class="item"><a href="#" target="_blank"><%# Eval
        ("fcTitle")%></a> </span>
        <span class="name"><a href="#" target="_blank"><%# Eval("fcName")
        %></a></span>
        <span class="author"><a title="#"><%# Eval("fcAuthor")%></a>
        </span>
        <span class="time"><%# Eval("fcTime","{0:mm-dd}")%></span>
        <span class="hit"><%# Eval("fcClickNum")%></span>
        <span class="reply"><%# Eval("fcReplayNum")%></span>
    </li>
</ItemTemplate>
<AlternatingItemTemplate>
```

```
<li class="bg"><em>
    /* 省略其他字段的绑定，可参考 ItemTemplate 模板列 */
</li>
    </AlternatingItemTemplate>
</asp:ListView>
<asp:SqlDataSource ConnectionString="<%$ ConnectionStrings:
SixExampleConnectionStringShow %>" ID="sdsList" runat="server"
SelectCommand="SELECT * FROM [ForumContent]"></asp:SqlDataSource>
```

（3）向页面的合适位置拖入 DataPager 控件，并且设置该控件的相关属性。其主要代码如下。

```
<asp:DataPager ID="DataPager1" runat="server" PagedControlID="ListView1"
PageSize="10">
    <Fields>
      <asp:NextPreviousPagerField ShowLastPageButton="True"
      ShowFirstPageButton="True" ButtonType="Button"/>
      </Fields>
</asp:DataPager>
```

在上述代码中，将 DataPager 控件的 PagedControlID 的属性值设置为 ListView 控件的 ID，将 PageSize 的属性值为 10，表示每页显示 10 条记录。NextPreviousPagerField 标签内的 ShowLastPageButton 和 ShowFirstPageButton 的属性值设置为 true，表示允许显示【第一页】和【最后一页】按钮。

（4）上述操作完成后页面的最终设计效果如图 6-25 所示。

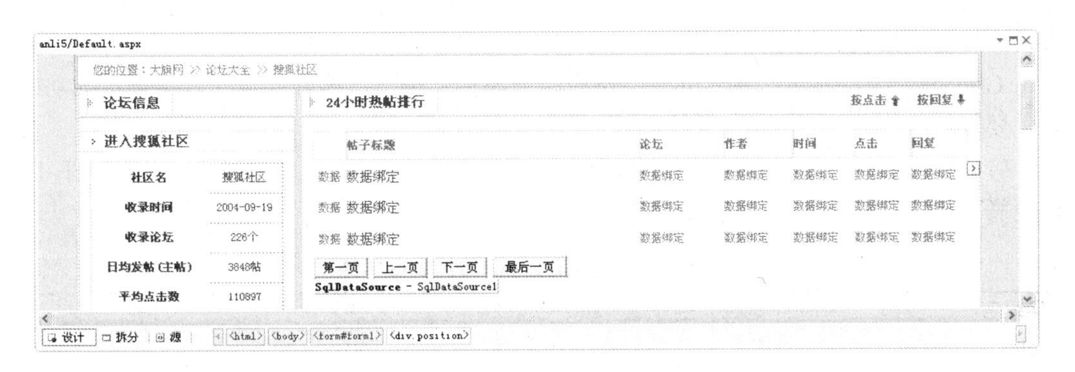

图 6-25　案例 6-5 的设计效果

（5）运行本案例，单击【最后一页】按钮进行测试，最终效果如图 6-26 所示。

注意：并不是任何的控件都能和 DataPager 控件一起使用，除了 ListView 控件外，DataPager 控件只能和实现了 IPageableItemContainer 接口的控件使用。

图 6-26　案例 6-5 最终运行效果

6.9　项目案例：使用 GridView 控件对联系人进行操作

前几节已经详细地介绍了 ASP.NET 中常用的数据源控件和数据绑定控件，包括这些控件的概念、属性、方法以及事件等。本节项目案例主要使用 GridView 控件对联系人进行基本操作。

【案例分析】

随着网络的发展和普及越来越多的功能可以在网络上实现，如网上缴费和网上购物等。彩信的出现也越来越普及手机用户生活，用户可以登录网址添加联系人，然后向联系人发送彩信或接收其他用户彩信，本节项目案例实现对彩信联系人的操作。在本案例中，使用 GridView 控件显示联系人列表，然后实现添加、编辑、删除、排序以及分页的功能。其主要步骤如下。

（1）在数据库中添加名称为 ContactPerson 的数据库表，它包括联系人名称、联系电话以及联系人备注等。该表字段的具体说明如表 6-15 所示。

表 6-15　ContactPerson 表的具体字段

字段名	类型	是否为空（是=Yes，否=No）	备注
cpId	int	No	主键，自动增长列
cpName	nvarchar(20)	No	联系人名称
cpPhone	nvarchar(20)	No	联系人电话
cpRemark	nvarchar(200)	Yes	联系人分组或备注

（2）在项目中添加名称为 Person 的实体类，该类用户存储联系人信息。其主要代码如下所示。

```
public class Person
{
```

```
    public Person(){}                            //无参的构造函数
    private int cpId;                            //主键 ID
    private string cpName;                       //名称
    private string cpPhone;                      //联系电话
    private string cpRemark;                     //备注
    public int CpId
    {
        get { return cpId; }
        set { cpId = value; }
    }
    /* 省略对其他字段的属性封装 */
}
```

（3）在项目中添加新的 Web 窗体页，在页面的合适位置添加 GridView 控件，然后设置该控件的 AllowPaging 的属性值为 true，PageSize 的属性值设置为 5，AllowSorting 的属性值为 true。然后，设置 PagerSetting 属性的相关属性内容，页面设计完成后的效果如图 6-27 所示。

图 6-27　项目案例的设计效果

（4）页面加载时显示所有的联系人列表，Load 事件的具体代码如下。

```
public string connString = ConfigurationManager.ConnectionStrings
["SixExampleConnectionStringShow"].ConnectionString;
DataSet ds;
protected void Page_Load(object sender, EventArgs e)
{
    if (!Page.IsPostBack)
        GridViewDataBind();                      //绑定数据
}
public void GridViewDataBind()
{
    SqlConnection connection = new SqlConnection(connString);
                                                 //创建 SqlConnection 对象
```

```
        ds = new DataSet();                    //创建 DataSet 对象
        string sql = "select * from ContactPerson order by cpId desc";
                                               //声明 SQL 语句
        SqlDataAdapter sda = new SqlDataAdapter(sql, connString);
                                               //创建 SqlDataAdapter 对象
        sda.Fill(ds);                          //向 DataSet 中填充数据
        Session["Table"] = ds.Tables[0];       //保存 DataTable 对象
        gvShow.DataSource = ds;                //绑定数据源
        gvShow.DataBind();
    }
```

在上述代码中，首先声明两个全局变量分别表示连接字符串和 DataSet 对象。在 Load 事件中调用 GridViewDataBind()方法显示 GridView 控件的数据。在 GridViewDataBind()方法中，首先创建实例对象 connection，然后根据 SQL 语句和 connection 创建 SqlDataAdapter 对象，接着调用 Fill()方法向 ds 对象中填充数据。

（5）鼠标悬浮到数据行时更改该行的背景色，鼠标离开时回到初始颜色。开发人员可以在绑定行的时候设置当前行的鼠标移动效果，为 GridView 控件的 RowDataBound 事件编写如下的代码。

```
protected void gvShow_RowDataBound(object sender, GridViewRowEventArgs e)
{
    if (e.Row.RowType == DataControlRowType.DataRow)
    {
        e.Row.Attributes.Add("onmouseover","currentcolor=this.style.
        backgroundColor;this.style.backgroundColor='lightgreen'");
        e.Row.Attributes.Add("onmouseout", "this.style.backgroundColor=
        currentcolor");
    }
}
```

在上述代码中，首先根据枚举类型 DataControlRowType 的值 DataRow 判断当前行是否为数据行。然后，调用每行 Attributes 属性的 Add()方法指定操作，该方法传入两个参数：第一个参数表示特性的名称，第二个参数表示特性的值。currentcolor 变量用于记录变色前的背景色，当鼠标移开时背景色恢复到变色之前。

（6）选择【全选】选项时，选中本页的所有联系人，该复选框的 Click 事件调用 JavaScript 脚本。其脚本的具体代码如下。

```
<script type="text/javascript" language="javascript">
function checkAll() {
    var checklist = document.getElementsByTagName("input");
                                               //获取所有的 input 元素
    if (document.getElementById("ckAll").checked == true) {
                                               //判断“全选”是否选中
```

```
            for (var i = 0; i < checklist.length; i++) {//循环遍历
                if (checklist[i].type == "checkbox") {//判断是否为 checkbox 类型
                    checklist[i].checked = true;        //选中
                }
            }
        } else {
            for (var i = 0; i < checklist.length; i++) {    //循环遍历
                if (checklist[i].type == "checkbox") {//判断是否为 checkbox 类型
                    checklist[i].checked = false;           //取消选中
                }
            }
        }
    }
    </script>
```

在上述代码中，首先调用 getElementsByTagName()方法获取所有名称为 input 的元素，然后根据复选框的值进行判断。遍历所有的 input 元素，使用 type 属性判断是否为 checkbox，最后使用 checked 属性将它的值设置为 true 或 false。

（7）单击标题的某列时实现根据该列排序的功能。为 GridView 控件的 Sorting 事件添加如下代码。

```
protected void gvShow_Sorting(object sender, GridViewSortEventArgs e)
{
    string d = e.SortExpression;                            //获取排序表达式
    DataTable tb = Session["Table"] as DataTable;   //从 Session 对象中取值
    tb.DefaultView.Sort = e.SortExpression;             //设置排序顺序
    gvShow.DataSource = tb;                                 //指定数据源
    gvShow.DataBind();
}
```

（8）单击【上一页】、【下一页】、【首页】或【尾页】链接实现分页的功能。在 PageIndexChanging 事件中指定新页的索引，其具体代码如下。

```
protected void gvShow_PageIndexChanging(object sender, GridViewPageEventArgs e)
{
    gvShow.PageIndex = e.NewPageIndex;
    GridViewDataBind();
}
```

（9）单击【新增】按钮跳转到添加联系人页面实现添加联系人的功能，添加页面的设计效果如图 6-28 所示。（注意：ID 表示编辑时传入的参数，不需要在页面显示，具体用法后面会详细介绍。）

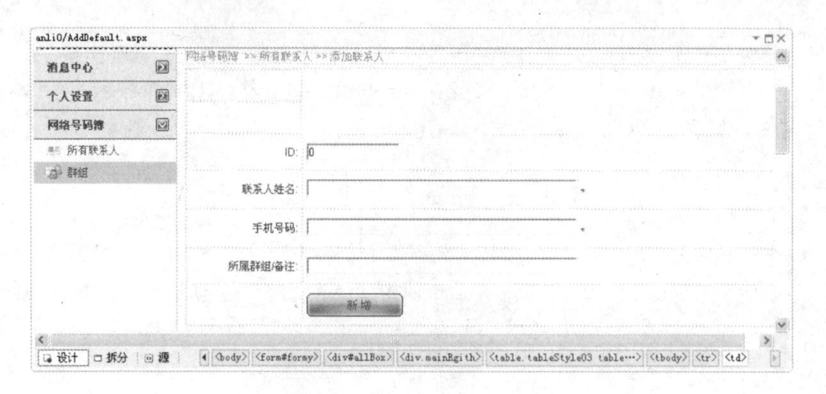

图 6-28　添加页面的设计效果

（10）在添加联系人页面中为【新增】按钮的 Click 事件添加如下代码。

```
public string connectionsqlString = ConfigurationManager.ConnectionStrings
["SixExampleConnectionStringShow"].ConnectionString;
protected void lbSubmitAdd_Click(object sender, EventArgs e)
{
    SqlConnection connection = new SqlConnection(connectionsqlString);
                                             //创建 SqlConnection 对象
    string upsql = "update ContactPerson set cpname=@cpname,cpPhone=@cpphone,
    cpremark=@cpremark where cpId=" + cpId.Text;    //声明 SQL 语句
    connection.Open();                               //打开字符串连接
    SqlCommand command = connection.CreateCommand();//创建 Sqlcommand 对象
    SqlParameter[] sp = new SqlParameter[3];         //参数列表
    sp[0] = new SqlParameter("@cpname", cpName.Text);
    sp[1] = new SqlParameter("@cpphone", cpPhone.Text);
    sp[2] = new SqlParameter("@cpremark", cpRemark.Text);
    foreach (SqlParameter item in sp)                //遍历参数
      command.Parameters.Add(item);
    command.CommandText = upsql;
    int result = command.ExecuteNonQuery();          //执行 SQL 语句
    connection.Close();                              //关闭数据库连接
    if (result > 0)                                  //添加成功后跳转页面
        Response.Redirect("Default.aspx");
}
```

在上述代码中，首先声明全局变量 connectionsqlString 表示连接数据库的字符串。在 Click 事件代码中，首先创建 SqlConnection 对象和 Sqlcommand 对象的实例，然后遍历参数列表调用 command 对象 Parameters 属性的 Add()方法将参数添加到该对象中。接着，调用 ExecuteNonQuery()方法执行 SQL 语句，然后调用 connection 对象的 Close()方法关闭数据库连接。最后，使用 Response 对象的 Redirect()方法跳转页面。

（11）在图 6-27 中单击【编辑】按钮跳转到相应页面实现修改联系人信息的功能。在添加页面的设计窗体中添加隐藏列 ID（见图 6-28）。窗体页加载时根据传入的参数获取联系人信息，页面 Load 事件的具体代码如下。

```
Person person = null;
protected void Page_Load(object sender, EventArgs e)
{
    if (!Page.IsPostBack)             //判断页面是否首次加载，如果是
    {
        string fun = Request.QueryString["operfun"];//获取传入的操作参数
        int operid = Convert.ToInt32(Request.QueryString["operid"]);
                                      //获取传入的参数 ID
        if (fun == "edit")            //如果编辑联系人
        {
            SqlConnection connection = new SqlConnection
            (connectionsqlString);  //创建 SqlConnection
            string sql = "select * from ContactPerson where cpId=" + operid;
                                      //声明 SQL 语句
            connection.Open();        //打开连接
            SqlCommand command = new SqlCommand(sql, connection);
                                      //创建 SqlCommand
            using (SqlDataReader dr = command.ExecuteReader())
                                      //创建 SqlDataReader
            {
                if (dr.Read())        //读取数据
                {
                    person = new Person();                  //创建 Person 类
                    cpId.Text = dr["cpId"].ToString();
                    cpName.Text = dr["cpName"].ToString();
                    cpPhone.Text = dr["cpPhone"].ToString();
                    cpRemark.Text = dr["cpRemark"].ToString();
                }
            }
            lbSubmitAdd.Text = "修 改";
        }
    }
}
```

在上述代码中，根据父页面传过来的参数 operfun 和 operid 判断是否编辑联系人。如果编辑则根据 operid 获取联系人的详细信息，使用 SqlDataReader 对象的 Read()方法读取数据，并且将读取的结果显示到页面的控件中。最后，更改提交按钮的显示文本。否则，直接显示该页面的添加效果。

（12）联系人信息输入完成后单击【修改】按钮更改数据库中的信息。重新更改添加按钮 Click 事件的代码，根据输入框中 ID 的值实现添加或编辑的功能。其主要代码如下。

```
protected void lbSubmitAdd_Click(object sender, EventArgs e)
{
    if (string.IsNullOrEmpty(cpId.Text) || cpId.Text == "0")    //添加功能
```

```
    {
        /* 省略添加联系人的功能实现，可参考第 11 步 */
    }
    else                                            //编辑功能
    {
        SqlConnection connection = new SqlConnection(connectionsqlString);
    //创建 SqlConnection
        string sql = "update ContactPerson set cpname=@cpname,
        cpPhone=@cpphone,cpremark=@cpremark where cpId=" + cpId.Text;
                                                    //声明 SQL 语句
        connection.Open();                          //打开连接
        SqlCommand command = connection.CreateCommand();
                                                    //创建 SqlCommand
        SqlParameter[] sp = new SqlParameter[3];//参数列表
        sp[0] = new SqlParameter("@cpname", cpName.Text);
        sp[1] = new SqlParameter("@cpphone", cpPhone.Text);
        sp[2] = new SqlParameter("@cpremark", cpRemark.Text);
        foreach (SqlParameter item in sp)
          command.Parameters.Add(item);
        command.CommandText = sql;
        int result = command.ExecuteNonQuery();     //执行 SQL 语句
        connection.Close();                         //关闭连接
        Response.Redirect("Default.aspx");          //跳转页面
    }
}
```

（13）在图 6-27 中，单击【删除】按钮实现删除单个联系人的功能。当单击【删除】按钮时，弹出删除提示，向 RowDataBound 事件中添加如下代码。

```
protected void gvShow_RowDataBound(object sender, GridViewRowEventArgs e)
{
    if (e.Row.RowType == DataControlRowType.DataRow)
    {
        /* 省略其他代码 */
        LinkButton btn = e.Row.FindControl("lbDelete") as LinkButton;
        btn.Attributes.Add("onclick", "return confirm('确定要删除该联系人记
        录吗？')");
    }
}
```

（14）在弹出的删除提示中，单击【确定】按钮执行删除代码。为 GridView 控件添加 RowCommand 事件，该事件根据 CommandName 的值判断执行删除功能还是编辑功能。其具体代码如下。

```
protected void gvShow_RowCommand(object sender, GridViewCommandEventArgs e)
{
```

```
    string opername = e.CommandName;                         //获取命令名称
    string opervalue = e.CommandArgument.ToString();        //获取命令的参数值
    if (opername == "Delete")                                //如果删除
    {
        string sql = "delete from ContactPerson where cpId=" + Convert.
        ToInt32(opervalue);
        SqlConnection connection = new SqlConnection(connString);
        connection.Open();
        SqlCommand command = new SqlCommand(sql, connection);
        int result = command.ExecuteNonQuery();
        if (result > 0)
            Response.Redirect("Default.aspx");
        connection.Close();
    }
    else if (opername == "Edit")                    //如果编辑，跳转到编辑页面
        Response.Redirect("AddDefault.aspx?operfun=edit&operid=" +
        Convert.ToInt32(opervalue));
}
```


（15）运行本案例选中【全选】选项，然后将鼠标移动到数据行进行测试。运行效果如图 6-29 所示。

图 6-29　项目案例显示效果

（16）单击标题行的某列进行排序测试，运行效果不再显示。

（17）单击【下一页】或【尾页】按钮进行分页测试，运行效果不再显示。

（18）单击【新增】按钮跳转到添加页面，页面运行效果如图 6-30 所示。添加内容全部完成后单击【新增】按钮进行提交，添加完成后重新返回到列表页。

（19）单击联系人名称为“好季节”的【编辑】按钮更改内容，效果如图 6-31 所示。在更改全部完成后，单击【修改】按钮提交信息，更改成功后重新返回到列表页。

（20）单击【删除】按钮删除名称为“啦啦”的联系人，弹出是否删除的提示，如图 6-32 所示。单击【确定】按钮从数据库中删除，否则取消本次删除操作。

图 6-30　添加页面

图 6-31　编辑联系人

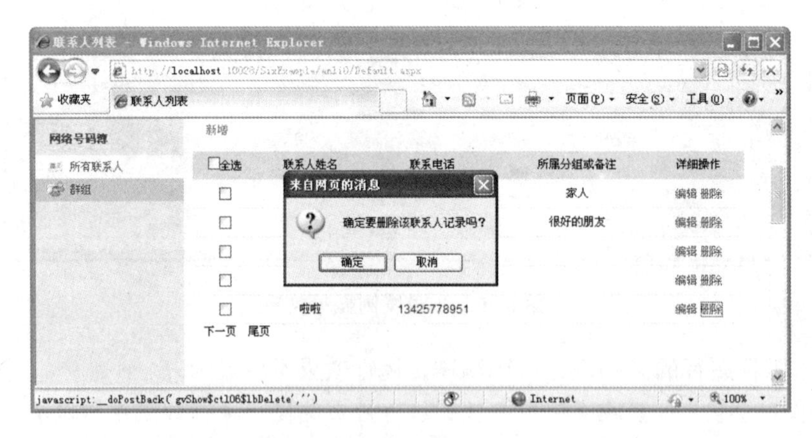

图 6-32　删除联系人

可以使用数据源控件或通过编写代码的方式实现数据的分页、排序和删除等操作。本案例主要使用后台代码实现所有的功能，感兴趣的读者可以亲自动手试试如何使用数据源控件操作数据。

6.10 习题

一、填空题

1．GridView 控件的基类是__________。
2．GridView 控件的__________属性用于设置每页显示的记录条数。
3．DataList 控件或 Repeater 控件要实现分页功能时需要借助__________类。
4．__________控件不会生成任何多余的代码，专门用于内容的精确显示。
5．GridView 控件实现光棒效果时会触发控件的__________事件。
6．将 GridView 控件的__________的属性值设置为 true 表示自动启用分页。
7．ListView 控件可以和__________控件相结合实现分页的功能。

二、选择题

1．如果使用 GridView 控件实现光棒效果，下面说法正确的是__________。
A．在数据绑定后插入高亮显示的脚本
B．在数据行绑定时插入高亮显示的脚本
C．在数据绑定时插入高亮显示的脚本
D．在页面加载时插入高亮显示的脚本
2．关于 Repeater 控件，下列说法正确的是__________。
A．Repeater 控件可以自动添加 HTML 内容
B．Repeater 控件不能实现 RSS 发布的功能
C．Repeater 控件不会自动生成与 HTML 相关的内容
D．Repeater 控件不能显示任何 HTML 的内容
3．下面关于分页的选项中，__________的说法是错误的。
A．将 GridView 控件中 AllowPaging 的属性值设置为 true 可以实现自动分页
B．DataList 控件和 Repeater 控件可以通过 PagedDataSource 属性实现分页功能
C．ListView 控件和 DataPager 控件结合使用可以实现分页功能
D．将 Repeater 控件中 AllowPaging 的属性值设置为 true 可以实现自动分页
4．在 Web 页面中有一个名为 gvShowList 的 GridView 控件，为了禁止用户对该控件中的数据进行排序，下面代码__________是正确的。
A．gvShowList.AllowSorting = true;
B．gvShowList.AllowSorting = false;
C．gvShowList.AllowNavigation = true;
D．gvShowList.AllowNavigation = false;
5．下列有关 PagedDataSource 的说法，正确的是__________。
A．PagedDataSource 封装了数据绑定控件的分页功能
B．使用 PagedDataSource 就不能使用 ObjectDataSource

C．使用 PagedDataSource 可以很方便的实现分页和排序

D．PagedDataSource 可以帮助计算总页数、当前页数以及每页显示条数

6．为按钮添加提示或实现鼠标悬浮时的光亮效果触发 GridView 控件的 RowDataBound 事件，下面代码的横线处应该填写__________。

```
protected void gvShow_RowDataBound(object sender, GridViewRowEventArgs e)
{
    if (e.Row.RowType == __________)
    {
        e.Row.Attributes.Add("onmouseover","currentcolor=this.
        style.backgroundColor;this.style.backgroundColor='blue'");
        e.Row.Attributes.Add("onmouseout", "this.style.
        backgroundColor=currentcolor");
    }
}
```

A．DataControlRowType.DataRow

B．DataControlRowType.EmptyDataRow

C．DataControlCellType.DataRow

D．DataControlRowType.Pager

7．在下面选项中，__________的说法是错误的。

A．GridView 控件可以自动实现分页的功能，也可以通过第三方控件或其他方法实现分页

B．Repeater 控件可以通过 PagedDataSource 类实现分页功能

C．Repeater 控件可以通过 PagedDataSource 类实现分页功能，也可以通过 AllowPaging 的属性进行设置

D．DataList 控件可以通过 SQL 语句实现分页

8．下面是使用 Repeater 控件实现发布 RSS 的部分代码，其中说法正确的是__________。

```
<%@ Page Language="C#" AutoEventWireup="true" CodeFile="Rss.aspx.cs"
Inherits="Rss" %>
<rss version="2.0" xmlns:a10="http://www.w3.org/2005/Atom">
    <channel>
        <title>特价商品</title>
        <description>商品全部甩卖</description>
        <asp:repeater id="Repeater1" runat="server" datasourceid=
        "sdsList">
            <ItemTemplate>
                <item>
                    <title><%# Eval("goodName") %></title>
                    <price>现价: <%# Eval("goodDisPrice","{0:C}") %></price>
                    <description>图片路径: <%# Eval("goodImage") %>
```

```
                    </description>
                    <link>链接地址: <%# Eval("goodurl")%></link>
                </item>
            </ItemTemplate>
        </asp:repeater>
    </channel>
</rss>
<asp:sqldatasource selectcommand="SELECT Goods.* FROM Goods" id="sdsList"
runat="server" connectionstring="<%$ ConnectionStrings:ConnectionStr-
ingShow %>" ></asp:sqldatasource>
```

A．上述代码和模板的使用没有任何问题
B．没有使用 FooterTemplate 模板，所以不能正常显示
C．没有使用 HeaderTemplate 模板，所以不能正常显示
D．内容没有使用 HTML 编码，可能会显示不正常

三、上机练习

1．使用 Repeater 控件显示数据

在新建的解决方案中添加 Web 窗体页，使用 Repeater 控件显示图书列表信息。具体效果如图 6-33 所示。（提示：可以根据需要创建数据库，且必须实现隔行分色的效果。）

Repeater控件显示数据 - Windows Internet Explorer

周点击榜（经管励志） 更多>>

序号	书名	作者	出版社	状态	上传时间	点击数
1	犹太人的赚钱哲学：恩危(全文)		重庆出版社	已完成	2009-11-13	108188
2	探求真相：85%的人应该涨工资		中国商业出版社	已完成	2011-01-21	77653
3	冯仑与年轻人闲话人生：伟大是熬出来的		中国发展出版社	已完成	2011-01-31	55049
4	看穿人心术，拿来就用		江苏文艺出版社	已完成	2011-01-25	50343
5	遇见懂爱的自己：100个幸福的理由		团结出版社	已完成	2011-01-31	38104
6	30年后，你拿什么养活自己？		广西科学技术出版社	已完成	2010-04-13	31415
7	生财之道：全中国最穷小伙子发财日记		上海锦绣文章出版社	已完成	2010-04-07	23517
8	承担起生命的责任：21岁当总裁II		东方出版社	已完成	2011-01-25	15043
9	苏芩全新力作：20岁定好位30岁有地位		湖南文艺出版社	已完成	2010-11-01	13342

图 6-33　上机实践 1 运行效果

2．使用 DataList 控件显示数据

在新建的解决方案中添加 Web 窗体页，使用 DataList 控件显示的最终效果如图 6-34 所示。（提示：可以根据需要创建数据库，且必须实现分页的功能。）

图 6-34　上机实践 2 运行效果

6.11　实践疑难解答

6.11.1　DataList 控件如何实现对数据的编辑操作

ASP.NET 中如何使用 DataList 控件实现对数据的编辑操作
网络课堂：http://bbs.itzcn.com/thread-19702-1-1.html

【问题描述】：各位前辈好，小弟最近刚刚接触 GridView 控件、DetailsView 控件和 DataList 控件。但是，在使用 DataList 控件的时候遇到了一个问题，主要代码如下。

```
<asp:DataList ID="DataList1" runat="server" DataKeyField="goodId"
DataSourceID="SqlDataSource1" RepeatColumns="8" OnEditCommand="DataList1_
EditCommand">
<EditItemTemplate>
    goodId:<%# Eval("goodId") %><br />
    goodName:<asp:TextBox ID="goodNameLabel" runat="server" Text='<%#
    Eval("goodName") %>' />
    goodFanDesc: <asp:Label ID="goodFanDescLabel" runat="server" Text='<%#
    Eval("goodFanDesc") %>' />
    <asp:Button CommandName="Update" ID="btnUpdate" runat="server" Text="
    编辑" />
    <asp:Button CommandName="Cancel" ID="btnCancel" runat="server" Text="
    取消" />
</EditItemTemplate>
<ItemTemplate>
```

```
        goodId: <%# Eval("goodId") %>
        goodName:<asp:Label ID="goodNameLabel" runat="server" Text='<%# Eval
        ("goodName") %>' />
        goodFanDesc:<asp:Label ID="goodFanDescLabel" runat="server" Text='<%#
        Eval("goodFanDesc") %>' />
        <asp:Button CommandName="edit" ID="btnEdit" runat="server" Text="编辑
        " />
    </ItemTemplate>
    </asp:DataList>
```

在页面显示时单击每项的编辑按钮，但是并不会出现 EditItemTemplate 列的内容，而且页面只是刷新了一下。我已经通过 CommandName 指定值，为什么还是不行？

【解决办法】：这位同学，既然你已经知道通过指定 CommandName 的值可以实现编辑，想必一定试过 GridView 控件的编辑功能。与 GridView 控件不同的是，DataList 控件在实现编辑功能时还需要向 ItemCommand 事件或 EditCommand 事件中手动编写代码。在 ItemCommand 事件中的具体代码如下。

```
    protected void DataList1_ItemCommand(object source, DataListComman-
    dEventArgs e)
    {
        string name = e.CommandName;                          //获取按钮的命令值
        if (name == "edit")                                   //判断是否编辑
        {
            DataList1.EditItemIndex = e.Item.ItemIndex;//编辑的索引
            DataList1.DataBind();                             //重新绑定控件
        }
    }
```

向 EditCommand 事件中填写代码的方式更加简单，直接为 DataList 控件的 EditItemIndex 属性赋值即可。你可以亲自动手试一试。另外，数据绑定控件的功能非常强大，你千万不要气馁，熟能生巧多多练习就好了。加油！

6.11.2 GridView、DataList 和 Repeater 如何实现自动编号

ASP.NET 中如何实现 GridView、DataList 以及 Repeater 控件的自动编号
网络课堂：http://bbs.itzcn.com/thread-19703-1-1.html

【问题描述】：各位大哥大姐，小弟近来一直使用 Repeater 控件。但是，遇到了一个小问题，数据库中主键 ID 不一定是连续的编号，如果我想让数据库的数据自动编号然后重新排列应该怎么办？急求急求，请速回答！

【解决办法】：呵呵，这位同学其实解决的办法非常简单。以 GridView 控件为例需要通过 RowIndex 判断当前的索引值，然后向每行中的某列赋值或直接通过 FindControl()方法进行赋值。RowDataBound 事件中的主要代码如下。

```
protected void GridView1_RowDataBound(object sender, GridViewRowEventArgs e)
{
    if (e.Row.RowIndex != -1)
    {
        e.Row.Cells[1].Text = (e.Row.RowIndex + 1).ToString(); //第 1 种
        ((Label)e.Row.FindControl("lbl1")).Text = (e.Row.RowIndex + 1).
        ToString()                                    ;        //第 2 种
    }
}
```

DataList 控件和 Repeater 控件实现自动编号的功能也非常简单，它们只能通过 FindControl()方法实现自动编号。如 DataList 控件中 ItemDataBound 事件的代码如下。

```
protected void DataList1_ItemDataBound(object sender,
DataListItemEventArgs e)
{
    if (e.Item.ItemIndex != -1)
    {
        int id = e.Item.ItemIndex;
        ((Label)e.Item.FindControl("goodIdLabel")).Text = id.ToString();
    }
}
```

另外，除了 GridView、DataList 和 Repeater 控件外，本章介绍的 ListView 控件，ListView 控件也可以实现自动编号的功能。需要在该控件的 ItemDataBound 事件中添加代码，然后通过 DataItemIndex 属性获取索引。其具体代码如下。

```
protected void ListView1_ItemDataBound(object sender,
ListViewItemEventArgs e)
{
    if (e.Item.DataItemIndex != -1)
    {
        ((Label)e.Item.FindControl("goodID")).Text = (e.Item.
        DataItemIndex + 1).ToString();
    }
}
```

6.11.3 刷新页面后如何让数据不回到页面顶端

ASP.NET 中如何实现页面刷新后数据不会回到页面顶端的功能
网络课堂：http://bbs.itzcn.com/thread-19704-1-1.html

【问题描述】：各位高手，当我们使用数据绑定控件（如 GridView）时显示多条数据时会经常遇到一个问题。如果单击 GridView 控件中的某个按钮会实现页面刷新，但是页面刷新后会回到网页的顶部。这样就必须重新查找原来的位置，有没有一种简单的方法可以解决这个问题？

【问题描述】：页面刷新后回到网页的顶部需要重新查找原来的数据确实非常麻烦，而要解决这个问题最简单的办法就是 MaintainScrollPositionOnPostback 属性，它的作用是在网页刷新后仍然维持原来的位置。其语法如下。


```
<%@ Page Language="C#" AutoEventWireup="true" CodeFile="Default.aspx.cs"
Inherits="anli0_Default" MaintainScrollPositionOnPostback="true" %>
```

第7章 ASP.NET 控件的高级应用

上一章中已经学习了 GridView、DataList、Repeater 和 ListView 等控件的相关知识，事实上在实际开发过程中会遇到许多“疑难杂症”，此时仅仅使用 ASP.NET 中系统提供的控件是远远不够的。本章将详细介绍用户控件和常用的第三方控件，如使用 CKEditor 控件可以提供一个近乎完美的在线编辑环境，使用 AspNetPager 可以实现强大的分页功能。另外，本章还讲解了 HttpHandler 技术和常用的自动生成工具 CodeSmith。

通过本章的学习，读者可以熟练地创建和使用用户控件，可以通过第三方控件进行其他的操作，如在线编辑器、验证码和分页控件等。此外，也可以使用 HttpHandler 技术实现水印和防盗链效果，还可以熟练使用 CodeSmith 工具自动生成代码。

本章学习要点：

- 了解用户控件的概念、优点和注意事项。
- 掌握如何创建和使用用户控件。
- 掌握如何将 Web 窗体页转化为用户控件。
- 熟悉用户控件与 Web 窗体页的区别。
- 了解 CKEditor 控件的概念。
- 掌握 CKEditor 控件与 ASP.NET 窗体页集成的步骤。
- 熟悉在 config.js 文件中配置编辑器的相关属性，如 skin、uiColor 以及 toolbar 等。
- 掌握验证码控件的使用方法。
- 掌握如何使用自定义验证码类实现验证码的显示。
- 掌握 AspNetPager 控件的常用属性、事件和使用方法。
- 熟悉 HttpModule 和 HttpHandler 的作用。
- 掌握使用 HttpHandler 实现水印文字和图片功能的方法。
- 了解 CodeSmith 的使用方法。

7.1 用户控件

提高应用程序代码的重用性是网站开发过程中最基本的原则之一，用户控件就是把网页中经常使用到的程序封装到一个模块中，以便于在其他页面使用。本节将详细讲解用户控件的相关知识。

7.1.1 用户控件概述

用户控件是一种自定义的组合控件，它通常由系统提供的可视化控件组合而成。用户控件中不仅可以定义显示界面，还可以编写事件处理代码。当多个网页中包含有部分相同的用户界面时，可以将这些内容相同的部分提取出来做成用户控件。

用户控件拥有自己的对象模型类，页面开发人员可以对其编程，它比服务器端包含文件提供了更多的功能。另外，编写用户控件的语言可以与其他的页面语言有所不同，这表示使用公共语言运行库支持的任何语言编写的用户控件可以在同一个页面中使用。

使用用户控件有多个优点，其主要优点如下。

- 可以将常用的内容或者控件及控件的运行程序逻辑设计为用户控件，然后可以在多个网页中重复使用该用户控件，节省许多重复性工作。
- 如果网页中的内容需要改变时只需更改用户控件中的内容，其他使用该用户控件的网页会自动随之改变。
- 实际取代了服务器端文件包含（#include）指令。

使用用户控件时需要注意以下两点。

（1）用户控件可以包含其他用户控件。

用户控件包含其他用户控件可能会产生两种情况，即用户控件 1 包含用户控件 2，而用户控件 2 又包含用户控件 1。在这种情况下 IDE 会自动检测到循环提示错误。

（2）用户控件不可以单独访问。

虽然用户控件和母版页都可以包含公共部分，但是它们是有区别的。

（1）母版页是提取多个页面的外围公共部分，添加的内容是嵌入于母版页中间的。

（2）用户控件则是提取多个页面中间任意一个位置的公共部分，开发时把该部分嵌入到其他窗体页中。

7.1.2 创建和使用用户控件

当简单地了解过用户控件的相关内容后，本节主要通过案例演示如何在 Visual Studio 2010 中创建和使用用户控件。

【实践案例 7-1】

经常上网的读者对博客不会感到陌生，常见的有新浪、雅虎和网易等。本案例中使用用户控件制作博客导航条。其主要步骤如下。

（1）打开解决资源管理器，右击项目名称并选择【添加新项】选项，弹出【添加新项】对话框，在该对话框中选择【Web 用户控件】选项，然后输入用户控件的名称。输入完成后单击【添加】按钮即可。效果如图 7-1 所示。

（2）打开已经创建好的扩展名为.ascx 的用户控件，在该文件中直接添加静态文本、图片以及服务器控件等，添加成功后设计效果如图 7-2 所示。

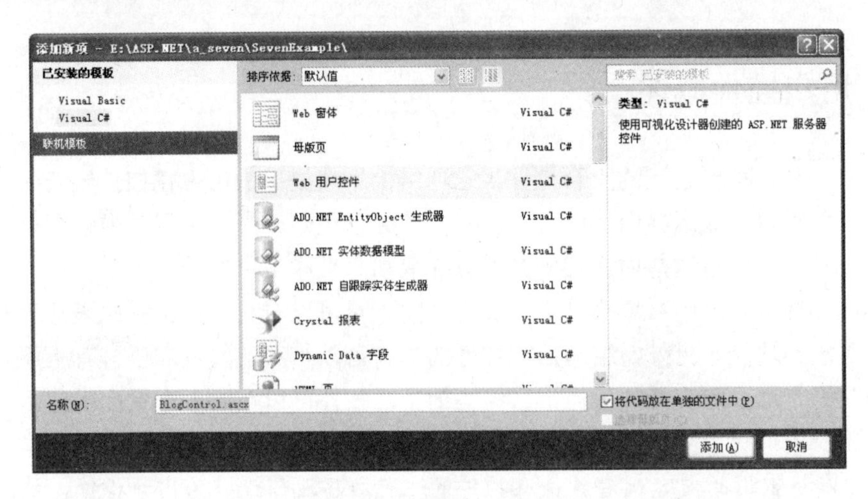

图 7-1　添加用户控件

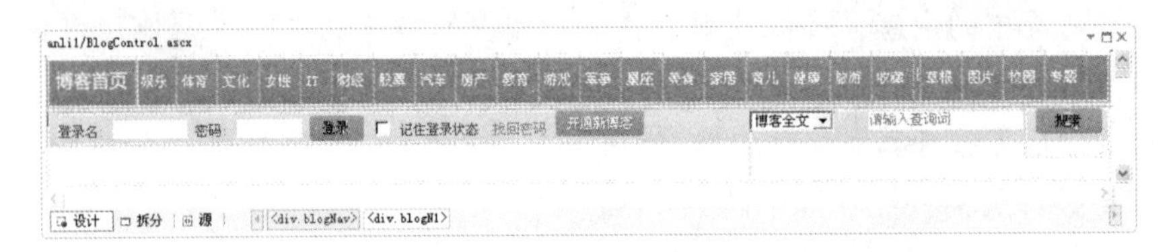

图 7-2　用户控件页面的设计效果

（3）打开新建的 Web 网页然后设计网页的设计效果，按住鼠标左键将用户控件拖曳到网页的合适位置，然后释放鼠标左键即可。添加完成后页面会自动添加一条@Register 指令，添加完成后的主要代码如下。

```
<%@ Register Src="BlogControl.ascx" TagName="BlogControl" TagPrefix="uc1" %>
<uc1:BlogControl runat="server" ID="BlogControl1" />
```

在上述代码@Register 指令中，Src 属性定义了 Web 窗体页中的用户控件文件的虚拟路径，TagName 属性定义用户控件的别名，该名称包括用户控件元素的开始标记中，TagPrefix 属性定义用户控件所使用的前缀，此前缀包括在用户控件元素的开始标记中。另外，Register 是注册的意思，表示如果要在页面中使用用户控件则必须首先在页面中注册此用户控件。

（4）运行本案例进行测试，最终效果如图 7-3 所示。

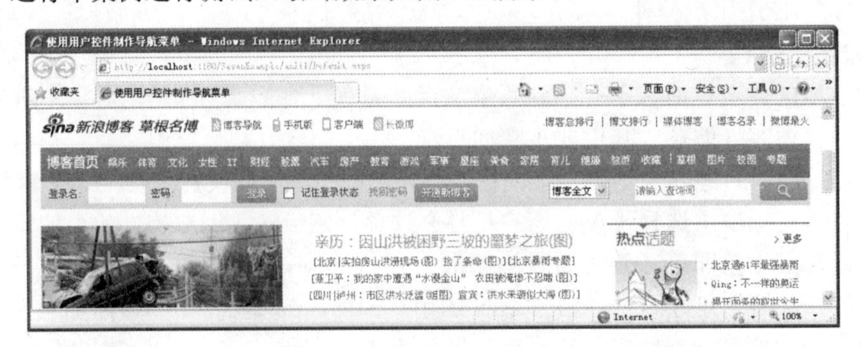

图 7-3　案例 7-1 运行效果

有时用户控件要显示的功能已经在页面中的某一部分实现了，这时就可以将其相关的代码复制过来，并可以通过这种方式完成用户控件的制作。

7.1.3 将 Web 窗体页转化为用户控件

用户控件与 Web 窗体页的设计几乎完全相同，因此如果某个网页实现的功能可以在其他 Web 窗体页中重复使用，可以将 Web 网页转化成用户控件而无须再重新设计。

将一个 Web 窗体页转化为用户控件的主要步骤如下。

（1）在 Web 窗体页的 HTML 视图中，删除<html>、<head>、<body>以及<form>等标记。

（2）将@Page 指令修改为@Control，并且将 Inherits 属性修改成以.ascx.cs 为扩展名的文件。例如，原来 Web 网页中的代码如下。

```
<%@ Control Language="C#" AutoEventWireup="true" CodeFile="Default.aspx
.cs" Inherits="example_Default" %>
```

修改为用户控件页面的代码如下。

```
<%@ Control Language="C#" AutoEventWireup="true" CodeFile="BlogControl
.ascx.cs" Inherits=" example_ BlogControl" %>
```

（3）更改后台中声明的页类代码，将页类名称更改为用户控件的名称，并且将 System.Web.UI.Page 改为 System.Web.UI.UserControl。例如，Web 网页中的代码如下。

```
public partial class example _Default : System.Web.UI.Page
```

修改为用户控件页面的代码如下。

```
public partial class example _BlogControl : System.Web.UI.UserControl
```

（4）在解决资源管理器中将文件的扩展名从.aspx 修改为.ascx，其后置代码文件会随之改变，从.aspx.cs 改变为.ascx.cs。

7.1.4 用户控件与 Web 窗体页的区别

用户控件与 Web 窗体页有许多相似之处，但是它们之间也存在着不同点。表 7-1 列出了它们之间的主要区别。

表 7-1　用户控件与窗体页面的不同点

比较	用户控件	页面
后缀名	.ascx	.aspx
指令	@Control	@Page
继承	System.Web.UI.UserControl	System.Web.UI.Page

续表

比较	用户控件	页面
包含	可以包含控件和其他用户控件，也可以被其他的用户控件和窗体页面包含	可以包含控件和所有用户控件，但是不可以被其他页面包含
直接访问	不可以，必须包含在页面中才能发挥作用	可以
标签	不能包含<HTML>、<BODY>等 HTML 标签	可以包含所有的 HTML 标签
编译和运行	可以独立编译但是不能单独运行，不可以直接访问	可直接访问

7.2 常用的第三方控件

在实际开发工作中 ASP.NET 自带的服务器控件有时并不能满足开发的需求，如没有内置的在线编辑器控件、没有内置的验证码控件等。这时，需要借助其他的控件来完成开发的需求，这些控件就叫第三方控件。本节详细介绍开发过程中常用的第三方控件，如在线编辑器控件、验证码控件和分页控件等。

7.2.1 在线编辑器控件

富文本控件就是在线编辑器控件，它们不用编写 HTML 编码，可以像 Word 编辑器那样对录入的内容进行设置。提供在线编辑功能的控件有很多，常见的有以下几种。

- **RichTextBox** 最早的富文本控件，富文本控件因它而得名。
- **CKEditor** 也叫 FCKEditor 控件，经常被用户使用，它是国外一个开源项目。
- **CuteEditor** 功能最为完善，但它自身也是相当庞大的。
- **eWebEditor** 国产软件，有中国特色。
- **FreeTextBox** 简单方便，在国内也被经常使用。

下面以 CKEditor 控件为例讲解在线编辑器控件的使用。

CKEditor 控件是 FCKeditor 控件的升级版本，FCKeditor 在 2009 年发布更新到 3.0 并且改名为 CKEditor。它是一个专门使用在网页上属于开放源代码的所见即所得文字编辑器。它也是一个轻量化的控件，不需要太复杂的安装步骤即可使用。它可和 PHP、JavaScript、ASP、ASP.NET、ColdFusion、Java 以及 ABAP 等不同的编程语言相结合。

1. CKEditor 控件的集成

CKEditor 控件与 ASP.NET 的 Web 窗体页集成主要包括 8 步，其主要步骤如下。

（1）在 CKEditor 控件的官方网站下载最新版本 3.x 的 CKEditor ASP.NET 控件，并且解压下载后的文件。此处下载的是 ckeditor 3.6.2。

（2）复制解压后 ckeditor_3.6.2_Samples\ckeditor 整个文件夹中的所有内容，并且将该文件夹粘贴到网站的根目录下，然后删除不必要的文件。

（3）添加对 CKEditor.NET.dll 文件的引用。首先在【工具箱】项中的【常规】选项（也可以在其他选项中单击）下右击，然后选择【选择项】选项弹出【选择工具箱项】对话框，如图 7-4 所示。

（4）在图 7-4 中，单击【浏览】按钮弹出【打开】对话框，然后选择 CKEditor\bin\Release 文件夹下的 CKEditor.NET.dll 文件。选择完成后单击【添加】按钮，效果如图 7-5 所示。

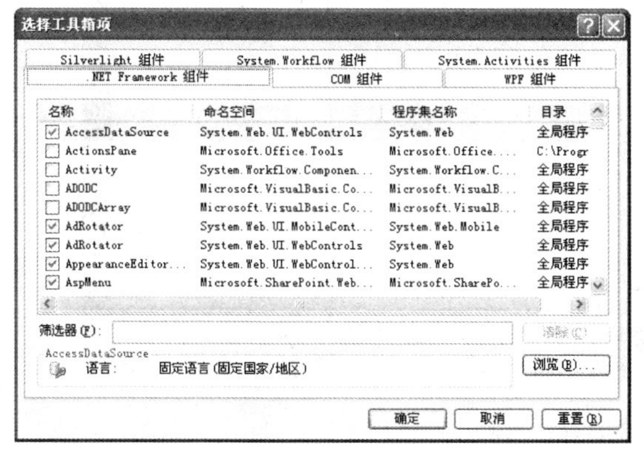

图 7-4 【选择工具箱项】对话框

图 7-5 选择相应的 dll 文件

（5）在 Web.config 文件中添加关于 CKEditor 控件的配置，其具体代码如下。

```
<system.web>
    <pages>
      <controls>
          <add tagPrefix="CKEditor" assembly="CKEditor.NET" namespace=
          "CKEditor.NET"/>
      </controls>
    </pages>
</system.web>
```

（6）直接将【工具箱】项中添加的 CKEditor 控件拖曳到页面的合适位置，如果没有在 web.config 文件中配置该控件，则会自动添加一条@Register 指令。否则，直接添加显示对该控件的使用。Web 窗体页的主要代码如下。

```
<%@ Register Assembly="CKEditor.NET" Namespace="CKEditor.NET" TagPrefix=
"CKEditor" %> //可省
<CKEditor:CKEditorControl ID="CKEditor1" runat="server" Width="700">
</CKEditor:CKEditorControl>
```

（7）添加完成后页面的设计效果如图 7-6 所示。

（8）运行本案例在编辑器中输入内容进行测试，运行效果如图 7-7 所示。

2．配置编辑编辑器的相关内容

ckeditor 文件夹下 ckeditor.js 为在线编辑器的核心文件，如果开发人员想自动设置编辑器的背景色、皮肤或工具条等内容，可以在 config.js 文件中进行配置。

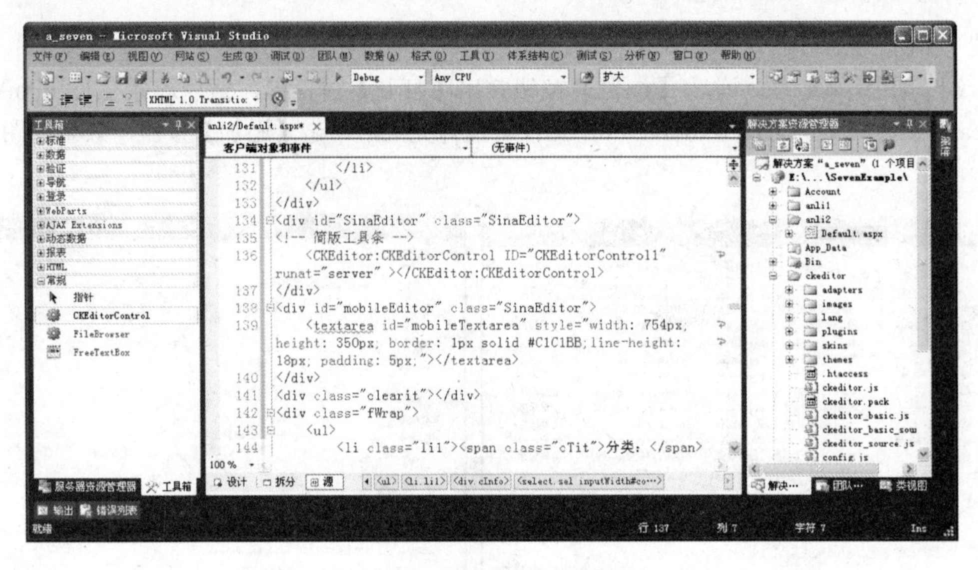

图 7-6　页面的设计效果

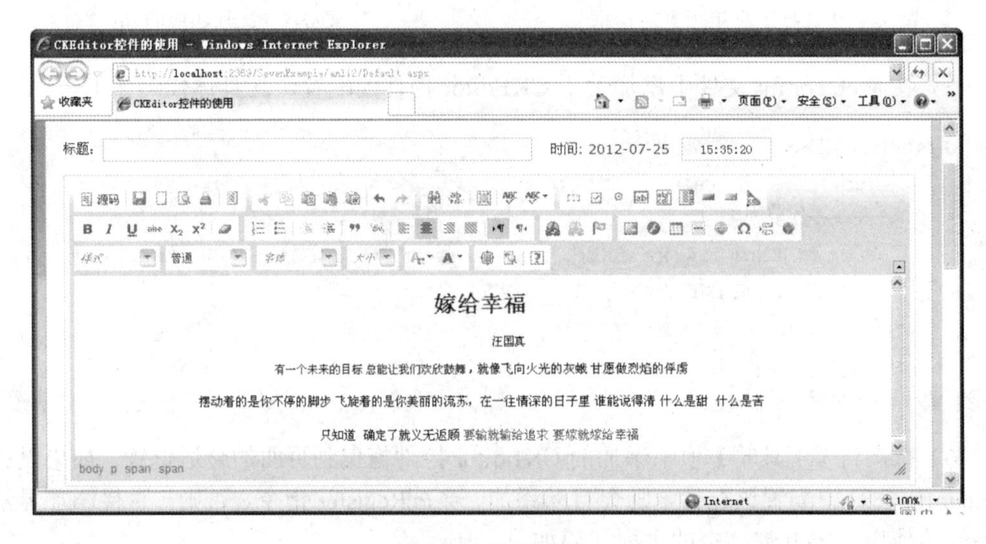

图 7-7　运行效果

（1）基本属性。

基本属性包括语言配置属性 language、背景颜色配置属性 uiColor 和皮肤配置属性 skin。skin 的属性值有 3 个：kama（默认值）、office2003 和 v2。属性配置方法非常简单，向 config.js 文件中添加如下代码。

```
CKEDITOR.editorConfig = function (config) {
    config.language = 'en';
    config.uiColor = 'lightblue';
    config.skin = 'kama';
};
```

在上述代码中，先将 skin 属性的代码注释掉，然后运行窗体页面向编辑器中添加内容进行测试，运行效果如图 7-8 所示。然后，注释 uiColor 属性的代码并运行与 skin 相关的代码，其最终效果如图 7-9 所示。

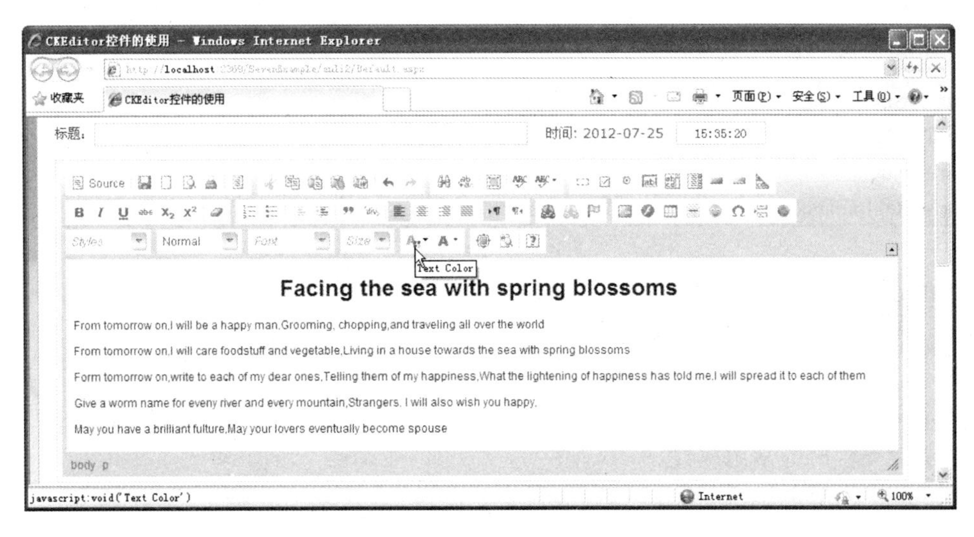

图 7-8　编辑器背景颜色的设置

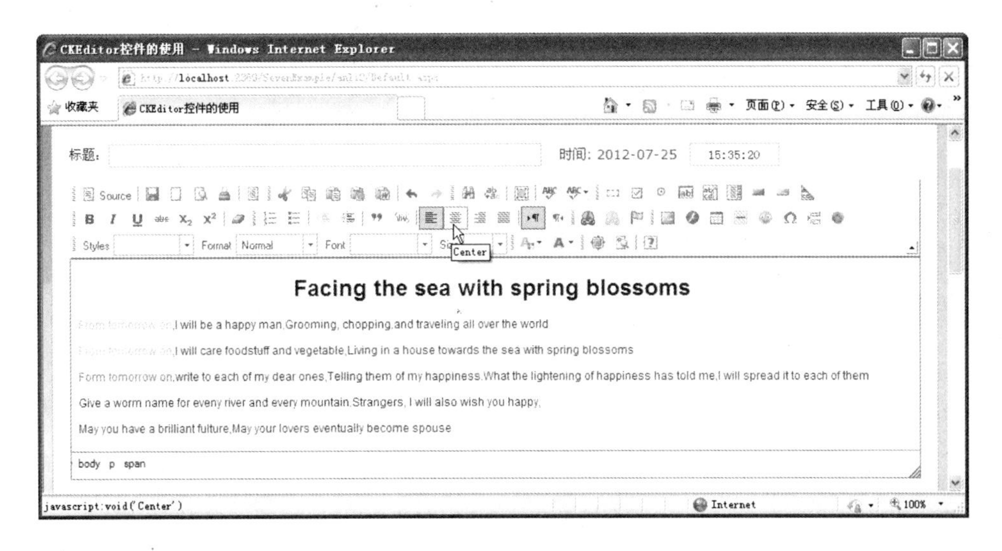

图 7-9　设置编辑器的皮肤

如果编辑器的 uiColor 属性和 skin 属性一起存在，则 skin 的属性值会覆盖 uiColor 的属性值。有兴趣的读者可以亲自动手试试。

（2）设置工具栏。

CKEditor 控件主要通过 toolbar 属性设置工具栏，toolbar 的属性值有两种：Basic（基础）和 Full（全能）。表 7-2 列出了与工具栏相关的常用属性。

表 7-2　与工具栏相关的常用属性

属性名	说明
toolbar	设置工具栏的类型，其值有 Basic 和 Full
toolbar_Full	设置全能工具栏的相关属性
toolbar_Basic	设置基础工具栏的相关属性
toolbarCanCollapse	设置工具栏是否可以被收缩
toolbarLocation	设置工具栏的位置，如 top 和 bottom
toolbarStartupExpanded	设置工具栏默认是否展开

toolbar_Full 或 toolbar_Basic 后面的_Full 或_Basic 表示 toolbar 的名字，不能任意更改它们的值。

自定义全能或基础工具栏时需要设置模板、页面属性和页面源码等内容，表 7-3 列出了自定义工具栏时的常用属性。

表 7-3　自定义工具栏时的常用属性

属性名	说明
Source	设置页面源码选项
DocProps	设置显示页面属性
Save	是否设置显示“保存”按钮
Cut	是否设置显示“剪切”按钮
Find	是否设置显示“查找”按钮
Undo	是否设置显示“撤销”按钮
Redo	是否设置显示“重做”按钮
Find	是否设置显示“查找”按钮
PasteWord	是否设置显示“粘贴 Word 格式”按钮
Print	是否设置显示“打印”按钮
SpellCheck	是否设置显示“拼写检查”按钮（注意：需要安装插件）
Replace	是否设置显示“替换”按钮
SelectAll	是否设置显示“全选”按钮
JustifyLeft	是否设置显示“左对齐”按钮
JustifyCenter	是否设置显示“居中对齐”按钮
JustifyRight	是否设置显示“右对齐”按钮
JustifyFull	是否设置显示“分散对齐”按钮
Paste	是否设置显示“粘贴”按钮
NewPage	是否设置显示“新建”按钮
Preview	是否设置显示“预览”按钮
FontSize	是否设置显示“字体大小”按钮
FontName	是否设置显示“字体样式”按钮
FitWindow	是否设置显示“全屏编辑”按钮

例如，自定义工具栏的相关属性，设置显示基础工具栏的信息。重新修改 config.js 中的代码，主要代码如下所示。

```
config.toolbarCanCollapse = false;                    //不允许自动收缩工具栏
config.toolbarLocation = 'bottom';                    //工具栏显示在底部
config.toolbar = 'Basic';                             //基础工具栏
config.toolbar_Basic = [
    ['Source', '-', 'Save', 'NewPage', 'Preview', '-', 'Templates'],
    ['Cut', 'Copy', 'Paste', 'PasteText', 'PasteFromWord', '-', 'Print',
    SpellChecker', 'Scayt'],
    ['Undo','Redo','-','Find','Replace','-','SelectAll','RemoveFormat'],
    ['JustifyLeft', 'JustifyCenter', 'JustifyRight', 'JustifyBlock'],
   '/',
    ['Bold'],['BGColor'],['FitWindow','Maximize','ShowBlocks','-','About']
];
```


在上述代码中，首先将 toolbarCollapse 的属性值设置为 false 表示不允许自动收缩工具栏，然后通过 toolbarLocation 属性将工具栏显示在底部。toolbar 属性用来指定设置工具栏的类型，最后通过 toolbar_Basic 属性设置基础工具栏信息。在 toolbar_Basic 属性中每个中括号“[]”都表示一个工具栏，而破折号“-”则作为工具栏集合的分隔符。斜线“/”表示强制换行工具栏所在的地方，这样“/”后的工具栏将会出现在新的一栏。

重新运行 Web 窗体页，页面的最终显示效果如图 7-10 所示。

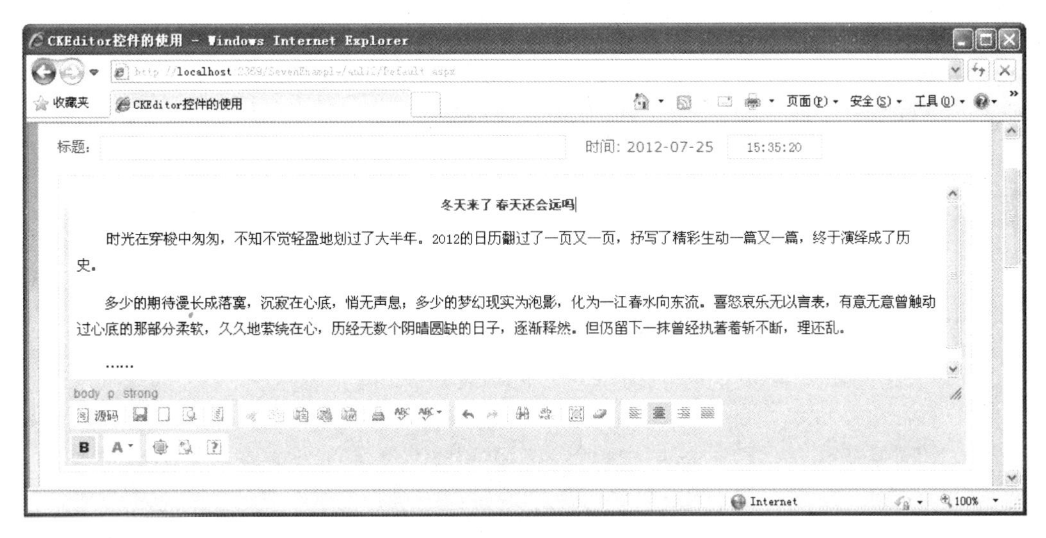

图 7-10　设置 CKEditor 控件的工具栏

在 config.js 文件中添加设置相关属性时会区分字母的大小写，因此必须将属性的名称书写正确。

（3）其他属性。

除了可以设置皮肤、背景颜色、语言以及工具栏等相关属性外，在 config.js 文件中还可以设置其他的属性。表 7-4 列出了 CKEditor 控件常用的其他属性。

表 7-4 与 CKEditor 控件的其他相关属性

属性名	说明
autoUpdateElement	当提交包含有此编辑器的表单时，是否自动更新元素内的数据
baseFloatZIndex	设置编辑器的 z-index 的值
colorButton_enableMore	设置是否在选择颜色时显示“其他颜色”选项
contentCss	设置需要添加的 CSS 文件，可使用相对路径和网站的绝对路径
contentsLangDirection	设置文字的显示方向
dialog_backgroudCoverColor	设置编辑框的背景色，默认值为 white
dialog_backgroundCoverOpacity	设置背景的透明度，数据应该在 0.0~1.0 之间
disableObjectResizing	设置是否开启图片和表格的改变大小的功能
entities_greek	设置是否将难以显示的字符更改为相应的 HTML 字符
entities_latin	设置是否转换一些拉丁字符为 HTML 字符
entities_processNumerical	是否转换一些特殊字符为 ASCII 字符
font_defaultLabel	设置编辑器的默认字体
fontsize_defaultLabel	设置编辑器的默认字体大小
font_style	设置编辑器的默认式样
keystrokes	设置编辑器某些操作按钮的快捷键，如复制、粘贴、撤销和重做等
forceSimpleAmpersand	设置是否强制使用“&”来代替“&”
forcePasteAsPlainText	是否强制复制来的内容去除格式
resize_enabled	设置编辑器是否实现拖曳改变尺寸的功能，默认为 true
resize_maxHeight	设置拖曳时的最大高度
resize_minHeight	设置拖曳时的最小高度
resize_maxWidth	设置拖曳时的最大宽度
resize_minWidth	设置拖曳时的最小宽度

下面重新修改 config.js 文件中的代码，设置快捷键、拖曳的最小宽度和高度以及文字的显示方向等内容。其主要代码如下。

```
config.resize_minWidth = 800;
config.resize_minHeight = 400;
config.keystrokes = [
    [CKEDITOR.ALT + 121 /*F10*/, 'toolbarFocus'],              //获取焦点
    [CKEDITOR.ALT + 122 /*F11*/, 'elementsPathFocus'],         //元素焦点
    [CKEDITOR.SHIFT + 121 /*F10*/, 'contextMenu'],             //文本菜单
    [CKEDITOR.CTRL + 90 /*Z*/, 'undo'],                        //撤销
    [CKEDITOR.CTRL + 89 /*Y*/, 'redo'],                        //重做
    [CKEDITOR.CTRL + CKEDITOR.SHIFT + 90 /*Z*/, 'redo']        //重做
    [CKEDITOR.CTRL + 76 /*L*/, 'link'],                        //链接
    [CKEDITOR.CTRL + 66 /*B*/, 'bold'],                        //粗体
    [CKEDITOR.CTRL + 73 /*I*/, 'italic'],                      //斜体
    [CKEDITOR.CTRL + 85 /*U*/, 'underline'],                   //下划线
    [CKEDITOR.ALT + 109 /*-*/, 'toolbarCollapse']
]
config.contentsLangDirection = 'rtl';                          //从右到左
config.colorButton_enableMore= false;//设置选择颜色时是否显示“其他颜色”选项
```

在上述代码中，首先设置通过 minWidth 和 minHeight 属性设置拖曳时的最小宽度和高

度，然后通过 keystrokes 属性设置操作编辑器按钮时的部分快捷键，其中数字表示键盘对应的 ASCII 字符。contentsLangDirection 属性将文字显示时字体的方向设置为从右到左，最后选择颜色时将【其他颜色】按钮禁用。

重新运行 Web 窗体页，使用快捷键 Ctrl+B 将编辑器中的标题加粗，然后单击【字体颜色】按钮进行测试，运行的最终效果如图 7-11 所示。

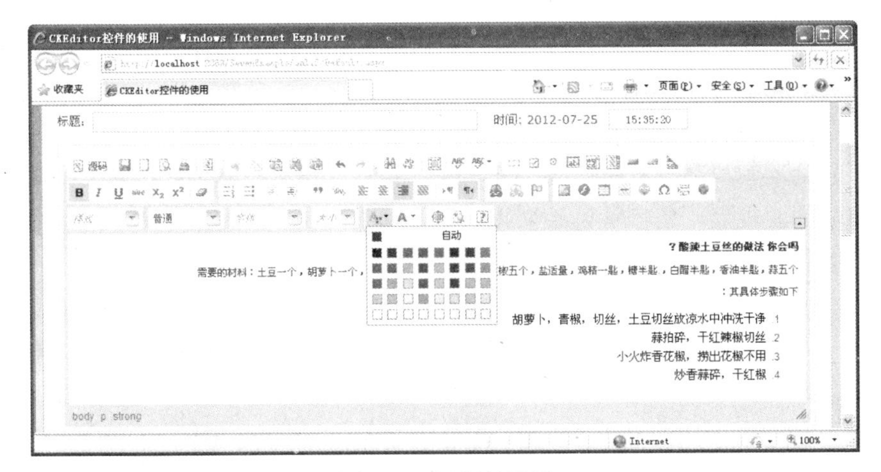

图 7-11　运行效果图

获取编辑器的值插入数据库后，直接使用 Eval()方法或 Bind()方法绑定其值。如果提示“在插入客户端中检测到有潜在危险的 Request.Form 值”，则直接在页面的@Page指令中添加 validateRequest="true"或修改 web.config 文件即可。

3. 与 ckfinder 控件实现上传文件的功能

使用 CKEditor 控件实现在线编辑器功能时可以显示插入图像的按钮，单击该按钮时显示的效果如图 7-12 所示。

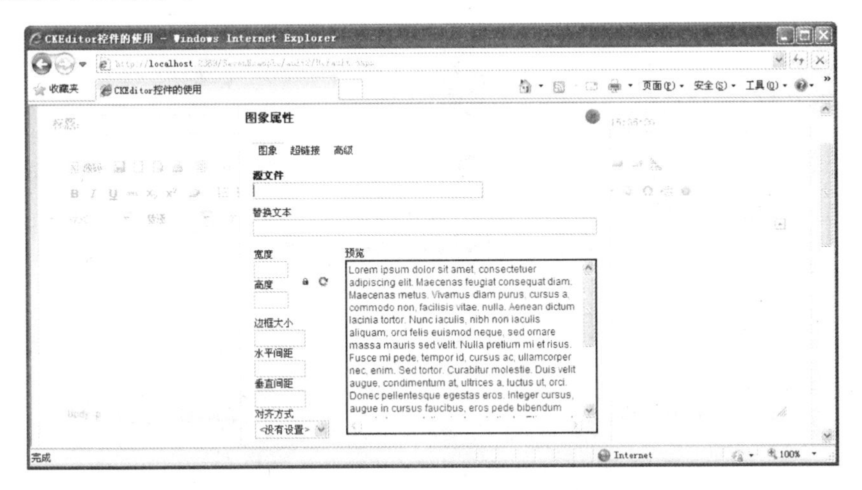

图 7-12　单击图像上传按钮时的效果图

图 7-12 中没有上传图片的选项卡，虽然可以通过其他方法上传图片到服务器，然后粘贴图片的 URL 地址实现上传图片的功能，但是这样非常麻烦，用户还是希望能够直接上传和编辑图片，这时需要使用 ckfinder 控件。

ckfinder 控件是一个强大而易于使用 Web 浏览器的 Ajax 文件管理器，其主要特点如下。

- **文件夹树导航** 左侧导航列表。
- **缩略图** 使用户可以很快找到自己需要的东西。
- **多语言支持** 能够自动检测语言。
- **安全的文件上传** 所有上传的文件是根据发展商签的规则。
- **可完全控制** 用户可以创建、重命名、复制、移动和删除文件等。
- **完成的源代码** 包括服务器端的集成。
- **可以完全整合 FCKeditor 和 CKEditor**

下面主要介绍如何通过整合 ckfinder 和 CKEditor 控件实现图片的上传功能。

（1）在 ckfinder 控件的官方网站下载最新版本的 ckfinder ASP.NET 控件，并且解压下载后的文件。

（2）复制解压后文件夹下整个 ckfinder 文件夹的所有内容，并且将该文件夹粘贴到网站的根目录下，然后删除不必要的文件。

（3）找到 ckfinder\bin\Release 文件夹下的 CKFinder.dll 文件，然后添加对它的引用，其具体步骤可以参考对 CKEditor 控件的引用。

（4）重新修改 ckeditor 文件夹下的 config.js 文件，在函数的底部继续添加如下代码。

```
config.filebrowserBrowseUrl = '../ckfinder/ckfinder.html';
config.filebrowserImageBrowseUrl = '../ckfinder/ckfinder.html?Type=Images';
config.filebrowserFlashBrowseUrl = '../ckfinder/ckfinder.html?Type=Flash';
config.filebrowserUploadUrl='../ckfinder/core/connector/aspx/connector.
aspx?command=QuickUpload&type=Files';
config.filebrowserImageUploadUrl='../ckfinder/core/connector/aspx/conne
ctor.aspx?command=QuickUpload&type=Images';
config.filebrowserFlashUploadUrl='../ckfinder/core/connector/aspx/conne
ctor.aspx?command=QuickUpload&type=Flash';
```

在上述代码中，config.filebrowser*属性表示上传文件时调用的 ckfinder 文件夹下文件的相应路径，开发人员可以根据网站的结构进行更改。

（5）更改完成后重新运行 Web 窗体页，运行效果如图 7-13 所示。

（6）从图 7-13 中可以看出 CKEditor 和 ckfinder 控件整合后会添加【上传】选项卡以及与上传图片相关的按钮。选择【上传】选项卡，然后单击【浏览】按钮上传图片，选择完成后单击【上传到服务器上】按钮弹出错误提示。运行效果如图 7-14 所示。

修改此问题的方法非常简单，打开 ckfinder 文件夹下的 config.ascx 文件，找到 CheckAuthentication()方法后将该方法的返回值设置为 true。另外，SetConfig()方法中的 BaseUrl 属性值可以根据自己的项目结构进行填写，这里使用的是默认文件夹。

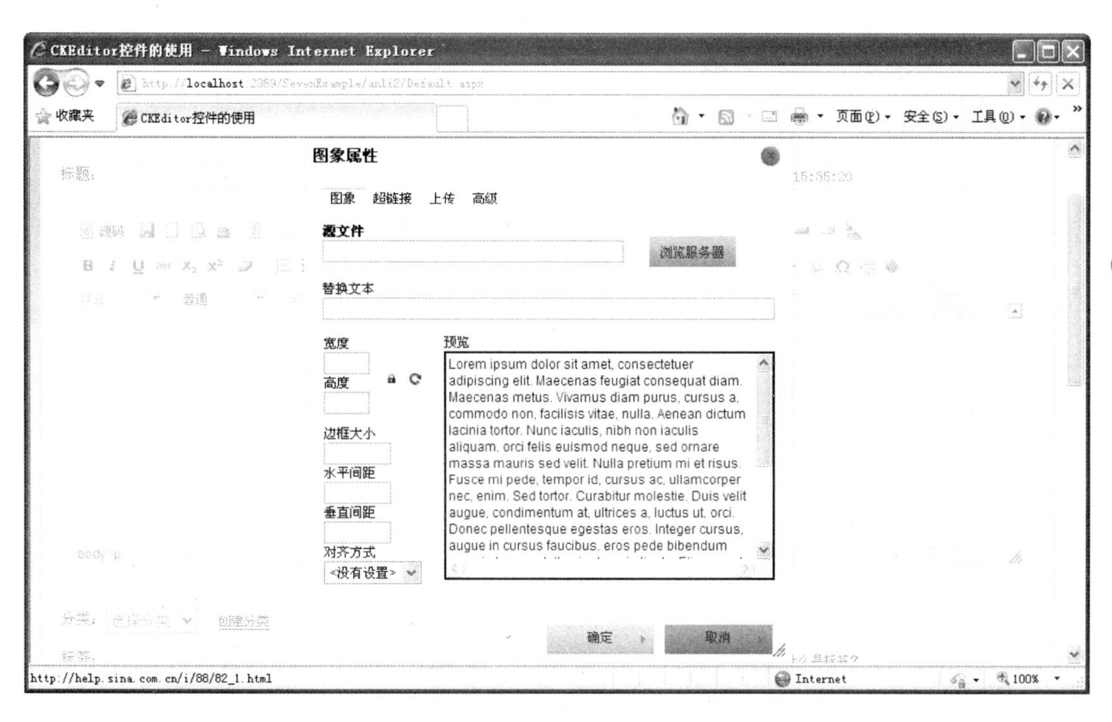

图 7-13　上传图片出错效果

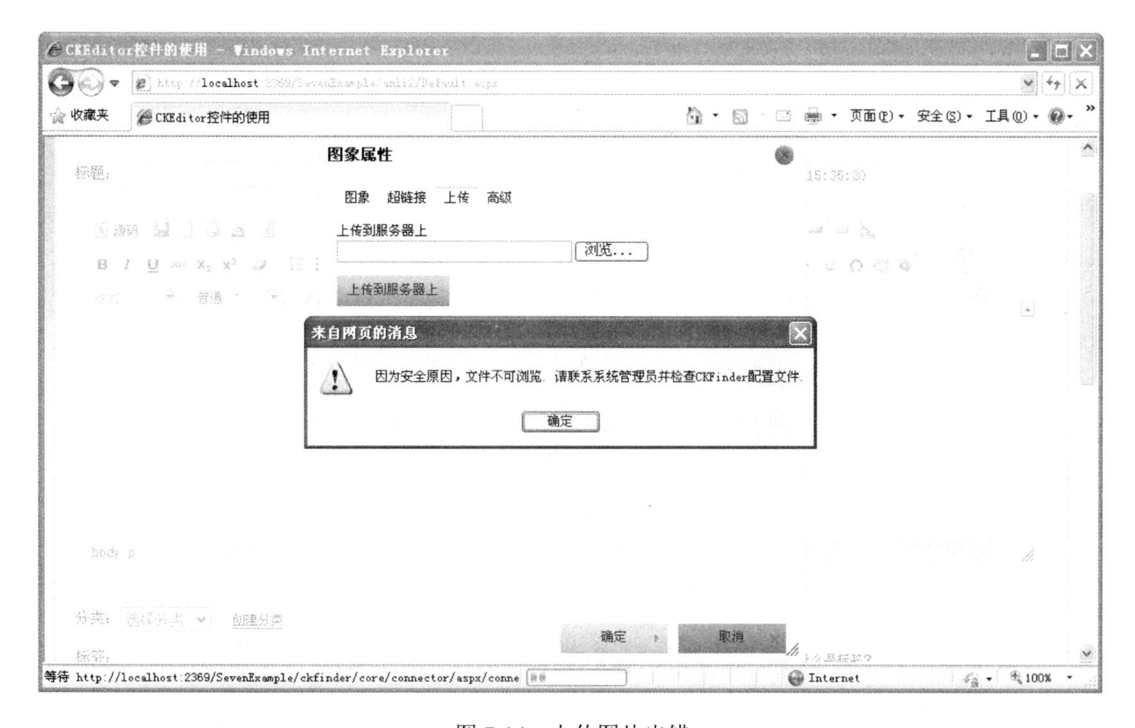

图 7-14　上传图片出错

（7）更改完成后重新运行 Web 窗体页，向页面中添加图片、文字或超链接等内容进行测试，最终效果如图 7-15 所示。

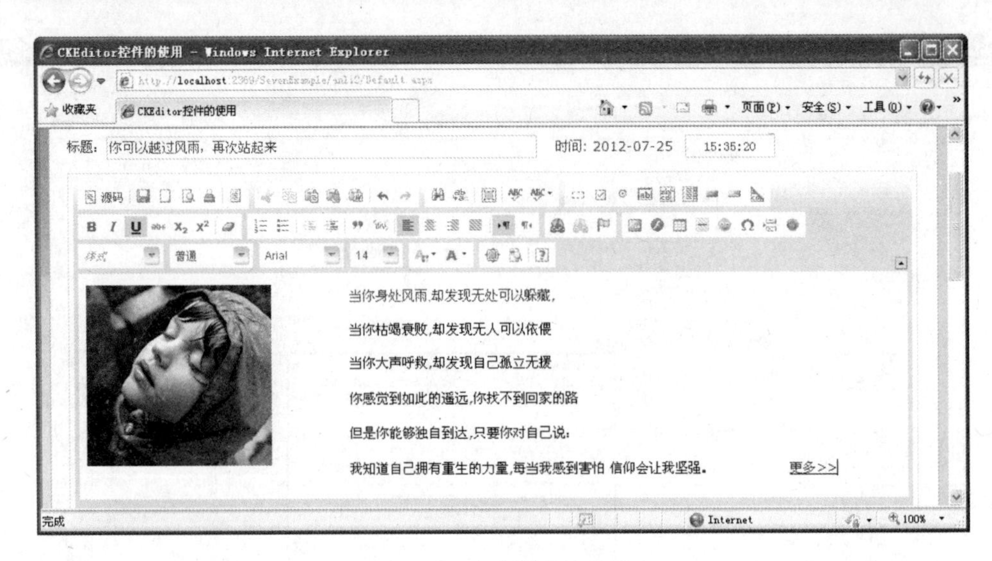

图 7-15　上传图片效果图

上传文件到服务器成功后会自动在 BaseUrl 路径（默认为 ckfinder 下的 userfiles）下添加子文件夹 Images，用户也可以手动添加，包括 Flash、Files 和 Basket 等文件夹。

7.2.2　验证码控件

习惯上网的用户对验证码一定不会陌生，用户在登录或者注册时经常提示输入验证码，验证码是一张图片，它包含有随机生成的数字和字母等。使用验证码最大的好处就是防止暴力破解密码。

Webvalidates.dll 文件是开发人员经常使用的第三方验证码控件，该控件封装验证码的相关信息。使用验证码控件的具体步骤如下。

（1）下载 Webvalidates.dll 文件。

（2）在项目中添加对 Webvalidates.dll 文件的引用，添加完成后显示的是 SerialNumber 控件。

（3）拖曳 SerialNumber 控件到页面的合适位置。

（4）页面初始化时书写代码生成验证码。

下面通过案例演示验证码控件的具体使用。

【实践实例 7-2】

本案例中向登录页面添加验证码控件用来显示验证码，单击提交按钮时进行判断。实现的主要步骤如下。

（1）下载 Webvalidates.dll 文件，下载完成后将其添加到【工具箱】项中。

（2）新建 Web 窗体页然后设计该页面，将 SerialNumber 控件拖曳到页面的合适位置。拖曳添加完成后会自动生成@Register 指令和控件代码，页面的主要代码如下。

```
<%@ Register Assembly="WebValidates" Namespace="WebValidates" TagPrefix=
"cc1" %>
<cc1:SerialNumber ID="smCode" runat="server"></cc1:SerialNumber>
```

（3）添加完成后页面的设计效果如图 7-16 所示。（注意：虽然拖到页面后提示错误，但是在代码中可以正常使用。）

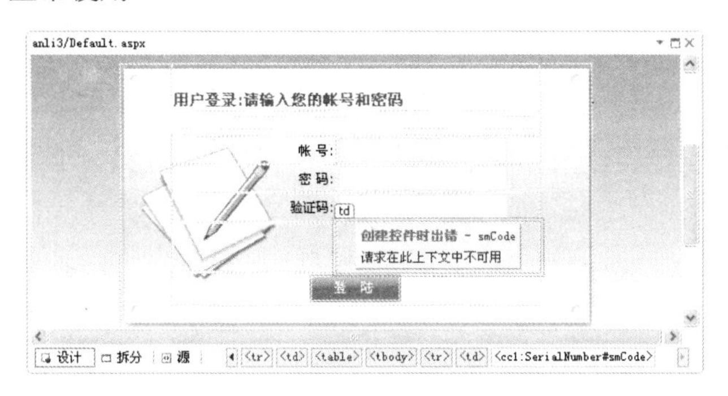

图 7-16　案例 7-2 的设计效果

（4）窗体加载时调用 SerialNumber 控件的 Create()方法创建验证码，Load 事件的具体代码如下。

```
protected void Page_Load(object sender, EventArgs e)
{
    if (!IsPostBack)
        smCode.Create();                    //首次加载显示验证码
}
```

（5）单击【登录】按钮判断用户输入的验证码，如果错误则弹出错误提示。Click 事件的具体代码如下。

```
protected void ibLogin_Click(object sender, ImageClickEventArgs e)
{
    if (!CheckCode())
       Page.ClientScript.RegisterStartupScript(GetType(), "", "<script>alert
       ('对不起，您的验证码错误！请重新输入。')</script>");
}
public bool CheckCode()                              //判断输入的验证码是否正确
{
    if (smCode.CheckSN(txtCode.Text))                //判断输入的验证码是否正确
       return true;
    else
    {
       smCode.Create();                              //重新生成验证码
       return false;
    }
}
```

上述代码中调用 CheckCode()方法判断用户输入的验证码是否正确，如果返回值为 false 则弹出错误提示。在 CheckCode()方法中通过 SerialNumber 控件的 CheckSN()方法判断用户输入的验证码是否正确，如果正确返回 true；否则重新生成验证码并且返回 false。

（6）运行本案例向运行页面输入内容进行测试，运行效果如图 7-17 所示。

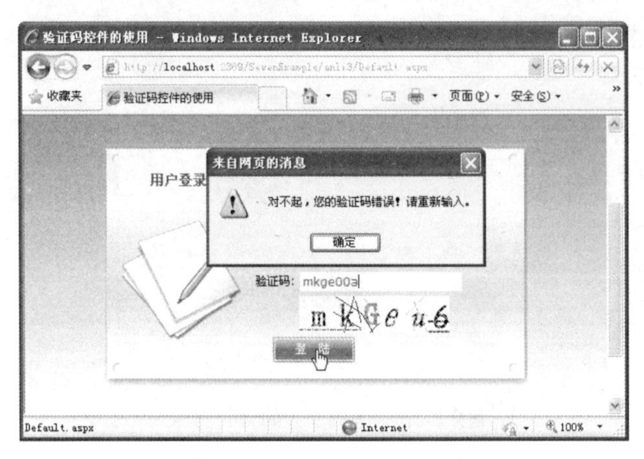

图 7-17　案例 7-2 运行效果图

7.2.3　自定义验证码类

虽然使用第三方的验证码控件可以实现显示验证验证码的功能，但是它也存在着局限性，如灵活度不高、安全性不高以及不容易控制控件显示的宽度和高度等。那么有没有其他更加灵活的方法呢？有。在实际开发过程中开发人员总是习惯自定义类实现验证码的显示功能。

下面主要通过案例演示如何自定义类实现验证码的显示功能。

【实践实例 7-3】

本案例通过自定义类 StringUtilCode 实现注册页面显示验证码的功能。其主要步骤如下。

（1）添加新的 Web 窗体页，然后在页面中设计用户的注册信息。设计完成后验证码部分和登录按钮的代码如下。

```
<p>
<label for="email">验 证 码: </label>
<asp:TextBox ID="txtCode" runat="server"></asp:TextBox>   
<asp:Image ID="img" runat="server" onclick="javascript;CheckCode()" ImageUrl=
"CheckCode.aspx" alt="看不清楚，点我换一个" />
</p>
<p>
<input type="hidden" name="registersubmit" value="true">
<asp:Button class="tj" ID="btnRegister" runat="server" Text="注册" onclick=
"btnRegister_Click" />
</p>
```

上述代码中 TextBox 控件用于接收用户输入的验证码，Image 控件显示验证码内容，Button 控件表示注册按钮。

（2）页面运行时会自动访问图片 ImageUrl 的链接地址 CheckCode.aspx 页面，新建该页面后在页面的 Load 事件中添加如下代码。

```
StringUtilCode util = new StringUtilCode();          //创建实例对象
protected void Page_Load(object sender, EventArgs e)
{
    util.CreateCheckCodeImage();                       //调用显示验证码的方法
}
```

上述代码中首先创建自定义验证码类 StringUtilCode 的实例对象，然后在 Load 事件中调用 CreateCheckCodeImage()方法创建验证码。

（3）自定义验证码类 StringUtilCode 中的 CreateCheckCodeImage()方法的具体代码如下所示。

```
public void CreateCheckCodeImage()
{
    string checkCode = GenerateCheckCode();            //产生随机数
    if (checkCode == null || checkCode.Trim() == String.Empty)
                                                       //判断随机数如果为空
        return;
    Bitmap image = new Bitmap((int)Math.Ceiling((checkCode.Length * 11.5)),
    21);                                               //创建位图
    Graphics g = Graphics.FromImage(image);            //创建画布
    try
    {
      Random random = new Random();                    //生成随机生成器
      g.Clear(Color.White);                            //清空图片背景色
      for (int i = 0; i < 25; i++)                     //画图片的背景噪音线
      {
           int x1 = random.Next(image.Width);
           int x2 = random.Next(image.Width);
           int y1 = random.Next(image.Height);
           int y2 = random.Next(image.Height);
           g.DrawLine(new Pen(Color.Silver), x1, y1, x2, y2);
      }
      Font font = new Font("Arial", 12, (FontStyle.Bold | FontStyle.Italic));
                                                       //设置字体
      LinearGradientBrush brush = new LinearGradientBrush(new Rectangle(0,
      0, image.Width, image.Height), Color.Blue, Color.DarkRed, 1.2f, true);
      g.DrawString(checkCode, font, brush, 2, 2);
      for (int i = 0; i < 100; i++)                    //画图片的前景噪音点
      {
```

```
            int x = random.Next(image.Width);
            int y = random.Next(image.Height);
            image.SetPixel(x, y, Color.FromArgb(random.Next()));
        }
        g.DrawRectangle(new Pen(Color.Silver), 0, 0, image.Width - 1, image.
        Height - 1);                                        //画图片的边框线
        MemoryStream ms = new MemoryStream();               //创建内存流
        image.Save(ms, ImageFormat.Gif);
        HttpContext.Current.Response.ClearContent();        //清空输出内容
        HttpContext.Current.Response.ContentType = "image/Gif";
                                                            //设置输入的类型
        HttpContext.Current.Response.BinaryWrite(ms.ToArray());//将二进制转换
        HttpContext.Current.Response.End();
    }
    finally
    {
        g.Dispose();
        image.Dispose();
    }
}
```

在上述代码中，首先调用 GenerateCheckCode()方法创建产生的随机数，然后分别创建 Bitma 和 Graphics 的实例对象，它们分别表示创建位图和画布。当创建 Bitma 实例对象时，更改位图中在数字可以控制显示验证图片的宽度和高度。在 try 块中，第一个 for 语句用来循环绘制图片的背景噪音线，第二个 for 语句用来循环绘制图片的前景噪音点。当绘制完成后，创建内存流 MemoryStream 的实例对象，然后将图片定入到指定的流中。最后，使用 Response 对象的 ClearContent()方法清空输出内容，ContentType 属性设置图片的输出类型，Write()方法将二进制字符串写入到内存流中。在 finally 块中，分别调用 g 对象和 image 对象的 Dispose()方法释放资源对象。

（4）GenerateCheckCode()方法用于随机生成 8 位随机数字或字母，该方法的具体代码如下所示。

```
private string GenerateCheckCode()
{
    int number;                                         //随机数
    char code;
    string checkCode = String.Empty;                    //验证码
    Random random = new Random();                       //创建随机数
    for (int i = 0; i < 8; i++)                         //随机生成 8 位验证码
    {
        number = random.Next();
        if (number % 2 == 0)
            code = (char)('0' + (char)(number % 10));
        else
```

```
            code = (char)('A' + (char)(number % 26));
        checkCode += code.ToString();
    }
    HttpCookie cookie = new HttpCookie("CheckCode", EncryptPassword
     (checkCode, "SHA1"));
    HttpContext.Current.Response.Cookies.Add(cookie);   //保存验证码
    return checkCode;
}
```

在上述代码中，首先声明变量保存随机数和生成的验证码等内容。for 语句循环遍历生成 8 位随机数，通过更改循环次数可以设置验证码的个数。当随机数生成后，调用 EncryptPassword()方法将验证码通过“SHA1”加密的方式保存到 Cookie 对象 CheckCode 中，最后返回加密后的验证码。

（5）EncryptPassword()方法用于对指定的字符串进行加密，该方法的具体代码如下。

```
static public string EncryptPassword(string PasswordString, string Password
Format)
{
    switch (PasswordFormat)
    {
      case "SHA1":                     //采用 SHA1 的方式加密
      {
          passWord=FormsAuthentication.HashPasswordForStoringInConfigFile
          (PasswordString, "SHA1");
          break;
      }
      case "MD5":                      //采用 MD5 的方式加密
      {
          passWord=FormsAuthentication.HashPasswordForStoringInConfigFile
          (PasswordString, "MD5");
          break;
      }
      default:                         //其他方式
      {
          passWord = string.Empty;
          break;
      }
    }
    return passWord;
}
```

在上述代码中，EncryptPassword()方法主要传入两个参数，第一个参数表示要加密的字符串，第二个参数表示加密字符串的类型。在该方法中，通过 switch 语句判断使用哪种方法进行加密，最后返回加密后字符串的值。

（6）当用户单击验证码图片时，触发 Click 事件调用脚本函数 CheckCode()，其具体代码如下。

```
<script type="text/javascript">
function CheckCode() {
    var pic = document.getElementById("img");
    pic.src = "Checkcode.aspx?" + new Date().getTime();
}
</script>
```

（7）当单击【注册】按钮时触发按钮的 Click 事件，在该事件中判断用户输入的验证码。其具体代码如下。

```
protected void btnRegister_Click(object sender, EventArgs e)
{
    string cookiecode = Request.Cookies["CheckCode"].Value.ToString();
                                                    //获取验证码中保存的验证码
    string inputcode = txtCode.Text;                //获取用户输入的验证码
    inputcode = StringUtilCode.EncryptPassword(inputcode, "SHA1");
                                                    //对用户输入的验证码加密
    if (cookiecode != inputcode)                    //如果验证码与保存的不等
        Page.ClientScript.RegisterStartupScript(GetType(), "", "<script>alert
         ('验证码输入错误，请重新输入！')</script>");
}
```

在上述代码首先从 StringUtilCode 类中取出保存的验证码对象 CheckCode，并将其值保存到变量 cookiecode 中。然后，调用该类的 ExcryptPassword()方法将用户输入的验证码采用 SHA1 的方式加密，并将加密后的值保存到变量 inputcode 中。最后，判断 inputcode 与 cookiecode 的变量值是否相同，如果不同弹出错误提示。

（8）运行本案例向输入框中输入验证码进行测试，运行效果如图 7-18 所示。

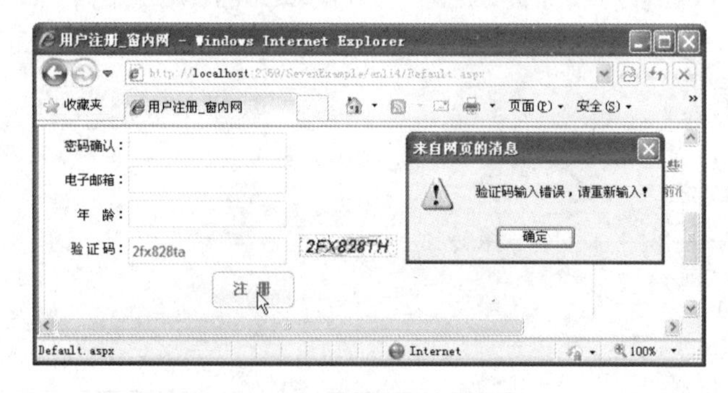

图 7-18　自定义验证码测试效果

本案例中的验证码区分大小写，所以必须按照生成的验证码进行输入。但是开发人员也可以在后台将输入的验证码进行大小写转换，感兴趣的读者可以亲自动手试试，实现不区分大小写的效果。

7.2.4 分页控件

分页是 Web 应用程序中最常使用的功能之一，在 ASP.NET 中实现分页功能主要有如下方法。

- ❑ 使用 SQL 语句实现分页。
- ❑ 使用分页存储过程。
- ❑ 使用 PagedDataSource 类。
- ❑ 使用服务器控件自带的分页功能。
- ❑ 将 DataPager 控件与 ListView 或实现了 IPageableItemContainer 接口的控件结合使用。
- ❑ 第三方分页控件。

上一章已经介绍了两种分页方式：一种是使用 GridView 控件；另外一种是使用 ListView 和 DataPager 控件。但是，它们的分页功能也存在着许多缺点，如可定制性差、无法通过 Url 实现分页以及代码重用率低等。第三方控件 AspNetPager 针对上述问题提出了不同的解决方案，即将分页导航功能与数据显示功能完全独立开来。下面介绍常用的第三方分页控件 AspNetPager。

AspNetPager 控件可以和 GridView、DataList 以及 Repeater 等数据绑定控件一起使用，使用该控件的主要优点如下。

- ❑ 支持通过 Url 进行分页。
- ❑ 支持 Url 分页方式下的 Url 重写功能。
- ❑ 支持使用用户自定义图片作为导航元素。
- ❑ 功能强大灵活、使用方便并光彩可定制性强。
- ❑ 兼容 IE 和 FireFox 等多个浏览器。

AspNetPager 控件包含多个常用属性，通过这些属性可以设置分页控件的显示样式。例如，Always 属性可以设置是否总显示 AspNetPager 分页控件；CurrentPageIndex 属性可以设置当前页的索引；RecordCount 属性可以获取所有的记录总数。表 7-5 列出了 AspNetPager 控件的常用属性。

表 7-5　AspNetPager 控件的常用属性

属性名	说明
AlwaysShow	获取或设置一个值，该值指定是否总是显示 AspNetPager 分页控件，即使要分页的数据只有一页
AlwayShowFirstLastPageNumber	获取或设置一个值，该值指定是否总是显示第一页和最后一页数据页索引按钮
CssClass	获取或设置由 Web 服务器控件在客户端呈现的级联样式表（CSS）类
CurrentPageButtonPostion	当前页数字按钮在所有数字分页按钮中的位置，其值有 Fixed（默认固定）、Beginning（最前）、End（最后）和 Center（居中）
CurrrentPageIndex	获取或设置当前显示面的索引
Direction	获取或设置在 Panel 控件中显示包含文本的控件的方向
FirstPageText	获取或设置为【第一页】按钮显示的文本

续表

属性名	说明
LastPageText	获取或设置为【最后一页】按钮显示的文本
NextPageText	获取或设置为【下一页】按扭显示的文本
PrevPageText	获取或设置为【上一页】按钮显示的文本
LayoutType	分页控件自定义信息区和分页导航区使用的布局样式，其值有 Div（默认值）和 Table
MoreButtonType	获取或设置“更多页”按钮的类型，该值仅当 PagingButtonType 设为 Image 时才有效
NavigationButtonsPosition	首页、上页、下页和尾页 4 个导航按钮在分页导航元素中的位置，可选值为：Left（左侧）、Right（右侧）和 BothSides（默认值，分布在两侧）
NavigationButtonType	获取或设置【第一页】、【上一页】、【下一页】和【最后一页】按钮的类型，该值仅当 PagingButtonType 设为 Image 时才有效。其值有 Image 和 Text（默认值）
PageCount	获取所有要分页的记录需要的总页数
RecordCount	获取或设置需要分页的所有记录的总数
ShowFirstLast	获取或设置一个值，该值指示是否在页导航元素中显示第一页和最后一页按钮
ShowMoreButtons	获取或设置一个值，该值指示是否在页导航元素中显示更多页按钮
CurrentPageIndex	获取或设置当前显示页的索引
ShowPageIndex	获取或设置一个值，该值指示是否在页导航中显示页索引数值按钮
ShowPageIndexBox	获取或设置页索引框的显示方式，以便用户输入或从下拉框中选择需要跳转到的页索引
CustomInfoHTML	获取或设置显示在用户自定义信息区的用户自定义 HTML 文本内容
SubmitButtonImageUrl	获取或设置提交按钮的图片路径，若该属性值为空则显示为普通按钮；否则显示为图片按钮且使用该属性的值作为图片路径

使用 AspNetPager 控件的 CustomInfoHTML 属性可以获取或设置自定义的 HTML 文本内容，可以使用“%”+属性名+“%”来表示其属性值。当控件在运行时，可以自动将“%”+属性名+“%”替换为相应的属性值，其中“属性名”仅适用的属性有 RecordCount、PageCount、CurrentPageIndex、StartRecordIndex、EndRecordIndex、PageSize、PagesRemain 和 RecordsRemain。

例如，下面这段代码显示如何设置 AspNetPager 控件的相关属性。

```
<webdiyer:AspNetPager ID="AspNetP1" CssClass="pages" CurrentPageButton
Class="cpb" PageSize="6" runat="server" CustomInfoHTML="共%PageCount%页，
当前为第%CurrentPageIndex%页" FirstPageText="首页" LastPageText="尾页"
NextPageText="下一页" PrevPageText="上一页" >
</webdiyer:AspNetPager>
```

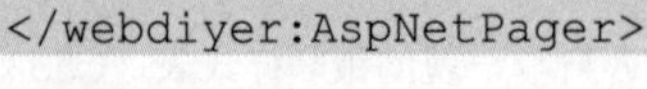

CustomInfoHTML 属性中的属性名不区分大小写，所以“%PageCount%”可以写成“%pagecount%”。

除了常用属性外，该控件还包括两个最常用的事件，其具体说明如下所示。

- **PageChanged**　当该事件被引发时，AspNetPager 已完成分页操作。
- **PageChanging**　该事件在 AspNetPager 处理分页操作前引发，因此可以在事件处理程序中根据需要取消分页操作。

AspNetPager 控件的使用非常简单，具体步骤如下。

（1）下载 AspNetPager.dll 文件。

（2）在项目中添加对 AspNetPager.dll 文件的引用。

（3）拖曳 AspNetPager 控件到页面的合适位置。

（4）设置控件的相关属性、方法或事件。

【实践实例 7-4】

下面通过案例演示如何使用 GridView 控件和 AspNetPager 控件实现数据的显示和分页功能。在本案例中，使用 GridView 控件显示数据列表，使用 AspNetPager 控件显示数据分页，主要步骤如下。

（1）在 AspNetPager.dll 文件的官方网站上下载该文件，然后添加对该文件的引用。

（2）添加新的 Web 窗体页，然后在页面的合适位置添加 GridView 控件和 AspNetPager 控件。添加完成后将 AspNetPager 控件的 PageSize 的属性值设置为 6。

（3）将 AspNetPager 控件的 CssClass 的属性值设置为 pages，然后将 CurrentPageButton Class 的属性值设置为 cpb。它们表示显示时与分页控件相关的样式，样式的具体代码如下。

```
<style type="text/css">
.pages{color: #999;}
.pages a, .pages .cpb
{
   text-decoration: none;
   float: left;
   padding: 0 5px;
   border: 1px solid #ddd;
   background: #ffff;
   margin: 0 2px;
   font-size: 11px;
   color: #000;
}
.pages a:hover                    //悬浮时的样式
{
   background-color: #E61636;
   color: #fff;
   border: 1px solid #E61636;
   text-decoration: none;
}
.pages .cpb
{
   font-weight: bold;
   color: #fff;
```

```
    background: #E61636;
    border: 1px solid #E61636;
}
</style>
```

（4）设计完成后页面的最终设计效果如图 7-19 所示。

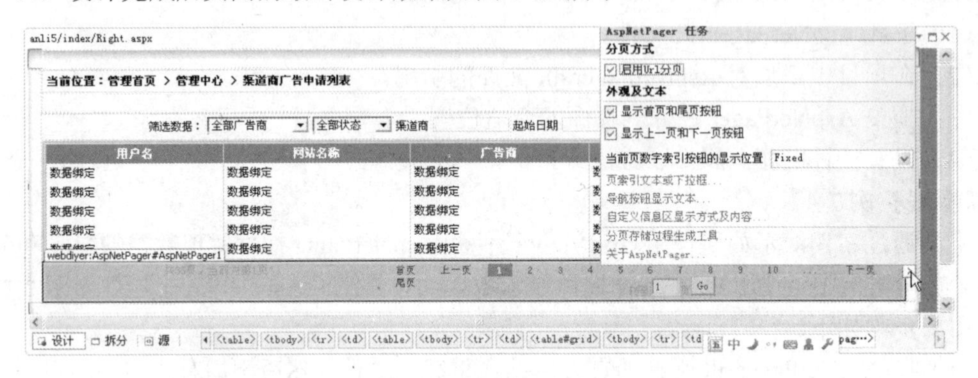

图 7-19　案例 7-4 的设计效果

（5）将【启用 Url 分页】选项选中并实现通过 Url 分页的功能，另外也可以选择其他的选项设计 AspNetPager 控件，设计完成后与 AspNetPager 控件相关的代码如下。

```
<webdiyer:AspNetPager ID="AspNetPager1" CssClass="pages" CurrentPage
ButtonClass="cpb" PageSize="6" runat="server" CustomInfoHTML="共%PageCount%
页，当前为第%CurrentPageIndex%页" OnPageChanged="AspNetPager1_PageChanged"
FirstPageText="首页" LastPageText="尾页" NextPageText="下一页" PageIndex
BoxType="TextBox" PrevPageText="上一页" ShowBoxThreshold="3" ShowCustom
InfoSection="Left" ShowPageIndexBox="Auto" SubmitButtonText="Go" TextAfter
PageIndexBox="页" TextBeforePageIndexBox="转到" UrlPaging="True" >
</webdiyer:AspNetPager>
```

（6）页面加载时显示所有的广告申请列表，为 Load 事件添加如下代码。

```
string connstring = ConfigurationManager.ConnectionStrings["Connection
StringShow"].ConnectionString;
protected void Page_Load(object sender, EventArgs e)
{
    this.AspNetPager1.RecordCount = TotalCount();    //获取所有记录总数
    BindData();                                      //绑定数据
}
private int TotalCount()                             //获取记录的总条数
{
    SqlConnection conn = new SqlConnection(connstring);//创建 SqlConnection 对象
    string sql = "select count(*) from buyertwo";    //声明 SQL 语句
    SqlCommand comd = new SqlCommand(sql, conn);     //创建 SqlCommand 对象
    conn.Open();                               //打开数据库的连接
    int result = Convert.ToInt32(comd.ExecuteScalar());
```

```
                                          //执行 SQL 语句，返回第一行一列
    conn.Close();                         //关闭数据库连接
    return result ;                       //返回查询结果
}
private void BindData()                   //绑定数据
{
    SqlConnection conn = new SqlConnection(connstring);//创建 SqlConnection 对象
    int page = AspNetPager1.PageSize;              //获取每页显示的条数
    int pageindex = (AspNetPager1.CurrentPageIndex-1) * page;
    string sqlpager = "select top " + page + " * from buyertwo where buyid
    not in (select top " + pageindex + " buyid from buyertwo) ";
    SqlDataAdapter ads = new SqlDataAdapter(sqlpager, conn);
    DataSet ds = new DataSet("buyertwo");
    ads.Fill(ds);                    //使用 SqlDataAdapter 向 Fill()方法中填充数据
    GridView1.DataSource = ds;
    GridView1.DataBind();
}
```

在上述代码中，首先声明全局变量 connstring 保存连接字符串信息。在 Load 事件中调用 TotalCount()方法获取数据库中记录的总数量，并且将总数量作为 AspNetPager 控件中 RecordCount 的属性值。接着，调用 BindData()方法获取数据记录。在 TotalCount()方法中，调用 comd 对象的 ExecuteScalar()方法获取总记录数量，该方法返回 Object 类型，所以需要类型转换。在 DBindData()方法中，使用 ads 对象的 Fill()方法将数据填充到 ds 对象中，然后通过 GridView 控件的 DataSource 属性绑定数据源。

（7）单击 AspNetPager 控件的页数时重新绑定数据源，为 PageChanged 事件添加如下代码。

```
protected void AspNetPager1_PageChanged(object sender, EventArgs e)
{
    BindData();
}
```

（8）运行本案例单击不同的按钮进行测试，运行效果如图 7-20 所示。

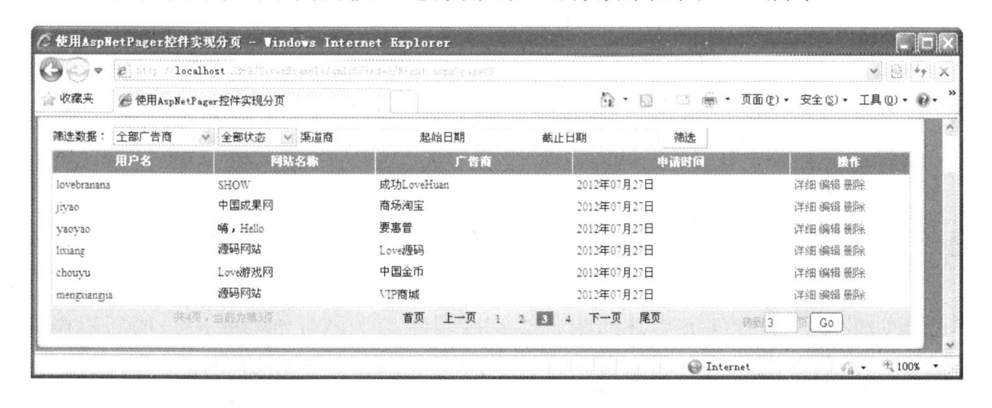

图 7-20　案例 7-4 最终运行效果

7.3 模块处理程序

ASP.NET 是以控件+事件作为代码的开发方式，所以控件在 ASP.NET 中尤其重要。前两节已经介绍了常用的用户控件和第三方控件，但是并不是使用控件就能够达到所有的目的。如为图片添加水印文字或水印图片、实现防盗链等，本节主要介绍与它们有关的模块处理程序。

7.3.1 HttpModule 和 HttpHandler

ASP.NET 在处理 HTTP 请求时有两个核心机制 HttpModule 和 HttpHandler，图 7-21 列出了 ASP.NET 处理请求的内部过程。

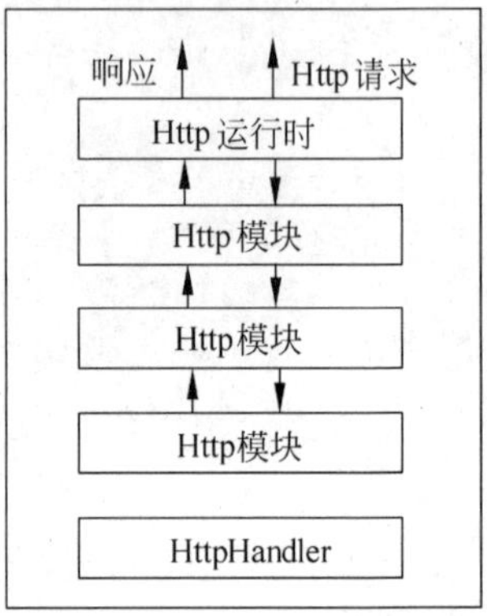

图 7-21 ASP.NET 处理的内部过程

在图 7-21 中，Http 模块指 HttpModule，每一个 HTTP 请求可以经过多个模块，但是最终只能被一个 HttpHandler 处理。

HttpModule 实现了 IHttpModule 接口，用于页面处理前和处理后的一些事件的处理。它是 HTTP 请求的“必经之路”，它可以在这个 HTTP 请求传递到真正的请求处理中心（HttpHandler）之前附加一些需要的信息，或者针对截获的这个 HTTP 请求信息做一些额外的工作，或者在某些情况下终止一些条件的 HTTP 请求，从而起到一个过滤器的作用。

HttpHandle 实现了 IHttpHandler 接口，它是 HTTP 请求的真正处理中心，对页面进行真正的处理。在 HttpHandler 中，ASP.NET 对客户端请求的服务器页面做出编辑和执行，并将处理后的信息附加在 HTTP 请求信息流中再次返回到 HttpModule 中。

IHttpModule 和 IHttpHandler 的区别如下。

- **先后次序不同** 先 IHttpModule 后 IHttpHandler。
- **请求处理不同** IHttpModule 无论客户端请求什么文件都会调用它，如 aspx，rar 和 html 等；IHttpHandler 只有 ASP.NET 注册过的文件类型（如 aspx 和 asmx 等）才会调用它。
- **任务不同** IHttpModule 对请求进行预处理（如验证、修改和过滤等），同时也可以对响应处理；IHttpHandler 按照请求生成相应的内容。

7.3.2 封面图片水印的实现（局部 HttpHandler 方式）

习惯上网的用户会发现大多数的网站或管理系统中的图片都有水印，如新浪微博、企业门户网站以及销售系统等。如果网站中有一些重要的资源不想被其他人利用，那么最好的办法就是在图片上添加水印文字或图片。为图片添加水印有多种方法，其具体说明如下。

- **直接编辑每张图片** 可以使用图片编辑工具（如 PhotoShop）对每张图片进行编辑，

但是省脑力、费人工。

- **编程实现批量编辑图片** 通过编程添加图片（如 WinForms 加上 GDI+），但是有一个缺点，就是它的原始图片会被破坏。
- **显示图片时动态添加水印效果** 不修改原始的图片，在服务器端发送图片到客户端前通过 Httphandle 进行处理。

在 ASP.NET 中，可以很方便地创建后缀为.ashx 的 HttpHandler 的应用，本节通过案例演示如何使用局部 HttpHandler 方式实现封面图片水印地效果。

【实践实例 7-5】

本节案例通过创建 HttpHandler 应用程序实现封面图片的水印，主要步骤如下。

（1）选中项目后右击并选择【新建项目】选项，弹出【添加新项】对话框，如图 7-22 所示。在该对话框中，选择【一般处理程序】项，输入名称完成后单击【添加】按钮。

图 7-22　添加新项

（2）双击打开新建的一般处理程序文件，该文件会自动生成一个属性和一个方法。IsReusable 属性用于设置是否可重用该 HttpHandler 的实例，ProcessRequest()方法是整个 HTTP 请求的最终处理方法。重写该方法，其具体代码如下。

```
using System.Drawing;
using System.Drawing.Imaging;
public class Handler : IHttpHandler {
   private const string WATERMARK_URL = "~/Images/WaterMark.jpg";
   private const string DEFAULT_URL = "~/Images/pic2.jpg";
   private const string cover = "~/Images/";
   public void ProcessRequest(HttpContext context)
   {
     System.Drawing.Image bookCover;
     string paths = context.Request.MapPath(cover+context.Request.Params
     ["imgid"].ToString() + ".jpg");
     if (System.IO.File.Exists(paths))       //判断路径是否存在，如果存在
     {
         bookCover = Image.FromFile(paths);
         //加载水印图片
```

```
            Image watermark = Image.FromFile(context.Request.MapPath
            (WATERMARK_URL));
            Graphics g = Graphics.FromImage(bookCover);         //实例化画布
            g.DrawImage(watermark, new Rectangle(bookCover.Width - watermark
            .Width, bookCover.Height - watermark.Height, watermark.Width,
            watermark.Height), 0, 0, watermark.Width, watermark.Height,
            GraphicsUnit.Pixel);                             //在 image 上绘制水印
            g.Dispose();
            watermark.Dispose();                             //释放水印图片
        }
        else                                                 //否则不存在，加载默认图片
          bookCover = Image.FromFile(DEFAULT_URL);
        context.Response.ContentType = "image/jpeg";         //设置输出格式
        bookCover.Save(context.Response.OutputStream, ImageFormat.Jpeg);
                                                             //将图片存入输出流
        context.Response.End();
        }
}
```

在上述代码中，首先导入需要的命名空间，然后声明全局变量表示水印图片以及默认图片。在 ProcessRequest()方法中，首先使用 Request 对象的 MapPath()方法获取图片的路径，Request.Params 属性用于获取参数名。if 语句中使用 File 对象的 Exists()方法判断请求路径是否存在，如果存在则加载水印图片，实例化画布后在图片上绘制水印，最后释放水印图片。当全部完成后，使用 Response 对象的 ContentType 属性设置输出的格式，然后将图片存入输出流。

（3）添加新的 Web 窗体页，在页面的合适位置添加 Image 控件，设置 Image 控件的 ImageUrl 的属性值为“~/Handler.ashx?imgid=a”。其中，imgid 表示向 Handler.ashx 文件中传递的参数，a 表示图片的名称。其具体代码如下。

```
<asp:Image ID="img1" runat="server" style="float:left" ImageUrl="~/Handler
.ashx?imgid=a" Width="150px"  Height="130px" />
```

（4）运行本案例进行测试，最终效果如图 7-23 所示。

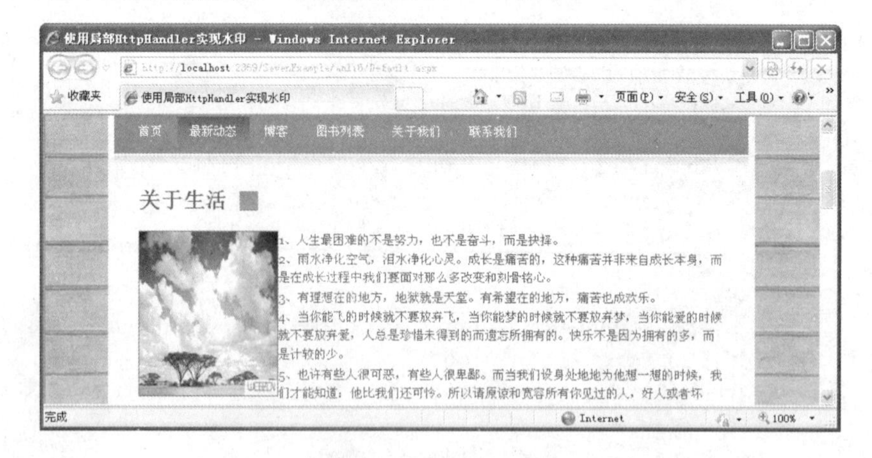

图 7-23　水印运行效果

在 ProgressRequest()方法中，context 对象表示上下文对象，它被用于在不同的 HttpModule 和 HttpHandler 之间传递数据，也可以用于保持某个完成请求的相应信息。此外，context 对象还为 HTTP 请求提供服务的内部服务器对象（如 Request、Session 和 Server 等）。

7.3.3 封面图片水印的实现（全局 HttpHandler 方式）

上一节已经通过案例详细介绍了如何使用 HttpHandler 方式实现水印的效果，但是这样也存在着缺点。如果图片有几十张甚至几百张时需要把图片的路径全部修改掉，这样使用非常麻烦，那么有没有一种简单的方法可以在不修改任何访问路径的情况下实现图片的水印效果？答案是肯定的：有。本节就详细介绍如何通过全局 HttpHandler 的方式实现图片的水印功能。

【实践实例 7-6】

在本案例中，通过创建与 HttpHandler 相关的类实现封面图片的水印效果，其主要步骤如下。

（1）添加新的 Web 窗体页，然后在页面的合适位置添加图片，其最终设计效果如图 7-24 所示。

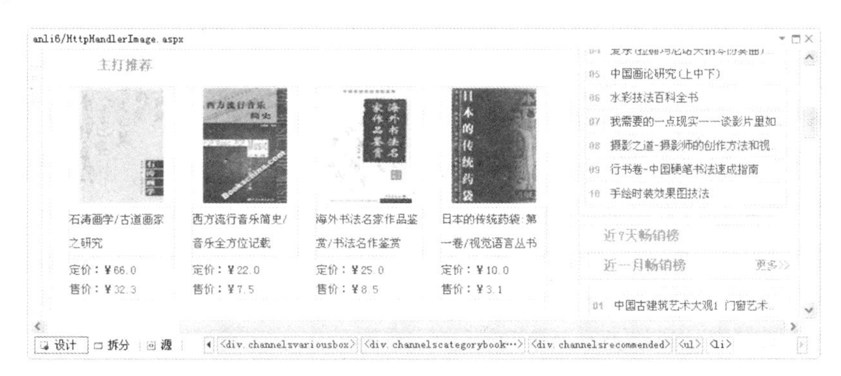

图 7-24 案例 7-6 设计效果

（2）创建名称为 HttpHandlerImage 的类，该类实现接口 IHttpHandler 并且实现该接口中的属性和方法。修改 IsReusable 属性中的 get 访问器的值，然后重新实现 ProcessRequest() 方法。其主要代码如下。

```
public bool IsReusable
{
    get { return false; }
}
private const string WATERMARK_URL = "~/images/2_WarkImage.jpg";
private const string DEFAULT_URL = "~/images/pic2.jpg";
private const string cover = "~/images/";
```

```
public void ProcessRequest(HttpContext context)
{
    Image bookCover;
    if (System.IO.File.Exists(context.Request.PhysicalPath))
                                    //判断路径是否存在，如果存在
    {
        bookCover = Image.FromFile(context.Request.PhysicalPath);
        /* 参考案例 7-5 的代码 */
    }
    else          //否则不存在加载默认图片
    {
        bookCover = Image.FromFile(DEFAULT_URL);
    }
    /* 参考案例 7-5 的代码输出图片 */
}
```

在上述代码中，主要通过 Request 对象的 PhysicalPath 属性获取与请求的 URL 相对应的物理文件系统路径，然后使用 Exists()方法判断该路径是否存在。如果存在则为图片添加水印，否则加载显示默认图片。其具体代码可以参数案例 7-5 中的实现代码。

（3）如果要捕获封面图片的访问请求，还需要在 web.config 文件中进行配置。添加的代码如下。

```
<httpHandlers>
    <add verb="*" path="bookImage/*.jpg" type="HttpHandlerImage" />
</httpHandlers>
```

在上述代码中，verb 代表谓词（如 GET、POST 和 FTP 等）列表，也叫动词列表；“*”表示通配符处理所有请求；path 表示访问路径，它表示所有访问“bookImage/*.jpg”路径的请求都将交给 HttpHandlerImage 类处理；type 指定逗号分隔的类或程序集的组合；HttpHandlerImage 指编写的 HttpHandler 程序。

（4）运行本案例，最终效果如图 7-25 所示。

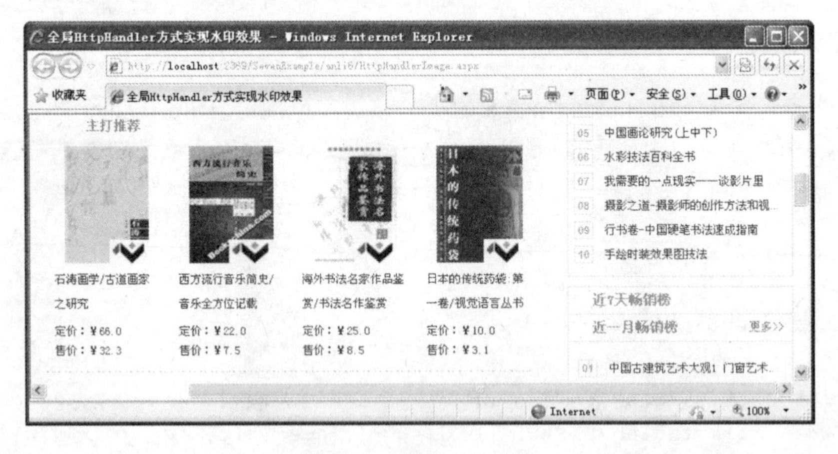

图 7-25　全局水印效果

通过这种配置方式在开发服务器上运行没有任何问题，但是如果在 IIS 上运行则将没有任何效果。这时，需要在 IIS 上对 jpg 文件进行配置处理。

7.4 代码生成工具 CodeSmith

开发网站的过程中开发人员通常会使用三层结构来搭建框架。数据层处理与数据库相关的操作，业务层处理业务逻辑，表示层使用数据源控件和数据绑定控件展示、更新数据。另外，还有模型层根据数据库表编写实体类，虽然编写代码非常简单，但是却非常烦琐。开发人员需要去抄写数据库中的相关字段，如果字段多非常麻烦而且容易出错。

那么，能否写程序自己读取数据库字体生成代码呢？答案是肯定的，本节就介绍一款常用的代码生成工具 CodeSmith。

7.4.1 CodeSmith 概述

在开发过程中，许多优秀的代码生成工具可以完成将数据库字段生成代码的操作，常见的工具如下。

- **CodeSmith** 国外最著名的商业代码生成器。
- **MyGeneratoe** 国内著名的免费代码生成器，开源软件。
- **Codematic** 国内人气最旺的免费代码生成器。

CodeSmith 是一种基于模板的代码生成工具，它使用类似于 ASP.NET 的语法来生成任意类型的代码或文本。与其他许多代码生成工具不同，CodeSmith 不要求用户订阅特定的应用程序设计或体系结构。使用 CodeSmith 可以生成包括简单的强类型集合和完整应用程序在内的任何东西。

CodeSmith 的功能非常强大，其主要功能如下。

- 支持管理多种类型的数据库，如 SQL Server、Oracle 和 MySQL。
- 可以轻松浏览库、表、视图和存储过程的结构信息。
- 可生成 3 种不同架构的代码，包括简单三层、基于工厂模式三层架构和自定义结构模板。
- 可生成页面 HTML 代码和页面.cs 处理代码。
- 可支持父子表的事件代码生成，也可自定义选择生成的字段。
- 支持生成 3 种不同类型的数据层，基于 SQL 字符串方式，基于 Parameter 方式和基于存储过程方式的数据层。

7.4.2 使用 CodeSmith

简单地了解过 CodeSmith 后，下面通过案例演示如何使用该工具生成三层结构。

【实践实例 7-7】

在本案例中，使用 CodeSmith 搭建项目的三层结构，其主要步骤如下。

（1）在 CodeSmith 的官方网站上下载该工具，然后解压下载的文件包。

（2）打开解压后的文件包，然后双击 Codematic2.msi 工具进行安装，安装完成后的效果如图 7-26 所示。

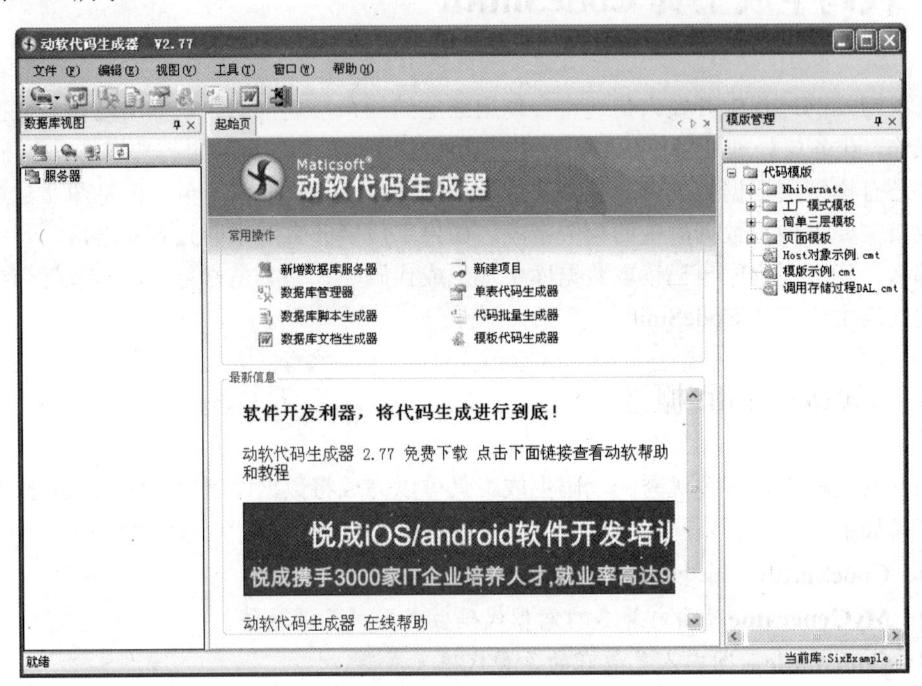

图 7-26 安装 CodeSmith 完成后的效果

（3）新建项目之前需要创建与数据库的连接，右击左侧的【服务器】选项，然后选择【添加服务器】选项，弹出【选择数据库类型】对话框，如图 7-27 所示。

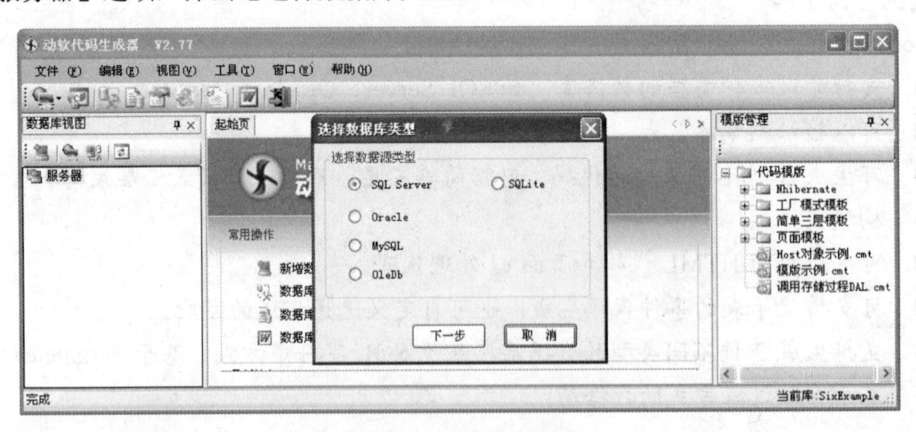

图 7-27 【选择数据库类型】对话框

（4）选择数据库类型完成后，弹出【连接服务器成功！】对话框，可以根据需要选择要加载的数据库表，如图 7-28 所示。

图 7-28　连接数据库

（5）连接数据库完成后的效果如图 7-29 所示。

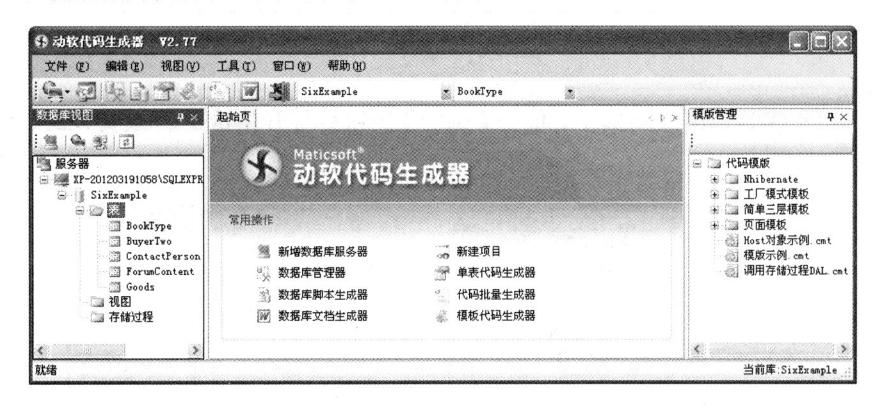

图 7-29　连接数据库完成后效果

（6）选择中间部分的【新建项目】选项，弹出【新建项目】对话框，选择简单三层结构。然后，选择生成位置添加生成的项目名称，如图 7-30 所示。

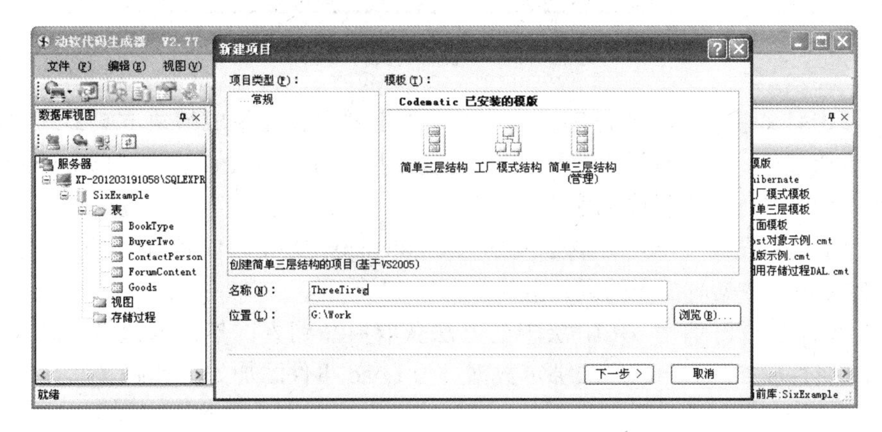

图 7-30 【新建项目】对话框

（7）输入完成后单击【下一步】按钮，弹出【选择要生成的数据库】对话框。将选择的表添加到右侧，也可以输入参数设定信息后选择代码模板的组件类型，运行效果如图 7-31 所示。

图 7-31　新建项目

（8）添加完成后弹出成功提示，单击【确定】按钮后打开生成的目录文件夹，如图 7-32 所示。

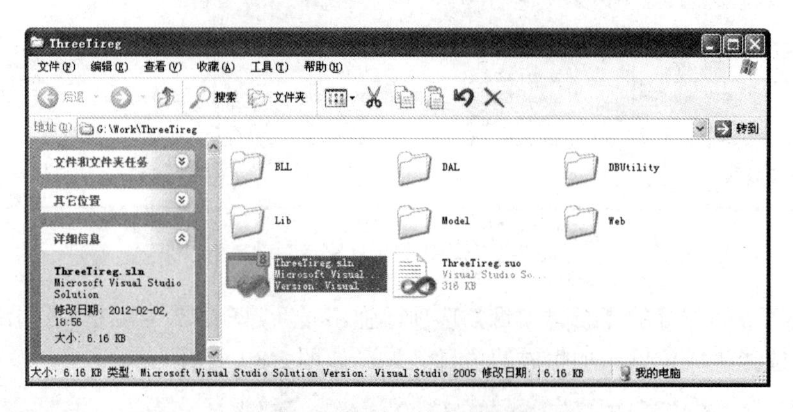

图 7-32　生成后的文件目录

（9）双击打开新建的三层程序，选中解决方案并选择【生成解决方案】选项或按 F7 键重新生成该项目。如果有错误则根据错误内容进行修改，修改完成后打开 web.config 文件重新修改或添加连接数据库的字符串。

（10）打开并设计 Web 层中生成的 Default.aspx 文件，向该文件的合适位置添加 DataList 控件显示数据。页面的设计效果如图 7-33 所示。

（11）页面加载时调用 BLL 层中的方法获取商品列表，然后通过 DataList 控件的 DataSource 属性和 DataBind()方法绑定数据。为 Load 事件添加如下代码。

图 7-33　案例 7-7 设计效果图

```
protected void Page_Load(object sender, EventArgs e)
{
    Maticsoft.BLL.Goods good = new BLL.Goods();
    dlGoodList.DataSource = good.GetList("");
    dlGoodList.DataBind();
}
```

（12）重新运行 Default.aspx 文件进行测试，最终运行效果如图 7-34 所示。

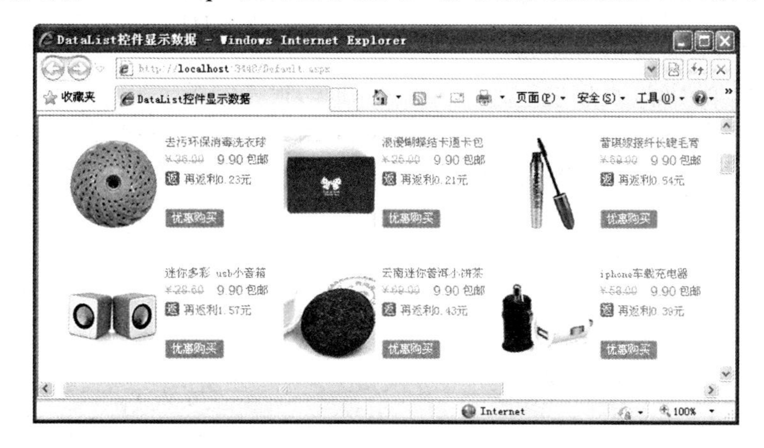

图 7-34　案例 7-7 运行效果

读者可以参考图 7-26 对其他的常用操作进行测试，亲自动手试一试相信一定会受益匪浅。

7.5　项目案例：论坛内容的显示和添加

前几节已经介绍过用户控件、常用的第三方控件、模块处理程序以及代码生成工具

CodeSmith 等内容，本节主要通过前几节的内容实现一个综合项目案例的简单操作。

【案例分析】

随着网络的发展，越来越多的用户喜欢在网络上畅所欲言，各个论坛成为他们争先发言的平台。本案例使用 Repeater 控件显示论坛的列表信息，AspNetPager 控件实现数据的分页功能。当用户发帖时，CKEditor 和 ckfinder 控件相结合实现编辑器上传图片的内容，通过自定义类实现验证码的显示功能。其实现的主要步骤如下。

（1）在数据库中添加与论坛相关的数据库表 ForumAnli，该表包括主键 ID、标题、内容和日期等内容。其常用字段的具体说明如表 7-6 所示。（提示：开发人员可以根据需要增加或减少字段。）

表 7-6　ForumAnli 表的主要字段

字段名	类型	是否为空	备注
forumId	int	否	主键，自动增长列
forumTitle	nvarchar(50)	否	帖子标题
forumContent	text	否	帖子内容
forumAuthor	nvarchar(20)	否	发贴作者
forumReplayCount	int	否	回复数量
forumQueryCount	int	否	查询数量
forumQuery	nvarchar(20)	否	帖子主题
forumTime	datetime	是	发贴日期，默认为当前日期

（2）添加新的 Web 窗体页，然后设计该页面的窗体内容。在该页面中使用 Repeater 控件显示所有主题帖子的列表，然后使用 AspNetPager 控件显示帖子分页信息，设置 AspNetPager 控件的 PageSize 的属性值为 6。该页面的最终设计效果如图 7-35 所示。

图 7-35　项目案例数据列表效果图

（3）窗体加载时显示所有的数据并实现分页的效果，其后台页面的相关代码如下。

```
string connstring = ConfigurationManager.ConnectionStrings["Connection
StringShow"].ConnectionString;
```

```
protected void Page_Load(object sender, EventArgs e)
{
    RepeaterCount();                          //设置 AspNetPager 控件的总记录数
    RepeaterBind();                           //绑定 Repeater 控件
}
public void RepeaterCount()                   //获取记录总数
{
    SqlConnection conn = new SqlConnection(connstring);//创建 SqlConnection 对象
    string sql = "select * from forumanli";            //声明 SQL 语句
    SqlDataAdapter sda = new SqlDataAdapter(sql, conn);//创建 SqlDataAdapter 对象
    DataSet ds = new DataSet();                        //创建 DataSet 对象
    sda.Fill(ds);                                      //向 ds 中填充数据
    AspNetPager1.RecordCount = ds.Tables[0].Rows.Count; //设置总记录
}
public void RepeaterBind()                             //绑定数据
{
    int pagesize = AspNetPager1.PageSize;              //获取每页显示数量
    int pageindexsize = (AspNetPager1.CurrentPageIndex - 1) * pagesize;
    SqlConnection conn = new SqlConnection(connstring);
    string sql = "select top " + pagesize + " * from forumanli where forumid
    not in (select top " + pageindexsize + " forumid from forumanli order
    by forumid desc) order by forumid desc";
    SqlDataAdapter sda = new SqlDataAdapter(sql, conn);
    DataSet ds = new DataSet();
    sda.Fill(ds);
    Repeater1.DataSource = ds;
    Repeater1.DataBind();
}
```

在上述代码中，首先获取 web.config 文件中连接数据库的字符串，然后在 Load 事件中分别调用 RepeaterCount()方法和 RepeaterBind()方法。RepeaterCount()方法主要获取数据库中所有帖子的总记录，最后通过 RecordCount 属性设置要分页的总记录。RepeaterBind()方法主要用来绑定数据记录，在该方法中使用 SqlDataAdapter 对象的 Fill()方法向 DataSet 对象中填充数据。

（4）单击 AspNetPager 控件的分页页码后触发 PageChanged 事件，在该事件中调用 RepeaterBind()方法重新加载数据。其具体代码如下。

```
protected void AspNetPager1_PageChanged(object sender, EventArgs e)
{
    RepeaterBind();
}
```

（5）当帖子列表页面显示论坛标题时，如果帖子标题的长度大于 10 则只截取前 10 位，否则显示完整标题。在前台页面调用后台的 GetContent()方法截取字符串，在该方法中传入标题作为参数。后台 GetContent()方法的具体代码如下。

```
public string GetContent(object obj)
{
    if (obj == null)
        return "";
    else
        return obj.ToString().Length > 10 ? obj.ToString().Substring(0, 10)
        + "..." : obj.ToString();
}
```


（6）单击【发帖】按钮跳转到添加发帖页面，在该页面的合适位置添加 TextBox 控件、FCKeditor 控件以及 Image 控件。该页面的设计效果如图 7-36 所示。

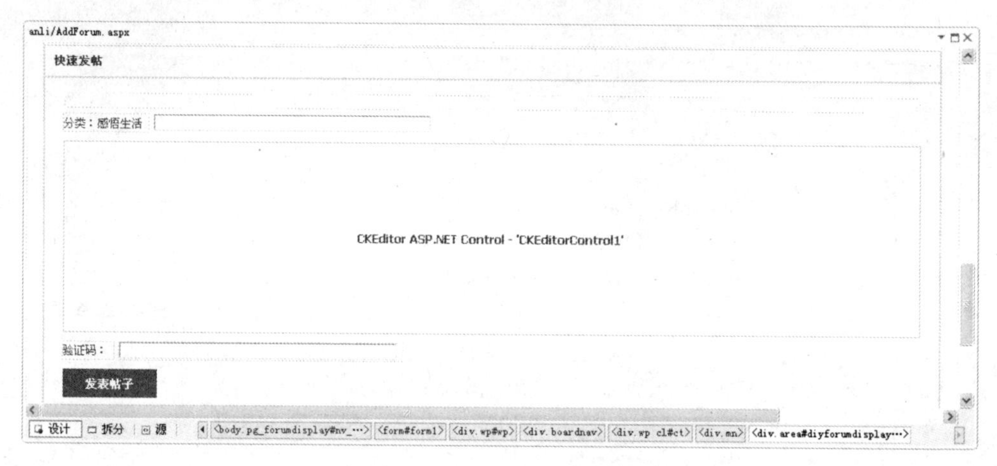

图 7-36　发布帖子的设计效果

（7）验证码的输入框为 Image 控件，它主要用来显示验证码内容。其页面源代码如下。

```
<asp:Image ID="imgid" runat="server" ImageUrl="~/anli4/CheckCode.aspx"
AlternateText="看不清，换一张" onclick="javascript:CheckCode();" />
```

在上述代码中，ImageUrl 指向 CheckCode 页面，在该页面的后台调用 StringUtilCode 类的 CreateCheckCodeImage()方法显示验证码。StringUtilCode 类的主要内容可以参数自定义验证码类的相关知识。

（8）当向文本编辑器中上传图片时为图片添加水印文字，添加名称为 HttpHandlerWord 的类文件，该类实现 IHttpHandler 接口。ProcessRequest()方法实现文字水印的效果，其主要代码如下。

```
public void ProcessRequest(HttpContext context)
{
    string imagePath = context.Request.PhysicalPath;
    Bitmap image = null;
    if (context.Cache[imagePath] == null)
                            //如果图片墙缓存中不存在当前图片则为图片添加水印并缓存
    {
        image = new Bitmap(imagePath);
```

```
            image = AddColorImage(image);
            context.Cache[imagePath] = image;
        }
        else
            image = context.Cache[imagePath] as Bitmap; //从缓存中获取当前图片
        image.Save(context.Response.OutputStream, ImageFormat.Jpeg);
    }
    public static Bitmap AddColorImage(Bitmap image)
    {
        string text = ConfigurationManager.AppSettings["waterMark"].ToString();
        int fontSize = int.Parse(ConfigurationManager.AppSettings["fontSize"]
        .ToString());
        Font f = new Font("宋体", fontSize);
        Brush b = Brushes.Red;              //定义刷子的颜色
        Graphics g=Graphics.FromImage(image);//从指定的 Image 获取一个新的 Graphics
        //用指定的 Font 绘制指定的字符串返回一个 SizeF 结构,该结构表示由指定的 text,使用
        font 绘制的字符串大小
        SizeF sf = g.MeasureString(text, f);
        g.DrawString(text, f, b, image.Width - sf.Width, image.Height - sf.Height);
        g.Dispose();
        return image;
    }
```

在上述代码中，首先通过 Request 对象的 PhysicalPath 属性获取请求文件的系统路径。if 语句判断缓存中如果不存在当前图片则添加水印，在该语句中 AddColorImage()方法用于添加水印。在 AddColorImage()方法中，首先获取 web.config 配置文件中 waterMark 和 fontSize 的 value 值，并将它们保存到 text 和 fontSize 对象中；然后根据 fontSize 以及 Brushes 定义水印文字大小和字体颜色；最后绘制水印文字。

（9）重新修改 web.config 文件，其主要代码如下所示。

```
<configuration>
    <appSettings>
      <add key="waterMark" value="http://weibo.com/u/2324733257"/>
      <add key="fontSize" value="24"/>
    </appSettings>
    <system.web>
    <httpHandlers>
      <add verb="*" path="/SevenExample/ckfinder/userfiles/images/*.jpg"
      type="HttpHandlerWord" />
    </httpHandlers>
    </system.web>
</configuration>
```

（10）单击【发表帖子】按钮时首先触发 ClientClick 事件，用于验证客户端内容是否输入，其页面源代码的主要内容如下。

```
<asp:Button ID="btn1" runat="server" class="pn pnc" Width="100px" Height=
"30px" Style="font-weight: bold;" Text="发表帖子" OnClientClick="return
CheckContent();" OnClick="btn1_Click"></asp:Button>
<script type="text/javascript">
   function CheckContent() {
      var content = CKEDITOR.instances.CKEditorControl1.getData();
      var title = document.getElementById("txtTitle").value;
      if (title == null || title == "") {
          alert("输入的标题不能为空！");
          return false;
      } else if (content == null || content == "") {
          alert("输入的内容不能为空！");
          return false;
      } else
          return true;
   }
</script>
```

（11）单击【发表帖子】按钮，ClientClick 事件执行完成后执行 Click 事件，该事件执行帖子的添加操作。其具体代码如下。

```
string connstring = ConfigurationManager.ConnectionStrings["Connection
StringShow"].ConnectionString;
protected void btn1_Click(object sender, EventArgs e)
{
    string code = Request.Cookies["CheckCode"].Value.ToString();
    string iptcode = txtCode.Text;
    if (StringUtilCode.EncryptPassword(iptcode.ToUpper(), "SHA1") != code)
        Page.ClientScript.RegisterStartupScript(GetType(), "", "<script>alert
        ('输入的验证码不正确！')</script>");
    else
    {
        SqlConnection conn = new SqlConnection(connstring);
        string sql = "insert into forumanli (forumTitle, forumContent,
        forumAuthor, forumQueryCount, forumReplayCount, forumQuery) values
         (@title,@content,@author,@qc,@rc,@q)";
        SqlParameter[] sps = {
            new SqlParameter("@title",txtTitle.Text),
            new SqlParameter("@content",SetContent(CKEditorControl1.Text)),
            new SqlParameter("@author","小小风"),
            new SqlParameter("@qc","0"),
            new SqlParameter("@rc","0"),
            new SqlParameter("@q","感悟生活")
        };
```

```
        SqlCommand comd = new SqlCommand(sql, conn);
        foreach (SqlParameter sp in sps)
        comd.Parameters.Add(sp);
        conn.Open();
        int result = comd.ExecuteNonQuery();
        conn.Close();
        if (result >= 1)
            Response.Redirect("Default.aspx");
        else
            Page.ClientScript.RegisterStartupScript(GetType(), "",
        "<script>alert('添加失败! ')</script>");
    }
}
public string SetContent(string content)              //替换非安全字符
{
    return content.Replace("script", "div");
}
```

在上述代码中，首先声明全局变量获取连接数据库的字符串，然后在 Click 事件中使用 if 语句判断用户输入的验证码是否正确。如果不正确，则弹出错误提示；如果正确，则向数据库添加数据。添加完成且成功后跳转页面。SetContent()方法用于替换不合法的字符。

（12）假设目前的登录用户为“小小风”，查看帖子完成后他想要在【感悟生活】模块进行发贴。运行本案例进行测试，运行效果如图 7-37 所示。

图 7-37　项目案例运行效果图

（13）单击【发贴】按钮输入内容进行测试，运行效果如图 7-38 所示。输入内容测试通过并且添加完成后，直接跳转到列表页面，运行效果不再显示。

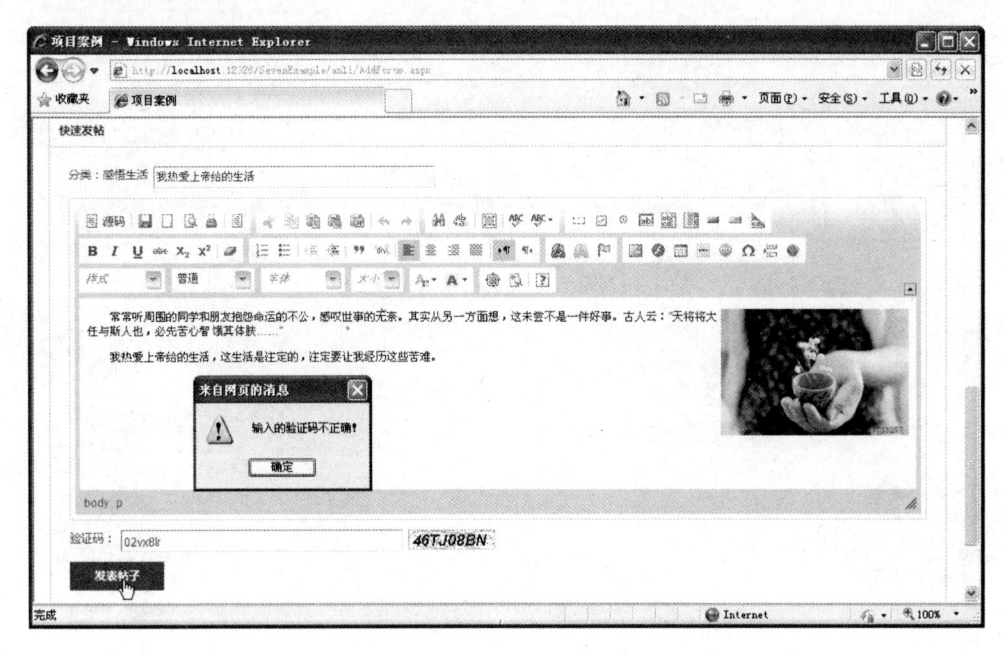

图 7-38　发贴运行效果图

7.6　习题

一、填空题

1．用户控件的后缀名是__________。

2．验证码控件的__________方法用于判断用户输入的验证码内容是否正确。

3．分页控件的__________属性用于获取或设置所有记录的总数。

4．HttpHanler 实现的接口是__________。

5．验证码控件需要使用__________方法进行初始化，然后才会显示验证码图片。

6．ASP.NET 有两个核心机制：__________和 HttpHandler。

二、选择题

1．保存用户控件需要使用的扩展名是__________。

A．.aspx

B．.ascx

C．.ashx

D．.asmx

2．关于用户控件和 Web 窗体页，下面说法错误的是__________。

A．用户控件不能在同一应用程序的不同网页上重用

B．使用用户控件需要像第三方控件一样在项目中注册该控件

C．可以将 Web 窗体页转化为用户控件

D．用户控件是一种自定义的组合控件

3．下面选项中，__________说法是正确的。

A．在线编辑器控件可以单独实现图片上传的功能

B．验证码控件的显示功能非常简单，直接拖曳控件到合适位置即可，不需要添加任何代码

C．如果想配置在线编辑器的相关内容可以在 ckeditor.js 文件中配置

D．可以使用验证码控件或自定义验证码类实现验证码的显示功能

4．使用验证码控件时需要在后台使用__________方法，然后才会有验证码生成。

A．Create()

B．CheckCN()

C．Init()

D．New()

5．在 ASP.NET 中，关于 HttpModule 和 HttpHandler 说法不正确的是__________。

A．HttpModule 负责检验；HttpHandler 负责对请求的处理

B．HTTP 请求到达处理程序 HttpHandler 之前，可能会被某 HttpModule 模块抛弃

C．HttpHandler 程序中 IsReusable 属性设置为 false 时表示该程序只能使用一次

D．每一个 HTTP 请求可以经过多个 HttpModule，但是最终只能被一个 HttpHandler 处理

6．关于 AspNetPager 控件说法正确的是__________。

A．AspNetPager 是 ASP.NET 自带的服务器控件，它和第三方控件一样好用

B．AspNetPager 控件可以和多个数据绑定控件使用，如 GridView、Repeater 和 DataList 等

C．AspNetPager 控件不支持 Url 分页，也不支持 Url 分页下的 Url 重写功能

D．AspNetPager 控件的 NewIndex 属性可以用于获取当前页的索引

7．将用户控件拖曳到窗体页面时会自动添加__________指令。

A．@Controls

B．@Register

C．@Page

D．@Control

三、上机练习

1．使用 CodeSmith 生成三层并且实现用户登录的功能

使用代码生成工具 CodeSmith 生成简单的三层结构实现用户登录的功能，页面的效果如图 7-39 所示。（提示：可以使用验证码控件也可以使用自定义的验证码类显示验证码，另外数据库可以根据自己的需要进行设计。）

图 7-39　上机实践 1 设计效果

2．实现发布回贴功能

添加新的 Web 窗体页模拟实现发布回帖的功能，页面的最终运行效果如图 7-40 所示。（提示：在 config.js 中设置编辑器的属性动态设置工具条的信息，根据自己的需要设计数据库表。）

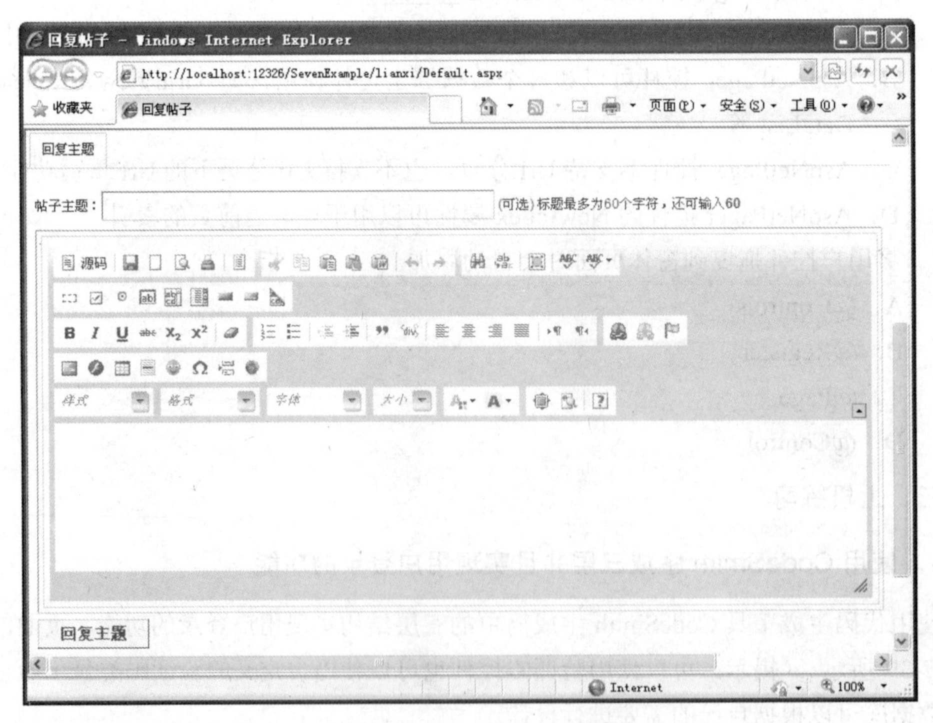

图 7-40　上机实践 2 设计效果

7.7 实践疑难解答

7.7.1 如何在窗体页面访问用户控件中的控件值

如何在窗体页面访问用户控件中的控件值
网络课堂：http://bbs.itzcn.com/thread-19705-1-1.html

【问题描述】：各位前辈好，小弟最近一直在使用用户控件，感觉非常好用。但是，我现在遇到了一个问题：将 CommandDefault.ascx 用户控件拖动到 Default.aspx 页面，CommandDefault.ascx 中存放搜索的输入框内容。那么，我如何在 Default.aspx 页面中获取 CommandDefault.ascx 中输入框的值，然后单击页面中的【搜索】按钮进行判断？哪位前辈知道了告诉小弟一下，十分谢谢！

【解决办法】：呵呵，这位同学其实解决的办法非常简单。每个服务器控件都有自身的属性和方法，你可以灵活地使用服务器控件中的属性和方法开发程序。在用户控件的后台代码中，可以添加共有的属性进行访问，主要代码如下。

```
public string InputSearch
{
    get{return this.txtSearch.text;}
    set{this.txtSearch.text = value;}
}
```

然后，在 Default.aspx 页面按钮的 Click 事件中，通过“用户控件 ID.属性名”访问搜索框中的内容。其主要代码如下。

```
public void Button_Click(object sender,EventArgs e)
{
    if(this.WebUserControl1.InputSearch == null || this.WebUserControl1.Input
    Search == "")
    {
        //省略其他代码
    }
}
```

7.7.2 如何将输入的验证码进行全角半角的转换

如何将输入的验证码进行全角半角转换
网络课堂：http://bbs.itzcn.com/thread-19706-1-1.html

【问题描述】：各位好，我在使用自定义类显示验证时遇到了一个问题：如果我向文本框中输入全角的英文字母或数字，验证码就提示错误。我应该如何通过代码实现输入的验证码内容不区分全角和半角功能呢？希望大家帮帮忙，非常感谢大家！

【解决办法】：要解决这个问题并不难，我为你提供了两种方法：一种是全角转半角；另外一种则是半角转全角。你可以调用这两种方法进行转换，希望能够帮到你。其具体代码如下。


```
static public string GetBanJiao(string QJstr)              //全角转半角
{
    char[] c = QJstr.ToCharArray();
    for (int i = 0; i < c.Length; i++)
    {
      byte[] b = Encoding.Unicode.GetBytes(c, i, 1);
      if (b.Length == 2)
      {
          if (b[1] == 255)
          {
              b[0] = (byte)(b[0] + 32);
              b[1] = 0;
              c[i] = Encoding.Unicode.GetChars(b)[0];
          }
      }
    }
    string strNew = new string(c);
    return strNew;
}
static public string GetQuanJiao(string BJstr)                //半角转全角
{
    char[] c = BJstr.ToCharArray();
    for (int i = 0; i < c.Length; i++)
    {
      byte[] b = Encoding.Unicode.GetBytes(c, i, 1);
      if (b.Length == 2)
      {
          if (b[1] == 0)
          {
          b[0] = (byte)(b[0] - 32);
          b[1] = 255;
          c[i] = Encoding.Unicode.GetChars(b)[0];
      }
    }
}
    string strNew = new string(c);
    return strNew;
}
```

7.7.3 CodeSmith 新建模板的中文乱码问题

CodeSmith 新建模板的中文乱码问题
网络课堂：http://bbs.itzcn.com/thread-19707-1-1.html

【问题描述】：大家好，我使用 CodeSmith 生成工具时在新建的模板中会出现中文乱码的问题。这个问题应该如何解决，大家能不能帮一下忙？

【解决办法】：你好，这个问题最好的解决办法如下：用记事本打开模板文件，然后选择【另存为】选项，保存时的编码格式选择 UTF-8，最后保存。保存后可以打开文件查看一下，如果没有乱码问题则可以复制文件中的内容。

第8章 缓存技术

当Web应用程序访问的用户量比较大时，应用程序的性能就是一个非常关键的问题，解决这个问题的方法有很多。ASP.NET中提供了一种缓存技术能够在很大程度上解决这个问题，本章将详细介绍缓存技术的相关知识，包括页面输出缓存、缓存后替换和页面数据缓存等内容。

通过本章的学习，读者可以掌握如何通过@OutputCache指令和编码的方法设置缓存，也可以通过Substitution控件或AdRotator控件实现缓存后的替换功能，还可以使用Cache对象缓存页面数据等。

本章学习要点：

- 了解缓存的概念和优点。
- 熟悉@OutputCache指令的10个属性。
- 掌握页面输出缓存的3种方法。
- 掌握控件缓存的实现常用方法。
- 熟悉ControlCachePolicy类的常用属性方法。
- 掌握使用Substitution控件实现缓存后替换的功能。
- 掌握使用编码动态创建Substitution控件的方式，以实现缓存后替换的功能。
- 了解数据缓存的概念和生命周期。
- 熟悉Cache类的常用方法。
- 掌握如何使用Cache类实现数据缓存。
- 掌握缓存XML的方法。
- 熟悉实现数据库缓存的步骤。

8.1 缓存概述

缓存可以提高Web应用程序的性能，它是ASP.NET中非常重要的一个特性。合理使用缓存可以节省CPU的运算处理时间、减少内存重复加载、提升系统的负载量以及降低数据库不必要的查询等好处，从而提高应用程序的稳定性和可用性。

ASP.NET中的缓存技术包括3种：页面输出缓存、页面部分缓存和页面数据缓存。使用缓存技术的优点如下。

- **支持更加广泛和灵活的可开发特征**　ASP.NET2.0及以上版本都包含一些新增的缓存控件和API，这些特征能够改善开发人员对于缓存功能的控制。

- 增强可管理性　使用 ASP.NET 提供的配置和管理功能可以轻松地管理缓存功能。
- 提供更高的性能和可伸缩性。
- 降低磁盘的访问数量和处理量。
- 减少交互的通信量。

缓存功能自身也存在着不足，如显示的内容不是最新最准确的、增加了系统的复杂性并且使其难于测试和调试等。因此，可以在没有使用缓存的情况下开发和测试应用程序，然后在性能优化阶段启用缓存选项。

8.2　页面输出缓存

页面输出缓存主要是针对网页 Page 进行缓存，如果将其细分可以分为整页输出缓存和部分缓存。本节主要介绍整页输出缓存。

8.2.1　页面输出缓存概述

页面输出缓存是一种最简单的缓存技术，通常情况下它将页面的全部内容都保存到内存中，并且完成客户端的请求。页面输出缓存对于那些包含不需要经常修改内容，但是需要大量处理才能编译完成的页面特别有用。

要实现页面输出缓存需要添加一条@OutputCache 指令，该指令的语法如下所示。

```
<%@ OutputCache CacheProfile=" "
NoStore="True | False"
Duration="#ofseconds"
Shared="True | False" Location="Any | Client | Downstream | Server | None
| ServerandClient "
SqlDependency="database/table name pair | CommandNotification "
VaryByControl="controlname"
VaryByCustom="browser | customstring"
VaryByHeader="headers"
VaryByParam="parametername"
%>
```

@OutputCache 指令中包含 10 个属性，其常用属性的具体说明如表 8-1 所示。

表 8-1　@OutputCache 指令各个属性的说明

属性名	说明
CacheProfile	可选属性，默认值为空字符串，用于定义与该页关联的缓存设置名称，在用户控件中的@OutputCache 指令中不支持此属性
NoStore	它是一个布尔值，用于决定是否阻止敏感信息的二级存储。如果属性值为 true 等效于请求期间执行代码“Response.Cache.SetNoStore()”。用户控件中@OutputCache 指令中不支持此属性

续表

属性名	说明
Duration	用于设置页面或者用户控件缓存的时间，单位是秒。该属性是必须的，否则会引起分析器错误
Shared	它是一个布尔值，用于确定用户控件输出是否可以有多个页共享。默认值为 false，在 ASP.NET 页面中的@OutputCache 指令不支持此属性
Location	用于指定输出缓存项的位置，默认值为 Any。在用户控件的@OutputCache 指令不支持此属性
SqlDependency	该属性标识一组数据库/表名称对的字符串值、页或控件的输出缓存依赖于这些键值对
VaryByControl	该属性使用一个分号分隔的字符串（服务器控件的 ID 属性值）列表来更改用户控件的输出缓存。除非已经包含了 VaryByParam 属性否则在 OutputCache 指令中它是必须的
VaryByCustom	用于定义输出缓存要求的任意文本，如果赋予该属性值是 browser 缓存将随浏览器名称和主要版本信息的不同而异。如果输出自定义字符串，则必须在应用程序的 Global.asax 文件中重写 HttpApplication.GetVaryByCustomString()方法
VaryByHeader	该属性包含由分号分隔的 HTTP 标头列表用于输出缓存发生变化。用户控件中@OutputCache 指令不支持此属性
VaryByParam	定义一个分号字符串列表用于使输出缓存发生变化。默认情况下这些字符串与用 GET 或 POST 方法发送的查询字符串值对应

在@OutputCache 指令中，Location 属性可以根据缓存的内容来决定位置，例如对于包含个人资料信息、安全性要求比较高的网页，最好缓存在 Web 服务器上以保证数据无安全性问题。该属性的值是枚举 OutputCacheLocation 的值之一，该枚举的属性值有 6 个，其具体说明如下所示。

- **Any** 默认值，页面的输出可以缓存在客户端浏览器或缓存在 Web 服务器本身。
- **Client** 指明输出缓存只能存储在发出请求的客户端（即浏览器）的本地缓存中。
- **Downstream** 指明输出缓存能存储在任何支持 HTTP1.1 缓存的设备（如代理服务器）中。
- **Server** 指明输出缓存将存储在 Web 服务器上。
- **None** 指明该页面禁用输出缓存。
- **ServerAndClient** 指明输出缓存可以在客户端，也可以在 Web 服务器上。

例如，设置网页的缓存时间为 60 秒并且只能缓存在服务器中，其语法代码如下。

```
<%@ OutputCache Duration="10" VaryByParam="none" Location="Server" %>
```

8.2.2 使用缓存显示登录时间

上一节已经简单地了解过@OutputCache 指令的属性，本节主要介绍如何使用该指令实现缓存的功能。ASP.NET 中使用@OutputCache 指令实现网页缓存有 3 种方法。

（1）使用@OutputCache 指令以声明的方式实现网页缓存。

（2）在 web.config 文件中进行配置实现。

（3）通过编码的方法实现网页缓存。

【实践案例 8-1】

下面通过案例演示如何使用@OutputCache 指令缓存显示当前的系统登录时间，其主要步骤如下。

（1）创建新的 Web 窗体页，然后在页面的合适位置添加 Literal 控件用于显示当前时间。页面的设计效果如图 8-1 所示。

图 8-1　案例 8-1 设计效果

（2）双击打开窗体页面，在页面的顶部位置添加@OutputCache 指令。将 Duration 的属性值设置为 60，VaryByParam 的属性值设置为 none。其具体代码如下。

```
<%@ OutputCache Duration="60" VaryByParam="none" %>
```

（3）运行本案例进行测试，最终效果如图 8-2 所示。60 秒后重新刷新该页面进行测试，其效果如图 8-3 所示。

图 8-2　案例 8-1 起始运行效果

图 8-3　60 秒后的运行效果

除了可以在页面中通过@OutputCache 指令的各个属性指定缓存内容外，还可以在 web.config 文件中进行配置。配置完成后，在@OutputCache 指令中直接设置 CacheProfile 属性的值即可。

【实践案例 8-2】

本案例在 web.config 文件的节点中配置页面缓存内容，然后通过@OutputCache 指令的 CacheProfile 属性指定页面缓存。其主要步骤如下。

（1）打开 web.config 文件找到 system.web 节点，然后在该节点下添加子节点 caching。其具体内容代码如下。

```
<system.web>
    <caching>
        <outputCacheSettings>
            <outputCacheProfiles>
                <add name="CacheProfile1" duration="5" varyByParam="none"/>
            </outputCacheProfiles>
        </outputCacheSettings>
    </caching>
</system.web>
```

（2）重新添加 Web 窗体页，复制案例 8-1 的页面与 HTML 相关的源代码，在页面顶部位置重新修改或添加@OutputCache 指令。其主要代码如下。

```
<%@ OutputCache CacheProfile="CacheProfile1" %>
```

（3）运行本案例的页面进行缓存测试，测试效果图不再显示。

当在 ASP.NET 页面中指定@OutputCache 指令使用 CacheProfile 属性时，其属性值必须与 web.config 文件中<outputCacheSettings>配置节点下的 outputCacheProfiles 元素中的一个可用项的名称匹配。如果不匹配，则引发异常。

除了上面两种方法外，通过后台编码方式也可以实现页面的输出缓存功能。下面通过案例演示如何通过编码实现页面输出缓存。

【实践案例 8-3】

复制案例 8-1 或案例 8-2 的页面源代码，页面的设计效果不再显示。Web 窗体页加载时设置输出缓存的到期时间。在 Load 事件中添加如下代码。

```
protected void Page_Load(object sender, EventArgs e)
{
    litTime.Text = DateTime.Now.ToString();     //在 Literal 控件中显示时间
    Response.Cache.SetExpires(DateTime.Now.AddSeconds(10));
                                                //设置缓存时间为 10 秒
    Response.Cache.SetCacheability(HttpCacheability.Public);
                                          //将 Cache-Control 标头设置为 public
    Response.Cache.SetValidUntilExpires(true);//缓存是否忽略客户端发送的标头
}
```

在上述代码中，Response.Cache 用来获取网页的缓存策略；SetExpires()方法设置缓存的时间；SetCacheability()方法用来设置 Cache-Control 标头的值；SetValidUnitilExpires()方法表示 ASP.NET 缓存是否忽略客户端发送的表头。

重新运行本案例的代码进行缓存测试，最终运行效果不再显示。

当以编程方式设置缓存时间时，必须为要缓存的页设置 Cache-Control 标头，因此需要调用 SetCacheability()方法，并向其传递 HttpCacheability 枚举值 Public。

8.3 页面部分缓存

一般情况下缓存整个页面的要求是不合理的，如果用户想要针对页面中的某一部分进行缓存，其他部分每一次请求都进行更改，那么使用上一节的内容就不能满足要求，这时需要使用页面部分缓存。页面部分缓存也叫片段缓存，它是将页面部分内容保存在内存中以便响应用户请求，而页面其他部分内容则为动态内容。页面部分缓存的实现包括控件缓存和缓存后替换两种方式，本节主要介绍如何使用这两种方式实现页面部分缓存。

8.3.1 控件缓存

控件缓存允许将缓存的信息包含在一个用户控件内，然后将该用户控件标记为可缓存的，以此来缓存页面输出的部分内容。

控件缓存的实质是对用户控件进行缓存配置，它的实现有 3 种方法。

（1）使用@OutputCache 指令以声明的方式为用户控件设置缓存。

（2）在代码隐藏文件中，使用 PartialCachingAttribute 类设置用户控件缓存。

（3）使用 ControlCachePolicy 类以编程方式指定用户控件缓存设置。

在用户控件中，使用@OutputCache 指令只能设置 7 个属性，即 Duration、ProviderName、Shared、SqlDependency、VaryByParam、VaryByControl 和 VaryByCustom。例如，在用户控件中的@OutputCache 指令设置如下代码。

```
<%@ OutputCache Duration="60" VaryByParam="none" VaryByControl="ID1,ID2,
ID3" %>
```

在上面代码中，为用户控件的服务器控件设置缓存，其中缓存时间为 60 秒，ID1、ID2 和 ID3 表示服务器控件的 ID 属性值。

另外，在 ASP.NET 页面和用户控件中都可以通过@OutputCache 指令设置缓存，并且允许设置不同的缓存过期时间值。其具体说明如下。

- 如果页面缓存时间大于用户控件缓存时间，则页面的输出缓存时间优先。与用户控件的时间设置无关。
- 如果页面缓存时间小于用户控件缓存时间，则即使已为某个请求重新生成该页面的其余部分，也将一直缓存用户控件直到其过期时间到期为止。

【实践案例 8-4】

许多系统和网站中注册成为会员成为最大的热点，本案例的注册页面中使用 Literal 控件显示系统的当前时间，使用 TextBox 控件存放用户注册时的注册时间。然后，在 Web 窗体页和用户控件中通过声明@OutputCache指令与PritialCachingAttribute类实现用户控件缓存的功能。实现的主要步骤如下。

（1）添加新的用户控件WebUserControl.ascx，该用户控件存放用户注册的基本信息。其最终设计效果如图8-4所示。

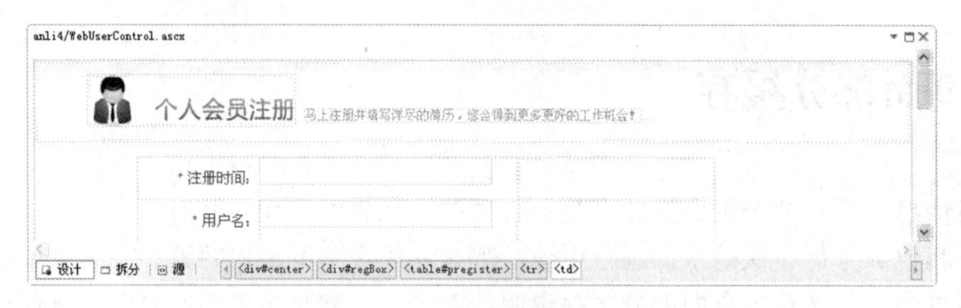

图 8-4　用户控件的设计效果图

（2）添加新的Web窗体页RegisterUser.aspx，设计页面完成后在页面的合适位置添加Literal控件用于显示系统的当前时间。接着，拖曳用户控件WebUserControl.ascx到合适位置，最终设计效果如图8-5所示。

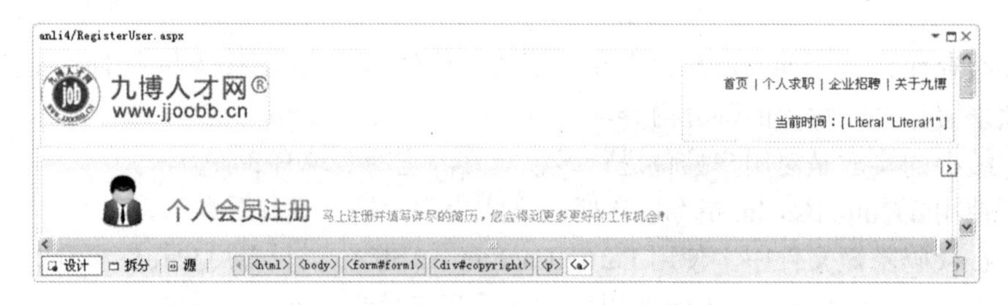

图 8-5　窗体页设计效果

（3）双击打开RegisterUser.aspx页面，在页面的顶部位置添加@OutputCache指令，设置该页面的缓存时间为5秒。其代码如下。

```
<%@ OutputCache Duration="5" VaryByParam="none" %>
```

（4）双击打开用户控件WebUserControl.ascx文件的后台页面，在用户控件类声明前使用PartialCachingAttribute或PartialCaching设置用户控件的缓存有效时间，并且当Load加载时在文本框中显示当前时间。其具体代码如下。

```
[PartialCaching(10)]
public partial class anli4_WebUserControl : System.Web.UI.UserControl
{
    protected void Page_Load(object sender, EventArgs e)
    {
        txtTime.Text = DateTime.Now.ToString();
    }
}
```

在上述代码中，用户 PartialCaching 设置缓存有效时间为 10 秒，这里也可以使用

PartialCachingAttribute 替换 PartialCaching。

（5）运行本案例，运行初期效果如图 8-6 所示。

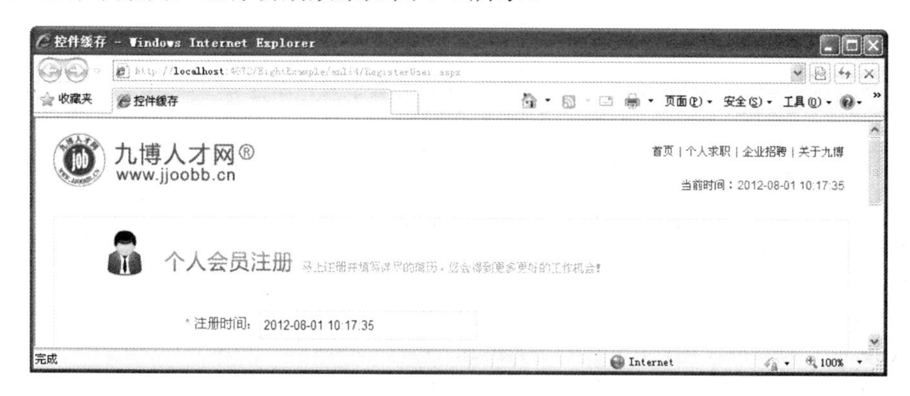

图 8-6　案例 8-4 运行初期效果图

（6）缓存 5 秒时刷新页面，其效果如图 8-7 所示。

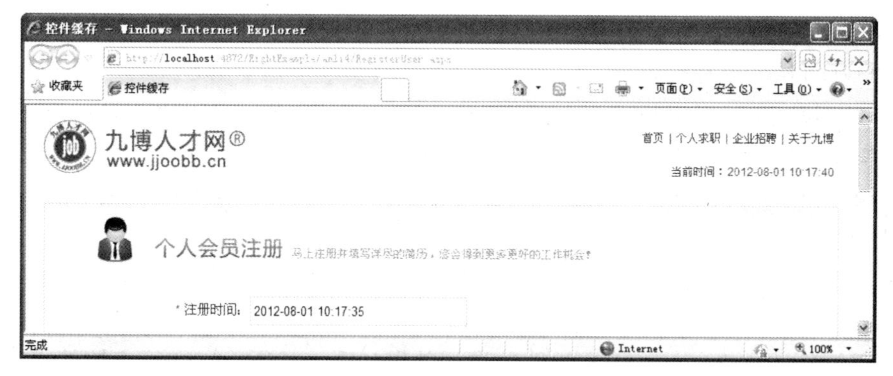

图 8-7　缓存 5 秒刷新页面的效果

（7）缓存 10 秒时重新运行刷新本页面，效果如图 8-8 所示。

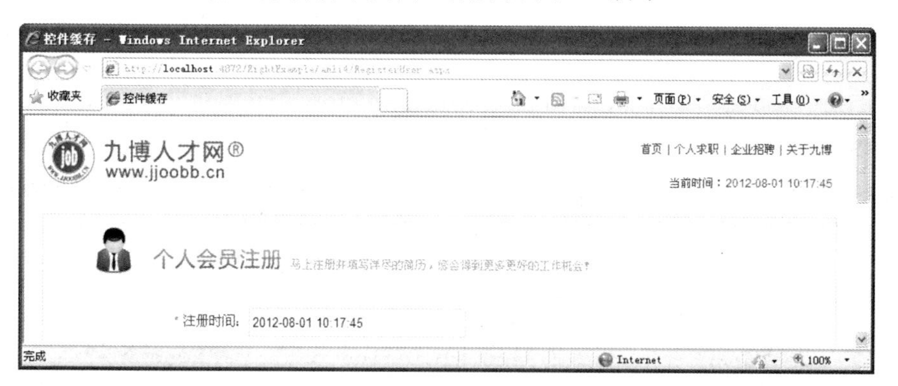

图 8-8　缓存 10 秒刷新页面的效果

使用 PartialCachingAttribute 和 PartialCaching 的作用效果和在页面声明@OutputCache 指令的效果是一样的，感兴趣的读者可以亲自动手试一试。

ControlCachePolicy 类是.NET Framework2.0 中新增的类，该类用于提供对用户控件的输出缓存设置的编程访问。ControlCachePolicy 类中包含 7 个常用属性，其具体说明如表 8-2 所示。

表 8-2 ControlCachePolicy 类的常用属性

属性名	说明
Cached	获取或设置一个值，该值指示是否为用户控件启用片段缓存
Dependency	获取或设置与缓存的用户控件输出关联的 CacheDependency 类的实例
Duration	获取或设置缓存的项在输出缓存中保留的时间
ProviderName	获取或设置与控件实例关联的输出缓存提供程序的名称
SupportsCaching	获取一个值，该值指示用户控件是否支持缓存
VaryByControl	获取或设置要用来改变缓存输出的控件标识符列表
VaryByParams	获取或设置要用来改变缓存输出的 GET 或 POST 参数名称列表

除了常用的属性外，ControlCachePolicy 类也包含多个常用的方法，其中最常用的方法有 3 个，具体说明如下。

- **SetExpires()** 指示包装用户控件的 BasePartialCachingControl 控件在指定的日期和时间使用缓存项过期。
- **SetSlidingExpiration()** 指示包装用户控件的 BasePartialCachingControl 控件将用户控件的缓存项设置为使用可调或绝对过期。
- **SetVaryByCustom()** 设置要由输出缓存用来改变用户控件的自定义字符串列表。

【实践案例 8-5】

在本案例中，重新更改上节案例 8-4 的内容，通过编码使用 ControlCachePolicy 类实现控件缓存的功能。其主要步骤如下。

（1）添加新的用户控件，用户控件的设计效果如图 8-4 所示。在用户控件类声明前使用 PartialCaching 设置用户控件的缓存有效时间，具体代码可参考案例 8-4。

（2）添加新的 Web 窗体页，页面的设计效果如图 8-5 所示。

（3）在窗体页的顶部添加@OutputCache 指令，设置页面的缓存时间为 5 秒。具体代码如下。

```
<%@ OutputCache Duration="5" VaryByParam="none" %>
```

（4）ControlCachePolicy 类的实例对象仅仅存在控件生命周期的 Init 和 PrePender 阶段之间，所以在 Web 窗体页的 Load 事件或 Init 事件中添加如下代码。

```
protected void Page_Init(object sender, EventArgs e)
{
    /* 动态加载用户控件，并返回 PartialCachingControl 的实例对象 */
    PartialCachingControl pcc = LoadControl("WebUserControl.ascx") as
    PartialCachingControl;
    ControlCachePolicy ccp = pcc.CachePolicy;//获取 ControlCachePolicy 对象
    if (ccp.Duration > TimeSpan.FromSeconds(60))
                                //如果用户控件缓存时间大于 60 秒
    {
```

```
        ccp.SetExpires(DateTime.Now.Add(TimeSpan.FromSeconds(10)));
                                                    //设置过期时间为 10
        ccp.SetSlidingExpiration(false);            //设置绝对缓存过期
    }
    this.FindControl("form1").Controls.Add(pcc);    //将用户控件添加到页面中
}
```


在上述代码中，首先使用 LoadControl()方法动态加载 WebUserControl.ascx 文件，该方法返回 PartialCachingControl 的实例。然后，通过 CachePolicy 属性获取 ControlCachePolicy 对象，Duration 属性获取用户控件中设置缓存的过期时间。if 语句判断用户控件的缓存时间是否大于 60 秒，如果大于则通过 SetExpires()方法重新设置用户控件的缓存有效时间，SetSlidingExpiration()方法和参数 false 设置缓存为绝对策略。最后，通过 Control 类的 Add()方法将设置好的用户控件添加到页面控件层次结构中。

（5）运行本案例刷新页面进行测试，测试效果不再显示。

使用 PartialCaching 设置用户控件缓存过期时间的目的是实现使用该类对用户控件的封装。否则，在 ASP.NET 页中调用 CachePolicy 属性获取的 ControlCachePolicy 实例是无效的。

8.3.2 缓存后替换

缓存后替换和控件缓存相反，它指定的区域没有缓存需要每次重新产生，而指定区域之外的部分则被缓存。这种缓存方式适用于页面内某些部分可能每次请求时都需要最新数据的情况。

在 ASP.NET 中实现缓存后替换的方式有 3 种。

（1）使用 Substitution 控件实现以声明的方式来实现，这是最常用的方法。

（2）使用 Substitution 控件以程序化 API 方式来实现。

（3）使用 AdRotator 控件以 AdRotator 控件隐式实现。

使用 Substitution 控件时通常需要使用 MethodName 属性，此属性可以获取该控件执行时调用的回调方法的名称。它所调用的方法必须满足以下 3 个条件。

- 必须是静态（static）方法。
- 返回类型必须是 string 类型。
- 参数类型必须是 HttpContext 类型。

【实践案例 8-6】

许多网站每日甚至每时的浏览量非常高，如淘宝网、拍拍网、电影售票官方网站以及非常热门的 2012 奥运会官方票务网等。由于商品数量或门票的数据信息都来自数据库操作，并且生成页面需要一定的时间，所以可以使用缓存技术缓存页面。本案例实现显示奥运会各国得奖情况，使用缓存后替换控件 Substitution 实现得奖的最新消息。其主要步骤如下。

（1）添加新的 Web 窗体页，在页面的合适位置添加 Substitution 控件，这些控件显示奥运会得奖的最新消息。页面的设计效果如图 8-9 所示。

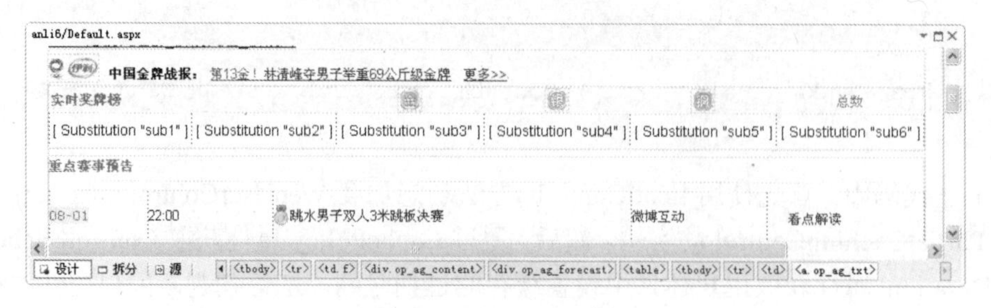

图 8-9　案例 8-6 设计效果

（2）设计完成后，页面与 Substitution 控件相关的源代码如下。

```
<tr>
    <td><asp:Substitution ID="sub1" runat="server" MethodName="GetID" /></td>
    <td><asp:Substitution ID="sub2" runat="server" MethodName="GetGuo" /></td>
    <td><asp:Substitution ID="sub3" runat="server" MethodName="GetJin" /></td>
    <td><asp:Substitution ID="sub4" runat="server" MethodName="GetYin" /></td>
    <td><asp:Substitution ID="sub5" runat="server" MethodName="GetTong" />
    </td>
    <td><asp:Substitution ID="sub6" runat="server" MethodName="GetTotal" />
    </td>
</tr>
```

（3）在窗体页的顶部位置添加@OutputCache 指令，该指令设置缓存的时间为 60 秒。其具体代码如下。

```
<%@ OutputCache Duration="60" VaryByParam="none" %>
```

（4）在 Substitution 控件的声明中，MethodName 属性调用不同的方法，如 GetID()方法、GetGuo()方法和 GetJin()方法等。GetGuo()方法的具体后台代码如下。

```
public static string GetGuo(HttpContext context)
{
    DataSet ds = GetList();                         //获取数据库中的所有数据记录
    string coun = "";                               //声明变量
    foreach (DataRow item in ds.Tables[0].Rows) //遍历 DataTable 中的数据
        coun+="<img src='"+item["ogCountryPic"]+"'/>"+item["ogCountry
        Name"].ToString()+"<br/>";
    return coun;
}
```

在上述代码中，首先调用 GetList()方法获取数据库的所有数据记录，然后使用 foreach 语句遍历 DataTable 对象中的所有行数据。在 foreach 语句中，通过变量[字段名]获取数据库中某个字段的内容，最后将变量 coun 中保存的数据返回。

（5）GetList()方法用于获取数据库中的所有数据记录，该方法的后台代码如下。

```
static string connstr=ConfigurationManager.ConnectionStrings["Connection
StringShow"].ConnectionString;
public DataSet ds;
public static DataSet GetList()
{
    string sql = "select top 5 * from OlympicGames order by ogJinCount desc";
                                                                //声明 SQL 语句
    SqlConnection conn = new SqlConnection(connstr);//创建 SqlConnection 对象
    SqlDataAdapter sda=new SqlDataAdapter(sql,conn);//创建 SqlDataAdapter 对象
    DataSet ds = new DataSet();                                 //创建 DataSet 对象
    sda.Fill(ds);                                               //填充数据
    return ds;
}
```

在上述代码中，首先声明两个全局变量，即 connstr 和 ds，它们分别表示连接数据库的字符串和 DataSet 对象。在 GetList()方法中，主要使用 SqlDataAdapter 对象的 Fill()方法向 DataSet 对象中填充数据。

（6）Substitution 控件的 MethodName 属性的其他回调方法可以参考 GetGuo()方法，具体代码不再显示。

（7）运行本案例，运行初期的效果如图 8-10 所示。

图 8-10　案例 8-6 初期运行效果

（8）更改数据库中的数据将中国的金牌数量“13”更改为“18”，更改完成后立即刷新页面进行测试，其效果如图 8-11 所示。

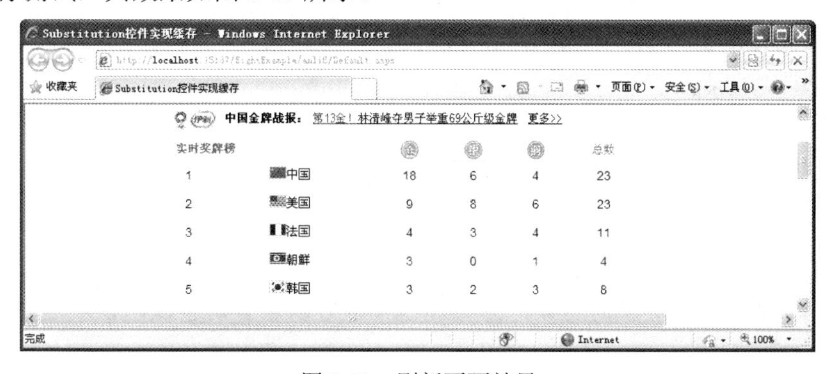

图 8-11　刷新页面效果

除了以声明 Substitution 控件的方式实现缓存外，还可以通过编码的方式动态添加 Substitution 控件实现缓存后替换的功能。

【实践案例 8-7】

本案例通过动态创建 Substitution 控件的方式实现缓存替换的功能。其具体步骤如下。

（1）创建新的 Web 窗体页，然后复制案例 8-6 的代码或重新设计页面效果。页面效果不再显示。

（2）将窗体页源文件中的 Substitution 控件全部以 PlaceHolder 控件来代替，主要代码如下所示。

```
<tr>
    <td><asp:PlaceHolder ID="ph1" runat="server"></asp:PlaceHolder></td>
    <td><asp:PlaceHolder ID="ph2" runat="server"></asp:PlaceHolder></td>
    /* 省略其他列的代码字段 */
</tr>
```

（3）双击打开窗体页的后台代码文件，在 Load 事件中首先创建 Substitution 控件，然后指定该控件实例的 MethodName 属性为获取奥运会金牌总数量的 GetTotal()方法。该事件的主要代码如下。

```
protected void Page_Load(object sender, EventArgs e)
{
    /* 省略其他 Substitution 控件的动态添加 */
    Substitution sub6 = new Substitution();     //创建 Substitution 控件
    sub6.MethodName = "GetTotal";               //指定 MethodName 属性
    ph6.Controls.Add(sub6); //将 Substitution 控件添加到 PlaceHolder 控件中
}
```

（4）GetTotal()方法用于获取各国得奖的总数，该方法的具体代码如下。

```
public static string GetTotal(HttpContext context)
{
    DataSet ds = GetList();
    string coun = "";
    foreach (DataRow item in ds.Tables[0].Rows)
        coun += item["ogTotalCount"].ToString() + "<br/>";
    return coun;
}
```

（5）运行本案例更改数据库中的信息进行测试，测试效果不再显示。

除了使用 Substitution 控件和控件的 API 外，还可以通过 AdRotator 控件实现缓存后替换的功能。感兴趣的读者可以亲自动手试一试。

8.4 页面数据缓存

页面输出缓存和部分缓存可以很好地提高应用程序的性能，但是使用它们也会对某些条件进行限制。例如用户访问淘宝网站，如果某件商品的浏览量超过400要对该页面缓存，使用前面两种显然无法实现。ASP.NET 中添加了类似于 Session 的缓存机制，即页面数据缓存。本节详细介绍它的相关知识。

8.4.1 数据缓存概述

页面数据缓存也叫应用程序缓存，利用数据缓存可以在内存中存储各种与应用程序相关的对象。对于各个应用程序来说数据缓存只是在应用程序内共享，并不是在应用程序间共享。数据缓存主要使用 Cache 类实现，它向读者提供了一种机制，使得开发人员可以通过编码方式灵活地控制缓存的操作。

Cache 类属于字典类，它根据一定的规则存储用户需要的数据。这些数据的类型不受任何限制，可以是字符串、数组、数据表、DataSet、哈希表、List 或 ArrayList 等。Cache 类的优点是当缓存的数据发生变化时 Cache 类会让数据失效，并且实现缓存数据的重新添加，然后通知应用程序报告缓存的及时更新。

缓存的生命周期随着应用程序域的活动结束而终止，即只要应用程序区依然处于活动状态缓存就会一直保持。

Cache 类的方法主要提供对缓存数据的编辑操作，如添加、修改和删除等。其中，常用方法的具体说明如表 8-3 所示。

表 8-3 Cache 类的常用方法

属性名	说明
Add()	将数据添加到 Cache 对象
Insert()	向 Cache 中插入数据，可用于修改已经存在的数据缓存项
Remove()	移除 Cache 对象中的缓存数据项
Get()	从 Cache 对象中获取指定的数据项，该方法返回的是 Object 类型，需要进行数据类型转换
GetEnumerator()	循环访问 Cache 对象中的缓存数据项，返回类型是 IDictionaryEnumerator

1. 添加缓存

Cache 类位于命名空间 System.Web.Caching 下，所以使用 Cache 类之前需要添加该命名空间。添加命名缓存有 3 种方法：键值对、Add()方法和 Insert()方法。

（1）指定键和值。使用 Cache 类指定键和值这种方法最方便，如添加字符串缓存代码如下。

```
string stringname = "";
Cache["CacheString"] = stringname;
```

虽然使用这种方法最方便，但是如果需要设置缓存的有效期和依赖性等特性它就无能为力了。这时需要使用 Add()方法或 Insert()方法。

（2）使用 Add()方法。它适用于需要设置的缓存期和依赖性等特性的缓存，该方法的语法如下。


```
Cache.Add(string key, Object value,CacheDependency dependencies, DateTime
absoluteExpiration,TimeSpan slidingExpiration,CacheItemPriority priority,
CacheItemRemovedCallback onRemoveCallback)
```

上述语法中包括 7 个参数，这 7 个参数都是必须的。其具体说明如下。

- **key** 缓存数据项的键值，必须是唯一的。
- **value** 缓存数据的内容，它可以是任意类型的。如 ArrayList，Object 和 String 等。
- **dependencies** 缓存的依赖项，它的更改意味着缓存内容已经过期。如果没有依赖项，可将此值设置为 NULL。
- **absoluteExpiration** 日期型数据表示缓存过期的时间。
- **slidingExpiration** 一段时间间隔表示缓存参数将在多长时间以后被删除。此参数与 absoluteExpiration 参数相不关联。
- **priority** 表示撤销缓存的优先值，优先级低的数据项将被先删除。它的参数值取自枚举变量 CacheItemPriority，并且该参数主要用在缓存退出对象时。
- **onRemoveCallback** 表示缓存删除数据对象时调用的事件，一般做通知程序。

例如，使用 Add()方法将 ArrayList 对象添加到缓存中，其代码如下。

```
ArrayList myarray = new ArrayList();                    //创建数组数据
myarray.Add("1.学习园地");
myarray.Add("2.交流论坛");
myarray.Add("3.帮助");
Cache.Add("Category",myarray,null,DateTime.Now.AddSeconds(60),TimeSpan.
Zero,CacheItemPriority.Normal, null);                   //将数组添加到缓存中
```

（3）使用 Insert()方法。使用 Insert()方法可以实现多种方式的方法重载，此方法使用起来非常灵活。此外，也可以使用该方法修改缓存数据。

例如，修改上述数据中的某条数据记录，然后重新保存缓存，其代码如下。

```
myarray[1] = "2.交流园地";
Cache.Insert("Category",myarray);
```

2. 移除缓存

ASP.NET 中移除缓存数据有两种方法：自动移除和显式移除。

- **自动移除** 当出现缓存已满、过期和依赖项更改等情况时，缓存项就会自动移除。
- **显式移除** 当显示移除数据时需要使用 Remove()方法，向该方法中传入要移除的缓存项名称即可。

例如，要移除名称为 Category 中的缓存数据，其代码如下。

```
Cache.Remove("Category");
```

3. 检索缓存

由于缓存比较容易丢失，所以当从缓存中检索数据缓存对象时要先判断缓存项是否存在，然后再检索。如果想要获取缓存中的数据，则可以通过 Get()方法获取。

从缓存中返回的任何项目应该要检查项目是否为空。如果一个项目已经删除了，则将来从缓存中读取数据时就会返回 null。所以，需要先判断缓存项是否为空。

8.4.2 使用 Cache 类实现数据缓存

上一节已经简单地了解过页面数据缓存的概念和 Cache 类的常用操作方法，本节主要通过案例演示如何使用 Cache 类中的相关方法实现数据缓存。

【实践案例 8-8】

随着伦敦奥运会的举行，我国的奥运会明星也越来越被大家所关注，因此奥运明星网站的访问量也越来越大。在本案例中，使用 Cache 类实现明星数据的缓存功能。当明星的支持量大于 100 万时，对页面详细信息实行缓存，否则正常显示详细信息。其主要步骤如下。

（1）向数据库中添加数据库表 OlympicGamesPerson，该表包括明星的基本信息。该表主要字段的具体说明如表 8-4 所示。

表 8-4　OlympicGamesPerson 表主要字段说明

字段名	字段类型	是否为空	备注
ogpId	int	否	主键，自动增长列
ogpName	nvarchar(20)	否	名字
ogpEngName	nvarchar(20)	否	英文
opgAge	int	否	年龄
opgSex	nvarchar(2)	否	性别
opgVotes	nvarchar(20)	否	支持票
opgBirth	datetime	否	出生日期
ogpHeight	nvarchar(20)	否	身高
ogpWeight	int	否	体重
ogpItem	nvarchar(300)	否	参赛项目
ogpImage	nvarchar(200)	否	图片
ogpJiGuan	nvarchar(20)	否	籍贯

（2）在新建的项目中添加数据库表对应的明星实体类，该类的主要代码如下。

```
public class Person
{
```

```
    public Person(){}
    private int ogpId;                                  //主键 ID
    private string ogpName;                             //名字
    private string ogpEngName;                          //英文名
    private int opgAge;                                 //年龄
    private string opgSex;                              //性别
    private string opgVotes;                            //投票
    private DateTime opgBirth;                          //出生日期
    private string ogpHeight;                           //身高
    private string ogpWeight;                           //体重
    private string opgItem;                             //项目
    private string ogpImage;                            //图片
    private string ogpJiGuan;                           //籍贯
    public int OgpId
    {
        get { return ogpId; }
        set { ogpId = value; }
    }
    /* 省略对其他字段的属性封装 */
}
```

（3）添加新的 Web 窗体，该窗体显示数据库中的明星列表。页面的设计效果如图 8-12 所示。

图 8-12　案例 8-8 设计效果

（4）添加新的 Web 窗体，该窗体显示用户资料的详细信息。最终设计效果如图 8-13 所示。

图 8-13　用户资料基本信息页面

（5）在页面设计窗口的源代码中，使用<%=对象.属性名 %>绑定用户的详细信息。其主要代码如下。

```
<div class="b_intro">
    <h3>明星信息</h3>
    <p class="pname clearfix">
    <span class="f14">
        <strong>中文: <%=person.OgpName %></strong>(英文: <%=person.
        OgpEngName %>)
        <a href=# class="s-btn-jiayou" style="display:inline-block;"
        hidefocus=""> <span> <%= person.OgpVotes %> 万</span></a>
    </span>
    </p>
    <p class="clearfix">性别: <%=person.OgpSex %></p>
    <p class="clearfix">籍贯: <%=person.JiGuan %></p>
    <p class="clearfix">生日: <%=person.OgpBirth.ToString("yyyy.MM.dd")
    %></p>
    <p class="clearfix">身高: <%=person.OgpHeight %>米</p>
    <p class="clearfix">体重: <%=person.OgpWeight %>公斤</p>
    <p class="clearfix">项目: <%=person.OgpItem %></p>
</div>
```

（6）在后台页面中，窗体加载时根据父页面传递的参数 ID 获取用户的详细资料。然后，为支持票大于 100 万的用户添加数据缓存。Load 事件的具体代码如下。

```
public Person person;
protected void Page_Load(object sender, EventArgs e)
{
    if (!IsPostBack)
    {
        string bid = Request.QueryString["id"];          //获取传递的参数
```

```
        int id = 0;
        if (!string.IsNullOrEmpty(bid))
            id = Convert.ToInt32(bid);          //将参数 ID 转换为 INT 类型
        person = GetPersonInfo(id);             //获取用户详细资料
        Image1.ImageUrl = "~/anli8/" + person.OgpImage + "";//设置用户图片
        if (person != null)                     //判断用户资料是否为空，如果不
        {
            if (Convert.ToInt32(person.OgpVotes) > 100)//判断支持票是否大于 100
            {
                if (Cache.Get("PersonInfo") == null)//判断缓存是否为空，如果为空
                    Cache.Add("PersonInfo",person, null, DateTime.Now.
                    AddSeconds(30), TimeSpan.Zero, System.Web.Caching.
                    CacheItemPriority.High, null);      //添加缓存
                else
                    person = (Person)Cache.Get("PersonInfo");//从缓存中读取数据
            }
        }
    }
}
```

在上述代码中，首先根据传递的参数 id 调用 GetPseronInfo()方法获取用户的详细信息，然后将其转换为 int 类型。如果用户资料不为空，判断其明星支持票是否大于 100。如果支持票大于 100，使用 if 语句判断缓存是否为空；如果为空，调用 Cache 类的 Add()方法添加数据缓存，并且设置缓存的时间为 30 秒。否则，直接调用 Get()方法从缓存中读取数据。

（7）GetPseronInfo()方法用于根据 id 获取用户的详细信息。在该方法中，主要调用 SqlDataReader 对象的 Read()方法读取数据库中用户的详细信息。其相关代码如下。

```
string connstring = ConfigurationManager.ConnectionStrings["Connection
StringShow"].ConnectionString;
public Person GetPersonInfo(int id)
{
    Person person = null;
    SqlConnection conn = new SqlConnection(connstring);//创建 SqlConnection 对象
    string slq = "select * from OlympicGamesPerson where ogpId=" + id;
                                                    //声明 SQL 语句
    SqlCommand comd = new SqlCommand(slq, conn);    //创建 SqlCommand 对象
    conn.Open();                                    //打开数据库连接
    using (SqlDataReader dr = comd.ExecuteReader())  //创建 SqlDataReader 对象
    {
        if (dr.Read())                              //使用 Read()循环读取数据
        {
            person = new Person();
            person.OgpEngName = dr["ogpengname"].ToString();
            person.OgpHeight = dr["ogpheight"].ToString();
            /* 省略其他字段的读取 */
```

```
            }
        }
        conn.Close();                                       //关闭数据库连接
        return person;                                      //返回用户资料
    }
```


（8）运行本案例，明星列表页面的运行效果如图 8-14 所示。

图 8-14　明星列表页面效果

（9）单击奥运明星的名字或图片查看他们的详细信息，如单击明星“李娜”的链接，其运行效果如图 8-15 所示。

图 8-15　明星详细资料

（10）更改数据库中支持票大于 100 的明星用户（如李娜）的出生日期，更改完成后立即刷新页面进行测试。读者可以发现她的资料不会立即更改，15 秒后重新页面发现更改其资料信息，这是因为使用 Cache 类对大于 100 的明星用户资料进行了缓存。其运行效果如图 8-16 所示。

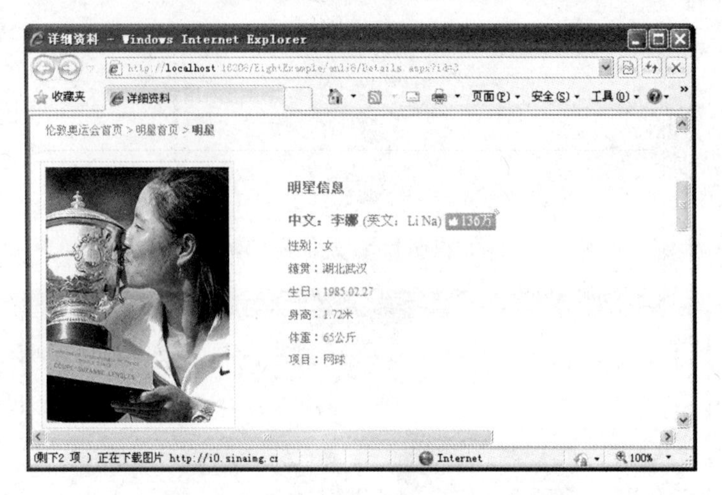

图 8-16　缓存 15 秒后刷新页面的效果图

（11）更改数据库中支持票小于 100 的明星用户（如刘翔）的出生日期，更改完成后立即刷新页面进行测试。大家可以发现页面会马上更改其详细信息，运行效果不再显示。

8.4.3　CacheDependency 依赖类缓存 XML 文件

缓存依赖是实现缓存功能中非常重要的一部分，通过缓存依赖可以在被依赖对象（如文件、目录和数据库等）与缓存对象之间建立一个有效的关联。当被依赖对象发生改变时，缓存对象将变得不可用，并且自动从缓存中移除。

缓存依赖主要有 3 个核心类实现：CacheDependency、AggregateCacheDependency（聚合缓存依赖）和 SqlCacheDependency（数据库缓存依赖）。

CacheDependency 类是 AggregateCacheDependency 和 SqlCacheDependency 的父类，主要用于在应用程序数据缓存对象与文件、缓存键、文件或缓存键的数据或另一个 CacheDependency 对象之间建立管理。

下面通过案例演示如何通过 CacheDependency 类实现缓存 XML 文件的功能。

【实践案例 8-9】

本案例调用 Cache 类的 Insert()方法指定 XML 文件缓存依赖项，第一次执行或运行页面时会读取 ShowXML.xml 文件，将其添加到缓存中。接着，修改 XML 文件中的内容并保存。然后，刷新浏览器查看运行效果。实现的主要步骤如下。

（1）在网站中添加名称为 ShowXML.xml 的文件，在文件中添加代码显示用户列表内容。其主要代码如下所示。

```
<?xml version="1.0" encoding="utf-8" ?>
<Students>
    <Student>
        <姓名>陈烈</姓名>
        <性别>男</性别>
        <年龄>25</年龄>
```

```
        <联系电话>15890026154</联系电话>
        <地址>河南省郑州市金水区</地址>
        <个人说明>
            沉默寡言，但是技术特别好!
        </个人说明>
    </Student>
    /* 省略其他用户显示的代码 */
</Students>
```


（2）添加新的 Web 窗体页，在页面的合适位置添加 Literal 控件和 GridView 控件。Literal 控件显示是第一次加载还是从缓存中加载内容，GridView 控件显示用户列表。页面的设计效果如图 8-17 所示。

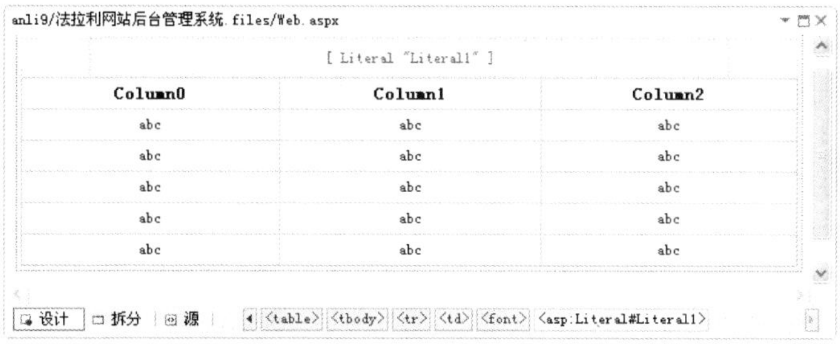

图 8-17　案例 8-9 设计效果

（3）窗体加载时从缓存中读取数据，如果缓存中数据为空则调用 Cache 类的 Insert() 方法添加缓存。Load 事件的具体代码如下。

```
protected void Page_Load(object sender, EventArgs e)
{
    GridView1.Attributes.Add("style ", "table-layout:auto");//设置样式
    Literal1.Text = Cache["Stud"] == null ? "第一次加载数据列表" : "从缓存的
    XML 文件中读取";
    if (Cache["Stud"] == null)                          //如果缓存中的数据为空
    {
       DataSet ds = new DataSet();                      //创建 DataSet 对象
       ds.ReadXml(Server.MapPath("~/anli9/ShowXML.xml"));
                                                        //读取 XML 文件中的数据
       /* 缓存依赖项 */
       CacheDependency cd = new CacheDependency(Server.MapPath("~/homework/
       ShowXML.xml"));
       Cache.Insert("Stud", ds, cd);                    //添加缓存
    }
    GridView1.DataSource = (DataSet)Cache["Stud"]; //从缓存中读取数据
    GridView1.DataBind();
}
```

在上述代码中，首先为 GridView 控件动态添加样式，然后根据 Cache 对象的值判断

Literal 控件显示的内容。如果缓存中的数据为空，首先创建 DataSet 对象，接着调用 ReadXml()方法读取 XML 文件中的数据。然后，使用 new 创建 CacheDependency 对象。最后，调用 Insert()方法添加缓存依赖项。如果缓存中的数据不为空则直接读取缓存中的数据内容，最后调用 GridView 控件的 DataBind()方法绑定数据。

（4）运行本案例首次运行效果时会显示“第一次加载数据列表”，刷新页面后显示“从缓存的 XML 文件中读取”。运行效果如图 8-18 所示。

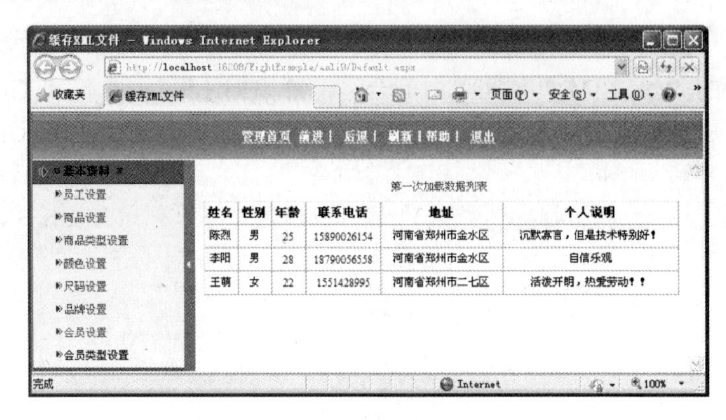

图 8-18　案例 8-9 运行刷新效果图

（5）打开 XML 文件然后修改向该文件中添加新的 student 节点，完成后保存该文件。重新刷新浏览器页面显示“第一次加载数据列表”，这是因为运行时发现其依赖项改变了，所以会将原缓存移除，程序再重新缓存 XML 数据。最终运行效果如图 8-19 所示。

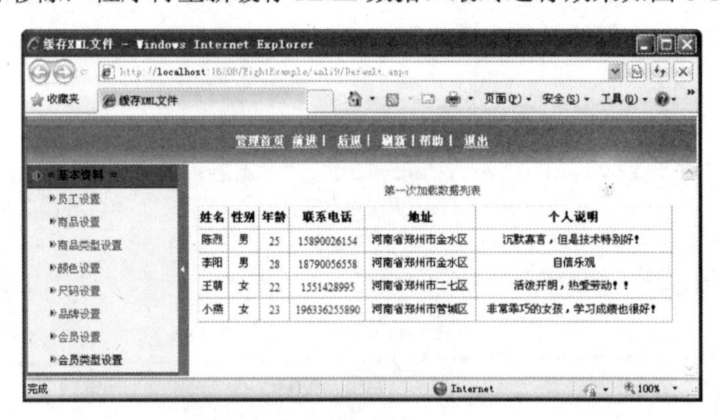

图 8-19　加入 XML 缓存依赖项

8.5　项目案例：数据库缓存依赖

前几节已经详细介绍了缓存的 3 种方式：页面输出缓存、页面部分缓存和页面数据缓存。但是，如果数据库中的内容发生改变，如何及时通知缓存并更改数据缓存中的数据问题呢？答案很简单，可以使用数据库的缓存依赖。

数据库缓存依赖的主要优点如下。

（1）提高数据呈现速度，每次获取数据后系统根据用户设置的缓存时间，在有效期内将数据保存在本地。用户请求数据结果时系统不是从数据库中获取，而是直接从本地获取从而提高了数据的获取速度。

（2）单独缓存页面中的某一控件而不影响其他数据的变化。为了保证页面中数据的准确性通常只需要缓存数据控件，其他控件的数据是随是变化的。

（3）数据项发生更改时自动删除缓存项，并且向 Cache 中添加新版本的项，这是数据库缓存依赖最重要的一个特点。

（4）与 SQL 缓存依赖项关联的数据库操作比较简单，不会给服务器带来高的处理成本。

本节项目案例就介绍如何使用 SQL Server 2008 和 Visual Studio 2010 实现数据库的缓存依赖。

【实例分析】

本案例使用 ListView 控件显示论坛数据列表，然后添加数据库的缓存依赖，最后在后台页面使用缓存读取列表信息。实现的主要步骤如下。

（1）在数据库中添加新的数据库表 ForumContent，该表包括帖子主题、名称、作者和发贴日期等内容。其主要字段的具体说明如表 8-5 所示。

表 8-5　ForumContent 表的字段

字段名	字段类型	是否为空	备注
fcId	int	否	主键，自动增长
fcTitle	nvarchar(20)	否	帖子主题
fcName	nvarchar(20)	否	帖子名称
fcAuthor	nvarchar(20)	否	作者
fcTime	datetime	是	发贴日期，默认为当前时间
fcClickNum	int	否	点击量
fcReplayNum	int	否	回复量

（2）添加新的 Web 窗体，在窗体的合适位置添加 DataList 控件显示到数据列表，添加 Button 按钮，单击它重新获取表中的信息。最终设计效果如图 8-20 所示。

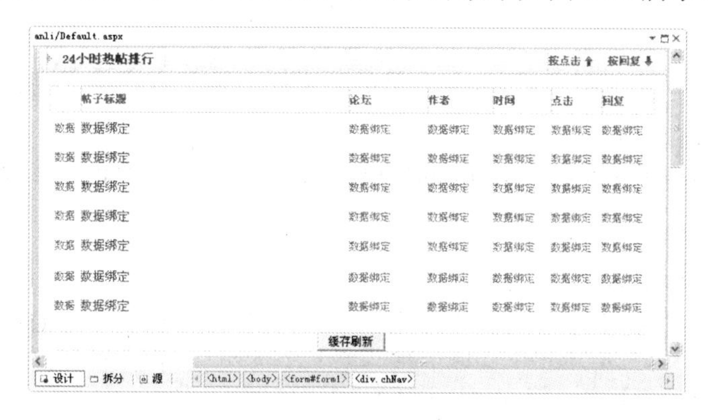

图 8-20　项目案例设计效果

（3）为新建的数据库表启用数据库的缓存，选择【开始】|【运行】选项在输入框中输

入 cmd 或 cmd.exe 打开窗口文件。运行效果如图 8-21 所示。

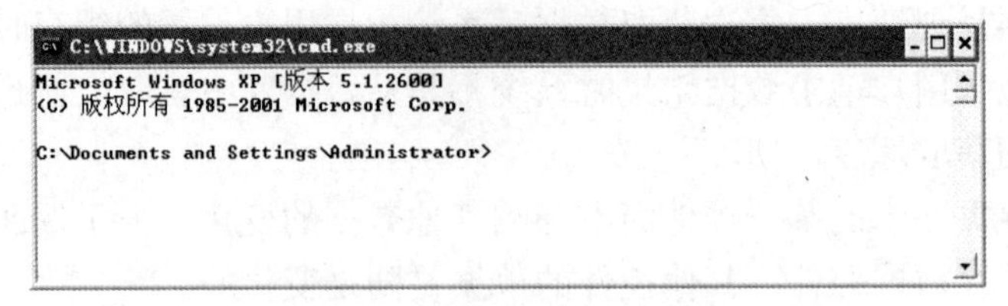

图 8-21　打开窗口文件

（4）在命令行中输入命令，进入 C:\WINDOWS\Microsoft.NET\Framework\v2.0.50727 中。运行效果如图 8-22 所示。

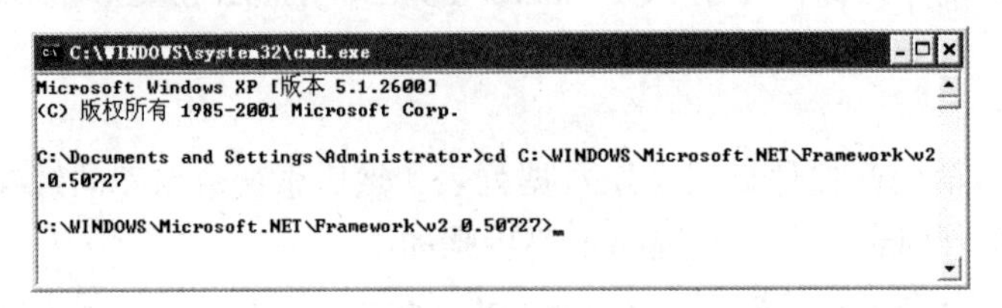

图 8-22　进入磁盘文件夹

（5）进入完成后输入命令内容“aspnet_regsql.exe –S XP-201203191058\SQLEXPRESS –U sa –P 123456 –ed –d Example -et –t ForumContent”为数据库启用缓存依赖。运行效果如图 8-23 所示。

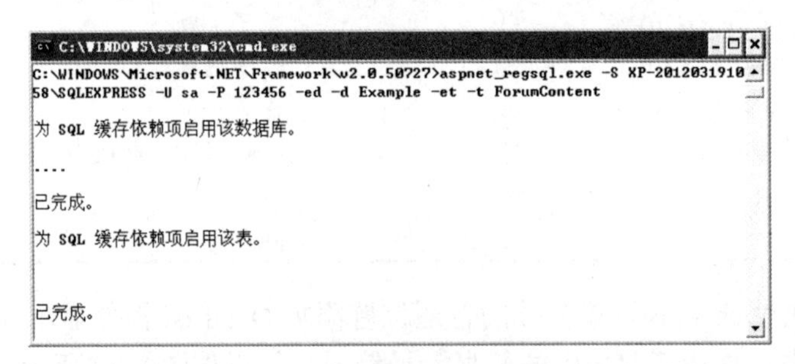

图 8-23　启用缓存依赖

在命令行中，-S 表示服务器名，-U 表示登录名，-P 表示登录密码。读者可以根据需要进行更改。

（6）打开 web.config 文件在 configuration 节点下找到或重新配置连接数据库的代码。其具体代码如下。

```
<connectionStrings>
<add name="ConnectionStringShow" connectionString="Data Source=XP-
201203191058\SQLEXPRESS; Initial Catalog=Example;User ID=sa;Password=
123456" providerName="System.Data.SqlClient" />
</connectionStrings>
```

（7）在 web.config 文件的 system.web 节点下添加开启数据库缓存依赖的代码。其具体代码如下。

```
<system.web>
    <caching>
    <sqlCacheDependency enabled="true" pollTime="30000">
        <databases>
            <add name="Visit" connectionStringName="ConnectionStringShow"
            pollTime="30000"/>
        </databases>
    </sqlCacheDependency>
    </caching>
<system.web>
```

在上述代码中，sqlCacheDependency 节点下的 enabled 属性表示是否开启数据库缓存依赖；polltime 属性表示轮询数据库表的更改频率，单位是毫秒 ms，设置该值时不能小于 500ms，本案例设置为 30 秒。在 add 节点下，name 属性表示访问时的名称，connection StringName 表示连接数据库字符串的名称。

（8）窗体页面显示时使用缓存加载数据列表内容，Load 事件的具体代码如下。

```
protected void Page_Load(object sender, EventArgs e)
{
    if (!Page.IsPostBack)              //判断是否首次加载
        FillListViewByDbOrCache();  //调用 FillListViewByDbOrCache()方法
}
private void FillListViewByDbOrCache()
{
    if (Cache["Update"] == null)                    //缓存为空，表示缓存失效
    {
        ListView1.DataSource = GetDt();             //获取数据列表
        ListView1.DataBind();
        //添加缓存
        Cache.Insert("Update", GetDt(), new SqlCacheDependency("Visit",
        "ForumContent"));
    }
    else                                            //如果缓存不为空
    {
        DataTable dt = Cache["Update"] as DataTable;    //获取数据列表
        ListView1.DataSource = dt;                      //指定数据源
        ListView1.DataBind();                           //绑定数据源
    }
}
```

在上述代码中，首先判断页面是否首次加载，如果是调用 FillListViewByDbOrCache()方法获取数据列表。在 FillListViewByDbOrCache()方法中，首先判断缓存的内容是否为空，如果为空表示缓存已经失效从数据库获取最新版本的数据。调用 Cache 对象的 Insert()方法

添加缓存内容，第 3 个参数表示缓存依赖项对象，当任何依赖项更改时该对象即无效并从缓存中移除。当实例化 SqlCacheDependency 对象时传入两个参数，第一个参数是指在 web.config 文件中定义的数据库名称，第二个参数表示与缓存关联的数据库表名称。如果不为空，则从缓存中获取数据。

（9）GetDt()方法用于获取数据库中的数据列表，在该方法中主要使用 SqlDataAdapter 对象的 Fill()方法向 DataSet 对象中填充数据。其具体代码如下。


```
private DataTable GetDt()
{
    string conns = ConfigurationManager.ConnectionStrings["Connection
    StringShow"].ConnectionString;
    using (SqlConnection conn = new SqlConnection(conns))
    {
        SqlDataAdapter da = new SqlDataAdapter("select * from ForumContent",
        conn);
        DataTable dt = new DataTable();
        da.Fill(dt);
        return dt;
    }
}
```

（10）单击【缓存刷新】按钮时，重新调用 FillListViewByDbOrCache()方法获取缓存中的数据。其具体代码如下。

```
protected void Button1_Click(object sender, EventArgs e)
{
    FillListViewByDbOrCache();
}
```

（11）运行本案例其效果如图 8-24 所示。

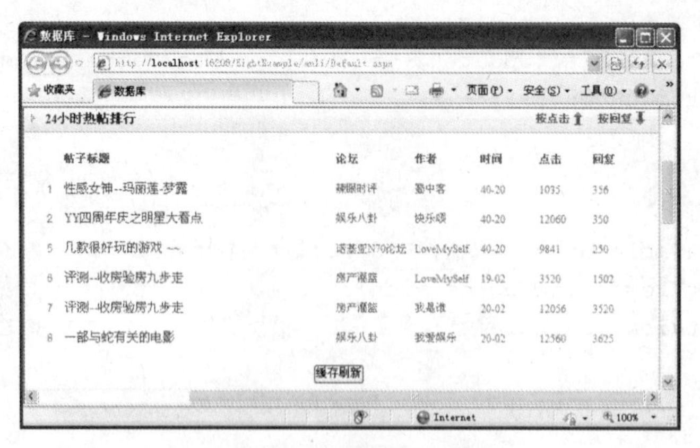

图 8-24　项目案例运行效果

（12）向数据库中添加新的数据，立即单击【缓存刷新】按钮进行测试，可以发现页面数据没有更新。30 秒后重新单击该按钮进行测试，发现数据重新加载。实现了数据库缓存依赖的功能，运行效果如图 8-25 所示。

图 8-25　数据库缓存效果

8.6　习题

一、填空题

1. ASP.NET 中的缓存包括页面输出缓存、页面部分缓存和__________。
2. 页面声明缓存时需要使用__________指令。
3. OutputCache 指令中__________属性用于设置页面或用户控件缓存的时间。
4. ASP.NET 中__________针对 Page 页面中的 HTML 进行缓存，是可视化内容对象。
5. Cache 类的__________方法可以添加缓存，也可以修改缓存中的数据。
6. 使用 Substitution 控件实现缓存后替换功能时需要使用__________属性。

二、选择题

1. 以下关于整页缓存的@OutputCache 指令声明，__________选项是错误的。

   A. <%@ OutputCache Duration="20" VaryByParam="ID,Name" VaryByControl="none" %>

   B. <%@ OutputCache Duration="20" VaryByControl="none" %>

   C. <%@ OutputCache VaryByParam="ID,Name" VaryByControl="none" %>

   D. <%@ OutputCache Duration="20" VaryByParam="ID,Name" %>

2. 在下面关于控件缓存的选项中，__________说法是错误的。

   A. 控件缓存的设置实质是对用户控件的缓存进行缓存配置

   B. 如果页面缓存时间比用户控件缓存时间短，则即使已为某个请求重新生成页面的其余部分，也将一直缓存用户控件直到过期时间到期为止

C．如果页面缓存时间长于用户控件的缓存时间，则页面的输出缓存时间优先

D．如果页面缓存时间长于用户控件的缓存时间，则用户控件的缓存时间优先

3．以下不能在数据缓存中成功添加缓存项的是__________。

A．Cache.Insert("Cache1","Come On")

B．Cache.Add("Cache1","Come On")

C．Cache.Insert("Cache1","Come On",null)

D．Cache["Cache1"] = "Come On"

4．ASP.NET 中实现缓存后替换的方式有 3 种，以下答案正确的是__________。

（1）使用 Substitution 控件声明的方式实现

（2）使用 AdRotator 控件以 AdRotator 控件隐式实现

（3）使用 Cache 类以编程的方式实现

（4）使用 Substitution 控件以程序化的方式实现

A．（1）、（2）和（3）

B．（2）、（3）和（4）

C．（1）、（3）和（4）

D．（1）、（2）和（4）

5．以下关于 Substitution 控件的 MethodName 属性描述错误的是__________。

A．该属性所调用方法的参数数量和返回类型都没有限制

B．该属性所调用方法的返回类型必须是 string 类型

C．该属性所调用方法的参数类型必须是 HttpContext 类型

D．该属性所调用的方法必须是静态的

三、上机练习

使用 Substitution 控件实现缓存替换

在新建的项目中添加窗体页，该页面显示商品的详细信息，如价格、月销售量、图片以及库存等内容。将库存数量放在 Substitution 控件中，访问该页面时实现缓存后替换的功能。最终运行效果如图 8-26 所示。

图 8-26　实践运行效果

8.7 实践疑难解答

8.7.1 ASP.NET 页面缓存

ASP.NET 页面缓存问题
网络课堂：http://bbs.itzcn.com/thread-19708-1-1.html

【问题描述】：请问页面缓存的缓存可以存多久，我想在服务器存一小时是不是就相当于服务器的网页全是一小时更新一次 HTML 页面了？能不能请大家说一下，谢谢啦！

【解决办法】：这位同学，在页面的@OutputCache 指令中声明 Duration 属性的值即缓存的时间，它的值以秒为单位。并且，不是说一小时更改一次 HTML 页面，是说将整个 ASP.NET 页面内容保存在服务器内在中。一小时内用户请求该页面时系统从内在中输出相关数据，直到缓存数据过期。在这个过程中缓存内容直接发送给用户，而不必再经过页面处理生命周期。

8.7.2 AdRotator 控件实现缓存后替换

AdRotator 控件实现缓存后替换
网络课堂：http://bbs.itzcn.com/thread-19709-1-1.html

【问题描述】：各位大哥大姐好，最近我在学习关于缓存的东西。实现缓存后替换功能有 3 种方式，那么谁能给我举一个使用 AdRotator 控件实现缓存后替换的实例？先谢谢大家了！

【解决办法】：使用 AdRotator 控件实现缓存后替换的功能非常简单，它是一个直接支持缓存替换功能的控件。如果将该控件放在页面上无论是否缓存父页，都将在每次请求时呈现其特有的广告。例如，如果页面包含静态内容和显示广告控件，这种情况下使用缓存模型就非常有用。静态内容不会更改，这意味着它们不会缓存，但是应用程序要求每次请求页面时都显示一条新广告，直接使用 Substitution 控件。下面通过一段小代码进行介绍，其主要步骤如下。

（1）添加新的 Web 窗体，然后在页面的合适位置添加 AdRotator 控件。将该控件的 AdvertisementFile 属性绑定为 XML 文件。其具体代码如下。

```
<asp:AdRotator ID="AdRotator1" runat="server" AdvertisementFile=
"~/XMLFile.xml"/>
```

（2）添加名称为 XMLFile.xml 的文件，该文件的主要代码如下。

```
<?xml version="1.0" encoding="utf-8" ?>
<Advertisements xmlns="http://schemas.microsoft.com/AspNet/AdRotator-
```

```
    Schedule-File">
    <Ad>
        <ImageUrl>~/Images/a.jpg</ImageUrl>
        <NavigateUrl>http://school.itzcn.com/bookshow-bookid-7.html</
        NavigateUrl>
        <AlternateText>Ajax 从入门到精通</AlternateText>
        <Impressions>1000</Impressions>
    </Ad>
    /* 省略其他代码 */
</Advertisements>
```

（3）运行该窗体刷新页面进行测试，运行效果不再显示。

第9章 文件和目录处理

软件开发过程中经常需要对文件和文件夹进行操作，如读写、移动、删除和复制文件以及移动、删除和遍历文件夹等。ASP.NET 中也提供了关于文件和目录处理的相关技术类，本章详细介绍如何在 ASP.NET 中对文件和文件夹进行操作、如何对文本文件进行读写操作以及文件上传和下载功能操作等。

通过本章的学习，读者可以对文件以及文件夹实现创建、删除、复制和移动等操作，也可以对文本文件进行读写操作，还可以实现文件的上传和下载等功能。

本章学习要点：

- 熟练使用 FileInfo 类的常见属性和方法。
- 掌握文件的基本操作，如创建、复制、移动和删除等。
- 熟练使用 DirectoryInfo 类的常见属性和方法。
- 掌握目录的基本操作，如创建、删除、移动和遍历等。
- 掌握使用 StreamReader 类读取文件的方法。
- 掌握使用 StreamWriter 类写入文件的方法。
- 掌握如何使用 FileUpload 控件实现文件上传功能。
- 掌握文件下载的实现方法。
- 熟悉文件浏览器的简单操作。

9.1 获取文件属性

用户在操作文件时常常需要计算某些文件的大小、文件是否可读写、获取文件访问和修改时间以及获取文件的扩展名等内容。ASP.NET 中提供了 FileInfo 类用于获取与文件的相关内容。

FileInfo 类是一个密封类，该类无法被继承。它提供创建、复制、删除、移动和打开文件的实例方法，并且能够帮助创建 FileStream 对象。

FileInfo 类提供了多个属性来获取文件的相关内容，如 Exists 属性、DirectoryName 属性、FullName 属性以及 Name 属性等。表 9-1 列出了该类的相关属性。

表 9-1 FileInfo 类的相关属性

属性名	说明
Attributes	获取或设置当前文件或目录的特性
CreationTime	获取或设置当前文件或目录的创建时间
CreationTimeUtc	获取或设置当前文件或目录的创建时间，其格式为协调世界时（UTC）

续表

属性名	说明
Directory	获取父目录的实例
DirectoryName	获取表示目录的完整路径的字符串
Exists	获取指示文件是否存在的值
Extension	获取表示文件扩展名部分的字符串
FullName	获取目录或文件的完整目录
IsReadOnly	获取或设置确定当前文件是否为只读的值
LastAccessTime	获取或设置上次访问当前文件或目录的时间
LastWriteTime	获取或设置上次写入当前文件或目录的时间
LastWriteTimeUtc	获取或设置上次写入当前文件或目录的时间，其格式为协调世界时（UTC）
Length	获取当前文件的大小（字节）
Name	获取文件名

例如，想要查看 G:\\love.txt 文件的大小、扩展名和文件名，其具体代码如下。

```
FileInfo fi = new FileInfo("G:\\love.txt");                //创建对象实例
Response.Write("该文件的大小为: " + fi.Length);             //获取文件大小
Response.Write("该文件的扩展名: " + fi.Extension);          //获取文件的扩展名
Response.Write("该文件的文件名: " + fi.Name);               //获取文件名
```

【实践案例 9-1】

在本案例中，通过后台代码实现读取文件的功能，包括文件名称、大小、创建时间以及最后一次更新时间等内容。实现该功能的主要步骤如下。

（1）添加新的 Web 窗体页，然后在页面的合适位置添加 Literal 控件。该控件用于显示文件的相关信息。其相关代码如下。

```
<asp:Literal ID="litInfo" runat="server"></asp:Literal>
```

（2）窗体页加载时获取 FileInfo 类的相关属性显示文件的具体信息，Load 事件的具体代码如下。

```
protected void Page_Load(object sender, EventArgs e)
{
    FileInfo fileinfo = new FileInfo(@"G:\我的未来不是梦.txt");
                                                //创建 FileInfo 的实例
    if (fileinfo.Exists)                        //判断文件是否存在
    {
        litInfo.Text = "文件名: " + fileinfo.Name + "<br/>"
        + "当前文件的大小: " + fileinfo.Length + "<br/>"
        + "文件创建时间: " + fileinfo.CreationTime.ToString("yyyy 年 MM 月 dd")
        + "  " + fileinfo.CreationTime.ToLongTimeString() + "<br/>"
        + "文件特性: " + fileinfo.Attributes + "<br/>"
        + "文件的扩展名: " + fileinfo.Extension + "<br/>"
        + "文件的完整目录: " + fileinfo.FullName + "<br/>"
        + "目录的完整路径: " + fileinfo.DirectoryName + "<br/>"
        + "当前文件是否为只读: " + fileinfo.IsReadOnly + "<br/>"
```

```
            + "最后一次更新时间: " + fileinfo.LastWriteTime.ToString("yyyy年MM
            月dd") + fileinfo.LastWriteTime.ToLongTimeString() + "<br/>"
            + "上次访问当前文件的时间: " + fileinfo.LastAccessTime.ToString("yyyy
            年MM月dd") + fileinfo.LastAccessTime.ToLongTimeString() + "<br/>";
        }
    }
```


在上述代码中，首先通过文件创建 FileInfo 类的实例对象 fileinfo，然后调用该对象的 Exists 属性判断当前文件是否存在。如果存在调用 fileinfo 对象的各个属性获取文件的相关信息，如 Name 属性获取文件名、Length 属性获取文件大小以及 FullName 属性获取文件的完整路径等。

（3）运行本案例查看效果，最终效果如图 9-1 所示。

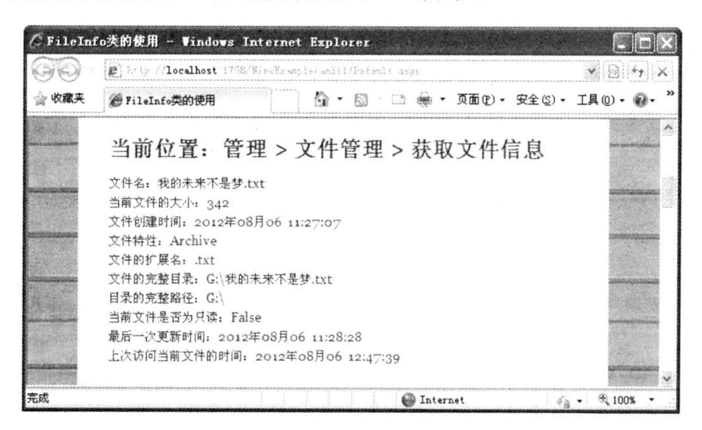

图 9-1　获取文件属性

9.2　文件管理

上一节已经简单地了解过如何使用 FileInfo 类的属性获取文件信息，本节主要介绍如何使用 FileInfo 类和 File 类实现对文件的基本操作功能。如判断文件是否存在、创建文件、复制文件以及删除文件等内容。

9.2.1　判断文件是否存在

对文件进行操作之前常常需要判断该文件是否存在，ASP.NET 中有两种方法判断文件是否存在：FileInfo 类的 Exists 属性和 File 类的 Exists()方法。

1. FileInfo 类的 Exists 属性

Exists 属性的使用方法非常简单，实例化 FileInfo 类的对象后直接调用该属性即可。该属性返回 Boolean 类型，其具体代码如下。

```
FileInfo fileinfo = new FileInfo(@"G:\我的未来不是梦.txt");
Response.write(fileinfo.Exists);
```

2. File 类的 Exists()方法

File 类是一个静态类，所以可以直接通过该类的 Exists()方法简单快速地判断文件是否存在。使用 Exists()方法时需要在该方法中传入一个参数表示文件的路径，其返回值为布尔类型。

例如，判断当前程序的根目录下是否存在 Love.txt 文件，其具体代码如下。

```
string path = Server.MapPath(".") + "\\" + "Love.txt";
File.Exists(path);
```

如果不指明文件的路径，则会默认为当前应用程序的当前路径。

9.2.2 创建文件

ASP.NET 中创建文件有两种方法：File 类的 Create()方法和 FileInfo 类的 Create()方法。

1. File 类的 Create()方法

File 类的 Create()方法创建文件非常简单，直接在该类的 Create()方法中传入一个参数，该参数表示要创建文件的路径。

例如，在 F 磁盘下创建名称为 Love.txt 的文件，首先判断该文件是否已经存在，如果不存在则创建。其具体代码如下。

```
if (!File.Exists("F:\\Love.txt"))    //判断该路径下的文件是否存在，如果不存在
{
    File.Create("G:\\Love.txt");      //调用 Create()方法创建该文件
    /* 省略其他代码 */
}
```

2. FileInfo 类的 Create()方法

FileInfo 类的 Create()方法也可以方便快速地添加文件，当创建 FileInfo 类的实例时传入要创建的文件路径和名称的参数即可。该方法返回 FileStream 对象，它提供对要创建文件的读/写访问。

创建 FileInfo 类的实例要传入参数，该参数支持相对路径即不带路径时默认路径值是一个程序的运行根目录，否则要给出在硬盘上的绝对路径，如 G:\\MyFile\\love.txt。

【实践案例 9-2】

下面通过案例演示如何使用 FileInfo 类的 Create()方法创建文件。本案例根据用户输入的文件名和选择的文件类型，在当前程序目录下调用 FileInfo 类的 Create()方法创建文件。其主要步骤如下。

（1）添加新的 Web 窗体页，在页面的合适位置添加 TextBox 控件、DropDownList 控件和 Button 控件。它们分别表示文件名、文件类型和要执行的创建操作，其设计效果如图 9-2 所示。

图 9-2　案例 9-2 设计效果

（2）单击【创建】按钮在当前应用程序的根目录下创建文件，按钮 Click 事件的具体代码如下。

```
protected void btnSubmit_Click(object sender, EventArgs e)
{
    string name = txtName.Text;                              //文件名称
    string kuozhanname = ddlType.SelectedValue;              //扩展名
    string path = Server.MapPath(".") + "\\" + name + kuozhanname;
                                                             //文件路径
    FileInfo fi = new FileInfo(path);                        //创建 FileInfo 类的实例
    if (!fi.Exists)                                          //判断文件是否存在
    {
        fi.Create();                                         //创建文件
        Page.ClientScript.RegisterStartupScript(GetType(),"系统提示","<script>
        alert('添加成功')</script>");
    }
    else                                                 //如果文件已经存在，弹出提示
    {
        Page.ClientScript.RegisterStartupScript(GetType(), "系统提示",
        "<script>alert('该文件已经存在，请重新添加！')</script>");
    }
}
```

在上述代码中，首先获取创建文件的名称和类型，然后获取当前程序的根目录并将创建的文件路径保存到 path 变量中。接着，使用 new 创建 FileInfo 类的实例对象，并在创建 fi 对象时将 path 变量传入，然后调用该对象的 Exists 属性判断创建的文件是否存在。如果创建的文件不存在则直接调用 Create()方法创建，否则弹出错误提示。

（3）运行本案例输入内容进行测试，运行效果如图 9-3 所示。

图 9-3　创建文件

9.2.3　复制文件

复制文件是指将指定文件中的内容复制到另一个文件中。ASP.NET 中复制文件有两种方法：File 类的 Copy()方法和 FileInfo 类的 CopyTo()方法。

1. File 类的 Copy()方法

使用 File 类的 Copy()方法复制文件时需要传入两个参数：第一个参数表示源文件的路径及文件名；第二个参数表示目标文件的名称，它不能是一个目录或现有文件。其语法如下所示。

```
File.Copy(string sourceFileName, string destFileName);
```

【实践案例 9-3】

下面通过案例通过 File 类的 Copy()方法实现复制文件内容的功能。本案例演示如何使用 File 类的 Copy()方法将源文件中的内容复制到目标文件中。实现该功能的主要步骤如下。

（1）添加新的 Web 窗体页，在页面的合适位置添加 FileUpload 控件、TextBox 控件和 Button 控件。它们分别表示源文件、目标文件和执行的复制操作。其页面设计效果如图 9-4 所示。

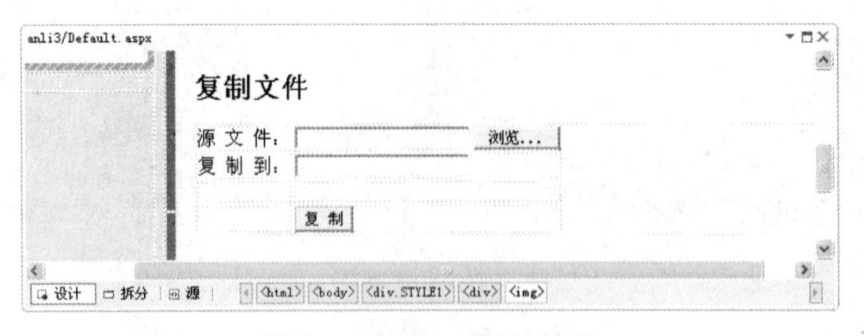

图 9-4　案例 9-3 设计效果

（2）单击【复制】按钮实现将源文件的内容复制到目标文件的功能。按钮 Click 事件的主要代码如下。

```
protected void btnSubmit_Click(object sender, EventArgs e)
{
```

```
        string frompath = FileUpload1.PostedFile.FileName.ToString();
                                                             //获取上传的文件路径
        string topath = txtPathName.Text;                    //目标文件不存在
        if (!File.Exists(topath))                            //判断路径是否存在
        {
            File.Copy(frompath, topath);                     //复制文件
            Page.ClientScript.RegisterStartupScript(GetType(),"","<script>
            alert('复制文件成功')</script>");
        }
        else
        {
            Page.ClientScript.RegisterStartupScript(GetType(),"","<script>
            alert('复制文件失败')</script>");
        }
    }
```


在上述代码中，首先根据源文件的 FileName 属性获取文件的路径并保存到 frompath 变量中，然后获取目标文件的路径并保存到 topath 变量中。File 类的 Exists()方法判断目标路径是否存在，如果不存在直接调用 Copy()方法复制文件内容然后弹出成功提示。

（3）运行本案例输入内容进行测试，运行效果如图 9-5 所示。

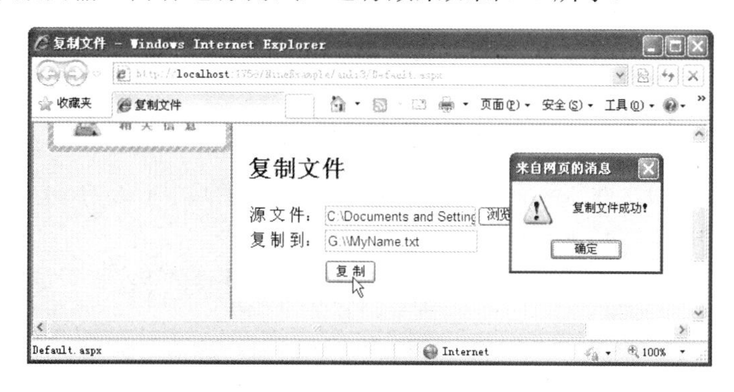

图 9-5　复制文件内容

（4）复制完成后根据目标路径打开文件查看内容，具体效果不再显示。

在 IE7 以及更高版本的浏览器中，FileUpload 控件的 FileName 属性并不是获取文件名的完整路径，而只是文件名。所以，需要在 IE7 及更高版本的浏览器中启用上传文件到服务器的设置。其具体操作如下：打开 IE 浏览器，选择【工具】|【Internet 选项】|【安全】|【自定义级别】选项，找到并启用文件上载到服务器时包含本地目录路径。

2. Web 应用程序部署描述符

FileInfo 类的 CopyTo()方法也实现了复制文件内容的功能，当使用 CopyTo()方法时需要传入一个参数，该参数表示要复制到新文件的名称。其主要语法如下。

```
FileInfo info = new FileInfo("源文件");
info.CopyTo("目标文件");
```

下面重新更改案例 9-3 中的代码，单击【复制】按钮时使用 FileInfo 类的 CopyTo()方法实现复制文件内容的功能。其按钮 Click 事件的具体代码如下。


```
protected void btnSubmit_Click(object sender, EventArgs e)
{
    string frompath = FileUpload1.PostedFile.FileName.ToString();
                                                   //源文件路径
    string topath = txtPathName.Text;              //目标文件路径
    FileInfo info = new FileInfo(frompath); //创建 FileInfo 类的实例
    if (info.Exists)                               //判断源路径是否存在，如果存在
    {
        info.CopyTo(topath);                       //复制源文件内容到目标文件中
        Page.ClientScript.RegisterStartupScript(GetType(),"","<script>
        alert('复制文件成功')</script>");
    }
    else                                                //如果路径不存在
    {
        Page.ClientScript.RegisterStartupScript(GetType(),"","<script>
        alert('复制文件失败')</script>");
    }
}
```

在上述代码中，首先根据选择文件的路径创建 FileInfo 类的实例对象，然后使用该对象的 Exists 属性判断源文件路径是否存在。如果存在直接调用 CopyTo()方法复制文件内容到目标文件中，否则直接弹出错误提示。

重新运行本案例的代码输入内容进行测试，运行效果不再显示。

9.2.4 移动文件

移动文件是指将当前文件移动到新的位置。ASP.NET 中移动文件有两种方法：File 类的 Move()方法和 FileInfo 类的 MoveTo()方法。

1. File 类的 Move()方法

File 类的 Move()方法有两个参数：第一个参数表示要移动的文件的名称，第二个参数表示文件的新路径。该方法的主要语法如下。

```
File.Move("要移动的文件的名称", "文件的新路径");
```

【实践案例 9-4】

下面通过案例演示如何使用 File 类的 Move()方法实现移动文件的功能。本案例使用 Move()方法将源文件移动到目标文件中。其主要步骤如下。

（1）添加新的 Web 窗体页，在页面的合适位置添加 FileUpload 控件、TextBox 控件和

Button 控件，它们分别用来选择要移动的源文件、输入文件的全路径和执行移动文件操作。页面的主要代码如下所示。

```
<form id="form1" runat="server">
    <table>
        <tr><td>源 文 件: <asp:FileUpload ID="FileUpload1" runat="server" />
        </td></tr>
       <tr><td>移 动 到:<asp:TextBox ID="txtPathName" runat="server"></asp:
        TextBox></td></tr>
        <tr><td><asp:Button ID="btnSubmit" runat="server" Text="移 动"
        onclick="btnSubmit_Click" /></td></tr>
    </table>
</form>
```

（2）单击【移动】按钮实现将源文件移动到目标文件的功能。该按钮 Click 事件的具体代码如下。

```
protected void btnSubmit_Click(object sender, EventArgs e)
{
    string frompath = FileUpload1.PostedFile.FileName.ToString();
                                                        //获取源文件
    string topath = txtPathName.Text;                   //目标文件不存在
    if (!File.Exists(topath))                           //判断目标文件不存在
    {
        File.Move(frompath, topath);                    //移动文件
        Page.ClientScript.RegisterStartupScript(GetType(),"","<script>
        alert('移动文件成功')</script>");
    }
    else                                                //目标文件存在
    {
        Page.ClientScript.RegisterStartupScript(GetType(),"","<script>
        alert('移动文件失败')</script>");
    }
}
```

在上述代码中，首先获取要移动的源文件和目标文件的路径，并且将它们分别保存到变量 frompath 和 topath 中。然后，根据 File 类的 Exists()方法判断目标文件路径是否存在，如果不存在直接调用 Move()方法移动文件。

（3）运行本案例输入内容进行测试，运行效果如图 9-6 所示。

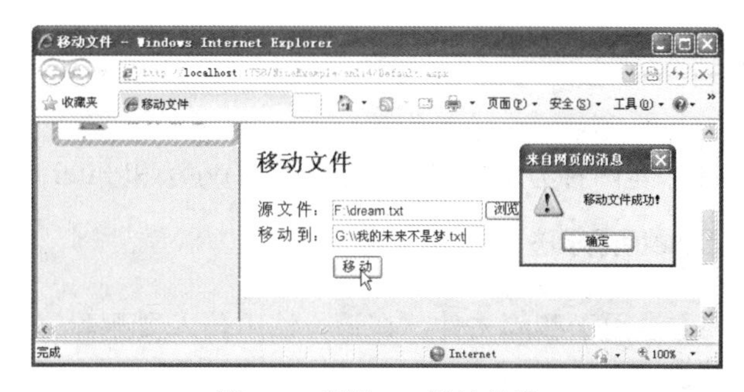

图 9-6　案例 9-4 设计效果

（4）移动完成后实际上是在 G 盘创建名称为“我的未来不是梦”的新文件，并且删除 F 磁盘下名称为“dream”的文件。分别打开磁盘目录下的文件进行查看，文件具体内容不再显示。

如果源文件和目标文件相同不会引发异常，如果试图通过将一个同名文件移动到该目录将会产生异常。Move()方法实际上删除了源文件并且创建目标文件，它和 Copy()方法都支持相对路径。

2. FileInfo 类的 MoveTo()方法

FileInfo 类的 MoveTo()方法可以很简单地实现移动文件的功能，只需要在 MoveTo()方法中传入要目标文件的路径和名称即可。该方法的语法如下。

```
FileInfo 对象.MoveTo("文件的新路径");
```

下面重新更改案例 9-4 中的代码，单击【移动】按钮时使用 FileInfo 类的 MoveTo()方法实现文件移动的功能。该按钮 Click 事件的具体代码如下。

```
protected void btnSubmit_Click(object sender, EventArgs e)
{
    string frompath = FileUpload1.PostedFile.FileName.ToString();//源文件路径
    string topath = txtPathName.Text;              //目标文件路径
    FileInfo info = new FileInfo(frompath);        //创建 FileInfo 类的实例
    if (info.Exists)                               //源文件不存在
    {
        info.MoveTo(topath);                       //移动文件
        Page.ClientScript.RegisterStartupScript(GetType(),"","<script>
        alert('复制文件成功')</script>");
    }
    else
        Page.ClientScript.RegisterStartupScript(GetType(),"","<script>
        alert('复制文件失败')</script>");
}
```

修改代码完成后，重新运行案例输入内容进行测试，运行效果不再显示。

9.2.5 删除文件

ASP.NET 中删除文件有两种方法：File 类的 Delete()方法和 FileInfo 类的 Delete()方法。

1. File 类的 Delete()方法

File 类的 Delete()方法用于删除文件，在该方法中传入要删除文件的路径有文件名即可。该方法的语法如下。

```
File.Delete("要删除文件的路径和文件名");
```

【实践案例 9-5】

下面通过案例演示如何使用 File 类的 Delete()方法删除指定的文件。

本案例调用 File 类的 Delete()方法根据用户选择的文件实现删除功能，实现主要步骤如下。

（1）添加新的 Web 窗体页，在页面的合适位置添加 FileUpload 控件和 Button 控件，它们分别表示选择删除的源文件和执行删除文件的操作。其主要代码如下。

```
<form id="form1" runat="server">
    <table>
        <tr><td>源 文 件: <asp:FileUpload ID="FileUpload1" runat="server" />
        </td></tr>
        <tr><td><asp:Button ID="btnSubmit" runat="server" Text="删 除"
        onclick="btnSubmit_Click" /></td></tr>
    </table>
</form>
```

（2）单击【删除】按钮执行删除文件的操作，按钮的 Click 事件的具体代码如下。

```
protected void btnSubmit_Click(object sender, EventArgs e)
{
    string frompath = FileUpload1.PostedFile.FileName.ToString();
                                                         //获取文件路径
    File.Delete(frompath);                               //删除文件
    Page.ClientScript.RegisterStartupScript(GetType(),"","<script>alert
    ('删除文件成功')</script>");
}
```

（3）运行本案例选择文件后，单击【删除】按钮进行测试，运行效果不再显示。

（4）打开源文件目录确定删除文件是否成功。

2. FileInfo 类的 Delete()方法

创建 FileInfo 类的实例对象后，调用 Delete()方法也可以删除指定的文件，其语法如下。

```
FileInfo 对象.Delete();
```

重新更改案例 9-5 中的代码，根据源文件的路径创建 FileInfo 类的实例对象，然后调用 Exists 属性判断源文件是否存在。如果存在，则直接调用该对象的 Delete()方法删除指定文件。按钮 Click 事件的具体代码如下。

```
protected void btnSubmit_Click(object sender, EventArgs e)
{
    string frompath = FileUpload1.PostedFile.FileName.ToString();
                                                      //获取源文件路径
    FileInfo info = new FileInfo(frompath);           //创建 FileInfo 的实例
```

```
        if (info.Exists)                                   //如果存在
        {
            info.Delete();                                 //直接删除源文件
            Page.ClientScript.RegisterStartupScript(GetType(), "", "<script>
            alert('删除文件成功')</script>");
        }
    }
```


修改完成后重新运行本案例输入内容进行测试，运行效果不再显示。

9.3 获取目录容量

使用目录可以对文件进行归类存储，例如对一个网站新建一个目录，然后通过程序的方式获取目录的大小，就可以掌握网站空间是否用完。获取目录容量和获取文件属性的功能相似，都是通过 System.IO 命名空间下的类来实现的。

ASP.NET 中使用 DirectoryInfo 类获取目录的详细信息，该类主要对目录进行管理。DirectoryInfo 类需要实例化才能调用其方法对一个目录进行多种操作。

DirectoryInfo 类中包含多个常见属性，如 FullName 属性可以获取目录的完整目录，Extension 属性可以获取文件扩展名部分的字符串，LastWriteTime 属性获取上次写入当前目录的时间。表 9-2 列出了该类的常见属性。

表 9-2 DirectoryInfo 类的相关属性

属性名	说明
Attributes	获取或设置当前文件或目录的特性
CreationTime	获取或设置当前文件或目录的创建时间
CreationTimeUtc	获取或设置当前文件或目录的创建时间，其格式为协调世界时（UTC）
Exists	获取指示目录是否存在的值
Extension	获取表示文件扩展名部分的字符串
FullName	获取目录或文件的完整目录
LastAccessTime	获取或设置上次访问当前文件或目录的时间
LastAccessTimeUtc	获取或设置上次访问当前文件或目录的时间，其格式为协调世界时（UTC）
LastWriteTime	获取或设置上次写入当前文件或目录的时间
LastWriteTimeUtc	获取或设置上次写入当前文件或目录的时间，其格式为协调世界时（UTC）
Name	获取此 DirectoryInfo 实例的名称
Parent	获取指定子目录的父目录
Root	获取路径的根部分

例如，想要获取 E:\\ASP.NET 目录的创建时间、最后一次访问时间和完整目录路径，其具体代码如下。

```
DirectoryInfo di = new DirectoryInfo(@"E:\ASP.NET");
```

```
    Response.Write("目录的创建时间: " + di.CreationTime.ToString());
    Response.Write("最后一次访问时间: " + di.LastAccessTime.ToString());
    Response.Write("完整目录路径: " + di.FullName);
```

【实践案例 9-6】

下面通过案例演示如何使用 DirectoryInfo 类的属性获取目录的相关内容。

本案例使用 DirectoryInfo 类中的相关属性查看 E:\\ASP.NET 目录的相关内容。其主要步骤如下。

（1）添加新的 Web 窗体页，在页面的合适位置添加 Literal 控件，该控件用于显示目录的信息。其主要代码如下。

```
<asp:Literal ID="litInfo" runat="server"></asp:Literal>
```

（2）窗体页加载时根据 DirectoryInfo 类的属性获取相关信息，Load 事件的具体代码如下所示。

```
protected void Page_Load(object sender, EventArgs e)
{
    DirectoryInfo directionInfo = new DirectoryInfo(@"E:\ASP.NET\控件例子");
    if (directionInfo.Exists)                    //判断该文件是否存在
    {
        litInfo.Text="目录名: "+directionInfo.Name +directionInfo.Attributes
        +"<br/>"
            + "目录的完整路径: " + directionInfo.FullName + "<br/>"
            + "目录创建时间: " + directionInfo.CreationTime.ToString("yyyy
            年MM月dd") + directionInfo.CreationTime.ToLongTimeString() +
            "<br/>"
            + "父目录(上一级目录): " + directionInfo.Parent + "<br/>"
            + "所在驱动器: " + directionInfo.Root + "<br/>"
            + "最后一次更新时间: " + directionInfo.LastWriteTime.ToString
            ("yyyy年MM月dd") + "  " + directionInfo.LastWrite
            Time.ToLongTimeString() + "<br/>"
            + "上次访问当前文件的时间: " + directionInfo.LastAccessTime
            .ToString("yyyy年MM月dd") + directionInfo.LastAccessTime
            .ToLongTimeString();
    }
}
```

在上述代码中，首先实例化 DirectoryInfo 类的对象，然后根据 Exists 属性检查是否存在“控件例子”目录。如果存在，则调用 directoryInfo 对象提供的属性获取目录的相关信息，如 Name 属性、FullName 属性、CreationTime 属性和 Root 属性等。

（3）运行本案例进行测试，运行效果如图 9-7 所示。

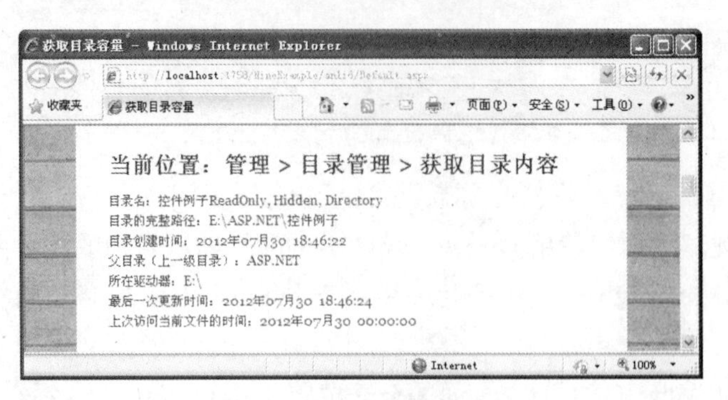

图 9-7 获取目录相关内容

9.4 目录处理

DirectoryInfo 类不仅可以根据属性获取目录的相关信息，还可以调用实例方法对目录进行操作，如新建目录、遍历目录、移动目录和删除目录等。本节将详细介绍如何使用静态类 Directory 和实例类 DirectoryInfo 对目录进行处理。

9.4.1 判断目录是否存在

ASP.NET 中有两种方法判断目录是否存在：一种是直接调用 Directory 类的 Exists()方法，另一种是调用 DirectoryInfo 类的 Exists 属性。

1. Directory 类的 Exists()方法

Directory 类为静态类，所以直接调用 Exists()方法并在该方法中传入目录的路径和名称即可。该方法的返回值是 Boolean 类型，返回 True 说明文件夹存在，返回 False 说明文件夹不存在。其具体语法如下。

```
Directory.Exists("目录的路径和名称");
```

例如，要判断 F 盘下的 Microsoft 文件夹是否存在，主要代码如下。

```
Directory.Exists("E:\\Microsoft");
```

2. DirectoryInfo 类的 Exists 属性

如果使用 DirectoryInfo 类的 Exists 属性，则必须先将 DirectoryInfo 类实例化，然后使用该属性判断。其语法形式如下。

```
DirectoryInfo directionInfo = new DirectoryInfo("目录的路径和名称");
if (directionInfo.Exists)                              //判断目录是否存在，如果存在
{
    /* 省略其他操作代码 */
}
```

9.4.2 创建目录

创建目录是指在指定的路径中添加新的文件夹。ASP.NET 中创建目录有 3 种方法。

- **Directory 类的 CreateDirectory()方法**　创建一个新的目录。
- **DirectoryInfo 类的 Create()方法**　创建一个新目录。
- **DirectoryInfo 类的 CreateSubdirectory ()方法**　在指定的路径中创建一个或多个子目录。

1. Directory 类的 CreateDirectory()方法

Directory 类的 CreateDirectory()方法可以创建目录，方法的参数是要创建的目录路径，返回值是由参数指定的 DirectoryInfo 对象。

【实践案例 9-7】

本案例首先通过 Exists()方法判断目录是否存在，然后调用 CreateDirectory()方法创建目录。其主要步骤如下。

（1）添加新的 Web 窗体页，在页面的合适位置添加 TextBox 控件和 Button 控件，它们分别表示添加的目录路径及名称和执行的创建操作。其相关代码如下。

```
<table>
    <tr>
        <td>文件夹名称: </td>
        <td><asp:TextBox ID="txtDicName" runat="server"></asp:TextBox></td>
        <td><asp:Button ID="btnSubmit" runat="server" Text="创建" onclick=
        "btnSubmit_Click" style="height: 24px" /></td>
    </tr>
</table>
```

（2）单击【创建】按钮执行添加目录操作，为按钮的 Click 事件添加如下代码。

```
protected void btnSubmit_Click(object sender, EventArgs e)
{
    string dicname = txtDicName.Text;            //获取输入的文件夹
    if (Directory.Exists(dicname))               //判断是否存在，如果存在
    {
        Page.ClientScript.RegisterStartupScript(GetType(), "", "<script>
        alert('目录已经存在，创建失败')</script>");
    }
    else                                         //如果指定路径的文件夹不存在
    {
        Directory.CreateDirectory(dicname);      //创建目录
        Page.ClientScript.RegisterStartupScript(GetType(), "","<script>
        alert('创建目录成功')</script>");
    }
}
```

（3）运行本案例输入内容进行测试，运行效果如图 9-8 所示。

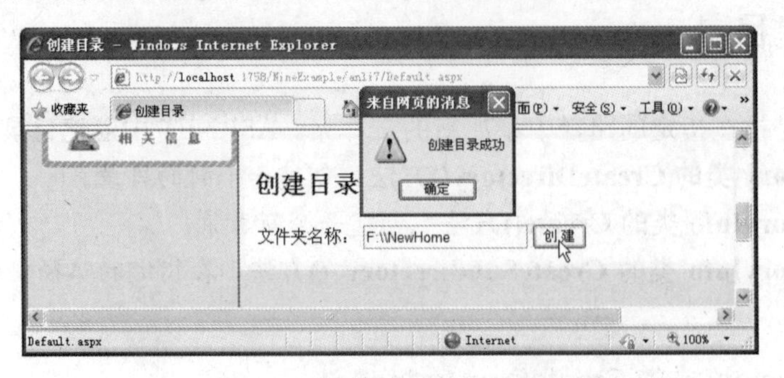

图 9-8　案例 9-7 创建目录效果

（4）打开指定路径的磁盘文件查找添加的目录，查找效果不再显示。

2. DirectoryInfo 类的 Create()方法

使用 DirectoryInfo 类的 Create()方法创建目录，参数是将要创建的文件夹路径，其返回值是由参数指定的 DirectoryInfo 对象。

重新更改上述案例的代码，使用 DirectoryInfo 类的 Create()方法添加目录，并且使用 CreateSubdirectory()方法创建一个子目录。修改【创建】按钮 Click 事件的相关代码，具体代码如下。

```
protected void btnSubmit_Click(object sender, EventArgs e)
{
    string dicname = txtDicName.Text;       //获取输入的内容
    DirectoryInfo direc = new DirectoryInfo(dicname);
                                            //创建 DirectoryInfo 类的实例
    if (!direc.Exists)                      //如果目录不存在
    {
        direc.Create();                     //创建目录
        string news = "loves";
        direc.CreateSubdirectory(news);     //创建子目录
        Page.ClientScript.RegisterStartupScript(GetType(), "","<script>
        alert('创建目录成功')</script>");
    }
    else                                    //如果目录存在
        Page.ClientScript.RegisterStartupScript(GetType(), "", "<script>
        alert('目录已经存在，创建失败')</script>");
}
```

在上述代码中，首先根据输入的目录路径和名称创建 DirectoryInfo 类的实例，然后使用 Exists 属性判断该路径下的目录是否存在。如果不存在，调用 Create()方法直接创建该目录，然后再调用 CreateSubdirectory()方法在该目录下创建名称为 Loves 的子文件夹。

修改代码完成后重新运行本案例输入内容进行测试，运行效果不再显示。

9.4.3 移动目录

移动目录是指将当前目录移动到新的位置，它实际上是在路径中创建新目录并且删除原路径中的目录。ASP.NET 中移动目录有两种方法：Directory 类的 Move()方法和 DirectoryInfo 类的 MoveTo()方法。

1. Directory 类的 Move()方法

Directory 类的 Move()方法表示将文件或目录及其内容移动到新的位置，该方法中需要传入两个参数：第一个参数表示要移动的目录的路径；第二个参数表示新位置路径。如果第一个参数是一个文件，则该参数也必须是一个文件名。其语法形式如下所示。

```
Directory.Move(string sourceDirName,string destDirName);
```

【实践案例 9-8】

本案例首先根据用户输入的内容调用 Exists()方法进行判断，然后调用 Move()方法执行移动目录的操作。其主要步骤如下。

（1）添加新的 Web 窗体页，在页面的合适位置添加两个 TextBox 控件和一个 Button 控件，它们分别表示移动的源文件、目标目录和执行的移动操作。其相关代码如下。

```
<table>
    <tr><td>源 文 件: <asp:TextBox ID="txtYuanName" runat="server"></asp:
    TextBox></td></tr>
    <tr><td>移 动 到: <asp:TextBox ID="txtPathName" runat="server"></asp:
    TextBox></td></tr>
    <tr><td><asp:Button ID="btnSubmit" runat="server" Text="移 动" onclick=
    "btnSubmit_Click" /></td></tr>
</table>
```

（2）单击【移动】按钮执行将源文件移动到目录文件的操作。为该按钮的 Click 事件添加如下代码。

```
protected void btnSubmit_Click(object sender, EventArgs e)
{
    string frompath = txtYuanName.Text;                  //获取源文件路径
    string topath = txtPathName.Text;                    //获取目标文件路径
    if (Directory.Exists(frompath))                      //如果源文件存在
    {
        if (Directory.Exists(topath))                    //如果目标文件目录存在
            Page.ClientScript.RegisterStartupScript(GetType(), "", "<script>
            alert('目录已经存在，请更改后移动！')</script>");
        else
        {
            Directory.Move(frompath, topath);                //移动目录
```

```
                Page.ClientScript.RegisterStartupScript(GetType(), "", "<script>
                alert('移动目录成功! ')</script>");
            }
        }
        else
            Page.ClientScript.RegisterStartupScript(GetType(), "","<script>
            alert('源文件不存在')</script>");
    }
```


在上述代码中，首先获取用户输入的源文件路径和目标目录路径并分别将它们保存到变量 frompath 和 topath 中。然后，调用 Exists()方法判断源文件和目标目录是否存在。如果源文件存在并且目标目录不存在，则直接调用 Directory 类的 Move()执行移动操作。

（3）运行本案例输入内容进行测试，运行效果如图 9-9 所示。

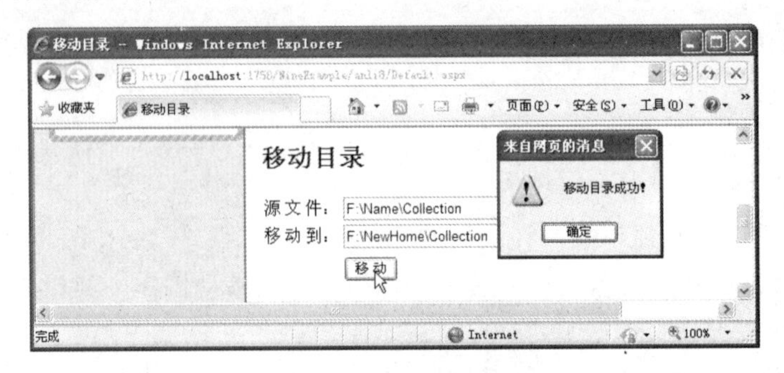

图 9-9　移动目录

（4）找到并打开要移动的源目录和目标目录进行查看，查看效果不再显示。

2. DirectoryInfo 类的 MoveTo()方法

当使用 DirectoryInfo 类的 MoveTo()方法时，只需要在该方法中传入一个参数，该参数表示要将目录移动的目标位置的名称和路径，它可以是要将此目录作为子目录添加到其中的一个现有目录。

重新更改案例 9-8 中的代码，使用 DirectoryInfo 类的 MoveTo()方法实现移动目录的操作功能。【移动】按钮 Click 事件的具体代码如下。

```
protected void btnSubmit_Click(object sender, EventArgs e)
{
    string frompath = txtYuanName.Text;                    //获取源文件路径
    string topath = txtPathName.Text;                      //获取目标文件路径
    DirectoryInfo di1 = new DirectoryInfo(frompath);
    DirectoryInfo di2 = new DirectoryInfo(topath);
    if (!di1.Exists)                                       //源文件如果不存在
    {
        Page.ClientScript.RegisterStartupScript(GetType(), "","<script>
        alert('源文件不存在')</script>");
        return;
```

```
    }
    if (di2.Exists)                                     //目标目录如果存在
    {
        Page.ClientScript.RegisterStartupScript(GetType(), "", "<script>
        alert('目标目录已经存在！')</script>");
        return;
    }
    di1.MoveTo(topath);                                 //执行移动目录操作
    Page.ClientScript.RegisterStartupScript(GetType(), "", "<script>
    alert('移动目录成功！')</script>");
}
```

重新运行本案例的代码输入内容进行测试，运行效果不再显示。

当使用 Move()方法或 MoveTo()方法移动目录时，源路径和目标路径必须具有相同的根。移动操作在不同的磁盘卷之间无效，如源文件和目标文件必须在 F 盘，一个在 F 盘另一个在 G 盘则会报错。

9.4.4 删除目录

ASP.NET 中删除目录有两种方法：Directory 类的 Delete()方法和 DirectoryInfo 类的 Delete()方法。

1. Directory 类的 Delete()方法

Directory 类的 Delete()方法有两种重载方式，其具体说明如下。

- **Delete(string path)** 从指定路径删除空目录。
- **Delete(string path,bool recursive)** 删除指定的目录并删除该目录中的任何子目录。如果要删除 path 中的目录、子目录和文件则为 true，否则为 false。

【实践案例 9-9】

本案例首先根据输入的内容判断目录是否存在，如果存在则调用 Delete()方法执行删除操作。其主要步骤如下。

（1）添加新的 Web 窗体页，在页面的合适位置添加 TextBox 控件、Button 控件和 Label 控件。它们分别表示指定要删除文件的路径、执行删除操作和删除信息提示。页面相关代码如下。

```
<table>
    <tr>
        <td>要删除的目录：<asp:TextBox ID="txtDelName" runat="server">
        </asp:TextBox></td>
        <td><asp:Button ID="btnSub" runat="server" Text="删除" onclick
        ="btnSubmit_Click"/></td>
    </tr>
```

```
    <tr><td colspan="3"><asp:Label ID="Label1" runat="Server"></asp:
    Label></td></tr>
</table>
```

（2）单击【删除】按钮执行删除文件夹的操作，按钮的 Click 事件的具体代码如下。

```
protected void btnSub_Click(object sender, EventArgs e)
{
    string delname = txtDelName.Text;        //要删除的目录路径
    if (Directory.Exists(delname))           //判断删除的目录是否存在
    {
        try
        {
            Directory.Delete(delname,true); //删除指定的目录及子目录和文件夹
            Label1.Text = "删除成功！";        //删除提示
        }
        catch (Exception ex)
        {
            Label1.Text = "删除失败，失败原因是：" + ex.Message.ToString();
        }
    }
    else
        Label1.Text = "要删除的文件夹不存在！";
}
```

在上述代码中，首先根据输入的内容判断要删除的文件夹是否存在，如果存在调用 Delete()方法删除指定的文件。在 Delete()方法中传入两个参数，第二个参数指定为 true 表示删除指定目录的所有子文件内容。

（3）运行本案例输入内容进行测试，运行效果如图 9-10 所示。

图 9-10　删除目录

2．DirectoryInfo 类的 Delete()方法

DirectoryInfo 类的 Delete()方法也可以用来删除指定的文件夹，该方法有两种重载方式。其具体说明如下。

- **Delete()**　如果 DirectoryInfo 的实例为空，则删除它。
- **Delete(bool recursive)**　删除 DirectoryInfo 的实例，指定是否要删除子目录和文件。

参数如果为 true，则删除此目录、其子目录以及所有文件；否则为 false。

重新更改案例 9-9 中的代码，使用 DirectoryInfo 类的实例对象调用 Delete()方法删除目录。【删除】按钮的 Click 事件代码如下。

```
protected void btnSub_Click(object sender, EventArgs e)
{
    string delname = txtDelName.Text;            //要删除的目录路径
    DirectoryInfo di = new DirectoryInfo(delname);//创建DirectoryInfo类的实例
    if (di.Exists)                           //判断要删除的目录是否存在，如果存在
    {
        try
        {
            di.Delete(false);                //删除目录
            Label1.Text = "删除成功！";
        }
        catch (Exception ex)                 //异常提示，如删除的目录不为空
        {
            string text = "删除失败，失败原因是：" + ex.Message.ToString();
            Label1.Text = text;
        }
    }
    else
        Label1.Text = "要删除的文件夹不存在！";
}
```

重新运行本案例的代码输入内容进行测试，运行效果不再显示。

9.4.5 遍历目录

遍历目录是指获取该目录下的子目录或文件。与遍历目录或文件相关的方法有 6 种，其具体说明如下所示。

- **Directory 类的 GetDirectories()方法**　返回指定目录中子目录的名称。
- **Directory 类的 GetFiles()方法**　返回指定目录中文件的名称。
- **Directory 类的 GetFileSystemEntries()方法**　返回指定目录中所有文件和子目录的名称。
- **DirectoryInfo 类的 GetDirectories()方法**　返回当前目录的子目录。
- **DirectoryInfo 类的 GetFiles()方法**　返回当前目录的文件列表。
- **DirectoryInfo 类的 GetFileSystemInfos()方法**　返回表示某个目录中所有文件和子目录的强类型 FileSystemInfo 项的数组。

【实践案例 9-10】

本案例调用 DirectoryInfo 类的 GetFileSystemInfos()方法遍历指定文件夹中的文件和子

目录，实现该功能的主要步骤如下。

（1）添加新的 Web 窗体页，在页面的合适位置添加 TextBox 控件和 Button 控件。它们分别表示要遍历的目录路径和执行获取目录中的子目录的操作。其相关代码如下。

```
<table>
    <tr>
        <td>目录路径: <asp:TextBox ID="txtChaName" runat="server"></asp:
        TextBox></td>
        <td><asp:Button ID="btnSub" runat="server" Text="获 取" OnClick=
        "btnSub_Click" /></td>
    </tr>
    <tr>
        <td colspan="3"><asp:Label style="color:blue; font-size:13px;"
        ID="Label1" runat="server" Text=""></asp:Label></td>
    </tr>
</table>
```

（2）单击【获取】按钮时触发按钮的 Click 事件，实现根据输入的内容获取该目录下文件和子目录的功能。Click 事件的具体代码如下。

```
protected void btnSub_Click(object sender, EventArgs e)
{
    string name = txtChaName.Text;                          //获取输入的内容
    DirectoryInfo di = new DirectoryInfo(name);//创建 DirectoryInfo 类的实例
    if (di.Exists)                                    //判断目录路径是否存在，如果存在
    {
        FileSystemInfo[] fi = di.GetFileSystemInfos();//获取目录下的子目录和文件
        foreach (FileSystemInfo item in fi)           //遍历
        {
            Label1.Text += item.Name + "<br/>";
        }
    }
    else
    {
        Label1.Text = "目录路径不存在! ";
    }
}
```

在上述代码中，首先根据输入的目录路径创建 DirectoryInfo 类的实例对象 di，然后使用 Exists 属性判断该目录路径是否存在。如果存在，调用 GetFileSystemInfos()方法获取该目录下的所有文件的子目录并保存到数组变量 fi 中，然后通过 foreach 语句遍历该数组变量。

（3）运行本案例输入内容后，单击【获取】按钮进行测试，运行效果如图 9-11 所示。

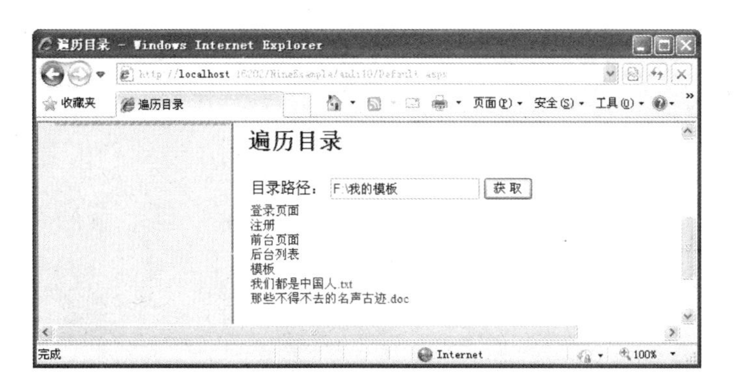

图 9-11　遍历目录

9.5　文本文件的读写操作

前几节已经详细介绍过了文件管理和文件管理的相关知识，本节主要介绍与文本文件读写操作相关的类：StreamReader 和 StreamWriter。

9.5.1　使用 StreamReader 类读取文件

StreamReader 类也叫读取器，它可以读取各种基于文本的文件。该类会以一种特定的编码从字节流中读取字符，还可以读取文件中的各行信息。默认情况下 StreamReader 类线程不安全，另外除非特意指定，否则 StreamReader 类的默认编码为 UTF-8。

StreamReader 类中包含多个方法，其中最常用的方法有 4 个。其具体说明如下。

- **Read()**　读取输入流中的下一个字符或下一组字符，没有可用时则返回-1。
- **ReadLine()**　从当前流中读取一行字符并将数据作为字符串返回，如果到达了文件的末尾则为空引用。
- **ReadToEnd()**　读取从文件的当前位置到文件结尾的字符串。如果当前位置为文件头则读取整个文件。
- **Close()**　关闭读取器并释放资源，在读取数据完成后调用。

使用 StreamReader 类的一般步骤如下：首先创建该类的实例对象，然后调用它的方法读取数据，最后调用 Cloase()方法关闭读取器并且释放资源。如下代码给出了创建 StreamReader 对象时常用的两种构造函数。

```
new StreamReader(string path)                //为指定的文件初始化流
new StreamReader(string path,Encoding encoding
                                             //用 Encoding 指定的编码来初始化读取流
```

【实践案例 9-11】

本案例根据用户选择的文件使用 StreamReader 类读取文件的内容，实现该功能的主要步骤如下。

（1）添加新的 Web 窗体，在页面的合适位置添加 FileUpload 控件、Button 控件和 TextBox 控件。它们分别表示要选择的文件、执行读取文件操作和文件内容信息，其页面设计效果如图 9-12 所示。

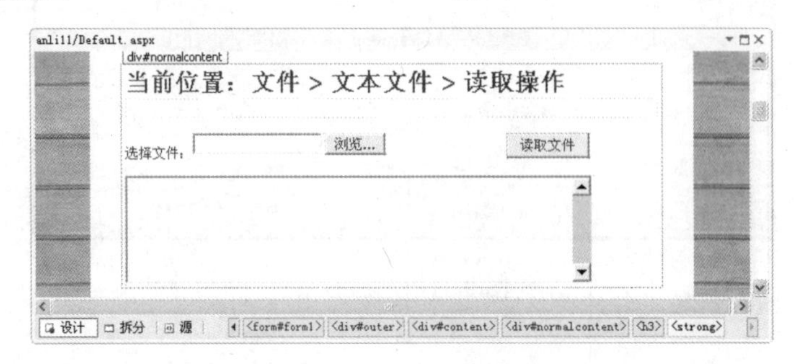

图 9-12　案例 9-11 设计效果

（2）单击【读取文件】按钮读取用户选择的文本文件的内容信息，并且显示到 TextBox 控件中。按钮的 Click 事件的具体代码如下。

```
protected void btnRead_Click(object sender, EventArgs e)
{
    string filename = fuTxt.PostedFile.FileName.ToString();//获取选择的文件
    StreamReader sr = new StreamReader(filename, System.Text.Encoding
    .Default);                                      //创建读取器
    string content = sr.ReadToEnd();                //读取文件内容
    sr.Close();                                     //关闭读取器
    txtContent.Text = content;                      //显示内容
}
```

在上述代码中，首先使用 FileUpload 控件 PostedFile 属性的 FileName 属性获取用户选择文件的路径，接着使用 new 创建 StreamReader 类的对象实例。然后，调用该对象的 ReadToEnd()方法读取文件中的内容并保存到变量 content 中，调用 Close()方法关闭读取器后将 content 变量的内容显示到 TextBox 控件中。

（3）运行本案例选择文件后，单击【读取文件】按钮进行测试，运行效果如图 9-13 所示。

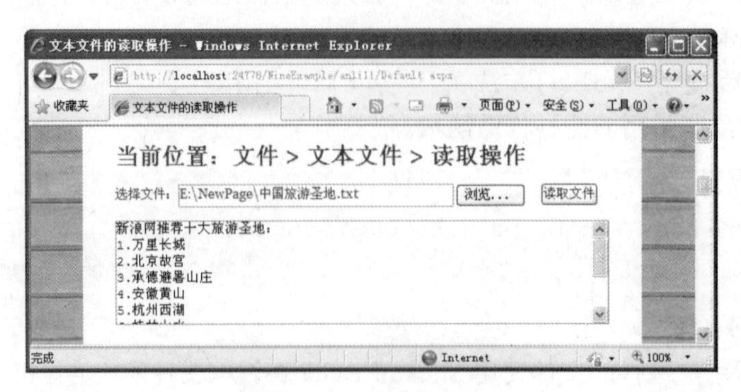

图 9-13　读取文件内容

9.5.2 使用 StreamWriter 类写入文件

除了读取文件内容外，用户也常常要保存文本文件的内容。ASP.NET 中提供了 StreamWriter 类写入文件信息。StreamWriter 类也叫写入器，它用于将数据写入文件流，只要将创建好的文件流传入就可以创建该类的实例。

StreamWriter 类中包含多个常用的方法，调用其方法可以将内容写入文件流。该类最常用的方法有 4 个，其具体说明如下所示。

- **Write()** 写入流，将字符串写入文件。
- **WriteLine()** 在文件中写入字符串并换行。
- **Close()** 关闭写入流并释放资源，在写入完成后调用以防止数据丢失。
- **Flush()** 清理当前写入器的所有缓冲区，并将缓冲区写入文件。

使用 StreamWriter 类的一般步骤如下：首先创建该类的实例对象，然后调用它的方法将字符串写入到文件中，最后调用 Close()方法保存写入的字符并释放资源。

如下代码给出了创建 StreamWriter 类的实例对象时最常用的 3 种构造函数。

```
new StreamWrite(Stream stream)
                         //用 UTF-8 编码为指定的流初始化 StreamWriter 类的实例
new StreamWrite(string path)             //使用默认编码为指定的文件做流初始化
new StreamWrite(Stream stream,Encoding encoding)
                         //用指定的 Encoding 编码来初始化流
/* 用指定的 Encoding 编码来初始化流，bool 标识是否向文件中追加内容 */
new StreamWrite(string path,bool append,Encoding encoding)
```

当实例化 StreamWriter 对象时，如果指定的文件不存在，构造函数会自动创建一个新文件；如果存在，可选择改写还是追加内容操作。

【实践案例 9-12】

本案例根据用户输入的内容使用 StreamWriter 类向指定路径文件中添加相应的内容，实现该功能的主要步骤如下。

（1）添加新的 Web 窗体页，在页面的合适位置添加两个 TextBox 控件和 Button 控件。它们分别表示用户输入的文件路径、文件内容和执行的写入操作，页面的设计效果如图 9-14 所示。

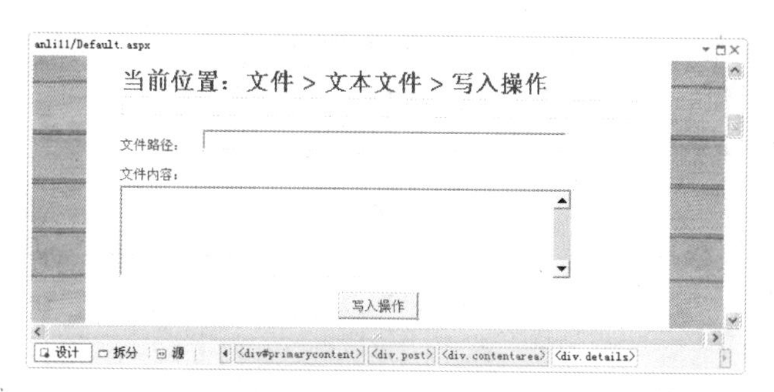

图 9-14　案例 9-12 设计效果

（2）单击【写入操作】按钮时，向指定路径的文件中添加相应内容，该按钮的 Click 事件的具体代码如下。

```
protected void btnWrite_Click(object sender, EventArgs e)
{
    string path = txtFilePath.Text;                          //文件路径
    string content = txtContent.Text;                        //文件内容
    if (!File.Exists(path))                                  //文件路径是否存在
    {
        StreamWriter sw = new StreamWriter(path, false, Encoding.Default);
                                                             //创建 StreamWriter
        sw.WriteLine(content);                               //写入数据
        sw.Close();                                          //关闭写入器
        Page.ClientScript.RegisterStartupScript(GetType(),"","<script>
        alert('写入文件成功')</script>");
    }
    else
    {
        Page.ClientScript.RegisterStartupScript(GetType(), "", "<script>
        alert('该文件已经存在，请重新输入！')</script>");
    }
}
```

在上述代码中，首先获取用户输入的文件路径和文件内容并分别保存到变量 path 和 content 中，然后直接使用 File 类的 Exists()方法判断写入文件的路径是否存在。如果不存在，则首先创建 StreamWriter 类的实例对象 sw，然后调用该对象的 WriteLine()方法将用户输入的内容写入到文件中。最后，调用 Close()方法关闭写入器并且弹出信息写入成功提示，如果文件路径存在则直接弹出信息提示。

（3）运行本案例输入内容后，单击【写入操作】按钮进行测试，运行效果如图 9-15 所示。

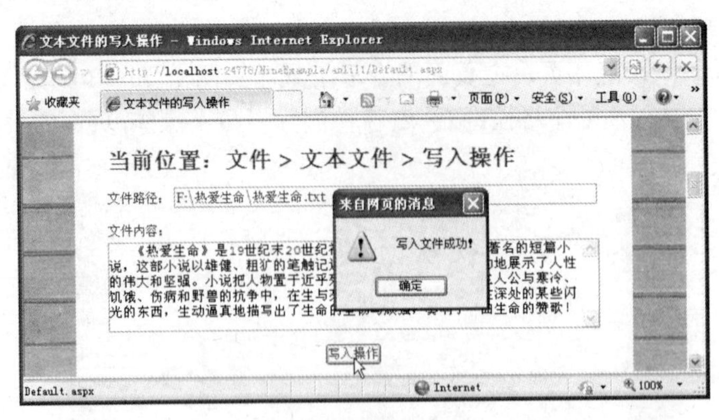

图 9-15　写入文件

（4）写入文件完成后在对应的磁盘中找到相应的文件，打开文件查看内容。运行效果

不再显示。

9.6 文件上传与下载

文件上传与下载是 ASP.NET 中非常重要的功能，如上传个人简历、上传头像、下载产品照片以及上传和下载程序代码文件等。本节将详细介绍如何使用 FileUpload 控件与文件管理类实现文件的上传与下载功能。

9.6.1 文件上传

ASP.NET 中实现文件上传的功能非常简单，它提供了一个服务器控件 FileUpload。FileUpload 控件能够让用户浏览并选择用于上传的文件或者输入文件的绝对路径。然后，调用该控件的 SaveAs()方法保存到服务器端。

FileUpload 控件常用的属性有 3 个，其具体说明如下所示。

- **HasFile** 获取一个值，该值指示 FileUpload 控件是否包含文件。该属性返回一个布尔值。
- **FileName** 获取要上传文件的名称。
- **PostedFile** 获取要上传文件的 HttpPostedFile 对象。

【实践案例 9-13】

本案例中使用 FileUpload 控件浏览并上传文件，接着使用 File 类的 Exists()方法判断要上传的文件是否存在。然后，调用 FileUpload 控件的 SaveAs()方法保存上传的文件，最后通过 FileInfo 类的对象实例调用相关属性显示上传文件的相关内容。实现该功能的主要步骤如下所示。

（1）添加新的 Web 窗体页，在页面的合适位置添加 FileUpload 控件、Button 控件和 5 个 Literal 控件。它们分别表示浏览并上传的文件、执行上传操作和显示上传的文件的相关信息，页面设计效果如图 9-16 所示。

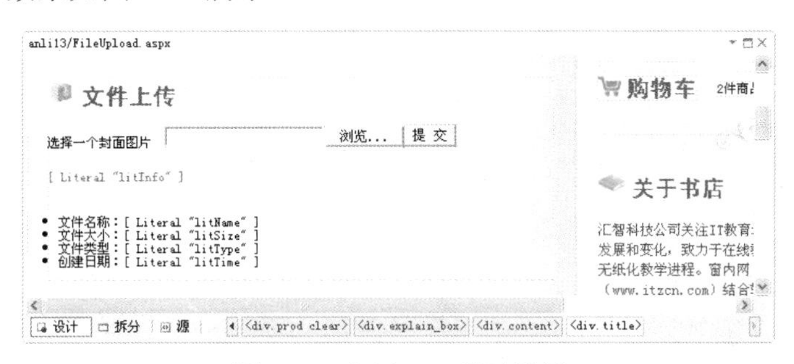

图 9-16 案例 9-13 设计效果

（2）单击【提交】按钮实现上传文件的功能，并且将文件的信息显示到 Literal 控件中。按钮的 Click 事件的具体代码如下。

```
protected void btnUpload_Click(object sender, EventArgs e)
```

```
    {
        string uploadpathname = FileUpload1.PostedFile.FileName.ToString();
                                                        //获取上传文件路径
        FileInfo fi = new FileInfo(uploadpathname);//实例化 FileInfo 类的实例
        string filename = uploadpathname = fi.Name;     //文件名称
        string uploadpath = Server.MapPath("~/UploadImage" + "\\" + filename);
                                              //要上传文件的路径
        if (!File.Exists(uploadpath))         //判断上传的文件是否存在，如果不存在
        {
            try
            {
                FileUpload1.SaveAs(uploadpath);                   //保存上传文件
                litInfo.Text = "上传的文件已经成功！";
                litName.Text = fi.Name;                           //文件名称
                litSize.Text = fi.Length.ToString() + "字节";    //上传文件大小
                litTime.Text = fi.CreationTime.ToString("yyyy 年 MM 月 dd 日") +
                "   " + fi.CreationTime.ToLongTimeString();
                                                              //文件的创建时间
                litType.Text = FileUpload1.PostedFile.ContentType;
                                                              //获取上传文件的类型
            }
            catch (Exception ex)
            {
                litInfo.Text = "提示：上传失败，失败原因是：" + ex.Message;
            }
        }
        else
            litInfo.Text = "提示：上传的文件已经存在，请重命名后上传！";
    }
```

在上述代码中，首先根据 FileUpload 控件的 PostedFile 属性的 FileName 属性获取上传文件的路径并保存到变量 uploadpathname 中，然后根据该变量创建 FileInfo 类的实例对象 fi。接着通过 Server 对象的 MapPath()方法重新保存上传文件的路径，File 对象的 Exists()方法判断该路径的文件是否存在。如果不存在则调用 FileUpload 控件的 SaveAs()方法保存上传的文件，接着调用 fi 对象的相关属性获取文件信息，最后通过 PostedFile 属性的 ContentType 属性获取上传文件的类型。

（3）运行本案例选择文件后，单击【提交】按钮进行测试，运行效果如图 9-17 所示。

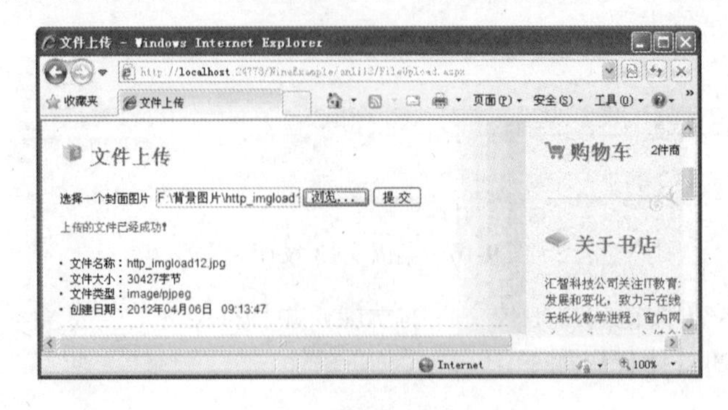

图 9-17　文件上传效果

9.6.2 文件下载

文件下载与文件上传是一个相反的过程，上传是将文件从客户端保存到服务器端，下载则是将文件从服务器端下载到客户端。而且下载时通常都提供一个列表，单击一个链接来完成下载过程。

【实践案例 9-14】

本案例显示根目录中要下载的文件列表，然后单击【下载】超链接弹出下载文件的对话框，对该对话框进行操作实现下载功能。其主要步骤如下。

（1）添加新的 Web 窗体页，在页面的合适位置添加 Repeater 控件，用于显示要下载的文件列表。页面的设计效果如图 9-18 所示。

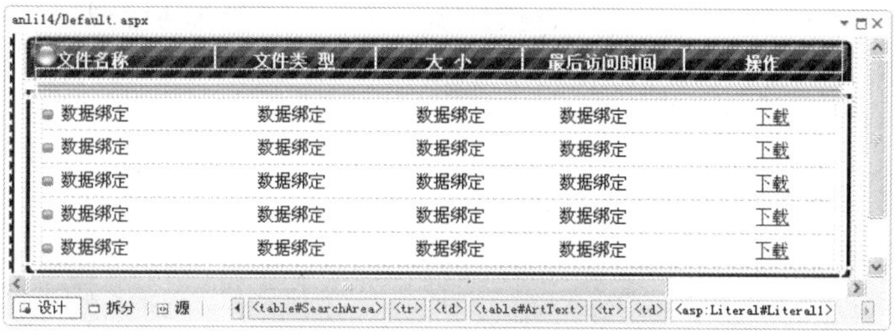

图 9-18　案例 9-14 设计效果

（2）在前台页面的源视图代码中，通过 Eval()方法绑定 Repeater 控件中的数据。其相关代码如下所示。

```
<asp:Repeater ID="Repeater1" runat="server" >
    <ItemTemplate>
        <tr align="left">
            <td><img src='images/072.gif' width='9' height='8' /><%# Eval
            ("DirName") %></td>
            <td width="20%"><%# Eval("DirType") %></td>
            <td width="18%"><%# Eval("DirSize") %></td>
            <td width="25%"><%# Eval("CreateTime") %></td>
            <td width="10%"><asp:LinkButton ID="linkBtn" runat="server"
            CommandName="add" CommandArgument='<%# Eval("DirName") %>'
            Text="下载" OnClick="linkBtn_Click"> </asp:LinkButton> </td>
        </tr>
    </ItemTemplate>
</asp:Repeater>
```

（3）窗体页加载时显示根目录中要下载的文件列表，为 Load 事件添加如下的代码。

```
protected void Page_Load(object sender, EventArgs e)
{
    if (!Page.IsPostBack)                              //如果首次加载
```

```
    {
        string downpath = Server.MapPath("~/UploadImage");//返回指定的文件路径
        DirectoryInfo dirinfo = new DirectoryInfo(downpath);
                                                //创建 DirectoryInfo 对象
        if (!dirinfo.Exists)                    //如果文件不存在
            Page.ClientScript.RegisterStartupScript(GetType(),"","
            <script>alert('该文件目录不存在')</script>");
        else
        {
            FileInfo[] filist = dirinfo.GetFiles();//获取该目录下的所有文件
            IList<DownInfo> downinfo = new List<DownInfo>();//文件列表集合对象
            foreach (FileInfo fi in filist)         //遍历列表对象
            {
                DownInfo di=new DownInfo(fi.Name,fi.Extension,fi.Length,
                fi.CreationTime);
                downinfo.Add(di);
            }
            Repeater1.DataSource = downinfo;        //指定数据源
            Repeater1.DataBind();
        }
    }
}
```

在上述代码中，首先获取该项目中 UploadImage 文件夹的物理文件路径并保存到变量 downpath 中，然后根据该变量创建 DirectoryInfo 类的实例对象。利用 Exists 属性判断该目录是否存在，如果存在调用 GetFiles()方法获取目录下的所有文件，然后创建集合列表对象 downinfo。foreach 语句遍历 filist 对象中的列表对象，DownInfo 类表示下载文件的基本信息。最后，通过 DataSource 属性为 Repeater 控件指定数据源，然后调用 DataBind()方法激活绑定数据。

（4）单击【下载】链接按钮时，触发按钮的 Click 事件实现下载文件的功能。该事件的具体代码如下。

```
public void linkBtn_Click(object sender, EventArgs e)
{
    string downFile = ((LinkButton)sender).CommandArgument;
    string path = Server.MapPath("~/UploadImage") + "\\" + downFile;
                                    //服务器端下载文件的路径
    if (File.Exists(path))
    {
        FileInfo fi = new FileInfo(path);
        Response.ContentEncoding = System.Text.Encoding.GetEncoding("UTF-
        8");//解决中文乱码
        //将 HTTP 头添加到输出流
        Response.AddHeader ( "Content-Disposition", "attachment;
        filename=" + Server.UrlEncode (fi.Name));
```

```
            Response.AddHeader("Content-length", fi.Length.ToString());
            Response.ContentType = "application/octet-stream";//设置输出流的类型
            Response.WriteFile(fi.FullName);
                                        //将指定文件的内容作为文件块直接写入 HTTP 响应输出流
            Response.End();
        }
        else
            Page.ClientScript.RegisterStartupScript(GetType(), "", "<script>
            alert('你要下载的文件不存在，可能地址发生改变。请确认后下载!')</script>");
    }
```


在上述代码中，首先获取链接按钮的 CommandArgument 属性的值，然后使用 File 类的 Exists()方法判断要下载文件的路径是否存在。如果存在创建 FileInfo 类的实例对象，然后通过 Response 对象的 AddHeader()方法设置 HTTP 标头名称和值。ContentType 属性用于设置输出流的类型，WriteFile()方法将指定文件的内容写入到 HTTP 输出流中。

（5）运行本案例进行测试，页面运行效果如图 9-19 所示。

文件名称	文件类型	大小	最后访问时间	操作
历史.txt	.txt	194字节	2012-08-08 08:35:05	下载
222.txt	.txt	7689字节	2012-08-08 08:38:06	下载
绘图1.vsd	.vsd	84992字节	2012-08-08 08:39:17	下载
psb1.jpg	.jpg	68823字节	2012-08-08 08:40:45	下载
我们都是中国人.txt	.txt	0字节	2012-08-08 08:42:39	下载
http_imgload12.jpg	.jpg	30427字节	2012-08-08 08:45:05	下载

图 9-19　文件下载列表

（6）单击【下载】链接按钮弹出【文件下载】对话框，如图 9-20 所示。在图 9-20 中，单击【保存】按钮选择保存该文件的路径，然后等待下载完成即可。

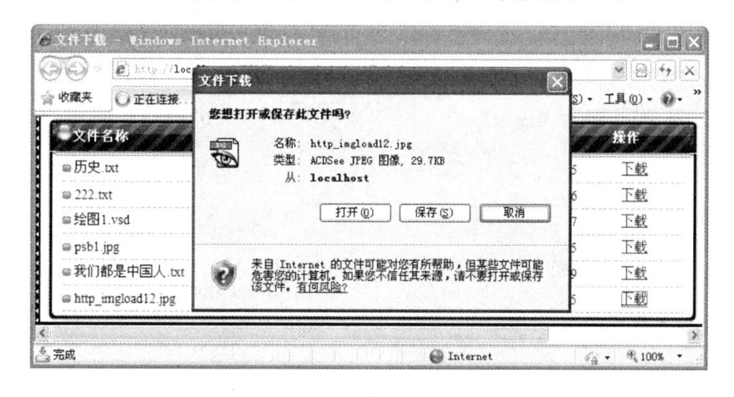

图 9-20　【文件下载】对话框

9.7 项目案例：简单的文件浏览器

在本节之前，已经通过大量的案例演示了如何使用相关类处理目录和文件，如何使用 StreamReader 和 StreamWriter 对文件进行读写操作以及如何实现文件的上传和下载功能。本节项目案例将前面几节讲的知识结合起来实现简单的文件浏览器功能。

【实例分析】

文件浏览器十分实用，在 Windows 中它可以对目录进行查看、新建、修改和删除等操作，还可以下载目录相应的文件。本案例实现一个简单的浏览器的查看、浏览目录和下载功能，实现这些功能的主要步骤如下所示。

（1）在项目中添加与文件项目的实体类，该类包含文件的名称、类型、大小、创建时间和写入时间等内容。其主要代码如下所示。

```
public class OperFile
{
    public OperFile() { }                           //无参的构造函数
    public OperFile(string name, string type, string size, DateTime ctime,
    DateTime wtime, bool floder)
    {
        this.fileName = name;
        this.fileType = type;
        this.fileSize = size;
        this.createTime = ctime;
        this.writeTime = wtime;
        this.isFloder = floder;
    }
    private string fileName;                        //文件名称
    private string fileType;                        //文件类型
    private string fileSize;                        //文件大小
    private DateTime createTime;                    //创建时间
    private DateTime writeTime;                     //写入时间
    private bool isFloder;                          //是否为文件夹
    public string FileName
    {
        get { return fileName; }
        set { fileName = value; }
    }
}
```

（2）添加新的 Web 窗体页，在页面的合适位置添加 Button 控件和 Repeater 控件。它们分别表示执行返回上一目录和目录列表，其中 Repeater 控件显示列表的相关代码如下。

```
<asp:Repeater ID="Repeater1" runat="server">
```

```
        <ItemTemplate>
            <tr>
                <td><div><asp:LinkButton ID = "lb1" runat = "server" Command
                Argument = '<%# Eval ("FileName") %>' OnCommand = "lb1_Command">
                <%# Eval ("FileName") %></asp:LinkButton></div></td>
                <td><div align="center"><%# Eval("FileType") %></div></td>
                <td><div align="center"><%# Eval("FileSize")+"字节" %></div>
                </td>
                <td><div align="center"><%# Eval("CreateTime") %></div></td>
                <td><div align="center"><%# Eval("WriteTime") %></div></td>
                <td><div><%# GetNewInfo(Eval("IsFloder"),Eval("FileName")) %>
                </div></td>
            </tr>
        </ItemTemplate>
    </asp:Repeater>
```

（3）在 Button 控件的后面添加 Literal 控件，该控件用于显示子目录和文件的当前位置。添加完成后页面的设计效果如图 9-21 所示。

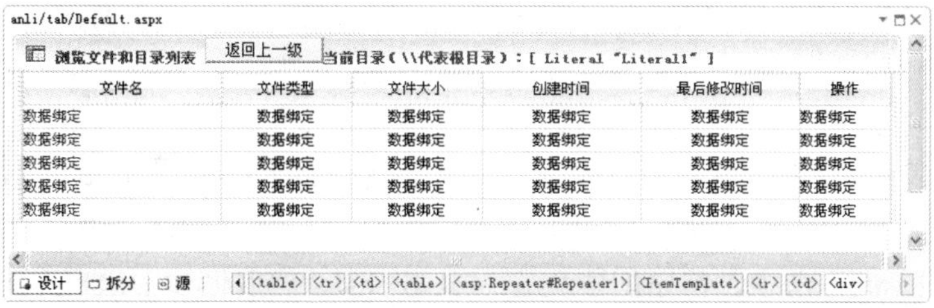

图 9-21　项目案例设计效果

（4）窗体页面加载时显示 E:\\ASP.NET 文件夹下的所有子目录和文件，为窗体页的 Load 事件添加如下代码。

```
protected void Page_Load(object sender, EventArgs e)
{
    if (!Page.IsPostBack)
    {
        ViewState["CurrentPath"] = "\\";//将当前根路径保存到 ViewState 对象中
        GetBindFileList("");              //获取当前目录下的所有子目录和文件
    }
}
public bool GetBindFileList(string sonpath)
{
    IList<OperFile> filelist = new List<OperFile>();          //创建集合对象
    DirectoryInfo dirinfo = new DirectoryInfo("E:\\ASP.NET" + sonpath);
                                      //创建 DirectoryInfo 对象
    FileSystemInfo[] fsiItem = dirinfo.GetFileSystemInfos();
                                      //获取所有子目录和文件
```

```
        foreach (FileSystemInfo fsi in fsiItem)          //遍历所有文件和目录
        {
            if (fsi is FileInfo)                         //判断是否为文件
            {
                FileInfo fi = fsi as FileInfo;
                OperFile of = new OperFile(fi.Name, fi.Extension, fi.Length
                .ToString(), fi.CreationTime, fi.LastWriteTime, false);
                filelist.Add(of);
            }
            Else                                         //判断是否为目录
            {
                DirectoryInfo di = fsi as DirectoryInfo;
                OperFile of = new OperFile(di.Name, "文件夹", "0", di.CreationTime,
                di.LastWriteTime, true);
                filelist.Add(of);
            }
        }
        Repeater1.DataSource = filelist;                 //为 Repeater 控件绑定数据源
        Repeater1.DataBind();
        return true;
    }
```

在上述代码中，首先将当前的目录保存到 ViewState 对象中，然后调用 GetBindFileList()方法获取该目录下的所有子目录和文件，该方法中包含一个参数表示当前文件所在的目录。在 GetBindFileList()方法中，首先创建集合对象 filelist，然后创建 DirectoryInfo 的实例对象 dirinfo。调用 dirinfo 对象的 GetFileSystemInfos()方法获取当前目录下的子文件和目录，然后通过 foreach 语句进行遍历。当遍历 fsiItem 对象时，通过 is 判断当前的 fsi 对象为文件还是目录，接着调用集合对象的 Add()方法添加数据。最后，绑定 Repeater 控件的 DataSource 属性。

（5）窗体加载时页面操作选项调用后台的 GetNewInfo()方法加载是否显示下载的超链接，该方法的具体代码如下。

```
public string GetNewInfo(object obj1, object obj2)
{
    string pathdown = ViewState["CurrentPath"].ToString();
    string info = "";
    string download = "E:\\ASP.NET" + pathdown + obj2.ToString();
    if (obj1.ToString() == "False")
        info = "<a href=DelOper.aspx?filename=" + download + ">[下载]</a>";
    return info;
}
```

（6）从列表中单击某个文件名后，可以查看该目录下的所有文件和子目录，每个列表项都是一个 LinkButton 控件。为该控件的 Command 事件添加如下代码。

```
public void lbl_Command(object sender, CommandEventArgs e)
{

    string sonpath = e.CommandArgument.ToString() + "";
                                //获取控件的 CommandArgument 值
    string currentpaht = ViewState["CurrentPath"].ToString();
                                //获取当前目录的值
    string newsonpath = currentpaht + sonpath + "\\";
    ViewState["CurrentPath"] = newsonpath;
    if (GetBindFileList(newsonpath))
    {
        if (ViewState["CurrentPath"].ToString() == "\\")
            Literal1.Text = "";
        else
            Literal1.Text = ViewState["CurrentPath"].ToString().TrimStart
            ('\\');
    }
}
```

在上述代码中，首先获取 LinkButton 控件的 CommandArgument 属性的值，接着获取 ViewState 对象中保存的值，然后重新设置当前目录的路径并重新保存到 ViewState 对象中。调用 GetBindFileList()方法重新显示子目录和文件，列表显示加载完成后显示当前目录路径到 Literal 控件中。

（7）单击【返回上一级】按钮时，返回当前目录的父目录中，为该按钮的 Click 事件添加如下代码。

```
protected void Button1_Click(object sender, EventArgs e)
{
    string currentpath = ViewState["CurrentPath"].ToString();//获取当前目录
    string newpath = "\\";
    int linePlace = GetSecondLinePlace(currentpath);
                                    //查找从后往前倒数第二条斜线的位置
    if (linePlace > 0)              //如果位置大于 0，截取父目录
        newpath = currentpath.Substring(0, linePlace);
    GetBindFileList(newpath);       //显示子目录和文件
    ViewState["CurrentPath"] = newpath + "\\";
}
```

在上述代码中，首先从 ViewState 对象中获取当前目录，接着调用 GetSecondLinePlace()方法查找路径右边第二条斜线的位置并保存到 linePlace 变量中。然后，判断当前位置是否大于 0，如果大于 0 则截取父目录后重新绑定子文件夹。最后，重新将当前路径保存到 ViewState 对象中。

（8）GetSecondLinePlace()方法从保存的当前目录中截取父目录，该方法的具体代码如下所示。

```
private int GetSecondLinePlace(string linepath)//获取路径右边第二条斜线的位置
{
    if (linepath == string.Empty)
        return 0;
    else
    {
        linepath = linepath.Substring(0, linepath.Length - 1);
        return linepath.LastIndexOf("\\");
    }
}
```

（9）单击【下载】按钮实现文件的下载功能。在下载页面的 Load 事件中添加如下代码。

```
protected void Page_Load(object sender, EventArgs e)
{
    if (!Page.IsPostBack)
    {
        if (Request.QueryString["filename"] == null)
            Page.ClientScript.RegisterStartupScript(GetType(), "", "<script>
            alert('无法进行删除操作！')</script>");
        else
        {
            string filename = Request.QueryString["filename"];
            Page.ClientScript.RegisterStartupScript(GetType(), "", "<script>
            alert('" + filename + "')</script>");
            if (File.Exists(filename))
            {
                FileInfo fi = new FileInfo(filename);
                Response.ContentEncoding = System.Text.Encoding.Get
                Encoding("UTF-8");
                Response.AddHeader(" Content-Disposition", "attachment;
                filename = " + Server. UrlEncode(fi.Name));
                                                //将 HTTP 头添加到输出流
                /* 将指定文件的内容作为文件块直接写入 HTTP 响应输出流 */
                Response.WriteFile(fi.FullName);
                Response.End();
        }
        else
            Page.ClientScript.RegisterStartupScript(GetType(), "", "<script>
        alert('你要下载的文件不存在，可能地址发生改变。请确认后下载！')</script>");
        }
    }
}
```

在上述代码中，首先判断从父页面传递的参数是否为空，然后调用 File 类的 Exists()方法判断目录中是否存在该文件，如果存在则调用 Response 对象的 AddHeader()方法和 WriteFile()方法下载内容。

（10）运行本案例，其运行效果如图 9-22 所示。

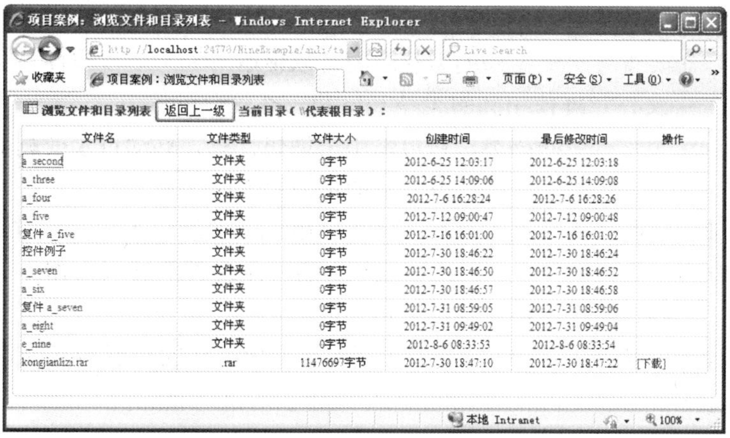

项目案例：浏览文件和目录列表 - Windows Internet Explorer
浏览文件和目录列表
返回上一级
当前目录（\代表根目录）：
文件名
文件类型
文件大小
创建时间
最后修改时间
操作
a_second 文件夹 0字节 2012-6-25 12:03:17 2012-6-25 12:03:18
a_three 文件夹 0字节 2012-6-25 14:09:06 2012-6-25 14:09:08
a_four 文件夹 0字节 2012-7-6 16:28:24 2012-7-6 16:28:26
a_five 文件夹 0字节 2012-7-12 09:00:47 2012-7-12 09:00:48
复件 a_five 文件夹 0字节 2012-7-16 16:01:00 2012-7-16 16:01:02
控件例子 文件夹 0字节 2012-7-30 18:46:22 2012-7-30 18:46:24
a_seven 文件夹 0字节 2012-7-30 18:46:50 2012-7-30 18:46:52
a_six 文件夹 0字节 2012-7-30 18:46:57 2012-7-30 18:46:58
复件 a_seven 文件夹 0字节 2012-7-31 08:59:05 2012-7-31 08:59:06
a_eight 文件夹 0字节 2012-7-31 09:49:02 2012-7-31 09:49:04
e_nine 文件夹 0字节 2012-8-6 08:33:53 2012-8-6 08:33:54
kongjianlizi.rar .rar 11476697字节 2012-7-30 18:47:10 2012-7-30 18:47:22 [下载]
本地 Intranet
100%

图 9-22　浏览器运行效果

（11）单击某个文件夹进行测试，查看该文件夹下的所有目录和文件，运行效果如图 9-23 所示。

项目案例：浏览文件和目录列表 - Windows Internet Explorer
浏览文件和目录列表
返回上一级
当前目录（\代表根目录）：a_four\
文件名
文件类型
文件大小
创建时间
最后修改时间
操作
a_four.sln .sln 1602字节 2012-7-6 16:28:24 2012-7-9 18:38:20 [下载]
a_four.suo .suo 31232字节 2012-7-6 16:28:24 2012-8-10 09:09:30 [下载]
FourExample 文件夹 0字节 2012-7-6 16:29:21 2012-7-6 16:29:22
本地 Intranet
100%

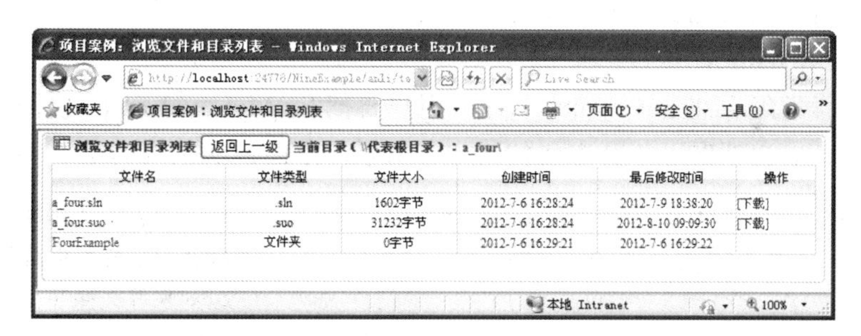

图 9-23　查看某文件夹下的所有子目录和文件

（12）单击某个文件后的【下载】链接实现下载文件的功能，运行效果如图 9-24 所示。

文件下载
您想打开或保存此文件吗？
名称：a_four.sln
类型：Microsoft Visual Studio Solution, 1.56KB
从：localhost
打开(O)
保存(S)
取消
来自 Internet 的文件可能对您有所帮助，但某些文件可能危害您的计算机。如果您不信任其来源，请不要打开或保存该文件。有何风险？

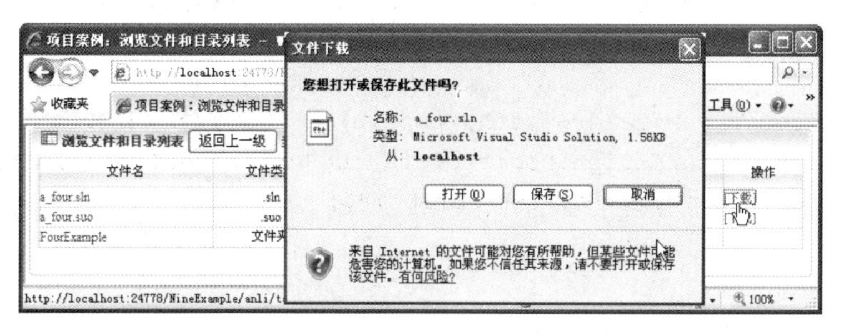

图 9-24　实现文件下载

9.8 习题

一、填空题

1．如果用户想要查看某个文件的创建时间可以使用__________属性。
2．ASP.NET 中文件管理使用到的类是 File 和__________。
3．__________类是一个静态类，它可以用来创建目录、移动目录或删除目录。
4．__________属性可以获取文件或目录的最后写入时间。
5．用户想要判断一个文件是否存在，可以使用 File 类的__________方法。
6．StreamReader 类可以和__________类相结合实现文件的读写操作。
7．__________控件可以实现文件的上传功能。
8．DirectoryInfo 类的__________属性可以用来获取文件的扩展名部分。

二、选择题

1．如果用户想要读取文件当前位置一直到结尾的内容，需要使用__________。

A．StreamReader.Read()

B．StreamReader.ReadToEnd()

C．StreamWriter.ReadToEnd()

D．StreamWrite.Write()

2．假设 E 盘已经存在 LoveName 目录，用户要把 F:\\MyLoveName 文件夹下的内容移动到 E:\\LoveName 文件夹下，其主要代码如下所示。下面说法正确的是__________。

```
string frompath = "F:\\MyLoveName";              //获取源文件路径
string topath ="E:\\LoveName";                   //获取目标文件路径
if (Directory.Exists(frompath))                  //如果源文件存在
{
    if (Directory.Exists(topath))                //如果目标文件目录存在
        Page.ClientScript.RegisterStartupScript(GetType(), "", "<script>
        alert('目录已经存在，请更改后移动！')</script>");
    else
    {
        Directory.Move(frompath, topath);        //移动目录
        Page.ClientScript.RegisterStartupScript(GetType(), "", "<script>
        alert('移动目录成功！')</script>");
    }
}
else
    Page.ClientScript.RegisterStartupScript(GetType(), "","<script>alert
    ('源文件不存在')</script>");
```

A．移动目录成功

B．源文件不存在

C．目录文件已经存在，请更改后移动

D．目录的移动操作在不同的磁盘卷之间无效

3．使用 Directory 类的 Delete()方法时引发 ArgumentNullException 异常，引起此异常的原因是__________。

A．传递的参数无效

B．参数超出了系统定义的最大长度

C．参数为空引用

D．参数只是一个文件名

4．下面关于 StreamReader 类和 StreamWriter 类的说法，选项__________是正确的。

A．StreamReader 类可以用来读取二进制文件，如 Word 文件

B．StreamReader 类和 StreamWriter 类都在命名空间 System.IO 目录下

C．StreamWriter 类的 Write()方法在写入文件内容时也可以自动实现换行功能

D．除非特意指定，否则 StreamReader 类默认编码为 GBK。

5．如果实现文件上传的功能，下面代码空白处应该填写的内容是__________。

```
protected void btnUpload_Click(object sender, EventArgs e)
{
    string uploadpathname = FileUpload1.PostedFile.FileName.ToString();
                                                    //获取上传文件路径
    FileInfo fi = new FileInfo(uploadpathname);
    string filename = fi.Name;
    string uploadpath = Server.MapPath("~/UploadImage" + "\\" + filename);
    if (!File.Exists(uploadpath))
        __________;                                 //保存上传文件
}
```

A．FileUpload1.SaveAs(uploadpath)

B．FileUpload1.PostedFile.SaveAs(uploadpath)

C．FileUpload1.PostedFile.Save(uploadpath)

D．FileUpload1.Save(uploadpath)

6．关于文件处理，下面说法错误的是__________。

A．File 类和 FileInfo 类都有 Create()方法，它们都可以用来创建文件

B．File 类的 Exists()方法他 FileInfo 类人 Exists 属性都可以判断文件是否存在

C．File 类的 MoveTo()方法和 FileInfo 类的 Move()方法都可以实现移动文件的功能

D．File 类的 Copy()方法和 FileInfo 类的 CopyTo()方法都可以实现复制文件的功能

7．下面__________类不能实现删除文件的功能。

A．Directory

B．DirectoryInfo

C．FileInfo

D．File

三、上机练习

1．实现目录的创建、移动、删除和遍历功能

在新建的项目中添加 Web 窗体页面，分别使用 Directory 类和 DirectoryInfo 类实现目录的创建、复制、替换和删除的功能。（注意：创建目录时不仅要判断该目录是否存在，也要创建为该项添加子目录。）

2．使用 StreamReader 和 StreamWriter 实现故事接龙功能

在新建的项目中添加 Web 窗体页面，然后使用 StreamReader 类读取 txt 文件的内容并显示到页面列表中，如图 9-25 所示。在图 9-25 中，输入内容后单击【保存】按钮重新将内容保存到 txt 文件中并显示，从而实现故事接龙游戏的功能。

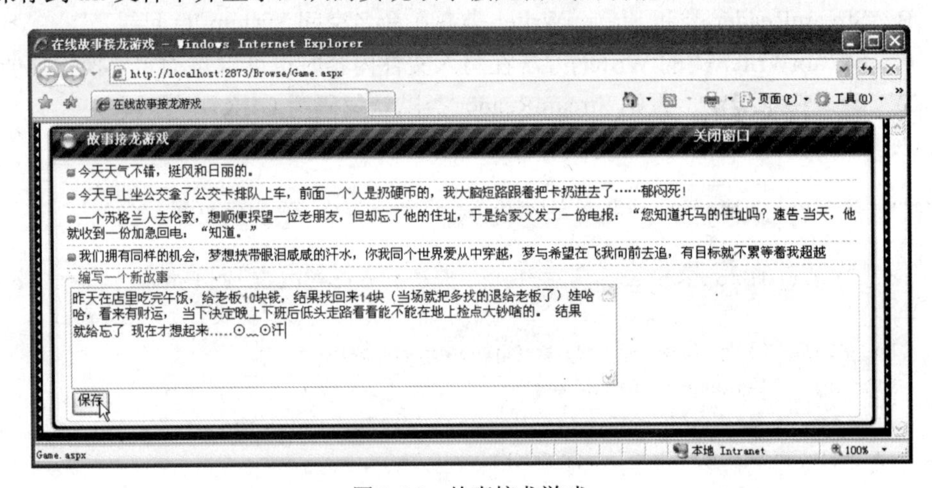

图 9-25　故事接龙游戏

3．文件上传和下载功能的实现

在新建的项目中添加 Web 窗体页面，在该页面中添加 FileUpload 控件实现文件上传的功能。上传文件成功后，显示所有文件的列表并单击标题链接实现文件下载的功能，运行效果如图 9-26 所示。

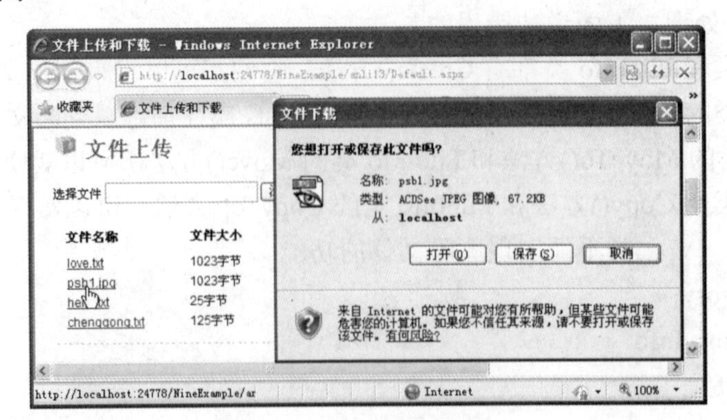

图 9-26　文件上传和下载

9.9 实践疑难解答

9.9.1 ASP.NET 上传文件时设置最大限制

ASP.NET 文件上传的最大限制如何设置
网络课堂：http://bbs.itzcn.com/thread-19710-1-1.html

【问题描述】：各位前辈，晚辈在使用 FileUpload 控件上传文件时应该在哪里设置对上传文件大小的限制，默认情况下上传文件的大小是多少，在页面中怎么判断呢？

【解决办法】：呵呵，你的问题很多啊！我们一个一个来解决。首先 ASP.NET 默认允许上传 4MB 的文件，不过你可以在 web.config 文件中添加对上传文件大小的配置。一般形式如下所示。

```
<httpRuntime executionTimeout="90" maxRequestLength="1024" useFully
QualifiedRedirectUrl="false" />
```

在上述代码中，executionTimeout 属性表示在被 ASP.NET 自动关闭前运行执行请求的最大秒数；maxRequestLength 属性指示 ASP.NET 支持的最大文件上载大小，以 KB 为单位，默认值为 4096KB（4MB）；useFullyQualifiedRedirectUrl 属性指示客户端重定向是否是完全限定的。

你可以根据自己的需要进行更改，在页面后台代码中通过 FileUplod 控件上传文件的 HttpPostedFile 对象的 ContentLength 属性获取上传文件的大小，然后根据该属性获取的值进行判断。例如，限制上传的文件不能超过 1MB，其主要代码如下。

```
if (FileUpload1.PostedFile.ContentLength >= 1024)
{
    Page.ClientScript.RegisterStartupScript(GetType("","<script),>alert(
    '上传的文件太大不能超过 1MB，请重新上传')</script>");
}
```

9.9.2 如何删除目录中的文件

ASP.NET 中如何删除目录中的文件
网络课堂：http://bbs.itzcn.com/thread-19711-1-1.html

【问题描述】：各位大哥大姐，我最近在学习与 ASP.NET 相关的目录和文件管理操作。我可以使用 File 和 FileInfo 类的 Delete()方法删除文件，但是如果我想删除目录中的文件能不能使用 DirectoryInfo 类或 Directory 类实现呢？希望大哥大姐帮帮忙，谢谢！

【解决办法】：这位同学，使用 DirectoryInfo 类或 Directory 类的 Delete()方法都是用来删除目录的，以 DirectoryInfo 为例直接调用 Delete()方法，如果向该方法中传入参数 True 表示删除该目录下的所有文件；如果什么都不传并且目录为空则直接删除目录，否则会提示错误。如果你想单独删除某个目录下指定的文件，则还是要使用 File 或 FileInfo 类。

例如，页面加载显示 E：\\gp 目录下的所有文件，如果存在名称为“2.jpg”的图片文件则调用 File 类的 Delete()方法删除，然后输出其他图片的名称。其主要代码如下。


```
protected void Page_Load(object sender, EventArgs e)
{
    DirectoryInfo di = new DirectoryInfo("E:\\gp");          //创建实例对象
    FileInfo[] fiitem = di.GetFiles();                      //获取该目录下的所有文件
    foreach (FileInfo fi in fiitem)                         //遍历文件
    {
        if (fi.Name == "2.jpg")                             //判断是否有该文件
            File.Delete(fi.FullName);                       //获取路径后删除
        else
            Response.Write(fi.Name + "<br/>");
    }
}
```

第10章 ASP.NET Ajax技术

与传统的开发模式相比，Ajax 提供了一种以异步方式与服务器通信的机制，它可以实现异步传输、局部刷新内容和输入内容智能提示等功能。微软在 ASP.NET 框架的基础上创建了 ASP.NET Ajax 技术，该技术能够实现 Ajax 的功能。本章将详细介绍 ASP.NET Ajax 的相关知识，包括它的概念、优点和常用控件等内容。

通过本章的学习，读者可以了解 ASP.NET Ajax 的基本技术，也可以使用 Ajax 的核心对象——XMLHttpRequest 进行简单操作，还可以使用 ASP.NET Ajax 中的常用控件实现局部刷新、定时更新、等级评分和智能提示等功能。

本章学习要点：

- 了解 Ajax 技术的概念、工作原理和常用框架。
- 掌握 XMLHttpRequest 对象的常用属性和方法。
- 掌握如何使用 XMLHttpRequest 对象处理文本和 XML 格式的数据。
- 了解 ScriptManager 控件和 UpdatePanel 控件的概念、属性和作用。
- 掌握使用 UpdatePanel 控件实现局部更新功能的方法。
- 熟悉如何使用 UpdateProgress 控件实现进程显示。
- 掌握如何使用 Timer 控件在间隔的时间内更新数据。
- 掌握 Accordion 控件生成菜单的两种方法。
- 熟悉 AutoCompleteExtender 控件的常用属性。
- 掌握如何使用 AutoCompleteExtender 控件实现智能提示。
- 掌握 Rating 控件的使用方法。

10.1 ASP.NET Ajax 概述

ASP.NET Ajax 实质上是一个服务器端的 Ajax 框架，它包括 Ajax 功能扩展和 Ajax 服务器端控件集两部分。本节将详细介绍 Ajax 和 ASP.NET Ajax 的相关内容。

10.1.1 Ajax 概念

Ajax 是 Asynchronous JavaScript and XML 的缩写，也称为异步请求对象。它是由 JavaScript 脚本语言、CSS 样式表、XMLHttpRequest 数据交换对象和 DOM 文档对象等多种技术组成的。

1. 工作原理

Ajax 技术不同于传统的 Web 技术，它是对传统 Web 技术的一种改良和发展。引入该技术后不仅改进了 Web 应用的性能，也改善了用户的体验。例如，使用 Ajax 技术可以不必刷新整个页面，只是对页面的局部进行刷新，而且还可以节省网络宽带、提高网页加载速度等。图 10-1 和图 10-2 分别展示了 Web 应用程序和 Ajax 程序的工作原理。

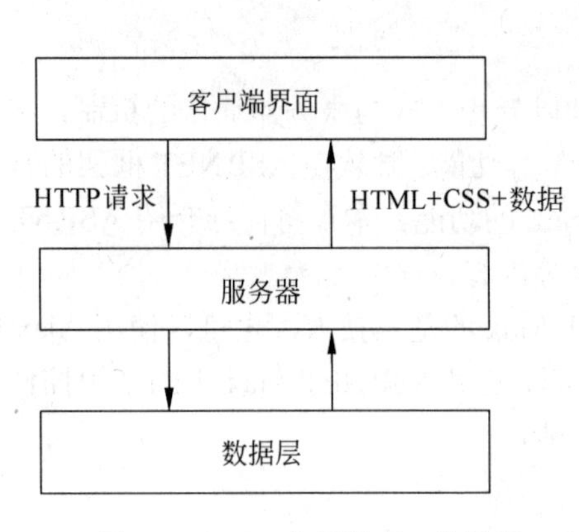

图 10-1　Web 应用程序工作原理

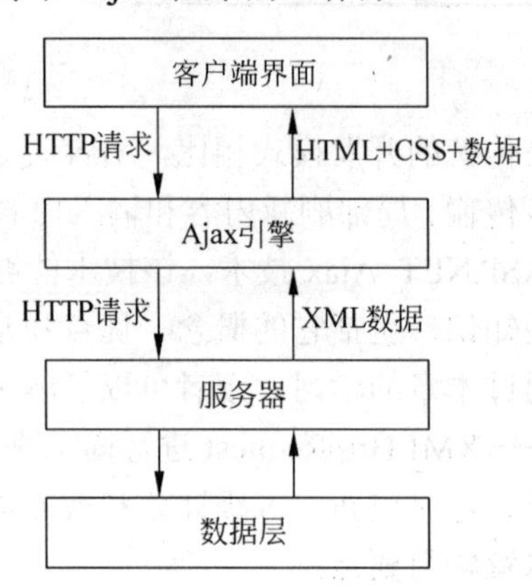

图 10-2　Ajax 工作原理

在图 10-1 中，用户每一次操作页面都将触发一次返回 Web 服务器的 HTTP 请求，服务器进行相应的处理后返回一个 HTML 页面给客户端。

与传统的 Web 应用程序不同，在图 10-2 中 Ajax 采用异步交互操作，用户每一次操作页面时首先通过 Ajax 引擎与服务器端进行通信，然后将返回结果提交给客户端页面的 Ajax 引擎。最后，由 Ajax 引擎来决定将这些数据显示到页面的指定位置。

2. Ajax 的应用

Ajax 技术的主要特点在于实现异步交互并更新 Web 页面的局部信息，因此 Ajax 比较适用于交互较多、读取数据频繁且传输量比较小的 Web 应用。表 10-1 列出了 Ajax 常用的几种情况。

表 10-1　Ajax 应用的几种情况

应用情况	说明
基于表单的简单交互	例如用户注册验证和数据格式验证
时时更新的页面信息	如聊天室、在线统计和股票的涨跌等需要实时反映数据的变化。采用该技术可以定时异步访问数据库且避免整个页面的刷新
菜单导航	如多级联动菜单、树状导航菜单等都可以通过该技术实现，从而节省资源且提高宽带速度
评论和选择投票	传输数据量比较小，使用该技术异步与服务器进行自动交互，用户也可以执行其他操作

Ajax 技术最典型、最常见的例子是智能提示，例如用户在百度搜索首页输入字符时，它可以提供与输入字符相符合的提示来帮助用户完成他们想要输入的搜索内容。输入字符

“奥运”后的效果如图 10-3 所示。

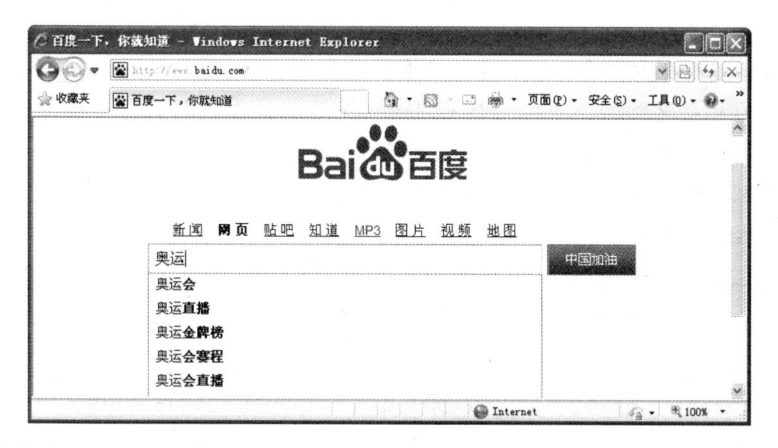

图 10-3　Ajax 技术的典型使用

3. Ajax 框架

使用 Ajax 框架非常方便，它节省了 Ajax 程序员大量的时间和精力。Ajax 框架主要分为两种类型：基于客户端和基于服务器端。大部分的框架都是开源的，但是只有少数是专用的，例如 Property、Ajax.NET、DWR 和 Dojo 等。表 10-2 列出了 Ajax 的常用框架，这些框架每一个都有自己的一些特点。

表 10-2　Ajax 的常用框架

框架类别	框架
基于应用程序框架	Bindows、BackBase、Dojo 和 Tibet 等
基于 JavaScript 框架	JQuery、Prototype 和 MAjax 等
基于 Java 语言框架	DWR、SWATO 和 Library 等
基于 C#语言框架	ASP.NET Ajax、MagicAjax.NET、Ajax.NET 和 Ajax.NET 等
基于 PHP 语言的框架	AjaxAC 和 XAjax 等

10.1.2　ASP.NET Ajax 简介

ASP.NET Ajax 最初的简称为 Atlas，它是 Ajax 框架的 Microsoft 实现方式。ASP.NET Ajax 是一个以快速、方便地搭建新一代的强大、互动、个性化和支持大多数浏览器的 Ajax 网页为目标的免费框架，它集成了 Microsoft 浏览器客户端脚本资源和 ASP.NET 服务器端方便的环境。

ASP.NET Ajax 作为 ASP.NET 的一个扩展，它采用 ASP.NET 服务器端的开发环境，因此它提供对于客户端脚本和强大的 ASP.NET 服务器端脚本的融合，使开发人员能够更方便地创建绚丽、互动的 Web 应用程序界面。

ASP.NET Ajax 框架的使用非常简单，只需要简单地拖曳几个控件到 Web 页面上就可以使用 Web 页面具体精彩的 Ajax 用户界面效果，同时大量地降低应用服务器层的资源消耗。它可以弥补 ASP.NET 不尽如意的地方，也提供了 ASP.NET 无法提供的几个功能。其具体说明如下。

- 服务器端框架允许 Web 页响应回调操作实现 Web 页面的局部更新，不整页更新。
- 大量的客户端控件，更方便实现 JavaScript 功能以及特效。
- 异步取回服务器端的数据，从而加快响应能力。
- 改善用户操作体验，不会因为整页重新加载造成闪动。
- 提供跨浏览器的兼容性支持。

ASP.NET Ajax 包括两部分：客户端和服务器端。它们非常适合用来创建操作方式更便利、反应更快速的跨浏览器页面应用程序。

1. 客户端部分

ASP.NET Ajax 客户端主要包括应用程序接口、API 函数、基础类库、ASP.NET Ajax XML 引擎、ASP.NET Ajax 的客户端控件和封装的 XMLHttpRequest 对象等。

ASP.NET Ajax 的客户端控件在浏览器上运行，提供管理界面元素、调用服务器端方法获取数据等功能。

2. 服务器端部分

ASP.NET Ajax 服务器端提供了处理服务器端的脚本代码，同时它包括 4 个部分，使得开发人员可以轻松实现异步网页和无刷新的 Web 环境。其具体说明如下。

- ASP.NET Ajax 服务器端控件。
- ASP.NET Ajax 服务器端扩展控件。
- ASP.NET Ajax 服务器端远程 Web Service 桥。
- ASP.NET Web 程序的客户端代理。

10.2 XMLHttpRequest 对象

XMLHttpRequest 对象是 Ajax 技术的核心对象，使用 Ajax 时 JavaScript 会调用该对象来直接与服务器通信。本节详细介绍 XMLHttpRequest 对象的相关知识，包括如何创建、属性、方法和如何使用等内容。

10.2.1 XMLHttpRequest 对象的属性和方法

XMLHttpRequest 对象以 ActiveX 控件的方式引入，它被称为 XMLHTPP。该对象早在 Microsoft Internet Explorer 5.0 中被引入，目前该对象已经得到了大部分浏览器的支持，包括 Internet Explorer5.0+、Firefox、Opera 8+和 Safari 1.2 等。

使用 XMLHttpRequest 对象发送请求和处理响应之前，必须使用 JavaScript 脚本创建一个该对象。例如，在 Internet Explorer 中可用以下简单代码创建该对象。

```
var request = new ActiveXObject("Microsoft.XMLHTTP");
```

XMLHttpRequest 对象也提供了多个属性，如 readyState、status 和 statusText 等。这些属性的具体说明如表 10-3 所示。

表 10-3 XMLHttpRequest 对象的属性

属性名	说明
readyState	当前请求的状态。整个过程将经历 5 个状态，取值范围为 0 到 4
onreadystatechange	回调事件处理程序，当 readState 属性的值改变时会调用一个 JavaScript 函数触发该事件
responseText	服务器返回 text/html 格式的文档
responseXML	服务器返回 text/xml 格式的文档
status	描述 HTTP 响应的状态码。如 100 表示 Continue、200 表示 OK 和 404 表示 Not Found（未找到）等等
statusText	HTTP 响应的状态代码对应的文本（OK 和 Not Found 等）

在 XMLHttpRequest 对象中，readyState 属性最为常用，根据该属性可以获取当前请求的状态，以便开发人员在实际应用中做出相应的处理。表 10-4 列出了 readyState 的属性值的具体说明。

表 10-4 readyState 属性的值

值	说明
0	已经创建了 XMLHttpRequest 对象但是还没有初始化
1	代码已经调用了 XMLHttpRequest 对象的 Open()方法并且 XMLHttpRequest 已经把请求发送到服务器
2	已经通过 Send()方法把请求发送到服务器，但是还没有收到响应
3	已经接收到 HTTP 响应的头部信息，但是消息体部分并没有完全接收结束
4	此时响应已经被完全接收

当操作 XMLHttpRequest 对象时，需要调用它的方法，如 send()和 open()等。XMLHttpRequest 对象提供了 6 种方法用来向服务器发送 HTTP 请求并设置相应的头信息，这些方法的具体说明如表 10-5 所示。

表 10-5 XMLHttpRequest 对象的方法

方法名	说明
abort()	停止当前请求
getAllResponseHeaders()	把 HTTP 请求的所有头部信息作为键/值对返回
getResponseHeader(key)	检索响应的头部值
setResponseHeader(key,value)	把指定头部设置为所提供的值，在设置任何头部之前必须调用 open()方法
send(args)	向服务器发送请求数据，参数是提交的字符串信息
open(open,url)	使用请求方式（POST 或 GET）和请求地址 URL 初始化一个 XMLHttpRequest 对象

只有 XMLHttpRequest 对象的 readyState 的属性的值大于或等于 3（即接收到响应头部信息以后），getResponseHeader()方法和 getAllResponseHeaders()方法才可用。

10.2.2 XMLHttpRequest 对象的简单使用

XMLHttpRequest 对象的使用非常简单，一般步骤如下所示。

（1）创建并初始化 XMLHttpRequest 对象。

（2）通过 onreadychange 属性指定响应处理函数。

（3）调用 open()和 send()方法发出 HTTP 请求。

（4）处理服务器的返回信息。

上一节已经了解过 XMLHttpRequest 对象的简单创建、属性和方法等内容，本节主要通过案例演示如何使用该对象的属性和方法判断用户注册时用户名是否已经存在的问题。

【实践案例 10-1】

实现上述功能的主要步骤如下。

（1）添加新的 Web 窗体页，在页面的合适位置添加 TextBox 控件、Literal 控件和 Button 控件。它们分别表示用户注册时的基本信息、用户名注册提示和执行的添加操作，其设计效果如图 10-4 所示。

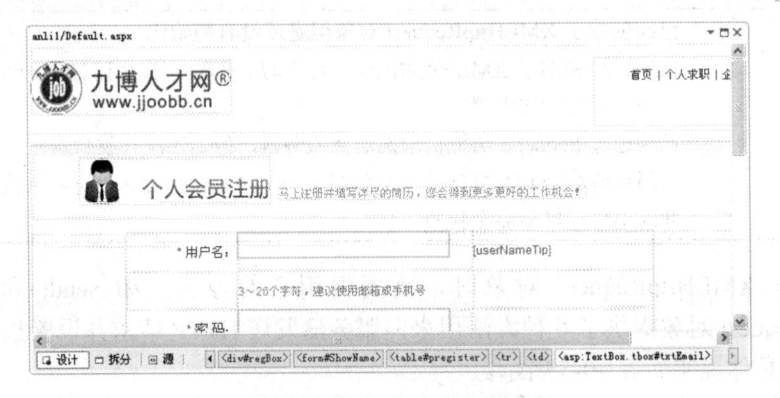

图 10-4 案例 10-1 设计效果

（2）用户名输入框添加 onBlur 事件，其相关代码如下。

```
<asp:TextBox ID="txtUserName" runat="server" onBlur="CheckExists();"
class="tbox"></asp:TextBox>
```

（3）当用户名输入框失去焦点时，触发 onBlur 事件调用 CheckExists()函数，该函数的具体代码如下。

```
function CheckExists() {
    var name = document.getElementById("txtUserName").value;//获取用户名
    if (name == "" || name == null) {                        //如果为空
```

```
        document.getElementById("userNameTip").innerText = "必须输入";
    } else {
        CreateXMLHttpRequest();                             //调用函数创建对象
        xmlHttpRequest.onreadystatechange = GetInfo;    //响应函数
        xmlHttpRequest.open("GET", "HandInfo.aspx?name=" + name, true);
                                                            //发送请求
        xmlHttpRequest.send(null);
    }
}
```

在上述 JavaScript 代码中，首先获取用户名然后判断是否为空，如果不为空调用 CreateXMLHttpRequest()函数创建 XMLHttpRequest 对象。接着，调用 onreadystatechange 属性指定响应处理函数，最后分别调用 open()方法和 send()方法发送请求。在 open()方法中传入 3 个参数，第一个参数表示请求方式，一般为“POST”或“GET”，这里指定为 GET；第二个参数表示请求的地址；第三个参数表示是否进行异步请求。

（4）CreateXMLHttpRequest()函数用于创建 XMLHttpRequest 对象，该函数的具体代码如下。

```
var xmlHttpRequest;                                 //全局对象 xmlHttpRequest
function CreateXMLHttpRequest() {
    if (window.ActiveXObject)                       //是否在 IE 浏览器下创建
        xmlHttpRequest = new ActiveXObject("Microsoft.XMLHTTP");
    else
        xmlHttpRequest = new XMLHttpRequest();
}
```

在上述 JavaScript 代码中，首先根据 ActiveXObject 属性判断是否在 IE 浏览器下创建 XMLHttpRequest 对象。如果是则使用 ActiveXObject 创建即可；否则直接创建 XMLHttpRequest 对象。

（5）open()方法和 send()方法表示发送的请求，请求的地址是 HandInfo.aspx 页面且将用户名作为参数进行传递。创建名称为 HandInfo 的窗体页，在页面的 Load 事件中添加对用户名的处理代码。

```
protected void Page_Load(object sender, EventArgs e)
{
    if (!Page.IsPostBack)
    {
        string name = Request.QueryString["name"].ToString();
        if (name == "foverlove")
            Response.Write("1");
        else
            Response.Write("2");
        Response.End();
    }
}
```

在上述代码中，首先根据 Request 对象的 QueryString 属性获取从父页面传递过来的参数 name 的值，然后判断输入的值是否等于“foverlove”。如果是输出“1”，否则输出“2”。

（6）在客户端发送请求后，每次状态改变都会调用 onreadystatechange 属性的 GetInfo() 函数。该函数的具体代码如下。


```
function GetInfo() {
    if (xmlHttpRequest.readyState == 4) {
        if (xmlHttpRequest.status == 200) {
            var responseState = xmlHttpRequest.responseText;
            if (responseState == "1")
                document.getElementById("userNameTip").innerText = "此用户
                名已经存在，请重新输入！";
            else
                document.getElementById("userNameTip").innerText = "用户名
                合法，您可以放心使用！";
        }
    }
}
```

在上述代码中，使用 XMLHttpRequest 对象的 readyState 属性判断当前请求的状态是否为 4，然后根据 status 属性的值判断当前状态是否为 200。如果条件满足，则调用 responseText 属性获取从 HandInfo.aspx 页面返回的内容，返回结果如果为 1 时输出“用户名已经存在的提示”。

（7）运行本案例输入用户名进行测试，运行效果如图 10-5 所示。

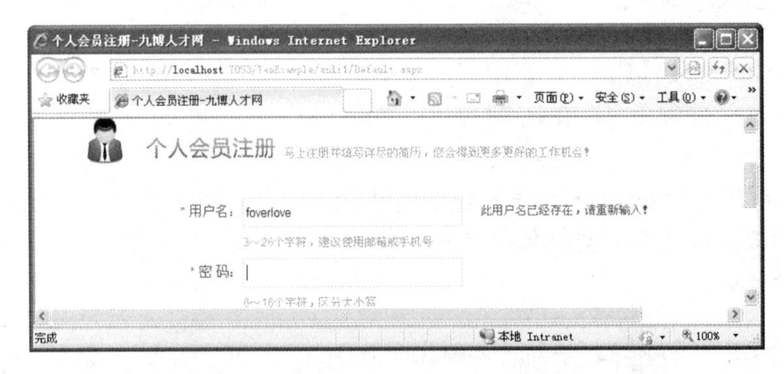

图 10-5　案例 10-1 运行效果

10.2.3　处理 XML 格式的数据

上一节已经介绍过如何使用 Ajax 处理 GET 方式的文本请求，但是某些情况下仅仅返回文本是不够的，例如返回 3 条学生信息，包括学生姓名、年龄和爱好等内容。这时，就需要使用 XMLHttpRequest 对象的 responseXML 属性获取列表了。

由于 XML 本身的优势及浏览器支持的特性，所以可以在客户端将数据模型组成 XML

格式，再将它作为 HTTP 请求的一部分发送到服务器，然后服务器再对 XML 进行处理并返回相应的结果。

【实践案例 10-2】

本案例主要调用 XMLHttpRequest 对象的 responseXML 属性获取并处理返回的 XML 格式的数据。其主要步骤如下。

（1）添加新的 Web 窗体页，在页面的合适位置添加 div 元素。该元素用于动态显示文件的详细信息，相关代码如下。


```
<div id="tFiles"></div>
```

（2）窗体加载时在 body 元素的 onload 事件中调用 JavaScript 脚本中的 GetXMLList() 函数，其相关代码如下。

```
<body onload="GetXMLList();">/* 省略其他代码 */</body>
function GetXMLList() {
    xmlHttpRequest();                                          //创建 XMLHttpRequest 对象
    xmlHttpRequest.onreadystatechange = ResponseXML;                  //处理函数
    xmlHttpRequest.open("POST", "../Handler.ashx", true);             //发送信息
    xmlHttpRequest.send(null);
}
```

在上述代码中，xmlHttpRequest()函数用于创建 XMLHttpRequest 对象，该函数的详细内容可以参考案例 10-1 中的代码。

（3）在一般处理程序 Handler.ashx 中的 ProcessRequest()方法中，处理当前程序中 xmlImage 目录下的文件，该方法的具体代码如下。

```
public void ProcessRequest(HttpContext context)
{
    context.Response.ContentType = "text/xml";              //设置输出类型
    string path = context.Server.MapPath(".") + "\\xmlImage";
    DirectoryInfo di = new DirectoryInfo(path);//创建 DirectoryInfo 对象
    FileSystemInfo[] fsitem = di.GetFileSystemInfos();//获取所有文件和子目录
    string myinfo = "<response>";
    foreach (FileSystemInfo fs in fsitem)                   //遍历文件和子目录
    {
        if (fs is FileInfo)                                 //判断是否为文件
        {
            FileInfo fi = (FileInfo)fs;
            myinfo += "<file><filename>" + fi.Name + "</filename><filesize>"
            + fi.Length + "</filesize><filetype>" + fi.Extension +
            "</filetype><writetime>" + fi.LastWriteTime + "</writetime>
            </file>";
        }
    }
```

```
        myinfo += "</response>";
        context.Response.Write(myinfo);
        context.Response.End();
    }
```

在上述代码中，首先使用 ContentType 属性设置输出类型，然后创建 DirectoryInfo 类的实例对象 di，接着使用 foreach 语句遍历输出该文件下的子目录和文件。If 语句判断 fs 是否为文件，如果是则将 fs 强制转换为 FileInfo 对象并调用该对象的相关属性获取文件信息。最后，使用 Response 对象的 Write()方法输入 XML 格式的文件。

（4）创建回调函数 ResponseXML()，并在该函数中获取服务器端返回的 XML 格式数据。然后，对返回的数据进行解析，并以表格的形式显示到页面上。其具体代码如下。

```
function ResponseXML() {
    if (xmlHttpRequest.readyState == 4) {
    if (xmlHttpRequest.status == 200) {
        var xmltext = xmlHttpRequest.responseXML;//获取返回的 XML 格式的数据
        var xmlitem = xmltext.getElementsByTagName("file");
        var strinfo = "<table width=\"450\" class=\"prod\" align=\"left\
        "><tr><th>文件名称</th><th>文件大小</th><th>文件类型</th><th>上次修改
        日期</th></tr><tbody>";
        for (var i = 0; i < xmlitem.length; i++) {
            strinfo += "<tr align=\"center\">";
            strinfo += "<td>" + xmlitem[i].childNodes[0].firstChild.data +
            "</td>";
            strinfo += "<td>" + xmlitem[i].childNodes[1].firstChild.data +
            "</td>";
            strinfo += "<td>" + xmlitem[i].childNodes[2].firstChild.data +
            "</td>";
            strinfo += "<td>" + xmlitem[i].childNodes[3].firstChild.data +
            "</td>";
            strinfo += "</tr>";
        }
        strinfo += "</tbody></table>";
        document.getElementById("tFiles").innerHTML = strinfo;
    }
    }
}
```

在上述代码中，使用 xmlHttpRequest 对象的 responseXML 属性获取返回的 XML 格式的数据，接着通过 GetElementsByTagName()方法获取父节点下的 file 节点对象。然后，通过 for 语句遍历所有 file 节点下的对象，最后通过 innerHTML 属性显示到列表页面中。

（5）运行本案例，其效果如图 10-6 所示。

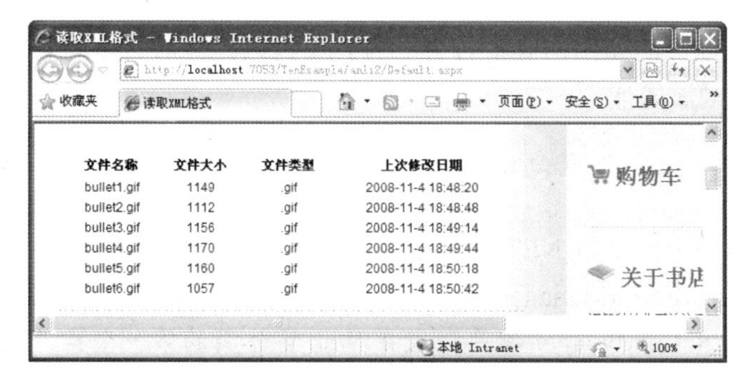

图 10-6　案例 10-2 运行效果

当使用 POST 的方式提交数据时，如果有参数则将传递的参数使用 send() 方法提交，并且必须使用 setRequestHeader()方法设置 Content-Type 属性的值。如果不需要传递参数，则可以直接省略该方法对属性的设置。

10.3　ASP.NET Ajax 应用

上一节已经介绍过如何使用 Ajax 的 XMLHttpRequest 对象实现对文本和 XML 格式数据的请求处理功能，本节将详细介绍如何在 ASP.NET 的服务器端实现 Ajax 技术。ASP.NET Ajax 的服务器端控件包括 ScriptManager、UpdatePanel 和 Timer 等，下面将详细介绍这些控件的相关知识。

10.3.1　ScriptManager 控件

ScriptManager 控件也叫全局脚本控制器或脚本管理控件，在一个 ASP.NET 页面中只能包含一个 ScriptManager 控件，且它必须出现在任何 Ajax 控件之前。因此，在 ASP.NET Ajax 开发中该控件非常重要，也是 ASP.NET Ajax 的核心组成之一。

ScriptManager 控件包含多个常用属性，如 ScriptMode 指定 ScriptManager 发送到客户端的脚本模式，Scripts 属性获取页面所有的脚本集合。表 10-6 列出了该控件的常用属性。

表 10-6　ScriptManager 控件的常用属性

属性名	说明
AsyncPostBackErrorMessage	异步回传发生错误时的自定义提示错误信息
AsyncPostBackTimeout	异步回传时超时时间限制，单位为秒。默认值为 90 秒
EnablePageMethods	表示是否使用当前页的静态方法
EnableScriptLocalization	表示是否启用脚本的本地化功能
ScriptMode	指定 ScriptManager 发送到客户端的脚本模式，它的值为 Auto（默认值）、Inherit、Debug 和 Release
Scripts	页面所有的脚本集合
Services	页面相关的 Web Service

ScriptManager 控件的使用与其他控件一样，找到该控件后直接将它拖曳到页面的合适位置即可。其使用语法如下。

```
<asp:ScriptManager ID="ScriptManager1" runat="server"></asp:ScriptManager>
```

如果某一个 ASP.NET Ajax 控件需要使用 ScriptManager 控件，那么它必须放置在 ScriptManager 控件之后。因此，为了保证 Web 窗体页的正确性，常把 ScriptManager 控件放置在 Web 窗体页的第一个控件的位置处。

10.3.2 UpdatePanel 控件

UpdatePanel 控件也叫更新面板控件，它是 ASP.NET Ajax 中相当重要的一个控件。ScriptManager 控件提供了客户端脚本生成与管理 UpdatePanel 的功能，所以该控件必须依赖于 ScriptManager 存在。

UpdatePanel 控件与 ScriptManager 配合之后，可以实现页面异步局部更新的功能。当使用该控件时，直接将它添加到页面的合适位置，然后在<ContentTemplate></ContentTemplate>中加入想要局部更新的内容。该控件的使用语法如下。

```
<asp:UpdatePanel ID="UpdatePanel1" runat="server"></asp:UpdatePanel>
```

UpdatePanel 控件有两个重要的子元素：<ContentTemplate>和<Triggers>，它们的具体说明如下。

- **<ContentTemplate>** 更新面板的内容面板，它和 GridView 等控件的模板类似，可以在其中添加任何控件。
- **<Triggers>** 更新面板的触发器，只有在触发条件满足后才更新< ContentTemplate>元素中的内容。

除此之外，UpdatePanel 控件有一个重要的属性 UpdateMode，它表示该更新面板采用何种方式来获取服务器资源。它的值有两个，其具体说明如下。

- **Always** 默认值，在每次客户端浏览器向服务器端请求的时候都无限制刷新该控件中的内容。
- **Conditional** 有出发条件的更新，该触发条件可以是某一个控件的事件或其他可以引起更新的条件等。

【实践案例 10-3】

本案例演示如何使用 ScriptManager 控件和 UpdatePanel 控件无刷新实现故事接龙游戏。在本案例中，使用 StreamReader 类读取记事本中的内容，StreamWriter 类向记事本中写入内容，ScriptManager 控件和 UpdatePanel 控件实现添加内容完成后页面无刷新立即显示内容的功能。实现该功能的主要步骤如下。

（1）添加新的 Web 窗体页，在 form 窗体下方添加 ScriptManager 控件，并在合适位置添加 UpdatePanel 控件。在 UpdatePanel 控件中添加 Repeater 控件，该控件用于显示记事本中的所有内容，页面设计效果如图 10-7 所示。

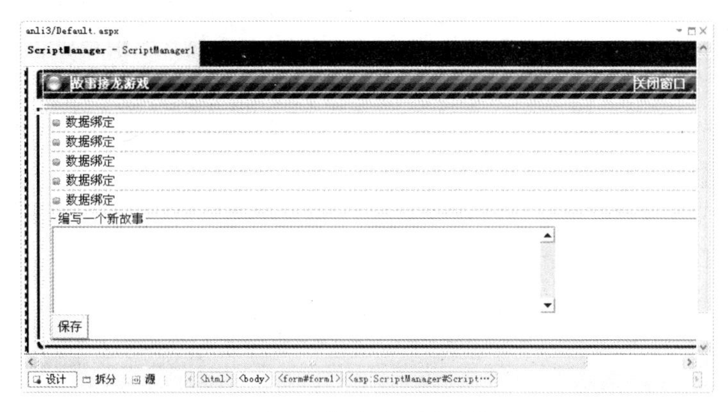

图 10-7　案例 10-3 设计效果

（2）创建实体类并向该类添加构造函数，该类包含文件的相关内容。其主要代码如下。

```
public class GameInfo
{
    public GameInfo() { }
    public GameInfo(string content0) { this.content = content0; }
    private string content;
    public string Content
    {
        get { return content; }
        set { content = value; }
    }
}
```

（3）页面加载时读取显示记事本中的所有内容，其具体代码如下。

```
protected void Page_Load(object sender, EventArgs e)
{
    if (!Page.IsPostBack)
        GetList();                                         //读取记事本内容
}
public void GetList()
{
    IList<GameInfo> filist = new List<GameInfo>();     //创建集合对象
    FileInfo fi = new FileInfo(Server.MapPath("~/UploadFile/Game.txt"));
                                                       //创建 FileInfo 实例对象
    StreamReader sr = fi.OpenText();                   //创建 StreamReader 类
    string content = string.Empty;                     //声明内容变量
    while ((content = sr.ReadLine()) != null)          //读取内容
        filist.Add(new GameInfo(content));             //将内容添加到集合中
    sr.Close();                                        //关闭 StreamReader 对象
    Repeater1.DataSource = filist;                     //绑定数据
    Repeater1.DataBind();
}
```

在上述代码中，Load 事件首先判断页面是否为首次加载，如果是则调用 GetList()方法读取文件中的所有内容。在 GetList()方法中，首先创建 FileInfo 类的实例对象 fi，接着调用该对象的 OpenText()方法读取文件中的内容，然后添加到集合对象 filist 中。最后，通过 Repeater 控件的 DataSource 属性和 DataBind()方法绑定数据。

（4）单击【保存】按钮时，将用户输入的内容写入到记事本中，然后调用 GetList()方法重新加载显示内容。该按钮的 Click 事件的主要代码如下。


```
protected void Button1_Click(object sender, EventArgs e)
{
    if (this.TextBox1.Text.Trim() == string.Empty) return;
    FileInfo DBFile = new FileInfo(Server.MapPath("~/UploadFile/Game
    .txt"));
    StreamWriter sw = DBFile.AppendText();              //以追加的方式打开该文件
    sw.WriteLine(this.TextBox1.Text);                   //写入内容
    sw.Close();                                       //关闭流
    GetList();
}
```

在上述代码中，首先创建 FileInfo 类的实例对象，接着调用该对象的 AppendText()方法以追加的方式打开文件。然后，使用 Write()方法将用户输入的内容写入数据，最后重新调用 GetList()方法刷新文件中的内容。

（5）运行本案例输入内容后，单击【保存】按钮进行测试，运行效果如图 10-8 所示。（注意观察无刷新的效果，与删除 ScriptManager 控件和 UpdatePanel 控件相关代码后的页面进行对比。）

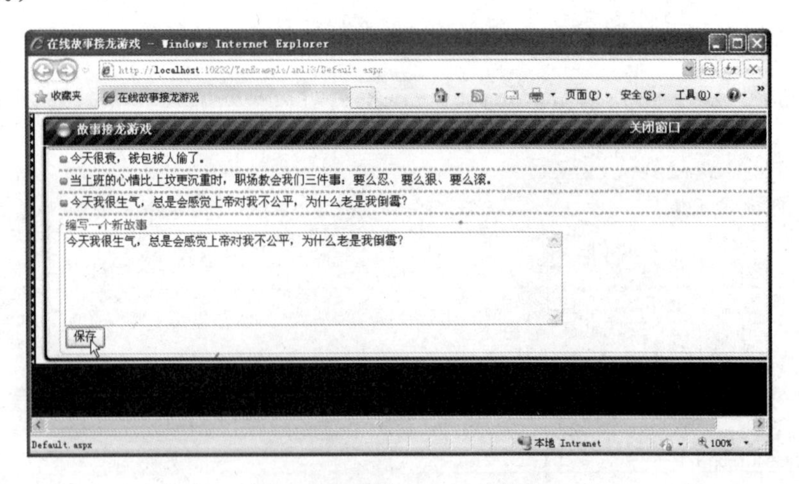

图 10-8　案例 10-3 运行效果

10.3.3　UpdateProgress 控件

UpdateProgress 控件也叫更新进程控件，它可以显示其所在 Web 窗体页和服务器交互的进程，还可以显示其所在的 Web 窗体页的某一个部分与服务器交互的进程。

默认情况下 UpdateProgress 控件将显示页面上所有 UpdatePanel 控件更新的进度信息，在最高版本的 UpdateProgress 控件中提供了 AssociatedUpdatePanelID 属性，它可以指定 UpdateProgress 控件显示哪个 UpdatePanel 控件。UpdateProgress 控件包含多个属性，其最常用的属性如表 10-7 所示。

表 10-7　UpdateProgress 控件的常用属性

属性名	说明
AssociatedUpdatePanelID	通常用于有多个 UpdatePanel 的情况下，设置与 UpdateProgress 相关联的 UpdatePanel 控件的 ID
DisplayAfter	进度信息被显示后要 ms 数
DynamicLayout	UpdateProgress 控件是否动态绘制，而不占用网页空间

UpdateProgress 控件并不真正地提示进度，而是提供一条等待信息以让用户知道页面还在工作而最后的请示还在继续处理中。下面通过案例演示 UpdateProgress 控件的具体使用。

【实践案例 10-4】

本案例将 UpdatePanel 控件和 UpdateProgress 控件结合起来实现登录时显示“正在登录请等候”的进度条提示功能。其主要步骤如下。

（1）新建一个 Web 窗体页，在页面的合适位置添加 UpdatePanel 控件和 UpdateProgress 控件。其中，UpdateProgress 控件包含一个显示 JPG 动画的 Image 控件，页面的设计效果如图 10-9 所示。

图 10-9　案例 10-4 设计效果

（2）将 UpdateProgress 控件的 AssociatedUpdatePanelID 的属性值设置为 UpdatePanel1，单击【确定】按钮时，显示进度条内容。其相关代码如下。

```
<asp:UpdateProgress ID="UpdateProgress1" runat="server" AssociatedUpdate
PanelID="UpdatePanel1">
    <ProgressTemplate>
        <div id="div2" style="margin-top: 10px; margin-left: 30px; width:
        auto;">
```

```
            <div style="display: block; float: left"><asp:Image ID="Image1"
            runat="server" ImageUrl="~/anli4/loader.gif" /></div>
            <div style="display: block; float: left; color: Red;">正在登录,
            请稍后……</div>
        </div>
    </ProgressTemplate>
</asp:UpdateProgress>
```

在上述代码中，通过 AssociatedUpdatePanelID 属性可以实现进度条控件 UpdateProgress 只与页面中添加的 ID 为 UpdatePanel1 的 UpdatePanel 控件相关联。

（3）单击【确定】按钮设置当前等待时间为 4 秒，然后判断用户名和密码是否均等于 “admin”，如果是跳转页面，否则弹出错误提示。该按钮的 Click 事件的具体代码如下。

```
protected void Button1_Click(object sender, EventArgs e)
{
    System.Threading.Thread.Sleep(4000);                    //等待时间 4 秒
    if (t_user.Text == "admin" && t_pwd.Text == "admin")
        Response.Redirect("../anli3/Default.aspx");
    else
        ScriptManager.RegisterClientScriptBlock( Button1, typeof(Button),
        DateTime.Now.ToString(). Replace(":",""), "alert('用户名或密码输入
        错误! ');", true);
}
```

（4）运行本案例输入内容进行测试，显示进度条的效果如图 10-10 所示。

图 10-10　案例 10-4 运行效果

10.3.4　Timer 控件

Timer 控件也叫计时器控件，它用于间隔一定的时间自动刷新页面或完成特定的任务。在实际开发过程中，经常使用该控件完成自动刷新的功能，如聊天室内容的及时更新、“快男”比赛中的人气统计以及电厂考核指标的实时数据等。

在 ASP.NET Ajax 中，Timer 控件与 C#中的 Timer 控件类似，主要通过一个 Interval 属性和 Tick 事件来实现。

【实践案例 10-5】

本案例使用 Timer 控件实现论坛帖子时时更新的功能。实现该功能的主要步骤如下。

（1）添加新的 Web 窗体页，在页面的合适位置添加 ScriptManager 控件和 UpdatePanel 控件。其中，在 UpdatePanel 控件中添加 ListView 控件和 DataPager 控件，它们用于实现帖子列表和分页的功能。其相关代码如下。


```
<asp:UpdatePanel ID="UpdatePanel1" runat="server">
    <ContentTemplate>
        <asp:ListView ID="ListView1" runat="server">
            <ItemTemplate>
            <!-- 省略绑定代码 -->
            </ItemTemplate>
        </asp:ListView>
        <asp:DataPager ID="DataPager1" runat="server" PagedControlID=
        "ListView1" PageSize="10">
        <Fields>
            <asp:NextPreviousPagerField ButtonType="Button" ShowFirstPage
            Button="True" ShowLastPageButton="True" />
        </Fields>
        </asp:DataPager>
    </ContentTemplate>
    <Triggers>
        <asp:AsyncPostBackTrigger ControlID="Timer1" EventName="Tick" />
    </Triggers>
</asp:UpdatePanel>
```

（2）窗体页加载时显示帖子的所有内容，使用 SqlDataAdapter 对象的 Fill()方法向 DataSet 对象中填充数据。Load 事件的具体代码如下。

```
protected void Page_Load(object sender, EventArgs e)
{
    if (!Page.IsPostBack)
        GetList();                                  //数据绑定列表显示
}
public void GetList()
{
    string conn = ConfigurationManager.ConnectionStrings["StringShow"]
    .ConnectionString;
    SqlConnection connction = new SqlConnection(conn);//创建 SqlConnection 对象
    string sql = "select * from forumcontent";      //声明 SQL 语句
    SqlDataAdapter sda = new SqlDataAdapter(sql, connction);
                                        //创建 SqlDataAdapter 对象
    DataSet ds = new DataSet();
```

```
        sda.Fill(ds);                                    //向 DataSet 中填充数据
        ListView1.DataSource = ds;
        ListView1.DataBind();
    }
```

（3）在页面中添加 Timer 控件，设置该控件 Interval 的属性值为 2000 毫秒（即 2 秒），并且触发该控件时在 Tick 事件中调用 GetList()方法重新显示数据。后台 Timer 控件的 Tick 事件代码不再显示，页面具体代码如下。


```
<asp:Timer ID="Timer1" runat="server" Interval="2000" OnTick="Timer1_Tick">
</asp:Timer>
```

（4）重新向 UpdatePanel 控件中添加<Triggers></Triggers>节点，该节点下的具体内容如下。

```
<asp:UpdatePanel ID="UpdatePanel1" runat="server">
    <ContentTemplate><!—省略代码 --></ContentTemplate>
    <Triggers>
        <asp:AsyncPostBackTrigger ControlID="Timer1" EventName="Tick" />
    </Triggers>
</asp:UpdatePanel>
```

（5）运行本案例页面运行效果不再显示，更改后台数据库中第一条数据的标题，2 秒后页面实现无刷新更新的功能，运行效果如图 10-11 所示。

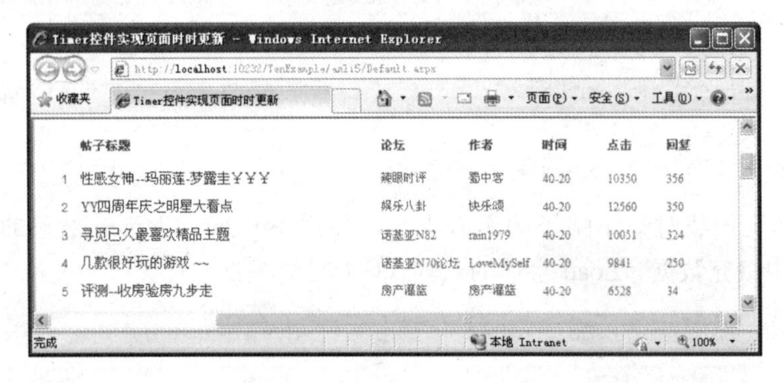

图 10-11　案例 10-5 运行效果

每一个 ASP.NET Ajax 页面中有且只有一个 ScriptManager 控件，当实现局部刷新时，把需要更新的内容放在 UpdatePanel 控件中就可以了。

10.4　ASP.NET Ajax ControlToolkit 应用

ASP.NET Ajax 除了提供基本的服务器端控件外，还提供了控件工具包 ASP.NET Ajax

ControlToolkit。每个版本的AjaxControlToolkit工具包都会不同，随着新技术的发展，工具包的内容也会越来越丰富。本节将详细介绍该工具包的相关知识。

10.4.1 添加 ControlToolkit 工具包

ControlToolkit 工具包的添加与在 ASP.NET 中添加第三方控件类似，下面通过案例演示如何具体添加 ControlToolkit 工具包。

【实践案例 10-6】

（1）在官方网站上下载 ControlToolkit 工具包，在 DOWNLOADS 链接页面找到 Ajax Control Toolkit .NET4 的超链接进行下载。效果如图 10-12 所示。

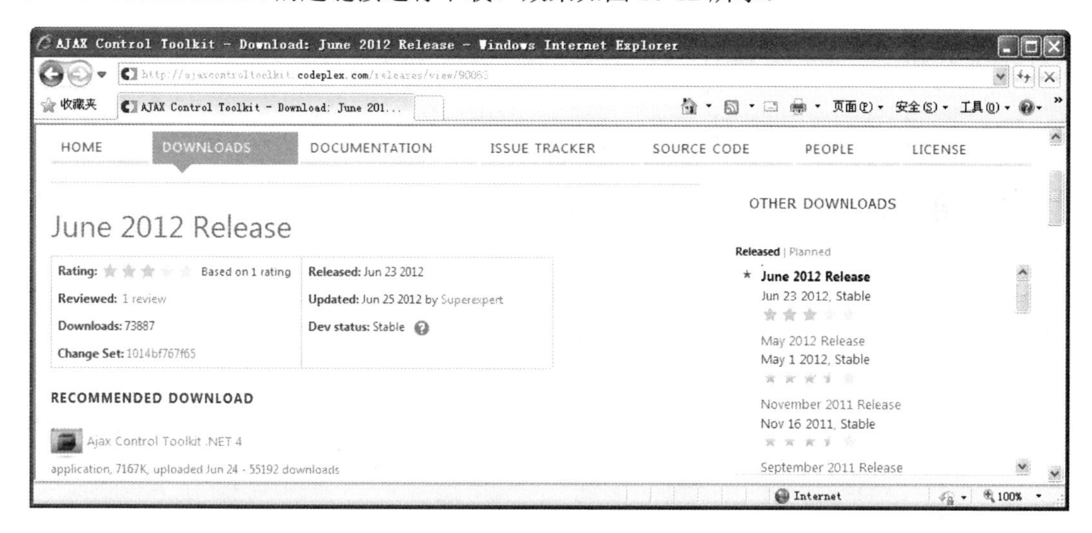

图 10-12　工具包下载页

（2）解压下载的文件夹，解压后的效果如图 10-13 所示。

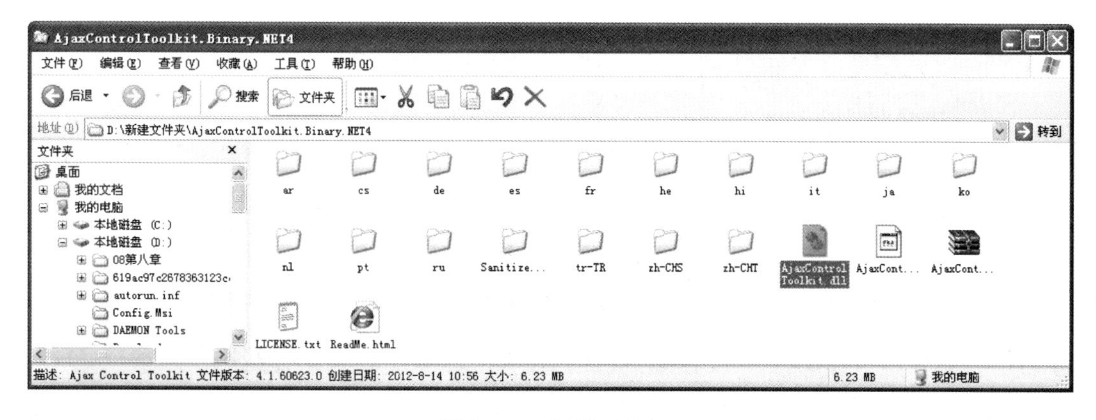

图 10-13　解压工具包

（3）在工具箱中添加名称为 Ajax Extender 的选项卡，并向该选项卡中添加对 AjaxControlToolkit.dll 文件的引用，添加该引用后最终效果如图 10-14 所示。

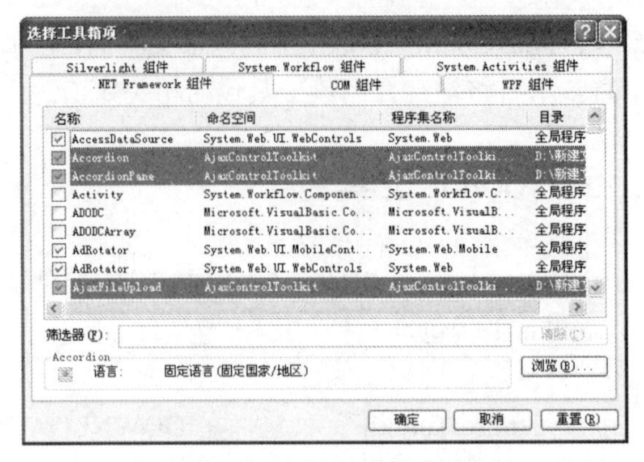

图 10-14　添加对工具箱的引用

（4）直接拖曳相应的控件到页面的合适位置，具体效果不再显示。

10.4.2　Accordion 控件

Accordion 控件是用来实现菜单折叠效果的控件，它常用来做导航菜单和分组数据的展示等，如用户常用的 QQ、MSN 和 Visual Studio 2010 中的工具箱等都可以使用 Accordion 来实现。Accordion 可以像 Panel 控件一样，用来作为其显示内容的载体，但是在一个时间内它限制只能展开其中的一部分。常见的菜单效果如图 10-15 所示。

图 10-15 的功能可以使用 Accordion 控件来实现，一个 Accordion 控件可以包含若干个 AccordionPane 控件。每一个 AccordionPane 控件又具有 Header 和 Content 两部分，分别用于表示它的标题和内容。整个 Accordion 控件中的各个子控件的层次如图 10-16 所示。

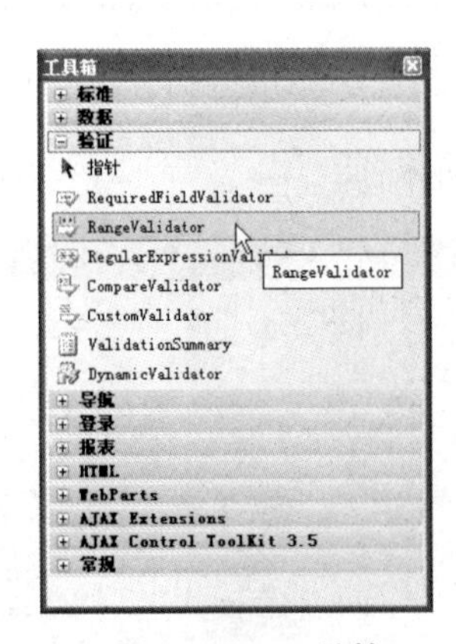

图 10-15　工具箱

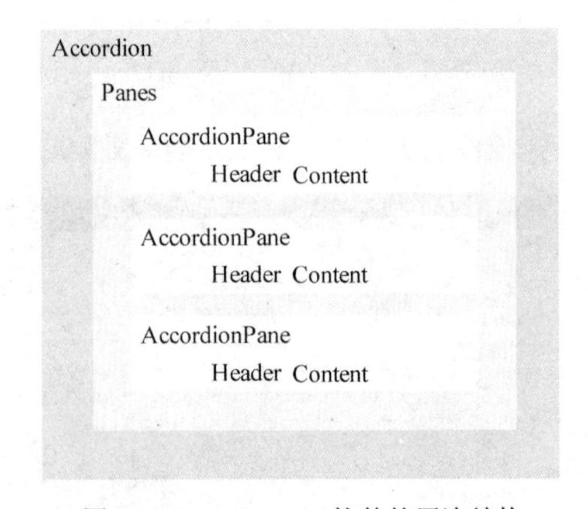

图 10-16　Accordion 控件的层次结构

图 10-16 所示的结构映射到 Accordion 控件上，其基本语法形式如下。

```
<asp:Accordion ID="Accordion1" runat="server">
    <Panes>
        <asp:AccordionPane ID="AccordionPane1" runat="server">
            <Header>/* 省略具体代码 */</Header>
            <Content>/* 省略具体代码 */</Content>
```

```
        </asp:AccordionPane>
        /* 省略其他的 AccordionPane 控件 */
    </Panes>
    <HeaderTemplate>/* 省略具体代码 */</HeaderTemplate>
    <ContentTemplate>/* 省略具体代码 */</ContentTemplate>
</asp:Accordion>
```

Accordion 控件包括多个属性，如 SelectedIndex 获取该控件的索引号，HeaderCssClass 设置整个菜单的标题样式。表 10-8 列出了该控件的常用属性。

表 10-8　Accordion 控件的常用属性

属性名	说明
SelectedIndex	默认选择的 Accordion 控件的面板索引
HeaderCssClass	表示整个菜单的标题样式
ContentCssClass	表示菜单的内容样式
AutoSize	表示 Accordion 内容的显示方式，默认值为 None
Panes	AccordionPane 控件的集合，可以有多个 Panes 和 AccordionPane
HeaderTemplate	标题模板
ContentTemplate	内容模板
FadeTransitions	为 false 表示标准变换，为 true 时为渐变效果

Accordion 控件具有保持其状态选中的功能，当页面发生提交过程后 Accordion 保留其提交前选中的页面。该控件的 AutoSize 值支持 3 种显示和排版方式，其具体说明如下。

- **None**　默认值，表示 Accordion 控件在其展开或折叠过程中，将根据它内部显示的内容自动做尺寸变化，不受到任何条件限制。
- **Limit**　Accordion 控件永远不能将它的尺寸扩展到规定的高度属性之外，在某种情况下它的内容需要通过滚动条滚动。
- **Fill**　将使得 Accordion 控件永远保持在其高度属性规定的高度。

Accordion 控件可以用来实现菜单，一般情况分为以下两种。

（1）实现静态菜单效果。

（2）动态生成 Accordion 菜单。

静态菜单的生成非常简单，直接通过 Accordion 控件中的 Panes 控件设置即可。

【实践案例 10-7】

许多系统和网站中将菜单作为页面的导航内容，本案例通过动态创建 Accordion 控件实现菜单导航的功能。其主要步骤如下。

（1）向数据库中添加数据库表 Menu，该表包括标题的相关信息。其具体字段说明如表 10-9 所示。

表 10-9　Menu 表具体字段说明

字段名	字段类型	是否为空	备注
mid	int	否	主键，自动增长列
mname	nvarchar(20)	否	菜单名
pid	int	否	父级 ID
remark	nvarchar(20)	是	备注，默认为空

（2）添加数据库表 Menu 对应的实体类，该类包括主键和菜单等详细内容，该类的具体代码不再显示。

（3）添加新的 Web 窗体页，将 ScriptManager 控件和 Accordion 控件拖曳到页面的合适位置。页面相关代码如下。

```
<asp:ScriptManager ID="ScriptManager1" runat="server"></asp:Script
Manager>
<asp:Accordion ID="Accordion1" runat="server"></asp:Accordion>
```

（4）窗体页加载时主要通过动态创建 AccordionPane 控件显示所有的标题和内容，Load 事件的具体代码如下。

```
protected void Page_Load(object sender, EventArgs e)
{
    if (!IsPostBack)
    {
        IList<Menu> mlist = GetList(0);                 //获取父标题
        int i = 0;
        foreach (Menu menu in mlist)//循环将父标题添加到 Accordion 控件的标题中
        {
            AccordionPane ap = new AccordionPane();//创建 AccordionPane 控件
            ap.ID = "ap" + i;                      //指定 ap 对象的 ID
            Label lblmenu = new Label();           //创建 Label 控件
            lblmenu.Text = menu.Mname;             //指定控件的 Text 属性为菜单名
            ap.HeaderContainer.Controls.Add(lblmenu);
                                        //将标签控件添加到 AccordionPane 中
            //将 AccordionPane 追加到 Accordion 的 Panes 中
            Accordion1.Panes.Add(ap);
            i++;
            GetSonList(menu.Mid, ap);              //加载二级标题
        }
    }
}
```

在上述代码中，首先调用 GetList()方法获取所有的一级标题，接着通过 foreach 语句循环将父标题添加到 Accordion 控件的标题中。在 foreach 语句中，首先创建 AccordionPane 控件，然后创建 Label 控件，接着将 Label 控件添加到 AccordionPane 控件中。然后，通过 Accordion 控件的 Panes 属性的 Add()方法将 AccordionPane 控件追加到 Accordion 控件的 Panes 中，最后调用 GetSonList()方法获取父标题下的二级标题。

（5）GetList()方法根据父级 ID 获取所有的标题，该方法的具体代码如下。

```
public IList<Menu> GetList(int id)
{
    IList<Menu> mlist = new List<Menu>();
    string connstr = ConfigurationManager.ConnectionStrings["StringShow"]
```

```
        .ConnectionString;
        SqlConnection conn = new SqlConnection(connstr);
        string sql = "select * from Menu where pid=" + id;
        DataSet ds = new DataSet("NewTable");
        SqlDataAdapter sda = new SqlDataAdapter(sql, conn);
        sda.Fill(ds);
        foreach (DataRow drc in ds.Tables[0].Rows)
        {
            Menu m = new Menu();
            m.Mid = Convert.ToInt32(drc[0]);
            m.Mname = drc[1].ToString();
            mlist.Add(m);
        }
        return mlist;
    }
```

在上述代码中，首先通过 SqlDataAdapter 对象的 Fill()方法将数据库中读取的数据添加到 DataSet 对象 ds 中，然后通过 foreach 语句遍历该对象中的所有行数据，最后返回读取的标题列表集合对象 mlist。

（6）GetSonList()方法用于向 AccordionPane 控件中的菜单部分循环添加内容，该方法的具体代码如下。

```
public void GetSonList(int id, AccordionPane ap)
{
    IList<Menu> mlist0 = GetList(id);
    foreach (Menu mi in mlist0)                    //循环将内容添加到菜单部分
    {
        HyperLink sonmenu = new HyperLink();       //创建 HyperLink 控件
        ap.ContentCssClass = "contentspan";        //指定样式
        sonmenu.Text = mi.Mname + "<br/>";         //指定内容
        sonmenu.NavigateUrl = "#";                 //超链接
        Image img = new Image();                   //创建 Image 控件
        img.CssClass = "img";                      //指定样式
        img.ImageUrl = "~/anli8/images/menu_icon.gif";      //图片地址
        ap.ContentContainer.Controls.Add(img);//追加图片到 AccordionPane 控件中
        ap.ContentContainer.Controls.Add(sonmenu);
                                     //追加 HyperLink 到 AccordionPane 中
    }
}
```

（7）添加完成后运行本案例，最终效果如图 10-17 所示。

10.4.3 AutoCompleteExtender 控件

AutoCompleteExtender 控件也叫智能提示、自动提示或自动补全控件等，它可以辅助

TextBox 控件自动完成输入，该控件必须与 Web Service 相连接才能发挥作用。AutoCompleteExtender 控件的运行原理如下：当用户输入一些字符后，AutoCompleteExtender 控件自动异步调用相应的 Web 服务并取得相关数据，然后以下拉框的形式显示在输入的下面，并且供用户进行选择。

图 10-17　Accordion 控件的显示效果

AutoCompleteExtender 控件的语法形式如下。

```
<asp:AutoCompleteExtender runat="server"
    ID="AutoComplete1"
    TargetControlID="myTextBox"
    ServiceMethod="GetCompletionList"
    ServicePath="AutoComplete.asmx"
    MinimumPrefixLength="1"
    CompletionInterval="2000"
    EnableCaching="true"
    CompletionSetCount="20"
    CompletionListCssClass="autocomplete_completionListElement"
    CompletionListItemCssClass="autocomplete_listItem" >
        <Animations>
            <OnShow> ... </OnShow>
            <OnHide> ... </OnHide>
        </Animations>
</asp:AutoCompleteExtender>
```

在上述语法中，TragetControlID、ServiceMethod 和 ServicePath 属性是必选的，其他属性可以根据需要进行选择。表 10-10 列出了该控件常用属性的具体说明。

表 10-10　AutoCompleteExtender 控件的常用属性

属性名	说明
TargetControlID	指定将被辅助完成自动输入的控件 ID
ServiceMethod	指定在 Web 服务中用于提取数据的方法的名称
ServicePath	Web 服务的路径

续表

属性名	说明
MinimumPrefixLength	用户输入多少个字母才出现提示，默认为 3
CompletionInterval	从服务器获取数据的时间间隔，单位为毫秒。默认值为 1000
EnableCaching	是否启用缓存
CompletionSetCount	自动完成显示的条数
CompletionListCssClass	自动完成的下拉列表的 CSS 样式
CompletionListItemCssClass	自动完成的下拉列表项的 CSS 样式

使用 AutoCompleteExtender 控件调用 Web 服务时需要注意以下几点。

- ASP.NET Ajax 调用 Web 服务时，必须在类声明之前添加特性，具体内容为 [System.Web.Script.Services.ScriptService]。
- 方法的传入参数类型和名称是固定的，传入的参数类型必须为 string 和 int，参数名称必须是 prefixText 和 count。
- 要调用的方法的返回类型必须是 string[]。

【实践案例 10-8】

许多大型的搜索网站如百度、网易和有道等用户都知道只要输入部分关键字就能够显示相关搜索提示信息，本案例就通过 AutoCompleteExtender 控件实现该功能。其主要步骤如下。

（1）添加新的 Web 窗体页，在页面的合适位置添加 TextBox 控件和 Button 控件，它们分别表示输入的内容和执行的搜索操作。其相关代码如下。

```
<span><asp:TextBox ID="txtSearchContent" class="s-inpt" runat="server">
</asp:TextBox></span>
<span class="s-btn-w"><asp:Button ID="btnSearch" runat="server" Text="搜 索
" class="s-btn" /></span>
```

（2）继续向页面中添加 ScriptManager 控件和 AutoCompleteExtender 控件，然后设置 AutoCompleteExtender 控件的相关属性，其相关代码如下。

```
<asp:ScriptManager ID="ScriptManager1" runat="server"></asp:Script
Manager>
<asp:AutoCompleteExtender ID=" AutoCompleteExtender1" runat="server"
    TargetControlID="txtSearchContent"
    MinimumPrefixLength="1"
    CompletionSetCount="10"
    CompletionListCssClass="autocomplete_completionListElement"
    CompletionListItemCssClass="autocomplete_listItem"
    CompletionListHighlightedItemCssClass="autocomplete_highlightedListItem"
    ServicePath="~/WebService.asmx"
    ServiceMethod="GetCompleteSearchKey" >
</asp:AutoCompleteExtender>
```

在上述代码中，TargetControlID 属性的值指定 TextBox 控件的 ID，ServicePath 属性指

定 Web 服务的路径，ServiceMethod 属性指定 Web 服务中的方法名。然后，将 MinimumPrefixLength 的属性值设置为 1，CompletionSetCount 的属性值设置为 10。

（3）添加名称为 WebService.asmx 的 Web 服务，创建 GetCompleteSearchKey()方法并编写自动完成功能的代码。该方法的具体代码如下。

```
[WebMethod]
public string[] GetCompleteSearchKey(string prefixText, int count)
{
    string str = ConfigurationManager.ConnectionStrings["StringShow"]
    .ConnectionString;
    SqlConnection conn = new SqlConnection(str);
    //声明 SQL 语句
    string sql = "select * from Search where sname like '%" + prefixText +
    "%' order by scount,sname";
    SqlDataAdapter sda = new SqlDataAdapter(sql, conn);
    DataSet ds = new DataSet("Search");
    sda.Fill(ds);                                   //向 DataSet 对象中填充数据
    int totalcount = ds.Tables[0].Rows.Count;       //获取总数
    if (totalcount > count)                         //判断是否限定返回数量
        totalcount = count;
    string[] result = new string[totalcount];       //创建数组
    for (int i = 0; i < totalcount; i++)            //循环向数组中添加内容
        result.SetValue(ds.Tables[0].Rows[i][1], i);
    return result;                                  //返回数组
}
```

在上述代码中，首先根据条件读取数据库查询的数据，并使用 SqlDataAdapter 对象的 Fill()方法填充到 DataSet 中，接着使用 if 语句判断是否限定返回数量。然后，创建数组对象 result，并使用 for 语句循环向数组中添加内容，最后返回该数组。

（4）运行本案例输入内容进行测试，运行效果如图 10-18 所示。

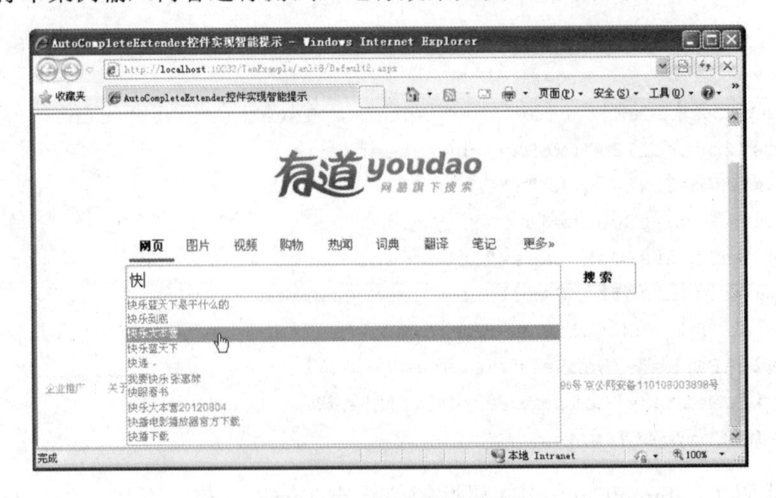

图 10-18　智能提示效果

10.4.4 Rating 控件

用户在浏览某些网站的时候经常看到评价打分功能，传统的实现方式都是输入或选择数字等，ASP.NET Ajax 中提供了 Rating 控件，使用该控件实现等级效果非常方便。

Rating 控件也叫等级选择控件，它提供了一种全新的方式来进行等级选择。Rating 控件本身具有网页无刷新的功能，在使用的时候可以不用放在 UpdatePanel 控件中。另外，使用该控件可以设置不同的效果，还可以支持自定义函数回调等。其语法形式如下。

```
<asp:Rating ID="Rating1" runat="server"
     CurrentRating="2" MaxRating="5"
     StarCssClass="ratingStar"
     WaitingStarCssClass="saveRatingStar"
     FilledStarCssClass="filedRatingStar"
     EmptyStarCssClass="emptyRatingStar"
     OnChanged="Rating1_Changed" >
     </asp:Rating>
```

在上述语法中，开发人员可以通过 StarCssClass、MaxRating 和 CurrentRating 等属性设置相关样式，表 10-11 列出了该控件的常用属性。

表 10-11 Rating 控件的常用属性

属性名	说明
AutoPostBack	获取或设置一个值，该值指示是否回发
CurrentRating	初始化默认的评价值
MaxRating	最大等级
StarCssClass	初始化未评价时的 CSS 样式
WaitingStarCssClass	鼠标停留在控件上准备控件评价的 CSS 效果
FilledStarCssClass	选中评价的效果
EmptyStarCssClass	未被选中的等级星的样式
RatingDirection	用于评价星星的排列方向，默认值为 LeftToRightTopToBottom
RatingAlign	用于评价星星的排列顺序，默认值为 Horizontal

除了常用的属性外，Rating 控件的最常用的事件是 Changed，当用户做出评价时会触发该事件。

如果 Rating 控件只提供评价的功能，则将 AutoPostBack 的属性值设置为 false；如果做出评价后还更改其他控件的一些特征，则将 AutoPostBack 的属性值设置为 true。如果要实现 Ajax 异步回送的功能，则需要将该控件放置到 UpdatePanel 控件。

【实践案例 10-9】

在浏览网页中，常常会让用户对某个物品评价登录、对人物评价印象等，本案例通过 Rating 控件实现对象人物印象的评价功能。其主要步骤如下。

（1）添加新的 Web 窗体页，在页面的合适位置添加 ScriptManager 控件、UpdatePanel 控件和 Rating 控件。然后，设置 Rating 控件的相关属性，如 AutoPostBack、CurrentRating 和 MaxRating 等，主要代码如下。

```
<asp:UpdatePanel ID="UpdatePanel1" runat="server">
<ContentTemplate>
<strong style="float:left">您的喜爱度: </strong>
<asp:Rating ID="Rating1" runat="server" AutoPostBack="true"
     MaxRating="6"
     CurrentRating="3"
     CssClass="cssRatingStar"
     EmptyStarCssClass="cssRatingStarEmpty"
     FilledStarCssClass="cssRatingStarSaved"
     WaitingStarCssClass="cssRatingStarFilled"
     StarCssClass="cssRatingStarratingItem"
     onchanged="Rating1_Changed">
</asp:Rating>
<font color="red"><asp:Literal ID="Literal1" runat="server"></asp:Literal>
</font>  颗星
</ContentTemplate>
</asp:UpdatePanel>
```

（2）当添加 Rating 控件时，通过 EmptyStarCssClass 和 CssClass 等属性指定了各种状态下的 CSS 样式，其具体样式代码如下。

```
<style type="text/css">
.cssRatingStar
{
    white-space: nowrap;
    margin: 5pt;
    height: 14px;
    float: left;
}
.cssRatingStarratingItem
{
    font-size: 0pt;
    width: 13px;
    height: 12px;
    margin: 0px;
    padding: 2px;
    cursor: pointer;
    display: block;
    background-repeat: no-repeat;
}
.cssRatingStarSaved{ background-image: url(Images/RatingStarSaved.png); }
.cssRatingStarFilled{ background-image: url(Images/RatingStarFilled.png); }
```

```
.cssRatingStarEmpty{ background-image: url(Images/RatingStarEmpty.png); }
</style>
```

（3）当单击选中不同等级时，触发 Rating 控件的 Changed 事件，通过 Value 属性或 Rating 控件的 CurrentRating 属性获取用户选中的值，然后将值显示到 Literal 控件中。Changed 事件的具体代码如下。


```
protected void Rating1_Changed(object sender, AjaxControlToolkit.Rating
EventArgs e)
{
    Literal1.Text = e.Value;                //选中值
}
```

（4）运行本案例，运行效果如图 10-19 所示。

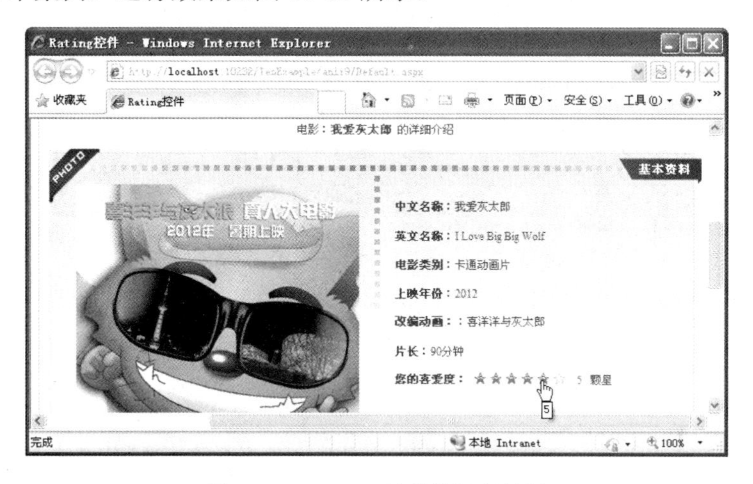

图 10-19　Rating 控件的运行效果

10.5　项目案例：通过淘宝商品页实现效果显示

在本节之前已经详细讲解了 XMLHttpRequest 对象和 ASP.NET Ajax 中常用控件的使用用法，本节项目案例将前几节的内容结合起来，实现对商品页面的简单操作。

【实例分析】

近几年来网上购物已经越来越成为广大用户的选择，良好的用户体验越来越成为客户的追求。本案例通过 ASP.NET Ajax 中多个控件实现对淘宝商品搜索的自动提示、局部更新商品信息以及等级评价等功能，其主要步骤如下。

（1）添加新的 Web 窗体页然后设计页面，在页面的合适位置添加 ScriptManager 控件、AutoCompleteExtender 控件和 TextBox 控件，它们实现搜索商品时输入框自动提示的功能。其主要代码如下。

```
<asp:ScriptManager ID="ScriptManager1" runat="server"></asp:Script
```

```
Manager>
<asp:AutoCompleteExtender ID="AutoCompleteExtender1" runat="server"
    TargetControlID="TextBox1" MinimumPrefixLength="1" CompletionSetCount="8"
    ServicePath="~/WebService.asmx" ServiceMethod="GetCompleteSearch">
</asp:AutoCompleteExtender>
<asp:TextBox ID="TextBox1" runat="server"></asp:TextBox>
```


在上述代码中，指定 AutoCompleteExtender 控件的最大显示数量为 8，当输入内容字数为 1 时就显示自动提示。然后，使用 ServicePath 和 ServiceMethod 属性分别指定 Web 服务对应的路径和方法。

（2）添加新的 Web 服务并添加方法 GetCompleteSearch()，该方法的主要内容如下。

```
[WebMethod]
public string[] GetCompleteSearch(string prefixText, int count)
{
    string str = ConfigurationManager.ConnectionStrings["StringShow"]
    .ConnectionString;
    SqlConnection conn = new SqlConnection(str);
    string sql = "select * from Search where sname like '%" + prefixText +
    "%' order by scount,sname";
    SqlDataAdapter sda = new SqlDataAdapter(sql, conn);
    DataSet ds = new DataSet("Search");
    sda.Fill(ds);
    int totalcount = ds.Tables[0].Rows.Count;              //获取总记录条数
    if (totalcount > count)                                //判断条数是否大于 2
        totalcount = count;
    string[] result = new string[totalcount];              //创建数组对象
    for (int i = 0; i < totalcount; i++)
        result.SetValue(ds.Tables[0].Rows[i][1], i);
    return result;
}
```

在上述代码中，主要使用 SqlDataAdapter 对象的 Fill()方法向 DataSet 对象中填充数据，然后根据将 DataTable 对象中获取的数据添加到变量数组 result 中。

（3）在页面的合适位置添加 UpdatePanel 控件和 Timer 控件，它们会在一定的时间内无刷新更新商品内容。其中，在 UpdatePanel 控件中添加 DataList 控件实现动态绑定商品的功能，相关代码如下。

```
<asp:UpdatePanel ID="UpdatePanel1" runat="server" UpdateMode="Conditional">
    <ContentTemplate>
        <asp:DataList ID="dlGoodList" runat="server" DataKeyField="goodId"
        RepeatColumns="3" RepeatDirection="Horizontal">
            <HeaderTemplate><ul></HeaderTemplate>
            <ItemTemplate>
                <li class="item-hover"><a class="free-pic" href="#"
```

```
                    target="_blank"><asp:Image ImageUrl='<%# Eval("GoodImage")
                    %>' ID="Image1" runat="server" /></a></li>
                    /* 省略其他绑定代码 */
                </ItemTemplate>
                <FooterTemplate></ul></FooterTemplate>
            </asp:DataList>
        </ContentTemplate>
        <Triggers><asp:AsyncPostBackTrigger ControlID="Timer1" EventName="Tick"
        /></Triggers>
    </asp:UpdatePanel>
    <asp:Timer ID="Timer1" runat="server" Interval="2000" OnTick="Timer1_
    Tick"></asp:Timer>
```

（4）Timer 控件的 Tick 事件会在一定间隔内调用 ListBind()方法动态绑定商品数据，Tick 事件的相关代码如下。

```
protected void Timer1_Tick(object sender, EventArgs e)
{
    ListBinding();                                        //动态绑定数据
}
public void ListBinding()
{
    dlGoodList.DataSource = GetGoodList();
    dlGoodList.DataBind();
}
public DataView GetGoodList()
{
    string conn = ConfigurationManager.ConnectionStrings["StringShow"]
    .ConnectionString
    SqlConnection connection = new SqlConnection(conn);//创建 SqlConnection 对象
    string sql = "select * from Goods";                   //声明 SQL 语句
    connection.Open();                                    //打开数据库连接
    SqlDataAdapter sda = new SqlDataAdapter(sql, connection);
                                                  //创建 SqlDataAdapter 对象
    DataSet ds = new DataSet("Goods");                    //创建 DataSet 对象
    sda.Fill(ds);                                         //填充数据
    return ds.Tables[0].DefaultView;                      //返回数据列表
}
```

（5）在页面中再次添加 UpdatePanel 控件，并且在该控件中添加 Rating 控件和 Literal 控件。它们实现对该商品网站的评价功能，相关代码如下。

```
<asp:UpdatePanel ID="UpdatePanel2" runat="server">
    <ContentTemplate>
        <div style="margin-top: -15px;">
            <div style="float: left;"><strong>网站满意度: </strong></div>
```

```
            <div style="float: left; margin-top: -5px;"><asp:Rating ID =
         "Rating1" runat = "server" AutoPostBack ="true" CssClass =
        "cssRatingStar" MaxRating = "5" CurrentRating = "3" EmptyStarCssClass
        = "cssRatingStarEmpty" FilledStarCssClass = "cssRatingStarSaved"
        WaitingStarCssClass = "cssRatingStarFilled" StarCssClass =
        "cssRatingStarratingItem" OnChanged = "Rating1_Changed"></asp:
        Rating></div>
            <font><asp:Literal ID="Literal1" runat="server"></asp:
            Literal></font>
        </div>
    </ContentTemplate>
</asp:UpdatePanel>
```

（6）用户选中评价时触发 Changed 事件，并将用户选择的内容显示到 Literal 控件中，该事件的代码如下。

```
protected void Rating1_Changed(object sender, AjaxControlToolkit.Rating
EventArgs e)
{
    Literal1.Text = "您选择了:" + e.Value + "颗星。";
}
```

（7）将用户登录的相关代码放入 UpdatePanel 控件中，并向该控件中添加 Update Progress 控件，实现登录时的进度提示功能。页面相关代码如下。

```
<asp:UpdatePanel ID="UpdatePanel3" runat="server">
    <ContentTemplate>
        /* 省略用户 */
        <asp:UpdateProgress ID="UpdateProgress1" runat="server">
        <ProgressTemplate>
            <div style="padding-top: 20px; margin-left: 20px; display:
            block;">
            <div style="float: left">
                <asp:Image ID="Image1" runat="server" ImageUrl="~/anli/
                loader.gif" />
            </div>
            <div style="float: left">正在登录，请等候...</div></div>
        </ProgressTemplate>
        </asp:UpdateProgress>
    </ContentTemplate>
</asp:UpdatePanel>
```

（8）单击【登录】按钮触发按钮的 Click 事件，显示进度条的提示效果，该事件的具体代码如下。

```
protected void btnRegisterLogin _Click(object sender, EventArgs e)
{
```

```
        System.Threading.Thread.Sleep(4000);
        if (/* 用户登录成功的相关代码 */)
            Response.Redirect("../anli3/Default.aspx");
        else
            ScriptManager.RegisterClientScriptBlock(btnRegisterLogin,
            typeof(Button), DateTime.Now.ToString().Replace(":", ""), "alert('
            用户名或密码输入错误! ');", true);
}
```

（9）运行本案例输入内容进行测试，其最终效果如图 10-20 所示。

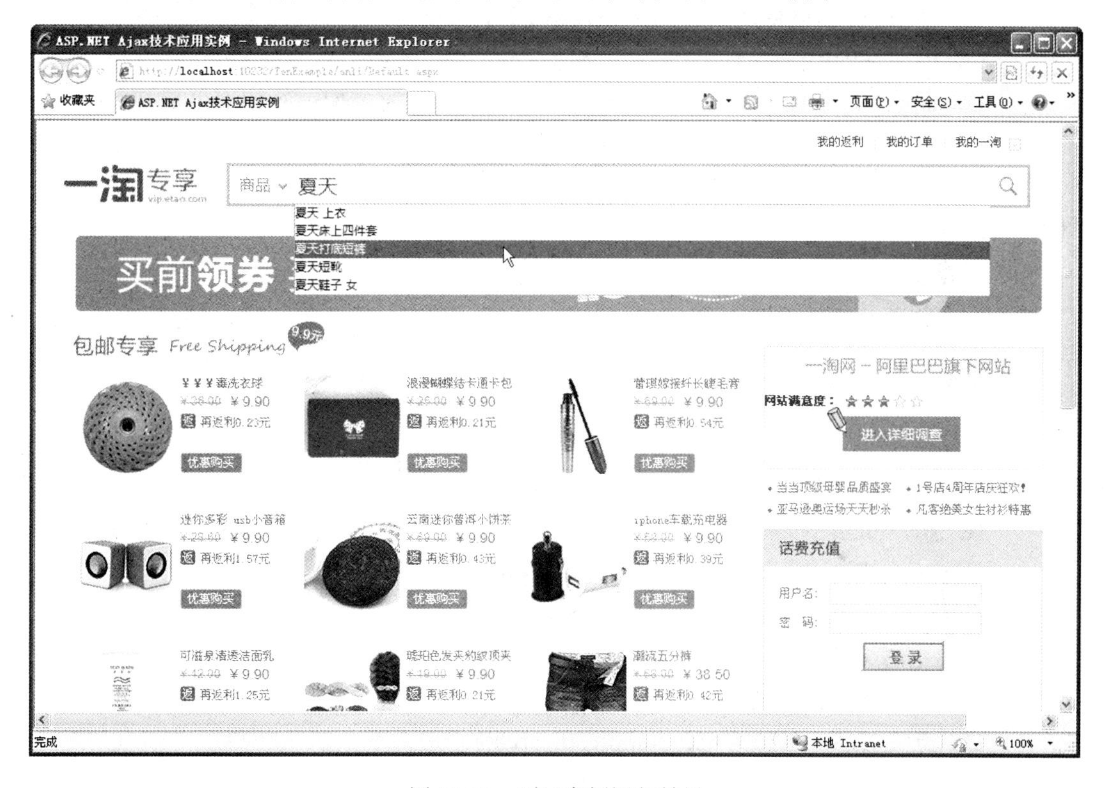

图 10-20　项目案例运行效果

10.6　习题

一、填空题

1．Ajax 技术包括__________、CSS 样式表、XMLHttpRequest 对象和 DOM 文档对象等多种技术。

2．__________对象直接与服务器通信，它是 Ajax 技术的核心对象。

3．用户想要实现输入框智能提示的功能需要使用__________控件。

4. Rating 控件的__________属性可以设置最高评价值。

5. ASP.NET Ajax 中有两种 Triggers 触发器，它们分别为 AsyncPostBackTrigger 和__________。

6. Timer 控件的__________属性用于每间隔多少秒钟刷新一次内容。

二、选择题

1. 下面关于 UpdatePanel 控件的描述错误的是__________。
   A. 当 UpdateMode 的属性值为 Conditional 时，Triggers 属性不生效
   B. 当 UpdateMode 的属性值为 Always 时，Triggers 属性不生效
   C. 该控件的 UpdateMode 属性值有两个，分别为 Always 和 Conditional
   D. UpdatePanel 控件是更新面板，实现无刷新时需要把更新的部分放在该控件的模板中

2. 假设有一个字符串 myStr，现在需要将它异步提交到 ServerSuccess.aspx 页面，下面代码的空白处应该填写__________。

```
CreateXMLHttpRequest();
var url = __________;
xmlHttpRequest.__________ = handleStateChanges;
xmlHttpRequest.open("POST",url,true);
xmlHttpRequest.send(__________);
```

   A. str，onreadychange，ServaerSuccess.aspx
   B. str，onreadystatechange，ServaerSuccess.aspx
   C. ServerSuccess.aspx，onreadystatechange，str
   D. ServerSuccess.aspx，onreadychange，str

3. 下面不属于 AutoCompleteExtender 控件对 Web 服务要求的是__________。
   A. 方法的返回类型必须为 string[]
   B. 方法的名称必须为 GetCompleteSearch()
   C. 方法的传入参数类型必须为 string 和 int
   D. 方法的传入参数名必须为 prefixText 和 count

4. Rating 控件的__________属性用于设置评价选中的效果。
   A. EmptyStarCssClass
   B. FilledStarCssClass
   C. WaitingStarCssClass
   D. StarCssClass

5. 关于 XMLHttpRequest 对象的说法，下面选项__________是不正确的。
   A. XMLHttpRequest 对象的 status 属性用于描述 HTTP 响应的状态码，如 200 表示请求完成
   B. XMLHttpRequest 的 send()方法用于向数据库发送请求数据
   C. 当 readyState 的属性值等于 4 时，表示响应已经完全被接收

D．当 XMLHttpRequest 对象的 readyState 的属性值大于或等于 2 时，getResponse Header()方法才可用

三、上机练习

1．搜索内容自动匹配

在新建的 Web 窗体页中使用 AutoCompleteExtender 控件实现搜索内容自动匹配功能，最终运行效果如图 10-21 所示。（注意：AutoCompleteExtender 控件对 Web 服务的要求。）

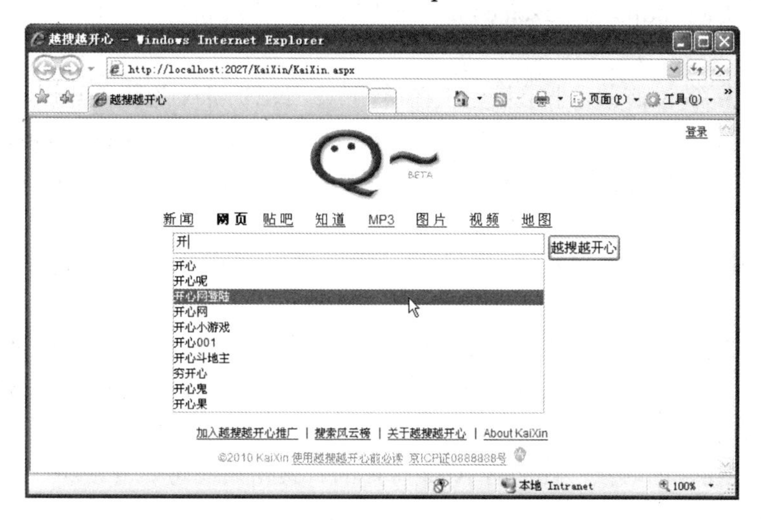

图 10-21　搜索内容自动匹配效果

2．以 GET 和 POST 的方式发送数据

本次练习要求读者使用 XMLHttpRequest 对象获取 HTML 表单中输入的内容，然后分别以 GET 和 POST 的方式发送到服务器端 ASPX 页面，页面的最终运行效果如图 10-22 所示。

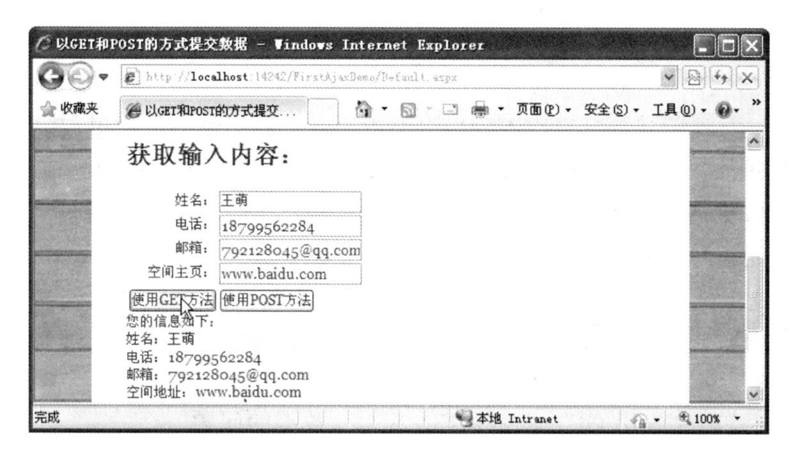

图 10-22　上机实践 2 运行效果

10.7 实践疑难解答

10.7.1 UpdatePanel 控件下如何使用 UploadFile 控件

UpdatePanel 控件下如何使用 UploadFile 控件
网络课堂：http://bbs.itzcn.com/thread-19712-1-1.html

【问题描述】：各位前辈，小弟最近正在学习 ASP.NET Ajax 的相关知识，ScriptManager 和 UpdatePanel 控件相结合可以实现页面局部刷新功能。我现在向 UpdatePanel 控件中添加 UploadFile 控件，为什么在后台无法取得 UploadFile 控件的值呢？这个问题困扰我很久了，哪位高手解答一下，非常感谢！

【解决办法】：UpdatePanel 和 UploadFile 控件不兼容是微软在官方承认的事实，我只能给你提供两种方法介绍如何避免这个错误。

第一种是把上传文件的按钮放在<Triggers>标签内而不是<ContentTemplate>中，另外把 UpdatePanel 控件的 UpdateMode 属性的值设置为 Conditional，然后在 btnUpload_Click 事件中执行保存文件和写入数据库的操作。虽然这样会使上传文件失去异步交互的效果，但是在执行其他操作的时候，还是有 Ajax 特性的。其相关代码如下。

```
<asp:UpdatePanel ID="UpdatePanel1" runat="server" UpdateMode="Conditional">
<Triggers>
<asp:PostBackTrigger ControlID="btnUpload" />
</Triggers>
<ContentTemplate>
<asp:FileUpload ID="FileUpload1" runat="server" Width="400px" />
<asp:Button ID="btnUpload" runat="server" Text="上传" OnClick="btnUpload_
Click" />
</ContentTemplate>
</asp:UpdatePanel>
```

第二种方法是使用 iframe 来嵌入到主页面中这种方法已经验证通过。其主要步骤如下。

（1）在主页面中使用 UpdatePanel 控件，然后添加一个 iframe 而不是 FileUpload 控件。

（2）向 iframe 中链接一个新的页面，新页面中包含 FileUpload 控件。

（3）上传完毕后响应主页面上传的结果。

10.7.2 Ajax 中的 GET 和 POST 提交数据的问题

Ajax 中分别使用 GET 和 POST 方式提交数据的问题
网络课堂：http://bbs.itzcn.com/thread-19713-1-1.html

【问题描述】：我使用 XMLHttpRequest 对象的 GET 和 POST 方法提交数据，为什么无论使用哪种方法地址栏中的状态都没有改变？而且为什么我使用 POST 提交数据后在页面中一直获取不到数据信息？请大家帮帮忙，谢谢啦！

【解决办法】：XMLHttpRequest 对象是 Ajax 技术的核心对象，它是异步调用功能的实现（即不刷新页面的情况下更新数据），所以无论采用哪种方式提交地址栏中的状态都不会改变。

另外，你使用 POST 方式提交数据时需要注意以下几点。

（1）设置 header 的 Context-Type 的值为 application/x-www-form-urlencode，它确保服务器知道实体中有参数变量。其相关代码如下。

```
xmlHttp.setRequestHeader("Content-Type","application/x-www-form-urlenco
ded");
```

如果使用 POST 方式提交没有需要传递的参数，上述代码也可以省略。

（2）参数在 send()方法中发送，如 xmlHttpRequest.send(name)。如果是 GET 方法，则在 send()方法中传递 null。

（3）当获取参数的值时，使用 Request.Form[“参数名”]来获取。

第11章 Web服务

Web 服务定义了一套统一的标准，使用可扩展的标记语言 XML 进行数据通信。所以，使用 Web 服务就可以忽略在应用程序中各系统之间的通信差异，真正实现跨平台、跨网络、跨系统、跨语言的应用程序通信功能。本章将详细介绍 Web 服务的相关知识，包括它的概念、适用场合、技术架构以及如何调用等内容。

通过本章的学习，读者可以了解 Web 服务的概念作用和架构等，也可以掌握如何调用自定义的 Web 服务，还可以与常用的第三方服务集成等。

本章学习要点：

- 了解 Web 服务的概念、优点和作用。
- 熟悉 Web 服务架构的内容。
- 掌握如何调用自定义的 Web 服务实现邮件发送。
- 熟悉 WebService 属性的选项和使用。
- 熟悉 WebMethod 属性的选项和使用。
- 掌握如何调用第三方 Web 服务实现电话号码归属地。
- 掌握如何调用第三方 Web 服务实现中英文互译。
- 掌握如何调用第三方 Web 服务查看天气预报。
- 掌握如何调用第三方 Web 服务查看电视节目列表。
- 熟悉如何使用第三方 Web 服务实现简体字和繁体字的转换功能。

11.1 Web服务概述

Web 服务是 Internet 中发布的一种数据信息交互服务，在世界上有 Internet 服务的任何地方都可访问 Internet 中发布的 Web 服务。本节将介绍 Web 服务的基本内容，包括它的概念、使用场合和技术架构。

11.1.1 Web服务简介

Web 服务即 Web Service，它是一个平台独立的、松耦合的、自包含的、基于可编程的 Web 应用程序。开发人员可以使用开放的 XML 标准来描述、发布、发现、协调和配置这些应用程序，另外 Web 服务也可用于开发分布式的互操作的应用程序。

Web 服务的出现预示着一种新的应用程序架构的出现。从软件开发的角度来讲，Web

服务是 Web 服务器提供的一个应用程序，或者执行代码的程序块，它通过标准的 XML 协议来展示它的功能。

从使用范围上来讲，Web 服务既可以作为一些应用服务发布给开发人员，也可以作为信息发布的接口，供用户调用。Web 服务的优点有很多，其具体说明如下。

- Web 服务是可互操作的、一种优秀的分布式应用程序。
- Web 服务具有普遍性，它使用 HTTP 和 XML 进行通信。
- Web 服务可以轻松地穿越防火墙，真正实现自由通信。
- 使用 SOAP 协议非常简单，通过该协议实现异地调用。

Web 服务最主要的优点就是可以实现不同应用程序和在不同系统平台上开发出来的应用程序之前相互通信，实现分布式应用程序。它的主要特征如下。

- **Web 服务与客户端的联系松散**

客户端向 Web 服务发出请求，Web 服务器向客户端返回响应结果然后断开连接。这种方式不存在永久性链接，因而避免了链接管理等复杂性的问题。另外，Web 服务也可以随意扩展其接口，并在添加新的方法以后不会影响客户端的使用。

- **Web 服务与状态无关**

11.1.2 Web 服务的使用场合

Web 服务是一种为程序开发人员提供的一种调用接口，并不能被最终用户直接使用。很多应用程序为了提高实用性和人性化程度，会在程序中加入天气提醒或延伸的其他功能。常用的例子有很多，如提供天气预报、手机号码归属地或火车车次查询等的 Web 服务，这里使用网络中专门进行天气预报功能的运行商提供的 Web 服务来实现相应功能，如图 11-1 所示。

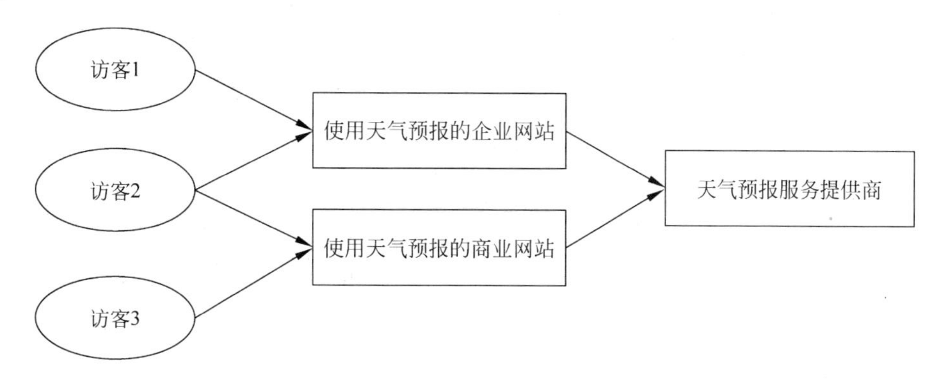

图 11-1　Web 服务示意图

在网络中，服务商提供的服务并不是全部免费，有些服务可能通过收取一定的费用为 Web 服务者提供相应的支持。

除了使用网络中服务器商提供的服务外，开发人员还可以开发并发布一些 Web 服务供互联网中的其他用户使用，还作为一种低耦合的程序设计方案来进行处理。表 11-1 列出了 Web 服务的使用场合。

表 11-1　Web 服务的使用场合

名称	说明
企业对企业之间的内部数据交流	这是最见的一种场合，如Web服务可以帮助电子商务公司与物流公司的系统关联，实现自动填写货运申请提交到物流公司的系统中
同一家企业中的不同系统之间的连接工具	如使用Web服务将某个企业中的人力资源系统和销售管理系统相联
跨平台应用程序的核心组件	如自己开发的运行于电脑和手机上的应用程序，也可以使用Web服务
作为分布式应用程序的交互接口	如在分布式应用系统的各个部分与服务器之间进行数据交互

下面主要通过案例来简单地了解 Web 服务的用法。

【实践案例 11-1】

随着社会经济的发展，手机已经越来越融入大家的生活中。但是，近几年越来越多的用户会接到骗子的陌生电话，而用户会因为一些业务不得不接电话。那么，有没有一种方法能够让用户确切地知道手机号码的归属地，从而根据归属地判断是否接听电话呢？答案是肯定的：有。本次实践案例主要通过免费的 Web 服务实现手机号码归属地的简单查看功能，主要步骤如下。

（1）在互联网上找到一个提供 Web 服务的网站（如 http://www.webxml.com.cn），然后开发人员可以选择【显示全部 Web Service】选项使用这个网站上的一些免费服务，如图 11-2 所示。

图 11-2　Web 服务页面

（2）单击国内手机号码归属地查询的 Endpoint 选项网址，访问查询归属地的 Web 服务，具体网址为“http://webservice.webxml.com.cn/WebServices/MobileCodeWS.asmx”，页面效果如图 11-3 所示。

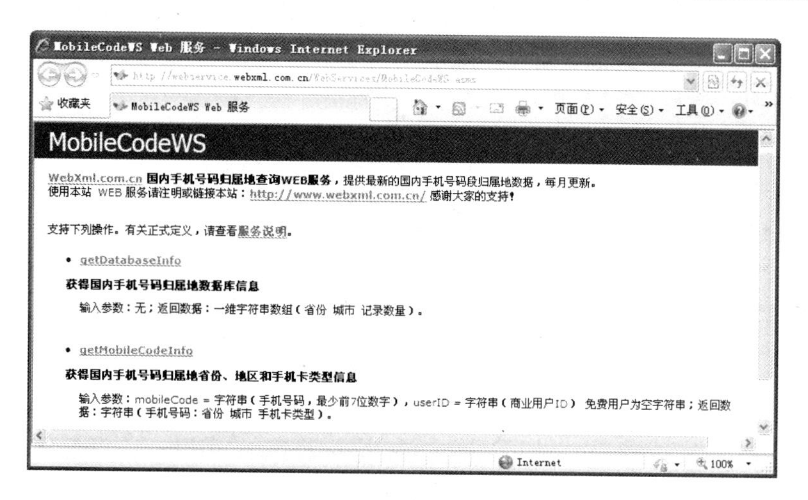

图 11-3　手机号码归属地查询的 Web 服务

（3）单击图 11-3 中的执行号码归属地查询功能的 getMobileCodeInfo 链接，打开功能的调用页面，运行效果如图 11-4 所示。

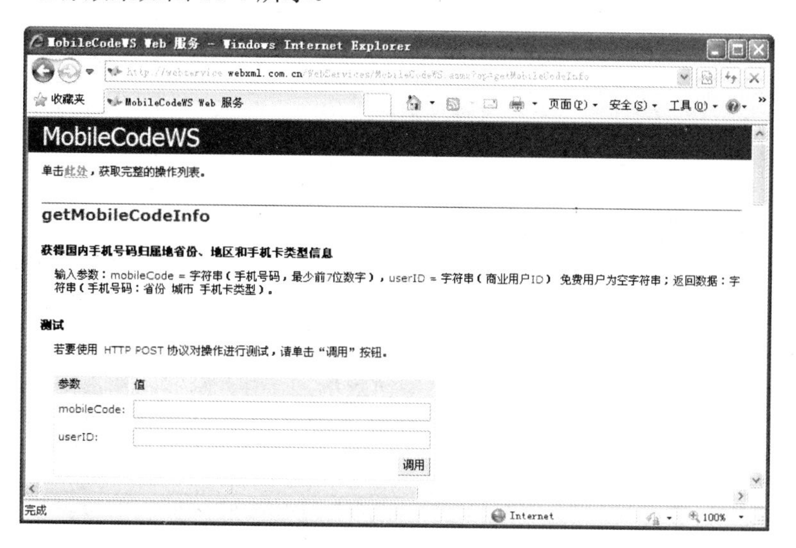

图 11-4　功能调用页面

（4）在 mobileCode 文本框中输入要查询的手机号码"15890026156"，然后单击【调用】按钮进行测试。系统将返回一段包含手机号码归属地信息的字条串，页面运行效果如图 11-5 所示。

图 11-5　号码归属地查询的响应结果

11.1.3 Web 服务的技术架构

在不同的系统、不同的平台间实现互操作性必须要有一套信息传输标准。同样，对于 Web 服务来说也有一套这样的标准。图 11-6 列出了 Web 服务的交互过程。

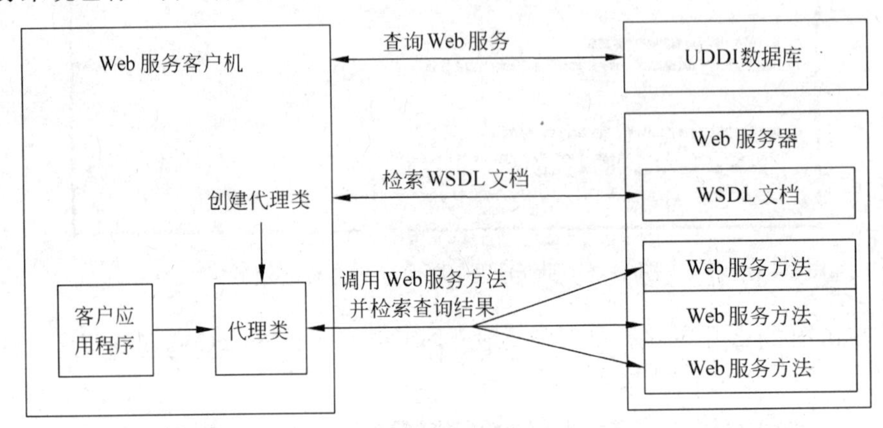

图 11-6　Web 服务的交互过程

从图 11-6 中可以看出，Web 服务包含多个不同的技术和协议等内容，其内容的具体说明如下所示。

- **XML 和 XSD**

XML 是可扩展标记语言，它是 Web 服务中表示和封装数据的基本格式。XML 既与平台无关，也与厂商无关。

Web 服务使用 XSD 来作为数据类型系统，当用某一种语言构造 Web 服务时，为了符合 Web 服务的标准，所有使用的数据类型必须转换为 XSD 类型。如果想让它在不同平台和不同软件之间传递，还需要使用某种东西将它包装起来，这种东西就是 SOAP 协议。

- **SOAP**

SOAP（Simple Object Access Protocol）即简单对象访问协议，它可以运行在任何其他传输协议之上，是用于交换 XML 编码信息的轻量级协议，如可以使用 SMTP（电子邮件协议）来传递 SOAP 消息。

- **WSDL**

WSDL（Web Service Description Language）即 Web 服务描述语言，它就是用机器能阅读的方式提供一个正式描述文档而基于 XML 的语言。WSDL 用于描述 Web 服务及其函数、参数和返回值，由于它是基于 XML 的，所以既是机器可阅读的，也是人可阅读的。

- **UDDI**

UDDI（Universal Description，Discovery and Integration）即通用描述、发现与集成服务，它是一套基于 Web 的、分布式的、为 Web 服务提供的和信息注册中心的实现标准规范。

UDDI 是一种集成服务，目的是为电子商务建立标准。UDDI 也包含一组使企业能将自身提供的 Web Service 注册，以使别的企业能够发现访问协议的实现标准。

❑ **调用 RPC 与消息传递**

Web 服务本身是在实现应用程序间的通信，现在有两种应用程序通信的方法：RPC 远程调用和消息传递。在使用 RPC 的时候，客户端的概念是调用服务器上的远程过程，通常方式为实例化一个远程对象并调用其方法和属性。

11.2 Web 服务的基本使用

上一节已经简单地了解过 Web 服务的相关内容，本节将简单介绍 Web 服务的基本使用。本节的内容主要包括调用自定义的 Web 服务和第三方的 Web 服务。

11.2.1 调用存在的 Web 服务

用户在下载国外网站的一些内容时会发现许多的帮助和操作文档都是英文的，这对英文不好的用户来说就有些麻烦了。那么，有没有一种方法能够让用户准确的根据英文翻译为对应的中文呢？答案是：有。本节主要通过案例演示如何通过调用第三方的 Web 服务实现中文和英文单词的翻译功能。

【实践案例 11-2】

调用已存在的 Web 服务，实现中英文翻译功能的主要步骤如下。

（1）打开新添加的项目并为该项目添加 Web 引用，第三方 Web 服务的 URL 为“http://webservice.webxml.com.cn/WebServices/TranslatorWebService.asmx”。修改 Web 服务的引用名后，单击【添加引用】按钮，效果如图 11-7 所示。

图 11-7　添加 Web 引用

（2）在项目中添加名称为 FanYiMessage.aspx 的 Web 窗体页，该页面用于实现中英文翻译的功能。在页面的合适位置添加 TextBox 控件、Button 控件和 Label 控件，它们分别用于输入内容、执行操作和翻译后的内容。其相关代码如下。

```
<table>
    <tr align="right">
        <td>翻译的内容: </td>
        <td><asp:TextBox ID="txtOldContent" runat="server" Height="50px"
        Width="280" TextMode="MultiLine"></asp:TextBox></td>
    </tr>
    <tr>
        <td></td>
        <td><asp:Button ID="btnSend" runat="server" Text="翻 译" OnClick=
        "btnSend_Click" />  <input id="btnReset" type="reset"
        value="重 置" /></td>
    </tr>
</table>
```

（3）单击【翻译】按钮触发其 Click 事件实现互译功能，在该事件的代码中主要通过 getEnCnTwoWayTranslator()方法实现。其具体代码如下。

```
protected void btnSend_Click(object sender, EventArgs e)
{
    FanYiMessageService.TranslatorWebService yi=new FanYiMessageService
    .TranslatorWebService();
    string[] newcontent = yi.getEnCnTwoWayTranslator(txtOldContent.Text);
    string[] content = newcontent[1].TrimStart('|').TrimEnd('|').Split
    ('|');
    txtNewContent.Text = newcontent[0] + "<br/>";
    for (int i = 0; i < content.Length; i++)
    {
        txtNewContent.Text += content[i] + "<br/>";
    }
}
```

在上述代码中，首先创建 TranslatorWebService 类的实例对象 vi，接着调用该对象的 getEnCnTwoWayTranslator()方法获取返回的内容数组并保存到变量 newcontent 中。然后，通过 newcontent 变量的 Split()方法截取字符串内容，并通过 for 语句遍历。

（4）运行本案例输入内容后，单击【翻译】按钮进行测试，运行效果如图 11-8 所示。

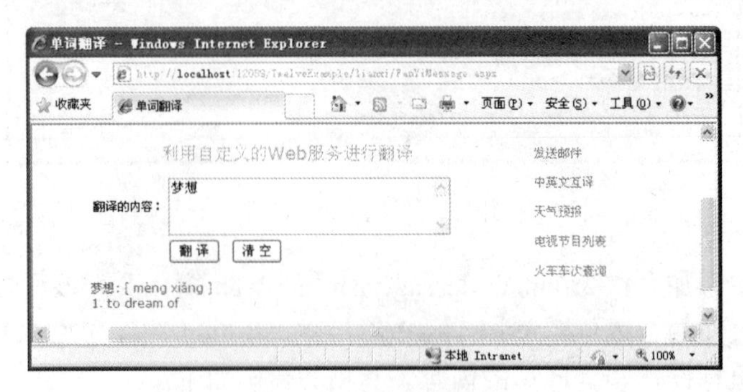

图 11-8　案例运行效果

11.2.2 调用自定义的 Web 服务

自定义的 Web 服务，顾名思义就是用户调用自己创建的 Web 服务。调用自定义服务之前，首先要存在自己创建的 Web 服务，本节主要通过案例演示如何添加和调用自定义的 Web 服务。

【实践案例 11-3】

Email 作为现代网络通信工具之一，以快捷方便、灵活实用的特点深受广大用户的青睐。ASP.NET 中提供了发送 Email 邮件的类库 MailMessage 和 SmtpClient，通过这些类库可以完成对邮件发送功能。本节实践案例调用自定义的 Web 服务实现发送邮件的功能，而调用之前首先在项目中创建 Web 服务。实现邮件发送功能的主要步骤如下。

（1）在新建的解决方案中添加网站项目，然后在该项目中添加新的 Web 窗体页，设计效果如图 11-9 所示。

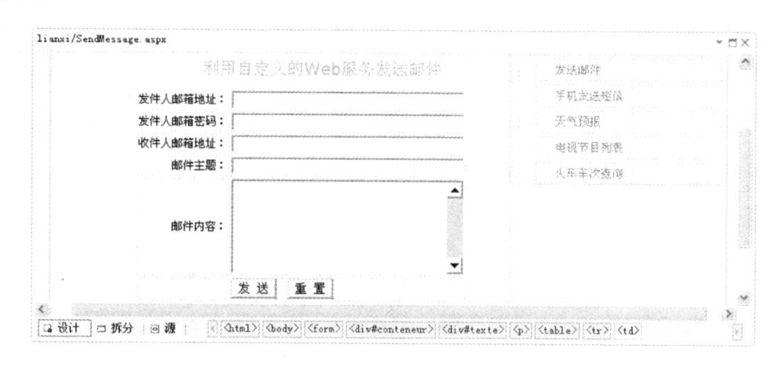

图 11-9 案例 11-3 设计效果

（2）选中新添加的网站然后右击，选择【添加新项】|【Web 服务】选项添加名称为 SendMessage.asmx 文件。添加完成后会自动在 App_Code 文件夹下生成一个 SendMessage.cs 文件，开发人员可以在该文件中添加代码。

（3）双击打开 SendMessage.cs 文件，并在该文件中添加自定义的方法 SendMailMessage()，该方法用于要执行的发送邮件操作。其具体代码如下。

```
[WebMethod]
public bool SendMailMessage(string frommail, string frommailpwd, string
sendto, string title, string content, string smtpserver, int smtpport)
{
    bool sendbool = true;
    //创建 MailMessage 对象
    System.Net.Mail.MailMessage sendmessage = new System.Net.Mail.Mail
    Message(frommail, sendto);
    sendmessage.Subject = title;                          //标题行
    sendmessage.Body = content;                           //正文内容
    try
    {
        System.Net.Mail.SmtpClient smtpclient = new System.Net.Mail.Smtp
```

```
            Client(smtpserver, smtpport);                          //创建电子邮件对象
            //设置发件人的凭据
            smtpclient.Credentials = new System.Net.NetworkCredential(frommail,
            frommailpwd);
            smtpclient.Send(sendmessage);                          //发送邮件
        }
        catch (Exception)
        {
            sendbool = false;
        }
        return sendbool;
    }
```

在上述代码中，SendMailMessage()方法传入 7 个参数，它们依次表示发件人邮箱地址、发件人邮箱密码、收件人邮箱地址、发送主题、正文内容、主机名称或 IP 地址和端口号。在该方法中，首先创建 MailMessage 类的实例对象 sendmessage，表示使用该类发送的电子邮件；接着通过该对象的 Subject 和 Body 属性设置邮件的主题和内容。在 try 语句中，创建 SmtpClient 类的实例对象 smtpclient，该类允许应用程序使用 SMTP 发送电子邮件。接着，设置该对象的 Credentials 属性，最后调用 Send()方法发送邮件。

（4）Web 服务文件完成后，选中该项目网站右击，然后选择【添加 Web 引用】选项，弹出【添加 Web 引用】对话框，其效果如图 11-10 所示。

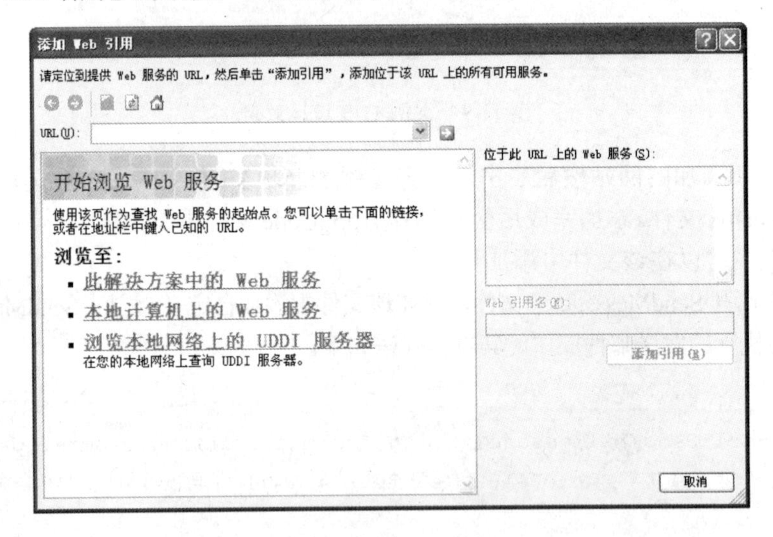

图 11-10 【添加 Web 引用】对话框

（5）运行 SendMessage.asmx 文件并且复制其网址，在图 11-10 中输入要添加引用的 a 网址后单击前往按钮或直接单击【此解决方案中的 Web 服务】链接显示要添加的 Web 服务，如图 11-11 所示。修改 Web 引用名后，直接单击【添加引用】按钮添加服务。

（6）添加完成后单击 SendMessage.aspx 页面的【发送】按钮实现发送邮箱文件的功能，该按钮的 Click 事件代码如下。

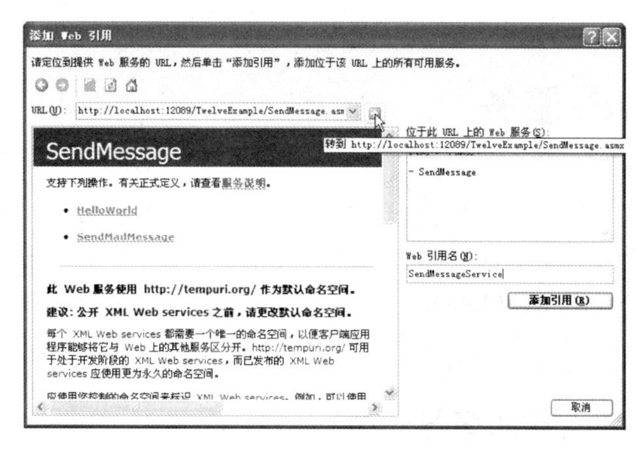

图 11-11　添加 Web 引用

```
protected void btnSend_Click(object sender, EventArgs e)
{
    SendMessageService.SendMessage mess = new SendMessageService.Send
    Message();
    bool send = mess.SendMailMessage(txtSendMail.Text, txtSendPass.Text,
    txtToMail.Text, txtToTitle.Text, txtToContent.Text, "smtp.163.com", 25);
    if (send)
        ClientScript.RegisterStartupScript(GetType(), "", "<script>alert
        ('发送成功，请注意查看')</script>");
    else
        ClientScript.RegisterStartupScript(GetType(), "", "<script>alert
        ('发送失败，请重新发送！注意：不能使用 QQ 邮箱发送。')</script>");
}
```

在上述代码中，首先创建添加引用后命名空间 SendMessageService 下的实例对象，然后调用 SendMailMessage()方法发送邮件，发送完成后弹出信息提示。

（7）运行本案例输入内容后，单击【发送】按钮进行测试，运行效果如图 11-12 所示。

图 11-12　测试运行效果

11.3 设置 Web 服务

上节已经简单地了解了如何调用已经存在和自定义的 Web 服务，在创建 Web 服务时会根据服务的文件名在 App_code 目录下添加一个类。该类中包含一个名称为 Hello World 的模板方法，此方法使用 WebMethod 属性修饰。本节主要介绍 WebService 和 WebMethod 的相关属性。

11.3.1 WebService 的属性设置

如果要向 Web 服务类添加有关的附加信息，则使用 WebService 属性来实现，该属性由 System.Web.Service.WebServiceAttribute 类实现，包含的内容有 NameSpace、Name 和 Description 等，下面分别介绍这些内容。

1. NameSpace

NameSpace 用于修改命名空间，在添加 Web 服务生成的类中将“http://tempuri.org/”作为默认的命名空间。重新更改代码如下。

```
[WebService(Namespace = "http://www.iWebServices.com")]
public class SendMessage : System.Web.Services.WebService
{
    /* 省略该类的其他代码 */
}
```

重新运行后缀名为.asmx 的文件，重新查看 WSDL 文件的效果，如图 11-13 所示。

图 11-13　查看修改 NameSpace 选项后的 WSDL

2. Name

Name 用于为 Web 服务设置一个与类不相同的名称，默认情况下 Web 服务的名称与类名相同。如下代码所示为修改 Name 选项后的 Web 服务。

```
[WebService(Namespace = "http://tempuri.org/", Name = "自定义的 Web 服务")]
public class SendMessage : System.Web.Services.WebService
{
    /* 省略该类的其他代码 */
}
```


上述代码为 Web 服务指定了一个与类名不相同的名称，测试页面如图 11-14 所示。重新查看描述文件 WSDL 中的内容，运行效果如图 11-15 所示。

图 11-14　Name 选项页面测试

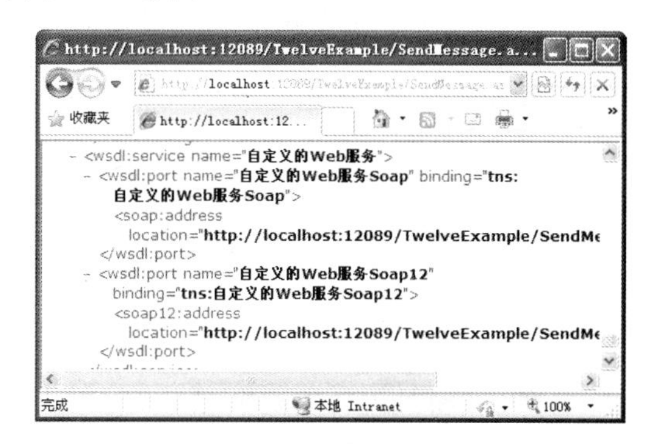

图 11-15　Name 选项后 WSDL

3. Description

Description 是 WSDL 文档的一部分，它用于向 Web 服务添加描述信息。如下代码所示为 Description 选项添加的描述文字。

```
[WebService(Namespace = "http://tempuri.org/",Name = "自定义的 Web 服务"
,Description="Description 的使用:<strong>通过自定义的 Web 服务实现用户邮件的发送。
</strong>")]
public class SendMessage : System.Web.Services.WebService
```

上述代码在 WebService 属性中添加了 Description 选项，运行后页面效果如图 11-16 所示。重新查看描述文件 WSDL 中的内容，其效果如图 11-17 所示。

图 11-16　Description 选项测试

图 11-17　Description 选项的 WSDL

11.3.2 WebMethod 的属性设置

上一节已经学习了如何使用 WebService 对 Web 服务类进行修饰，在 Web 服务类中有很多方法，但不是所有的方法都可以通过 Web 进行调用，只有使用 WebMethod 属性修饰的方法才可以。另外，除了带有 WebMethod 属性外，还必须声明 public 方法。

WebMethod 属性提供了很多选项来控制 Web 服务方法的行为，下面主要了解 WebMethod 提供的多个选项。

1. BufferResponse

BufferResponse 选项用于启用 Web Service 方法响应的缓冲，默认值为 True。当设置为 True 时，表示响应从服务器向客户端发送之前，对整个响应进行缓冲；当设置为 False 时，表示以 16KB 的块区缓冲响应。该选项的简单使用代码如下。

```
[WebMethod(BufferResponse = false)]
public DataTable GetInfoList()
{
    //省略具体代码实现
}
```

2. CacheDuration

CacheDurationn 选项启用对 Web Service 结果的缓存，默认为 0。该属性的值指定 ASP.NET 应该对结果进行多少秒的缓存处理，如果为 0 则禁用对结果进行缓存。

如下代码演示了如何为 Web 方法添加 CacheDurationn 选项。

```
[WebMethod(CacheDuration=120)]
public DataTable GetInfoByID(int id)
{
    //省略具体代码实现
}
```

3. MessageName

Web 服务中禁止使用方法重载，但是可以通过使用 MessageName 选项消除由多个相同名称的方法造成的无法识别问题。

MessageName 选项使用 Web 服务能够唯一确定使用别名的重载方法，其默认值是方法名称。当指定 MessageName 选项时，结果 SOAP 消息将反映该名称，而不是实际的方法名称。

例如，如下代码在 Web 服务中声明了两个名称为 QueryNum 的方法，一个返回 Int 类型，一个返回 Float 类型。其具体内容如下。

```
[WebMethod]
public int QueryNum(int num1, int num2)
```

```
    {
        return num1 + num2;
    }
    [WebMethod]
    public float QueryNum(float num1, float num2)
    {
        return num1 + num2;
    }
```

运行上段代码其效果如图 11-18 所示。重新修改上述代码的方法，在每个方法的 WebMethod 属性中添加 MessageName 选项后重新运行页面，其效果如图 11-19 所示。

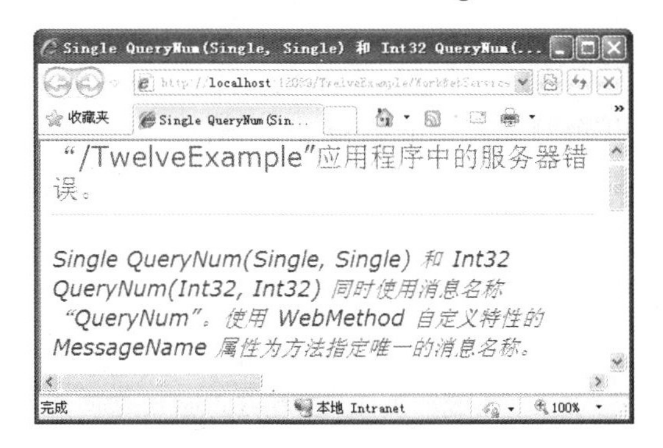

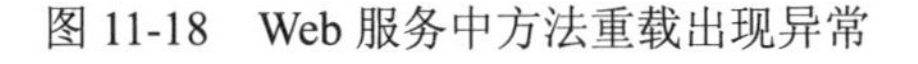
图 11-18　Web 服务中方法重载出现异常

图 11-19　添加 MessageName 选项后的效果

4. Description

Description 选项提供 Web Service 方法的说明字符串，默认值为空字符串。当在浏览器测试 Web 服务时，该说明显示在 Web 服务帮助页上。

重新修改上述代码，将 Description 选项添加到页面中。其具体内容如下。

```
    [WebMethod(MessageName = "QueryNumInt", Description = "两个数字的和（Int 类型）")]
    public int QueryNum(int num1, int num2)
    {
        return num1 + num2;
    }
    [WebMethod(MessageName = "QueryFloat", Description = "两个数字的和（Float 类型）")]
    public float QueryNum(float num1, float num2)
    {
        return num1 + num2;
    }
```

重新运行后缀名为.asmx 的 Web 服务页面，运行效果如图 11-20 所示。

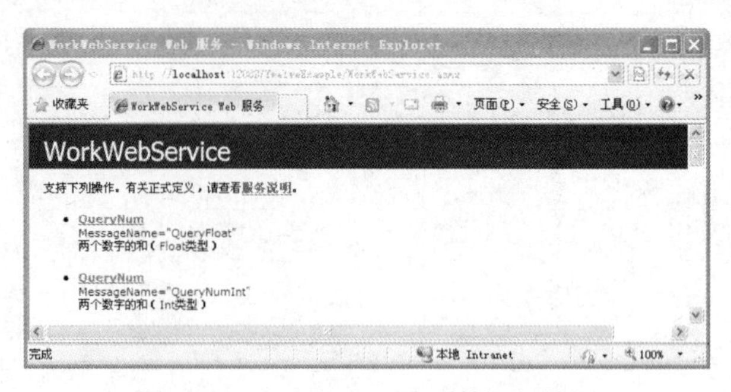

图 11-20　Description 选项的运行效果

5. EnableSession

EnableSession 选项表示是否启用 Web 服务方法的会话状态，默认值为 False。如果将它的值设置为 Ture，表示启用会话状态，一旦启用就可以从 HttpContext.Current.Session 中直接访问会话状态集合；如果它是从 Web Service 基类继承的，则可以使用 Web Service.Sessiion 属性来访问会话状态集合。

例如，在 Web 服务中使用 EnableSession 选项启用会话状态，主要代码如下。

```
[WebMethod(EnableSession = true)]
public string GetUserCount()
{
    int count = 0;
    if (Session["count"] == null)
        count = 0;
    else
        count = Convert.ToInt32(Session["count"]) + 10;
    Session["count"] = count;
    return "现在访问数量是: " + count;
}
```

运行上述代码进行测试，首次从浏览器调用该方法时的效果如图 11-21 所示。每次刷新浏览器时访问数量都会加 10，运行效果如图 11-22 所示。

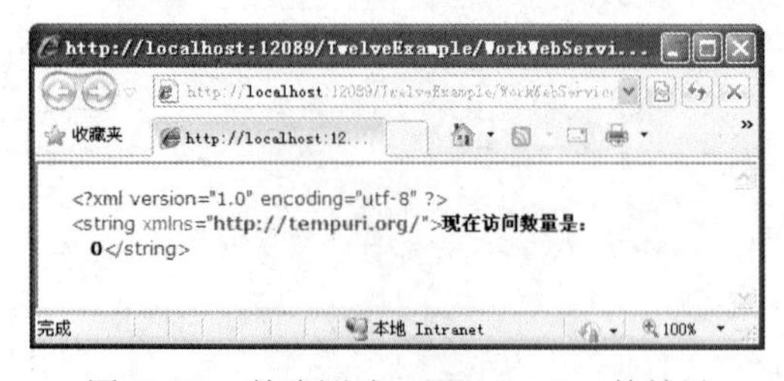

图 11-21　首次测试 EnableSession 的效果

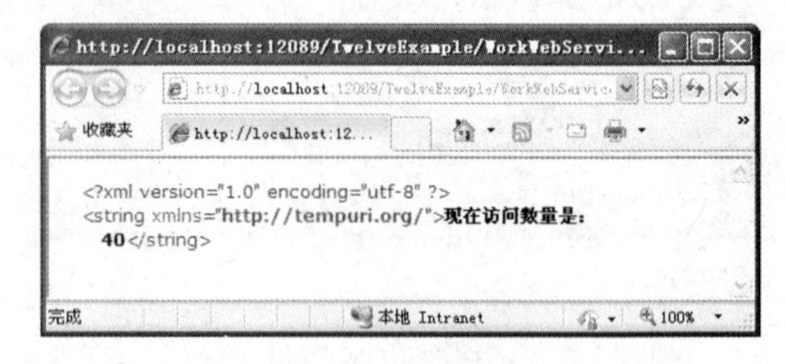

图 11-22　多次测试 EnableSession 的效果

6. TransactionOption

ASP.NET 的页面支持事务处理功能，使用 TransactionOption 选项标识 ASP.NET 页面，该页面中的所有代码将处于一个事务处理中。

TransactionOption 选项的值是枚举类型 TransactionOption 的一个值，它位于 System.EnterpriseServices.TransactionOption 空间下。其可选值有 5 个，其具体说明如下。

- **Disabled** 忽略当前上下文中的任何事务。
- **NotSupported** 使用非受控事务在上下文中创建组件。
- **Required** 如果事务存在则共享该事务；如有必要则创建新事务。
- **RequiresNew** 使用新事务创建组件，而与当前上下文的状态无关。
- **Supported** 如果事务存在则共享该事务。

如下代码声明了 TransactionOption 选项的简单使用。

```
[WebMethod(TransactionOption=TransactionOption.Required)]
public int InsertUser()
{
    //省略其他代码
}
```

11.4 集成第三方 Web 服务

常用的第三方 Web 服务有很多，如天气预报、验证码、火车车次查询、中英文互译和国内飞机航班时刻查询等。通过案例 11-2 已经简单地了解了如何使用第三方服务进行中英文互译的功能，本节主要讲解如何使用其他的 Web 服务实现与项目集成的功能。

11.4.1 天气预报

用户在浏览网站上的时候会发现，几乎所有的网站都提供了天气预报功能，本节主要通过调用第三方的 Web 服务实现查看某个城市未来三天的天气功能。

【实践案例 11-4】

实现查看天气预报功能的主要步骤如下。

（1）双击打开新添加的项目，在页面的合适位置添加 Web 服务引用，该服务的 URL 为“http://www.webxml.com.cn/WebServices/WeatherWebService.asmx”。重新修改引用服务的名称后，单击【添加引用】按钮，运行效果如图 11-23 所示。

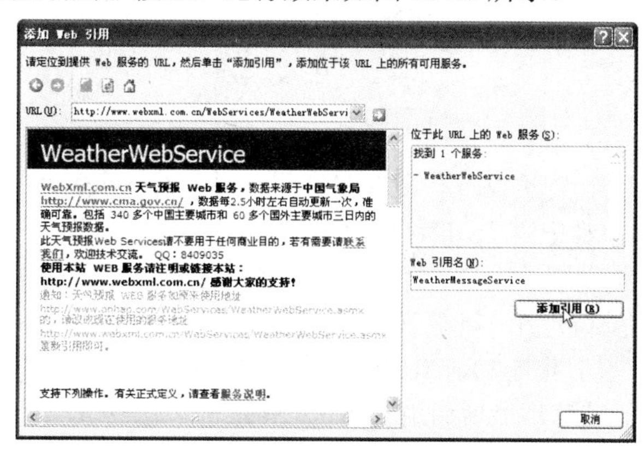

图 11-23 添加天气预报的 Web 服务

（2）添加新的 Web 窗体页 WeatherManage.aspx，在页面的合适位置添加 DropDownList 控件、Label 控件和 Image 控件。它们分别表示显示和选择的省份和城市、未来三天的天气情况和天气图标，页面设计效果如图 11-24 所示。

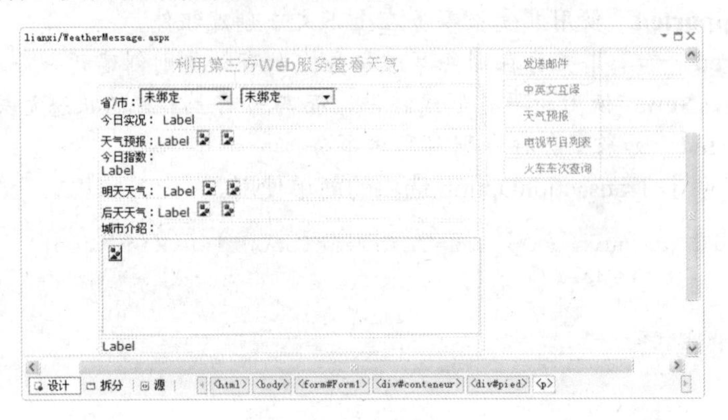

图 11-24　案例 11-4 页面设计效果

（3）窗体页面加载时分别向两个下拉框中添加省份和城市的数据，页面 Load 事件的代码如下。

```
WeatherManageService.WeatherWebService weather = new WeatherManageService
.WeatherWebService();
protected void Page_Load(object sender, EventArgs e)
{
    if (!Page.IsPostBack)
    {
        DataView dvprovice = weather.getSupportDataSet().Tables[0].Default
        View;                                                    //加载省
        ddlProvice.DataSource = dvprovice;
        ddlProvice.DataValueField = "ID";
        ddlProvice.DataTextField = "Zone";
        ddlProvice.DataBind();
        ddlProvice.SelectedValue = "8";
        GetCityList("8");                                        //获取河南省的城市
        GetCityWeather("57083");                                 //获取郑州天气
    }
}
```

在上述代码中，首先声明 Web 服务命名空间 WeatherService 下的 WeatherService 的全局实例对象，在 Load 事件中首先判断页面是否为首次加载。如果是则调用 weather 对象的 getSupportDataSet()方法获取所有支持的洲、国内外省份和城市信息，该方法返回 DataSet 对象，调用该对象的 Tables[0]属性获取支持的洲和国内省份数据，然后绑定名称为 ddlProvice 的下拉框，并且指定 DataTextField 属性和 DataValueField 属性。GetCityList()方法用于获取该省份下的城市，最后调用 GetCityWeater()方法获取某个城市的天气。

（4）用户选择省份下拉框时触发该控件的 SelectedIndexChanged 事件，该事件的具体代码如下。

```
protected void ddlProvice_SelectedIndexChanged(object sender, EventArgs e)
{
    string selname = ddlProvice.SelectedValue;             //获取选中的名称
    GetCityList(selname);
}
public void GetCityList(string selname)
{
    DataView dv = weather.getSupportDataSet().Tables[1].DefaultView;
    dv.RowFilter = "ZoneID=" + selname;
    ddlCity.DataSource = dv;
    ddlCity.DataTextField = "Area";
    ddlCity.DataValueField = "AreaCode";
    ddlCity.DataBind();
}
```

在上述 SelectedIndexChanged 事件代码中，首先通过下拉框的 SelectedValue 属性获取选中的省份的值，然后调用 GetCityList()方法获取该省份下的城市列表。在 GetCityList()方法中，Tables[1]属性获取支持国内外城市或地区的数据，然后绑定名称为 ddlCity 的下拉框并且指定 DataTextField 属性和 DataValueField 属性。

（5）用户选择城市下拉框后触发该控件的 SelectedIndexChanged 事件，该事件用于动态加载城市未来三天的天气情况。其具体代码如下。

```
protected void ddlCity_SelectedIndexChanged(object sender, EventArgs e)
{
    string selname = ddlCity.SelectedValue;              //获取选中的名称
    GetCityWeather(selname);
}
public void GetCityWeather(string citynamecode)
{
    string[] weathers = weather.getWeatherbyCityName(citynamecode);
    Label1Today.Text = weathers[10];
    Label2Weather.Text = weathers[6] + "  " + weathers[5] +
    "  " + weathers[7];
    Label3TodayNum.Text = weathers[11];
    Label4TommrowWeather.Text = weathers[3] + "  " + weathers[12]
    + "  " + weathers[14];
    Label5HouWeather.Text = weathers[18] + "  " + weathers[17] +
    "  " + weathers[19];
    Label6CityIntro.Text = weathers[22];
    Image1.ImageUrl = "http://www.cma.gov.cn/tqyb/img/city/" +
    weathers[3];
    imgToday1.ImageUrl = "weather/" + weathers[8];
    imgToday2.ImageUrl = "weather/" + weathers[9];
```

```
        imgTommrow1.ImageUrl = "weather/" + weathers[15];
        imgTommrow2.ImageUrl = "weather/" + weathers[16];
        imgHou1.ImageUrl = "weather/" + weathers[20];
        imgHou2.ImageUrl = "weather/" + weathers[21];
    }
```


在上述代码中，首先根据 ddlCity 控件的 SelectedValue 属性获取选中的值并保存到城市变量 selname 中，然后调用 GetCityWeather()方法获取该城市或地区未来三天内的天气情况、现在的天气实况、天气和生活指数等。在 GetCityWeather()方法中，调用服务对象 weather 的 getWeatherbyCityName()方法根据城市获取天气，该方法返回一个字符串数组，然后根据数组索引为不同的控件赋值。

（6）运行本案例选择城市信息进行测试，运行效果如图 11-25 所示。

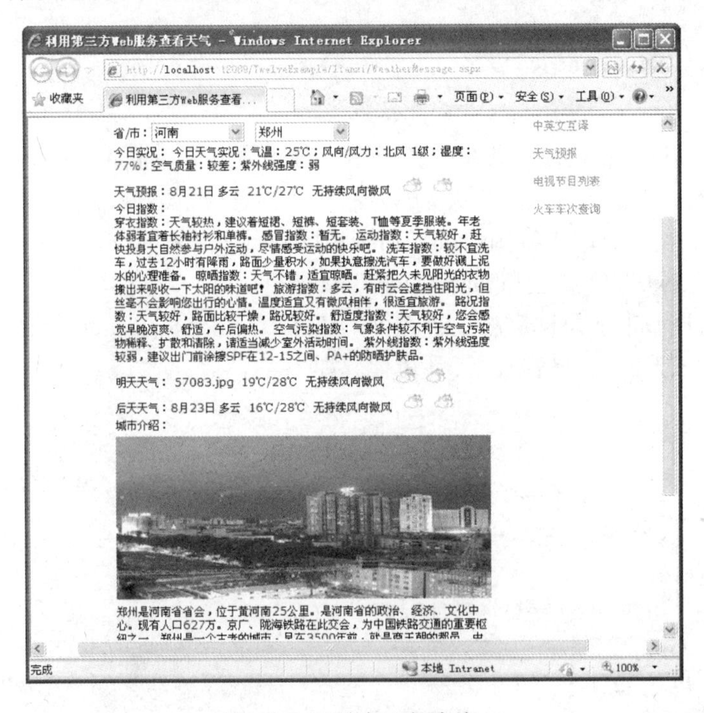

图 11-25 城市天气查询

11.4.2 查看电视节目

电视是大家生活中不可获取的一部分，如果用户想要知道某个电视台三天或一周的电视详细节目时怎么办？很简单，使用 Web 服务。

【实践案例 11-6】

小毛最近迷上了山东电视台某个频道的电视节目，它想知道该频道一天内的电视节目预报。本节案例就通过 Web 服务实现该功能，其具体步骤如下。

（1）打开新添加的项目，在页面的合适位置添加 Web 服务引用，该服务的 URL 为 “http://webservice.webxml.com.cn/webservices/ChinaTVprogramWebService.asmx”。重新修改

引用服务的名称后，单击【添加引用】按钮，运行效果如图 11-26 所示。

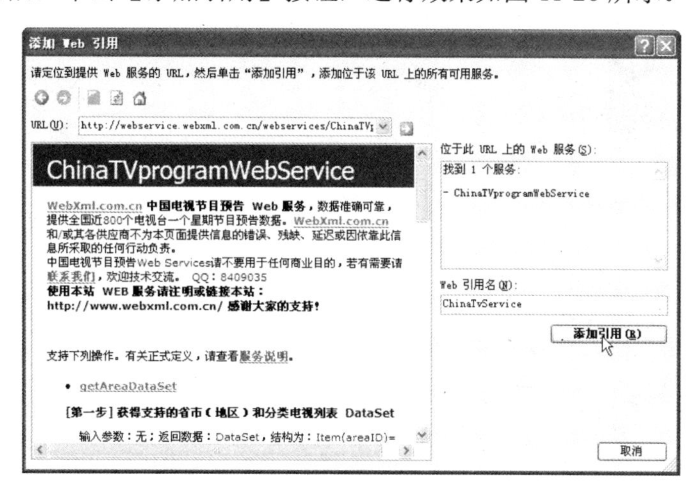

图 11-26　添加 Web 引用

（2）添加新的 Web 窗体页，在页面的合适位置添加 DropDownList 控件，它们分别表示省份、电视台列表和频道列表。其相关代码如下。

```
省: <asp:DropDownList ID="DropDownList1" runat="server" AutoPostBack="true"
OnSelectedIndexChanged="DropDownList1_SelectedIndexChanged" Width="135px">
</asp:DropDownList>
电视台: <asp:DropDownList ID="DropDownList2" runat="server" AutoPostBack=
"true" OnSelectedIndexChanged="DropDownList2_SelectedIndexChanged" Width=
"135px"></asp:DropDownList>
频道: <asp:DropDownList ID="DropDownList3" runat="server" AutoPostBack=
"true" OnSelectedIndexChanged="DropDownList3_SelectedIndexChanged" Width=
"135px"></asp:DropDownList>
```

（3）添加两个 DataList 控件，它们分别用来显示频道上午和下午的节目列表，页面相关代码如下。

```
<div style="background: url(/skin/images/list_tv_ent_lmy_033.gif) no-
repeat right 30px" class="blk">
    <p><img alt="上午" src="tue_files/list_tv_ent_lmy_030.gif" width="274"
    height="56"></p>
    <asp:DataList ID="DataList1" runat="server">
        <ItemTemplate>
            <ul>
            <li><span><%# Eval("playtime") %></span>
                <div><a title='<%# Eval("tvProgram")%>'><%# Eval("tv
                Program")%></a></div>
            </li>
            </ul>
        </ItemTemplate>
```

```
    </asp:DataList>
</div>
<div class="blk">
    <p><img alt="下午" src="tue_files/list_tv_ent_lmy_031.gif" width="274"
    height="56"></p>
    <asp:DataList ID="DataList2" runat="server">
        <ItemTemplate>
            <ul>
            <li><span><%# Eval("playtime") %></span>
                <div><a title='<%# Eval("tvProgram")%>'><%# Eval("tv
                Program")%></a></div>
            </li>
            </ul>
        </ItemTemplate>
    </asp:DataList>
</div>
```

（4）窗体页加载时显示所有省、电视台和频道列表，Load 事件的具体代码如下。

```
ChinaTvService.ChinaTVprogramWebService tv = new ChinaTvService.ChinaTV
programWebService();
protected void Page_Load(object sender, EventArgs e)
{
    if (!Page.IsPostBack)
    {
        DropDownList1.DataSource = tv.getAreaDataSet().Tables[0].Default
        View;
        DropDownList1.DataValueField = "areaID";
        DropDownList1.DataTextField = "Area";
        DropDownList1.DataBind();
        DropDownList1.SelectedValue = "15";          //默认山东省
        DropDownList2.SelectedValue = "66";          //济南电视台
        DropDownList3.SelectedValue = "199";         //济南新闻综合频道
        BindStationList("15");                       //加载该省下的电视台
        BindChannelList("66");                       //加载电视台下的频道列表
        BindAmList("199", DateTime.Now.ToString("yyyy-MM-dd"));
                                                     //加载频道的节目列表
    }
}
```

在上述代码中，首先创建 Web 服务类的全局实例对象 tv，然后在 Load 事件中根据该对象的 getAreaDataSet()方法获取支持的省市和分类电视列表，通过设置 DataValueField 属性和 DataTextField 属性设置下拉框的显示文本及文本的值。然后，分别调用不同的方法获取电视台、电视频道和电视节目列表。

（5）选择省市电视列表时触发下拉框的 SelectedIndexChanged 事件，用于加载显示所有的电视台列表。该事件的具体代码如下。

```
protected void DropDownList1_SelectedIndexChanged(object sender, EventArgs e)
{
    string selvalue = DropDownList1.SelectedValue;
    BindStationList(selvalue);
}
public void BindStationList(string selvalue)            //获取电视台列表
{
    DataView dv1 = tv.getTVstationDataSet (Convert. ToInt32( selvalue)).
    Tables[0].DefaultView;
    DropDownList2.DataSource = dv1;
    DropDownList2.DataValueField = "tvStationID";
    DropDownList2.DataTextField = "tvStationName";
    DropDownList2.DataBind();
}
```

在上述代码中，首先根据 DropDownList 控件的 SelectedValue 属性获取选中的值，然后调用 BindStationList()方法获取该省的电视台列表。

（6）选择电视台列表的某项时触发 SelectedIndexChanged 事件，该事件用于获取某个电视台下的所有频道列表。其具体代码如下。

```
protected void DropDownList2_SelectedIndexChanged(object sender, EventArgs e)
{
    string selvalue = DropDownList2.SelectedValue;      //获取选中的值
    BindChannelList(selvalue);                          //加载显示频道列表
    BindAmList(DropDownList3.SelectedValue, "");        //节目列表
}
public void BindChannelList(string selvalue)
{
    DataView dv2 = tv.getTVchannelDataSet(Convert.ToInt32(selvalue)).
    Tables[0].DefaultView;
    DropDownList3.DataSource = dv2;
    DropDownList3.DataValueField = "tvChannelID";
    DropDownList3.DataTextField = "tvChannel";
    DropDownList3.DataBind();
}
```

在上述代码中，通过 SelectedValue 属性获取选中电视台的值，然后分别调用 BindChannelList()方法和 BindAmList()方法获取频道列表和首个频道下的节目列表。在 BindChannelList()方法中，分别通过 DataSource 属性、DataValueField 属性和 DataTextField 属性等绑定 DropDownList 控件的值。

（7）选择频道列表中的某个选项时触发其 SelectedIndexChanged 事件，显示该频道下的节目列表，具体代码如下。

```
protected void DropDownList3_SelectedIndexChanged(object sender, EventArgs e)
{
    string selvalue = DropDownList3.SelectedValue;       //获取选中的频道的值
    BindAmList(selvalue, "");                            //加载节目信息
}
public void BindAmList(string selvalue, string time)
{
    DataView dv1 = tv.getTVprogramDateSet(Convert.ToInt32(selvalue), time,
    "").Tables[0].DefaultView;
    dv1.RowFilter = "meridiem='AM'";                     //过滤
    DataList1.DataSource = dv1;
    DataList1.DataBind();
    DataView dv2 = tv.getTVprogramDateSet(Convert.ToInt32(selvalue), time,
    "").Tables[0].DefaultView;
    dv2.RowFilter = "meridiem='PM'";
    DataList2.DataSource = dv2;
    DataList2.DataBind();
}
```

在上述代码中，根据选择的频道的值调用 BindAmList()方法获取节目列表，在该方法中通过 RowFilter 属性分别筛选上午和下午的节目列表，然后将筛选后的值分别绑定到 DataList 控件中。

（8）运行本案例选择不同下拉框的值查看某频道下的节目信息，最终运行效果如图 11-27 所示。

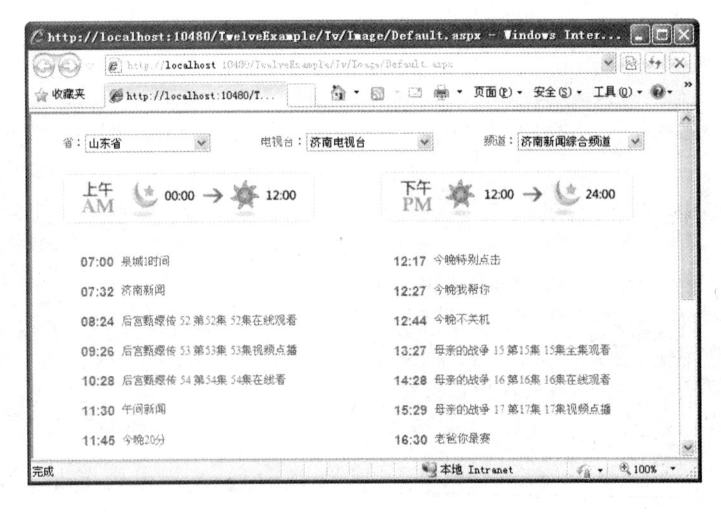

图 11-27　节目列表效果

除了查看某个频道当前的节目列表外，也可以查看其他时间的节目列表，感兴趣的读者可以向页面中添加时间控件或输入框控件获取时间，然后进行测试。

11.4.3 简体字和繁体字的相互转换

用户在浏览网站页面时会发现许多网站上都会出现繁体字，繁体字比简体字更加复杂。本节主要通过案例演示如何将简单字和繁体字相互转化功能。

【实践案例 11-7】

简体字由繁体字简化而来，它比繁体字简单且与繁体字是一一对应的。本节实现转换功能的主要步骤如下。

（1）打开新添加的项目，在页面的合适位置添加 Web 服务引用，该服务的 URL 为“http://webservice.webxml.com.cn/WebServices/TraditionalSimplifiedWebService.asmx”。重新修改引用服务的名称后单击【添加引用】按钮，运行效果如图 11-28 所示。

图 11-28 添加简体字和繁体字转换的 Web 引用

（2）添加新的 Web 窗体页，在页面的合适位置添加两个 TextBox 控件和两个 Button 控件。它们分别表示输入的简体字和繁体字，页面相关代码如下。

```
<table width="100%">
    <tr>
        <td>简体字：<asp:TextBox ID="TextBox1" runat="server" TextMode=
        "MultiLine" Height="100px" Width="380px"></asp:TextBox></td>
    </tr>
    <tr>
        <td align="center">
            <asp:Button ID="btn1" runat="server" Text="简体字转繁体字" onclick=
        "btn1_Click" />
            <asp:Button ID="btn2" runat="server" Text="繁体字转简体字" onclick=
            "btn2_Click" />
        </td>
    </tr>
    <tr>
```

```
        <td>繁体字: <asp:TextBox ID="TextBox2" runat="server" TextMode=
        "MultiLine" Height="100px" Width="380px"></asp:TextBox></td>
    </tr>
</table>
```

（3）单击【简体字转繁体字】按钮触发 Click 事件，实现简体字转换为繁体字的功能，

该事件的具体代码如下。

```
TraditionService.TraditionalSimplifiedWebService tsw = new Tradition
Service.TraditionalSimplifiedWebService();
protected void Button1_Click(object sender, EventArgs e)
{
    string content = TextBox1.Text;
    TextBox2.Text = tsw.toTraditionalChinese(content);
}
```

在上述代码中，首先创建 Web 服务类的全局实例对象 tsw，接着在 Click 事件代码中获取用户输入的简体字，然后通过 tsw 的 toTraditionalChinese()方法将简体字转为繁体字。

（4）单击【繁体字转简体字】按钮触发按钮的 Click 事件，实现繁体字转换为简体字的功能，在 Click 事件中调用 tsw 对象的 toSimplifiedChinese()方法实现该功能，其具体代码如下所示。

```
protected void Button2_Click(object sender, EventArgs e)
{
    string content = TextBox2.Text;
    TextBox1.Text = tsw.toSimplifiedChinese(content);
}
```

（5）运行本案例输入内容后单击不同的按钮进行测试，运行效果如图 11-29 所示。

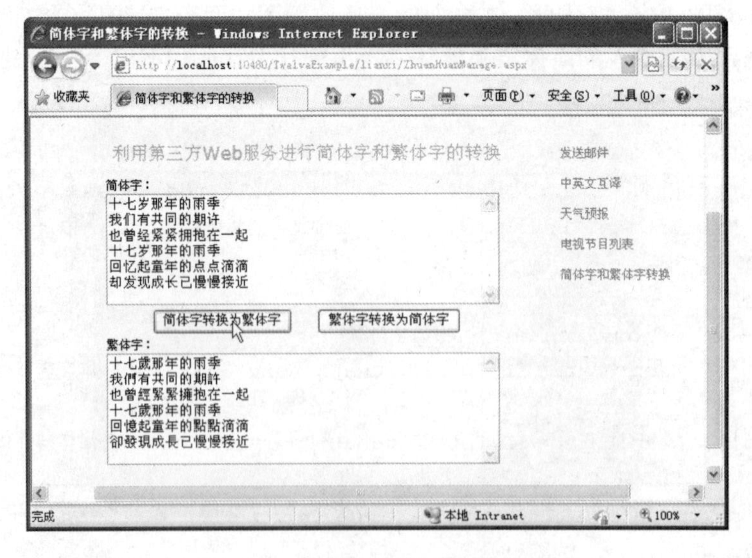

图 11-29　简体字转繁体字的效果

11.5 习题

一、填空题

1. 为 ASP.NET 创建的 Web 服务中的某个方法添加__________特性后，就可以从远程 Web 客户端调用该方法。

2. WebService 的__________属性用于向 Web 服务中添加描述信息。

3. __________是通用描述、发现与集成服务，它是一套基于 Web 的、分布式的、为 Web 服务提供的信息注册中心的实现标准规范。

4. 当 Web 服务中出现方法重载的错误时，需要设置 WebMethod 属性的__________选项。

5. 在以下代码块中，空白处的内容应该为__________。

```
[WebMethod(__________)]
public string getCurrentUserInfo()
{
    if (Session["User"] == null)
        return "";
    else
        return Session["User"].ToString();
}
```

二、选择题

1. Web 服务的数据传输标准是__________，可以实现跨平台、跨语言的相互通信和数据共享。

A. XML　　B. SOAP
C. JAVA　　D. HTTP

2. 在解决方案中添加 Web 引用后会自动生成__________文件。

A. .ascx　　B. .asmx
C. .wsdl　　D. .dll

3. 在下面关于 Web Service 说法的选项中，__________项描述是错误的。

A. Web Service 描述语言 WSDL 是 XML 格式的文件
B. 用户不可能调用其他网站，如新浪上发布的 Web Service
C. 用户测试 Web 服务时的返回结果是 XML 格式的文件
D. 使用 Web Service 可以进行穿越防火墙的通信

4. 下面选项中，__________不是 Web 服务用到的技术。

A. SOAP　　B. XML
C. SMTP　　D. WSDL

5. 在下面 4 个选项中，__________选项能够被正确调用。

A.

```
[WebMethod]
public static string SayHello(string name)
{
    return name + "说: 大家好，我是新来的，希望大家多多关照。";
}
```

B.

```
public static string SayHello(string name)
{
    return name + "说: 大家好，我是新来的，希望大家多多关照。";
}
```

C.

```
public string SayHello(string name)
{
    return name + "说: 大家好，我是新来的，希望大家多多关照。";
}
```

D.

```
[WebMethod]
public string SayHello(string name)
{
    return name + "说: 大家好，我是新来的，希望大家多多关照。";
}
```

6. 在下面关于 Web 服务的说法中，说法__________是正确的。

A. 在 ASP.NET 网站中既可以添加 Web 引用，也可以添加服务引用，它们没有任何分别

B. Web 服务可以开发分布式的应用程序，它遵循 SOAP 协议

C. 任何项目（如 ASP.NET 项目网站和 C#窗体项目）都可以添加 Web 引用和服务引用

D. Web 服务中包含许多技术，如 XML、SOAP、WSDL、SMTP 及 WCF 等

三、上机练习

1. 使用第三方 Web 服务实现飞机航班查询的功能

在解决方案中添加新的 Web 网站项目，使用第三方 Web 服务实现国内飞机航班查询功能。在页面中输入出发机场和到达机场后单击按钮查询所有航班信息，运行效果如图 11-30 所示。（提示：第三方 Web 服务的 URL 地址为 http://webservice.webxml.com.cn/webservices/DomesticAirline.asmx。）

http://localhost:7017/ChangeWeb/DomesticAirline.aspx - Windows Internet Explorer

国内飞机航班时刻表

出发机场：上海　到达机场：北京　时　间：　查询

航空公司	航班号	出发机场	到达机场	出发时间	到达时间	机型	经停	飞行周期（星期）
中国东方航空公司	MU5137	虹桥国际机场	首都国际机场	07:00	09:20	333	0	12345
中国南方航空(集团)公司	CZ5137	虹桥国际机场	首都国际机场	07:00	09:20	333	0	12345
中国国际航空公司	CA1858	虹桥国际机场	首都国际机场	07:45	10:15	747	0	123456日
中国东方航空公司	MU5101	虹桥国际机场	首都国际机场	08:00	10:25	333	0	123456
中国南方航空(集团)公司	CZ5101	虹桥国际机场	首都国际机场	08:00	10:25	333	0	123456
海南航空公司	HU7604	虹桥国际机场	首都国际机场	08:15	10:50	738	0	123456日
上海航空公司	FM9101	虹桥国际机场	首都国际机场	08:30	11:00	767	0	123456日
中国东方航空公司	MU9101	虹桥国际机场	首都国际机场	08:30	11:00	767	0	123456日
中国国际航空公司	CA1590	虹桥国际机场	首都国际机场	08:55	11:15	738	0	123456日
中国国际航空公司	CA1590	虹桥国际机场	首都国际机场	08:55	11:15	JET	0	123456
中国东方航空公司	MU5103	虹桥国际机场	首都国际机场	09:00	10:40	333	0	123456日
中国南方航空(集团)公司	CZ5103	虹桥国际机场	首都国际机场	09:00	10:40	333	0	123456日
中国东方航空公司	MU5129	浦东国际机场	首都国际机场	09:30	11:55	300	0	123456日
中国国际航空公司	CA933	浦东国际机场	首都国际机场	09:30	11:50	340	0	123456日
中国南方航空(集团)公司	CZ5129	浦东国际机场	首都国际机场	09:30	11:55	300	0	123456日

完成　Internet　100%

图 11-30　航班查询结果

2．使用第三方 Web 服务获取邮政编码的功能

在解决方案中添加新的 Web 网站项目，使用第三方 Web 服务获取邮政编码的功能。在页面中选择根据邮政编码查询时的效果如图 11-31 所示。选择根据地址查询时的效果如图 11-32 所示。（提示：第三方 Web 服务的 URL 地址为 http://webservice.webxml.com.cn/WebServices/ChinaZipSearchWebService.asmx。）

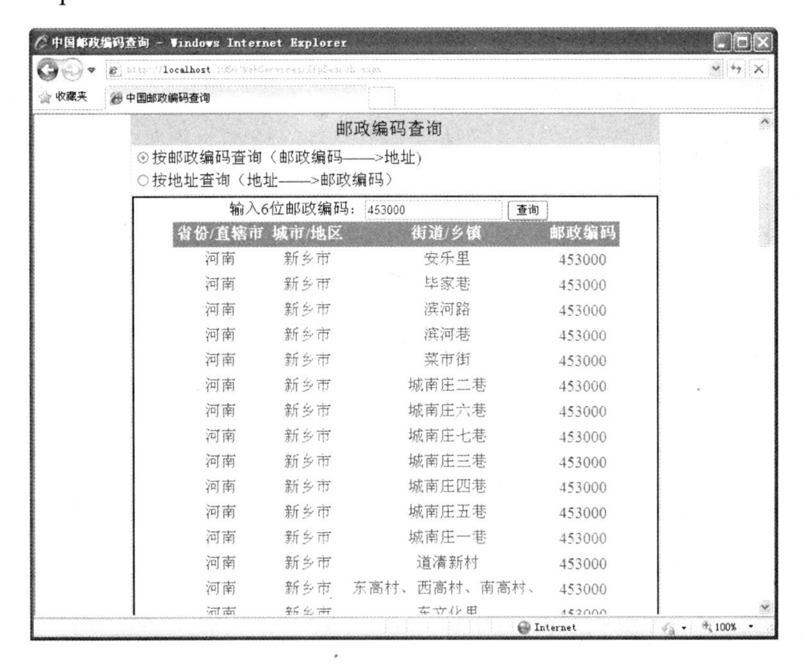

图 11-31　根据邮政编码查询效果

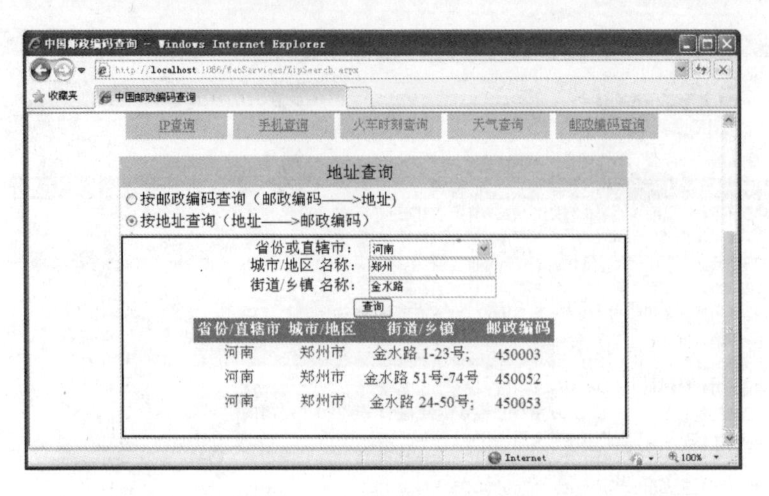

图 11-32　根据地址查询效果

11.6　实践疑难解答

11.6.1　调用服务出现有潜在的 Request.Form 值提示

使用第三方服务时出现有潜在的 Requ.Form 值问题
网络课堂：http://bbs.itzcn.com/thread-19714-1-1.html

【问题描述】：大家好，我最近在使用 Web Service 测试项目，但是运行页面时会提示“检测到有潜在危险的 Request.Form 值”。这个问题应该怎么解决？

【解决办法】：你好，这个问题的出现是由于你在处理字符串的时候处理到了 HTML 标签。要解决这个问题非常简单，有两种方法。第一种方法是直接在 Web 窗体页的 Page 指令中添加 validateRequest 属性，代码如下。

```
<%@ Page validateRequest="false" %>
```

第二种方法是在 web.config 文件中添加对 validateRequest 属性的配置，具体代码如下。

```
<configuration>
    <system.web>
        <pages validateRequest="false" />
    </system.web>
</configuration>
```

11.6.2　添加 Web 引用和服务引用的区别

ASP.NET 网站中添加 Web 引用和服务引用的区别
网络课堂：http://bbs.itzcn.com/thread-19715-1-1.html

【问题描述】：各位前辈好，我现在正在学习 Web Service 的相关知识。在对项目添加引用的时候我发现既可以添加 Web 引用也可以添加服务引用，它们有什么区别吗？

【解决办法】：这位同学你好，Web 引用和服务引用都是用来添加 Web 服务的，.NET Framework 4 默认不再推荐 Web 服务，而是通过 WCF 来实现 Web 服务的功能，而.NET Framework 3.5 两者都支持，因此它们还存在着一些区别。具体说明如下。

（1）添加 Web 引用使用的是 Web 服务，而添加服务引用使用的是 WCF 服务。

（2）Web 服务从.NET Framework 1.0 已经开始支持，而 Visual Studio 2010 升级后为了支持.NET Framework 3.0 版本上的 WCF Service Library，增加了添加服务引用功能。

（3）添加 Web 引用后由 wsdl.exe 生成客户端代码，添加服务引用后生成客户端代码命令 svcutil.exe。

（4）普通的控制台和窗体等类型是没有添加 Web 引用的，同时存在添加服务引用与添加 Web 引用的项目类型的 Web 服务程序，包括 Web Service 项目。

（5）添加 Web 引用生成的代码可以被.NET Framework 1.0 或者.NET Framework 2.0 的客户端调用，而添加服务引用生成的代理只能被.NET Framework 3.0 以上的客户端调用，且添加服务引用后不仅生成代理类，在 web.config 中还会生成相应的标记。

11.6.3 WebMethod 和 WebMethod()的区别

ASP.NET 中 WebMethod 和 WebMethod()有什么区别
网络课堂：http://bbs.itzcn.com/thread-19716-1-1.html

【问题描述】：我在学习 Web Service 的时候会经常看到有些 WebMethod 带括号，有些不带。请问大家 WebMethod 和 WebMethod()有什么区别？具体代码如下。

```
[WebMethod]
public string HelloWorld()
{
    return "Hello World";
}
[WebMethod()]
public float QueryNum(float num1, float num2)
{
    return num1 + num2;
}
```

【解决办法】：在 Web 服务中，每个对外公布的方法名上面必须加上一个 WebMethod 属性，这样才方便远程对象调用，而在 WebMethod 属性括号里面的内容是为各个选项赋值的。

WebMethod 属性的选项有 6 个：CacheDurationn、BufferResponse、MessageName、Description、TransactionOption 和 EnableSession。例如，在 WebMethod 属性中添加 Cache Durationn 选项“WebMethod(CacheDuration=60)”表示再缓存 1 分钟，从而减少到数据库的往返过程。

第12章 在线考试管理系统

随着计算机技术的发展和互联网时代的到来，人们已经进入了信息时代。在网络环境的影响下，教育机构希望为网上的学生提供更加全面灵活的服务，同时希望全面准确地对学生进行跟踪和评价；老师希望有效改进现有的考试模式，提高考试效率；学生希望得到个性化的满足，根据自己的情况进行学习，因此在线考试管理系统应运而生。它是一种以互联网为基础的考试模式，通过这种模式，使考试管理突破时空限制，提高考试工作效率和标准化水平，使学校管理者、老师和学生可以随时随地通过网络完成考试。

本章项目案例以学生在线考试管理系统为例，主要实现用户管理、个人资料管理、基本权限管理、考试出题以及学生考试等功能。通过本章的学习，读者可以对学生在线考试管理系统有简单的了解，同时也能够熟练地使用相关知识实现常用的功能。

本章学习要点：

- 简单了解学生在线考试管理系统。
- 熟悉在线考试管理系统的各个模块。
- 熟悉数据库的设计操作。
- 掌握帮助类 DBHelper 中方法的使用。
- 掌握三层框架的搭建。
- 熟练使用服务器控件进行页面布局。
- 熟练掌握 GridView、Repeater 和 DataList 等控件的使用。
- 熟悉在线考试管理系统试卷和学生模块相关功能的实现。
- 了解其他模块功能的实现。

12.1 系统概述

本节主要分为两个小节简单介绍该系统的基础知识，主要内容包括系统简介、开发该系统的平台和优缺点等内容。

12.1.1 系统简介

互联网技术的飞速发展使 Web 的开发技术得到了极大的应用，为了充分利用校园网现有的网络资源，本章项目案例使用 ASP.NET 技术开发了一个基于 Web 的学生在线考试管理系统。该系统将书面的书画笔试的出试卷、考试和评阅等多个环节整合成一个集动态出卷、在线考试、自动评阅及成绩查询等多功能为一体的无纸化考试系统，提高了教学与考试质量，减少了老师负担，也提高了其工作效率。

本章的学生在线考试管理系统实现了用户登录、权限分配、老师和学员信息管理、考试系别管理、科目管理、试卷管理、学生考试管理以及系统退出等功能。许多地方还需要不断的完善，希望读者朋友提出好的意见和建议。图 12-1 列出了该系统的功能模块。

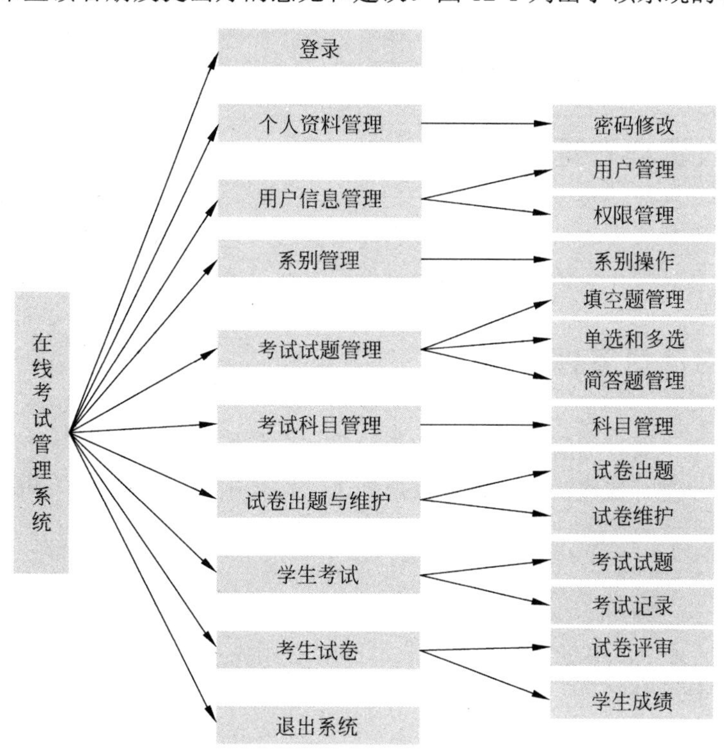

图 12-1　系统的主要功能模块

12.1.2　开发环境

开发该系统的具体平台和使用的相关技术如下：

- **系统开发平台**　Windows XP SP3。
- **系统开发工具**　Visual Studio 2010。
- **系统数据库**　SQL Server 2008。
- **开发模式**　B/S 架构。
- **浏览器**　Internet Explorer 8.0。

12.2　功能模块设计分析

功能模块实现了该系统所有功能的设计分析，包括登录、个人信息、用户系别、科目管理以及出题管理等模块，本节主要针对这些模块进行详细介绍。

12.2.1 登录

登录模块用于实现不同身份的用户登录功能。根据用户选择的角色和输入的内容进行登录判断。如果登录成功，则可以对该系统的相关功能模块操作；如果登录失败，则弹出提示后重新登录。图 12-2 显示了登录功能模块的简单流程图。

12.2.2 个人资料管理

个人资料管理功能模块是该系统中最为简单的模块之一，它主要用于修改个人密码，修改完成后下次登录时才生效。该模块的流程图不再显示。

12.2.3 用户信息管理

用户信息管理主要存放所有用户的相关信息，它包括两部分：用户管理和权限管理。管理员可以对用户进行操作，包括查看用户列表、添加用户、删除用户和编辑用户详细资料等。图 12-3 为用户管理的功能操作图。

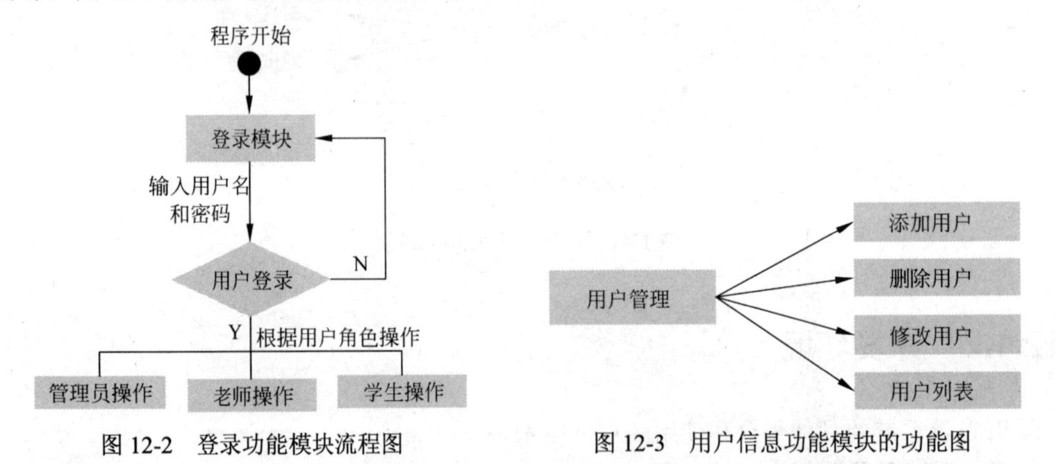

图 12-2　登录功能模块流程图　　　　图 12-3　用户信息功能模块的功能图

管理员也可以根据不同的角色为其分配权限，本系统中的角色有管理员、老师和学生 3 个。图 12-4、图 12-5 和图 12-6 分别列出了这些角色的基本权限。

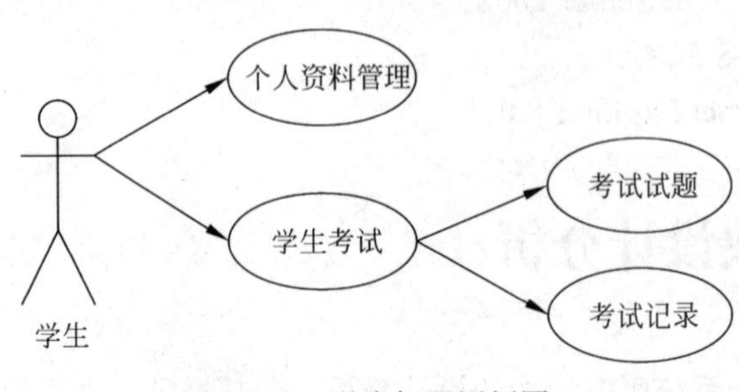

图 12-4　学生权限用例图

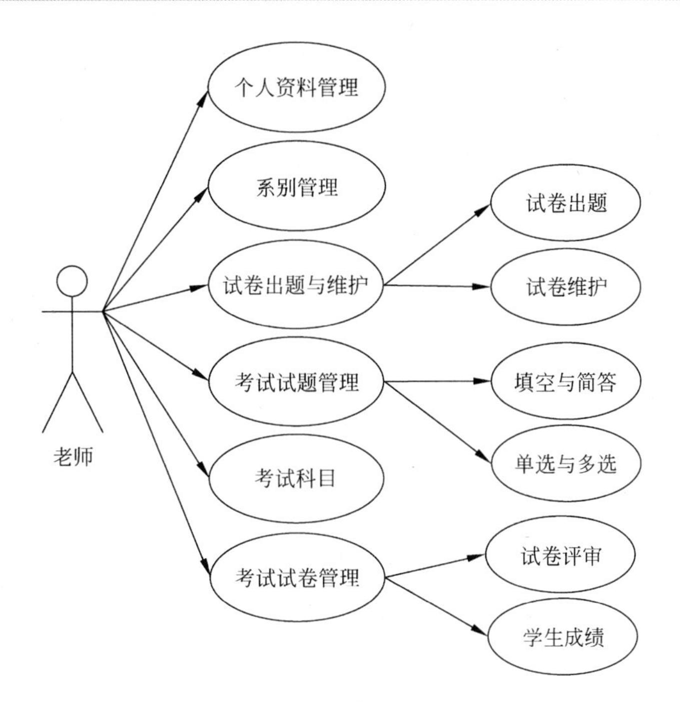

图 12-5　老师权限用例图

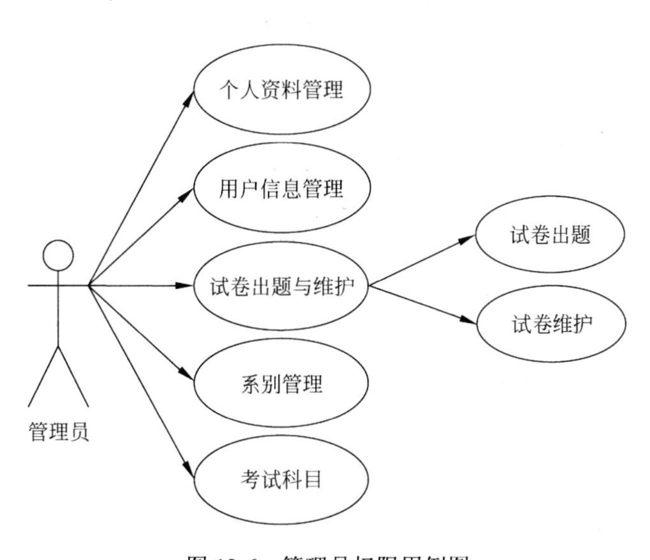

图 12-6　管理员权限用例图

12.2.4　系别管理

系别管理用于对老师或学生的类型操作，如老师系别可以属于语文系、数学系或外语系，学生系别可以是三年级学生、二年级学生和一年级学生等。在该功能模块中，管理员和老师都可以实现对系别的添加、删除、修改以及查看操作。图 12-7 列出了该模块的操作功能图。

12.2.5 考试科目管理

考试科目包括语文、数学、生物及物理等，该功能模块的实现非常简单，老师和管理员都可以对该模块进行增加、删除、修改和查询的操作。其操作功能如图 12-8 所示。

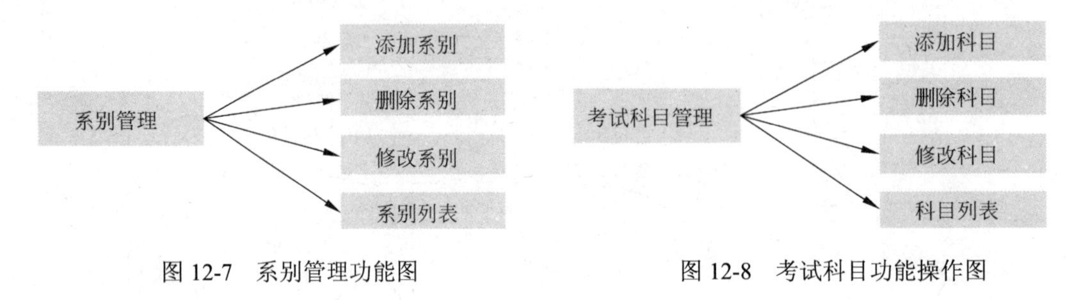

图 12-7 系别管理功能图

图 12-8 考试科目功能操作图

12.2.6 考试试题管理

考试试题管理是本系统中比较重要的一个模块，该模块包括填空题管理、单选题管理、多选题管理和简答题管理四部分。不同系别的老师可以添加相应的考试试题，图 12-9 显示了该模块的功能操作图。

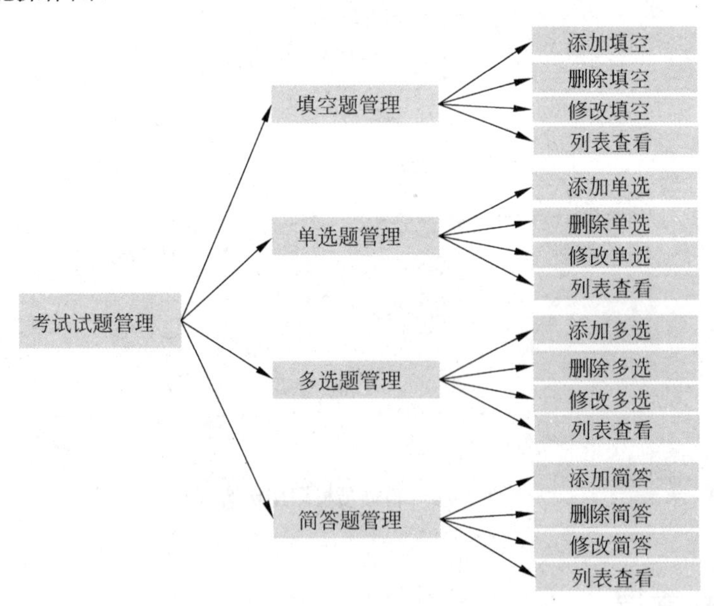

图 12-9 考试试题管理功能操作图

12.2.7 试卷出题与维护

考试试题是本系统中相当重要的一个模块，它实现了对试卷功能的操作，该模块主要包括试卷出题与试卷维护两部分。试卷维护模块中可以对试卷进行简单的操作，如查看详细、禁用或启用试卷及删除试卷等。图 12-10 显示了该模块的功能操作图。

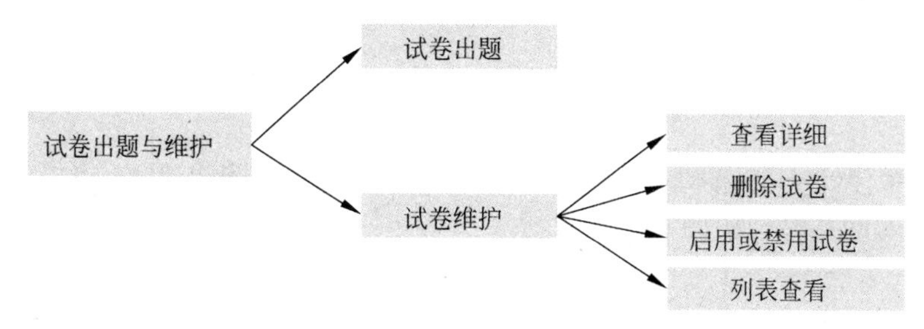

图 12-10　试卷出题与维护功能操作图

12.2.8　学生考试

学生考试管理模块包括学生考试和考试记录两部分，老师评分完成后学生可以单击考试记录进行查看。该模块的功能非常简单，功能操作图不再显示。

12.2.9　学生试卷管理

学生考试提交完成后老师需要对考试提交的试卷进行管理，学生试卷管理模块包括试卷评审和学生成绩查看两部分。在试卷评审模块中，老师可以删除学生的考试记录，也可以查看学生的试题答案，然后计算试卷分数。该模块的功能操作如图 12-11 所示。

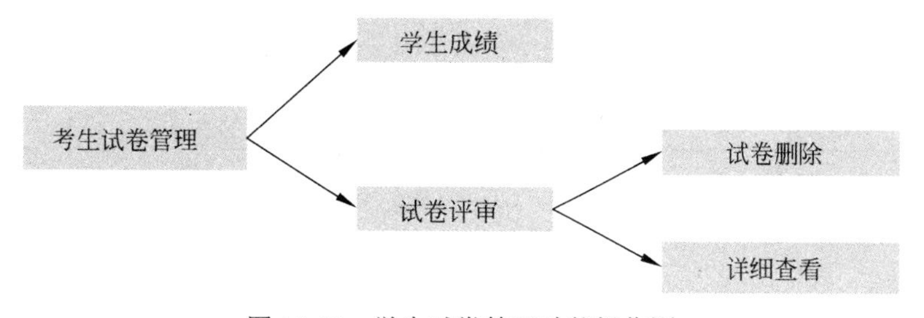

图 12-11　学生试卷管理功能操作图

12.2.10　退出系统

退出模块用于用户退出整个应用程序，当用户不想操作该系统时，单击【退出】按钮可退出当前的登录。退出功能的实现也非常简单，这里不再提供流程图。

12.3　设计数据库

大多数的网络应用系统都需要后台数据库的支持，它是整个系统的核心部分，合理的数据库设计可以增强系统的安全性、稳定性和执行效率。在 Windows 操作系统中，Access 和 SQL Server 都是最常见的后台数据库，本章项目案例使用 SQL Server 数据库设计出了 16 个表。

1. 角色表

角色表（rr_Role）包含用户所属的所有角色，该表包括角色 ID、角色名称和备注 3 个字段，其字段的具体说明如表 12-1 所示。

表 12-1 角色表

字段名	类型	是否为空（是=Yes，否=No）	备注
roleId	Int	No	主键 ID，自动增长列
roleName	nvarchar(20)	No	角色名称
roleRemark	nvarchar(20)	Yes	角色备注，默认为空

2. 权限表

权限表（rr_AllRights）包含该系统中所有功能的系统页面，包括名称、链接 URL 和父 ID 等字段。表 12-2 列表了全部字段的详细说明。

表 12-2 权限表

字段名	类型	是否为空（是=Yes，否=No）	备注
arId	int	No	主键 ID，自动增长列
arTitle	nvarchar(20)	No	权限名称
arParentId	int	Yes	父 ID，默认值为 0
arUrl	nvarchar(50)	No	页面链接地址
arTitleEng	nvarchar(20)	Yes	页面名称的英文名称，默认值为空

3. 用户权限表

用户权限表（rr_roleRight）包含 3 个字段，主要描述每个角色所拥有的权限，具体字段说明如表 12-3 所示。

表 12-3 用户权限表

字段名	类型	是否为空（是=Yes，否=No）	备注
roleId	int	No	外键，用户角色 ID，对应角色表
rightId	int	No	外键，所属权限 ID，对应权限表
rrRemark	nvarchar(20)	Yes	备注，默认值为空

4. 用户系别表

用户系别表（ba_Dementpart）存放老师和学生的类型信息，如老师属性于某个系和学生属于某个年级等，该表的具体字段如表 12-4 所示。

表 12-4 用户系别表

字段名	类型	是否为空（是=Yes，否=No）	备注
dpId	int	No	主键 ID，自动增长列
dpName	nvarchar(20)	No	系别名称
dppoid	int	Yes	所属类型默认值为 2。1=老师，2=学生
dpRemark	nvarchar(20)	Yes	备注，默认值为空

5. 省份城市表

省份城市表（im_ProviceCityCountry）存放中国所有的省份、城市和区县信息，其具体说明如表 12-5 所示。

表 12-5 省份城市表

字段名	类型	是否为空（是=Yes，否=No）	备注
pccId	int	No	主键 ID，自动增长列
pccName	nvarchar(20)	No	省份、城市或区县名称
parentId	int	Yes	父 ID，默认值为空
pccRemark	nvarchar(200)	Yes	备注，默认值为空

6. 用户表

用户表（ba_User）包含用户的主要信息，如用户 ID、登录名、登录密码、真实姓名和用户所属角色等内容。表 12-6 列出了字段的具体说明。

表 12-6 用户表

字段名	类型	是否为空（是=Yes，否=No）	备注
userId	int	No	主键 ID，自动增长列
userLoginName	nvarchar(20)	No	用户登录名，学生则以考试证号为主
userPass	nvarchar(20)	No	用户登录密码
userName	nvarchar(20)	No	老师或学生的真实名称
userType	nvarchar(20)	No	用户所属类型其值为老师或学生
userDementpart	int	Yes	所属系别，默认值为 0
userRoleID	int	No	用户所属角色

7. 用户详细表

用户详细表（ba_UserDetail）存储用户的详细内容，如用户年龄、性别、所属的省市区、添加时间和备注等内容，其具体说明如表 12-7 所示。

表 12-7 用户详细表

字段名	类型	是否为空（是=Yes，否=No）	备注
userId	int	No	外键，用户 ID，对应用户表中的 ID
udSex	nvarchar(2)	No	用户性别

续表

字段名	类型	是否为空（是=Yes，否=No）	备注
udProvice	int	No	省份 ID
udCity	int	No	城市 ID
udCountry	Int	No	县区 ID
udAddress	nvarchar(20)	Yes	用户地址
udTime	Datetime	Yes	添加时间，默认值为 getdate()
udRemark	nvarchar(200)	Yes	用户备注内容，默认值为空

8. 考试科目表

考试科目表（ba_Course）的字段具体说明如表 12-8 所示。

表 12-8　考试科目表

字段名	类型	是否为空（是=Yes，否=No）	备注
courseId	int	No	主键 ID，课程 ID
courseName	nvarchar(200)	No	课程名称
courseRemark	nvarchar(200)	Yes	课程备注，默认值为空

9. 填空题表

填空题表（ba_TianKong）存放填空题的所有相关内容，包括课程 ID、填空前部分和后部分及填空答案等内容。表 12-9 列出了所有字段的具体说明。

表 12-9　填空题表

字段名	类型	是否为空（是=Yes，否=No）	备注
tkId	int	No	主键 ID，自动增长列
courseId	int	No	外键，课程 ID，对应课程表
tkPartBefore	nvarchar(200)	No	填空前部分内容
tkPartAfter	nvarchar(200)	No	填空后部分内容
tkAnswer	nvarchar(20)	No	填空答案
isDelete	bit	Yes	是否删除，默认值 0=未删除　1=删除

10. 单选题表

单选题表（ba_RadioProblem）存储所有课程下的单选题信息，其字段具体说明如表 12-10 所示。

表 12-10　单选题表

字段名	类型	是否为空（是=Yes，否=No）	备注
rpId	int	No	主键 ID，自动增长列
courseId	int	No	外键，课程 ID，对应课程表
rpTitle	nvarchar(200)	No	单选题目
rpAnswerA	nvarchar(100)	No	答案 A

续表

字段名	类型	是否为空（是=Yes，否=No）	备注
rpAnswerB	nvarchar(100)	No	答案 B
rpAnswerC	nvarchar(100)	No	答案 C
rpAnswerD	nvarchar(100)	No	答案 D
rpRightChoose	nvarchar(2)	No	正确答案
isDelete	bit	Yes	是否删除，默认值 0=未删除 1=删除

11. 多选题表

多选题表（ba_CheckProblem）存储所有课程下的多选题信息，其字段具体说明如表 12-11 所示。

表 12-11　多选题表

字段名	类型	是否为空（是=Yes，否=No）	备注
cpId	int	No	主键 ID，自动增长列
courseId	int	No	外键，课程 ID，对应课程表
cpTitle	nvarchar(200)	No	多选题目
cpAnswerA	nvarchar(100)	No	答案 A
cpAnswerB	nvarchar(100)	No	答案 B
cpAnswerC	nvarchar(100)	No	答案 C
cpAnswerD	nvarchar(100)	No	答案 D
cpRightChoose	nvarchar(20)	No	正确答案
isDelete	bit	Yes	是否删除，默认值 0=未删除 1=删除

12. 简答题表

简单题表（ba_QuestionProblem）存储所有课程下的简答题信息，其字段的具体说明如表 12-12 所示。

表 12-12　简答题表

字段名	类型	是否为空（是=Yes，否=No）	备注
qpId	int	No	主键 ID，自动增长列
courseId	int	No	外键，课程 ID，对应课程表
qpTitle	nvarchar(200)	No	简答题目
qpRightChoose	text	No	正确答案
isDelete	bit	Yes	是否删除，默认值 0=未删除 1=删除

13. 试卷表

试卷表（ba_Paper）用于存储所有课程下的试卷基本信息，如课程 ID、试卷名称、试卷状态等。表 12-13 列出了该表所有字段的具体说明。

表 12-13　试卷表

字段名	类型	是否为空（是=Yes，否=No）	备注
paperId	int	No	主键 ID，自动增长列
courseId	int	No	外键，课程 ID，对应课程表
paperName	nvarchar(200)	No	简答题目
paperState	text	No	正确答案
paperDelete	bit	Yes	是否删除，默认值 0=未删除 1=删除

14．试卷详细表

试卷表仅仅存储试卷的基本信息，其详细信息主要存储在试卷详细表（ba_PaperDetail）中，如试卷类型，题目 ID 和每题的分数等内容。表 12-14 列出了字段的具体说明。

表 12-14　试卷详细表

字段名	类型	是否为空（是=Yes，否=No）	备注
pdId	int	No	主键 ID，自动增长列
paperId	int	No	外键，试卷 ID，对应试卷表
pdType	nvarchar(10)	No	题目类型，如填空题、单选题、多选题和简答题等
pdTilteID	int	No	外键，分别对应填空表、单选表、多选表和简单表中的主键 ID
pdTitleMark	int	No	每题对应的分数

15．学生答案表

学生答案表（ba_StudentAnswer）存储所有用户的答案，包括试卷 ID、用户 ID、题目类型 ID 及答案状态等内容。表 12-15 列出了这些字段的具体说明。

表 12-15　学生答案表

字段名	类型	是否为空（是=Yes，否=No）	备注
saId	int	No	主键 ID，自动增长列
userID	int	No	外键，用户 ID，对应用户表
paperID	int	No	外键，试卷 ID，对应试卷表
TitleType	nvarchar(10)	No	题目类型，如填空题、单选题、多选题和简答题等
saTilteID	int	No	外键，分别对应填空表、单选表、多选表和简单表中的主键 ID
saTitleMark	int	No	每题对应分数
saAnswer	nvarchar(10)	No	学生答案
saState	bit	No	是否评阅，0=未评阅 1=评阅
SubmitTime	datetime	Yes	提交时间，默认值为 getdate()

16. 学生成绩表

顾名思义，学生成绩表（ba_StudentScore）用于存储学生的所有成绩。表 12-16 列出了所有字段的说明。

表 12-16　学生成绩表

字段名	类型	是否为空（是=Yes，否=No）	备注
ssId	int	No	主键 ID，自动增长列
ssUserID	int	No	外键，用户 ID，对应用户表
ssPaperID	int	No	外键，试卷 ID，对应试卷表
score	int	No	分数
comment	nvarchar(100)	No	评论内容
SubmitTime	datetime	Yes	提交时间，默认值为 getdate()
pingYueTime	datetime	Yes	评阅时间，默认值为 getdate()

12.4　公共模块

许多公司在开发项目时都会用到内部的框架，框架的使用有利于其他项目的开发，如将常用的连接字符串放入框架中，下次直接使用即可。本章项目案例采用三层框架进行环境的搭建，搭建完成后将公共的方法和页面提取出来，这些公共部分就叫公共模块。使用公共模块实现了代码的重用，也提高了程序的性能和代码的可读性。

12.4.1　搭建三层框架

三层主要指数据访问层、业务逻辑层和表示层。数据访问层主要与数据库打交道，处理数据库的细节内容；业务逻辑层可以理解为对数据访问层的操作，处理一些业务逻辑信息；表示层也叫表现层，它为客户提供用于交互的应用服务图形界面，呈现业务逻辑层中传递的数据。

下面详细介绍如何搭建本系统的框架，其具体步骤如下。

（1）选择【文件】|【新建】|【项目】选项，弹出【新建项目】对话框，选择【其他项目类型】选项下的【Visual Studio 解决方案】选项，添加一个新的解决方案，如图 12-12 所示。

（2）选中新添加的解决方案名称，右击，选择【添加】|【新建项目】选项，弹出【添加新项目】对话框，添加名称为 DAL 的类库。该项目类库表示数据访问层，存储与数据库相关的信息，添加新项目对话框如图 12-13 所示。

（3）依次重复第二步，分别添加名称为 BLL、Model 和 DBHelper 的类库。BLL 表示业务逻辑层，处理相关的业务操作；Model 表示与数据库表对应的实体类；DBHelper 中的类存放对数据库中数据的添加、查询、修改以及删除等通用方法。

图 12-12　添加项目解决方案

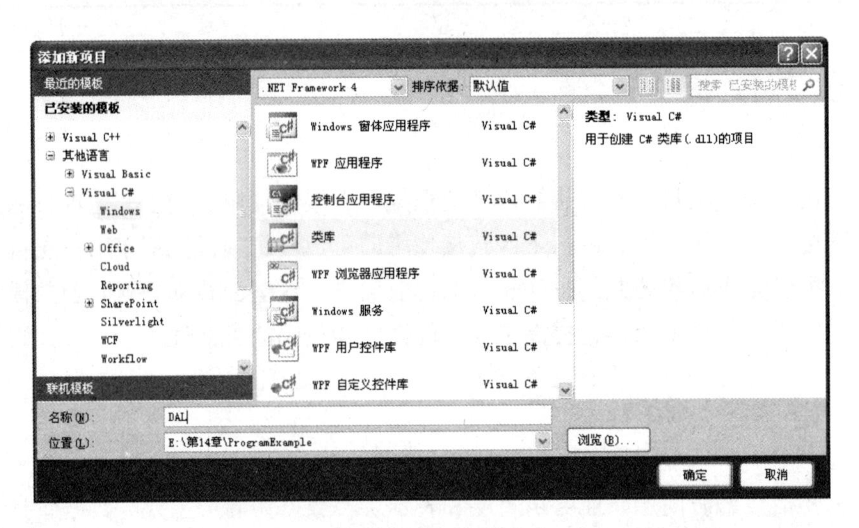

图 12-13　添加类库

（4）选中项目解决方案，然后右击添加名称为 CompreExample 的 ASP.NET 网站。

（5）单击选中不同的项目分别为它们添加引用，DAL 引用 DBHelper 和 Model；然后为 BLL 添加对 DAL 和 Model 的引用；CompreExample 网站添加对 BLL 和 Model 的引用。最后，选中 CompreExample 并右击，将该项目设置为启动项目。整个框架搭建完成后的效果如图 12-14 所示。

12.4.2　配置 web.config

web.config 文件是一个 XML 文件，它用来储存 ASP.NET Web 应用程序的配置信息（如常用的设置 ASP.NET Web 应用程序的身份验证），它可以出现在应用程序的每一个目录中。

用户新建网站后会自动创建一个默认的 web.config 文件，下面在该文件的 configuration 节点下添加 connectionStrings 节点完成创建数据库连接字符串的功能，其具体代码如下。

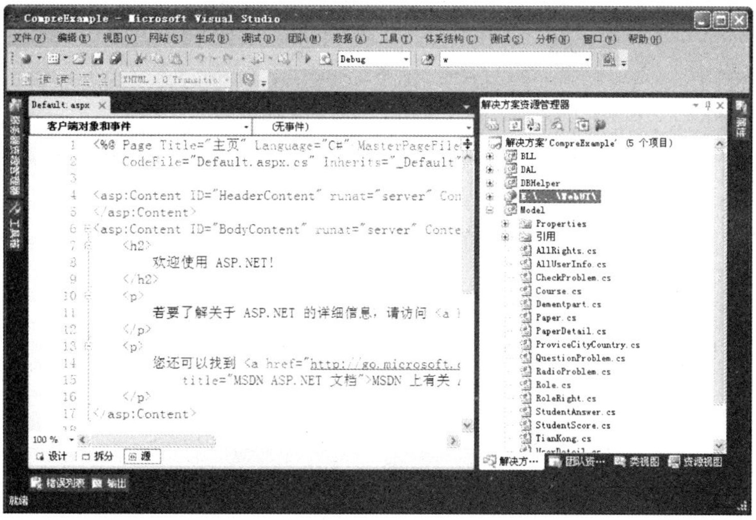

图 12-14　搭建框架完成后的效果

```
<configuration>
    <connectionStrings>
        <add name="ConnStr" connectionString="Data Source=XP-201208091125\
        MSSQLSERVER0; Initial Catalog=OnLineExamBase;Integrated Security=
        True" providerName="System.Data.SqlClient"/>
    </connectionStrings>
</configuration>
```

12.4.3　SqlHelper 类

在 web.config 文件中完成配置后，找到 DBHelper 项目并添加对 System.Configuration 的引用。选中该项目后，选择【添加引用】选项，弹出【添加引用】对话框，选择.NET 选项卡后找到该引用，如图 12-15 所示。

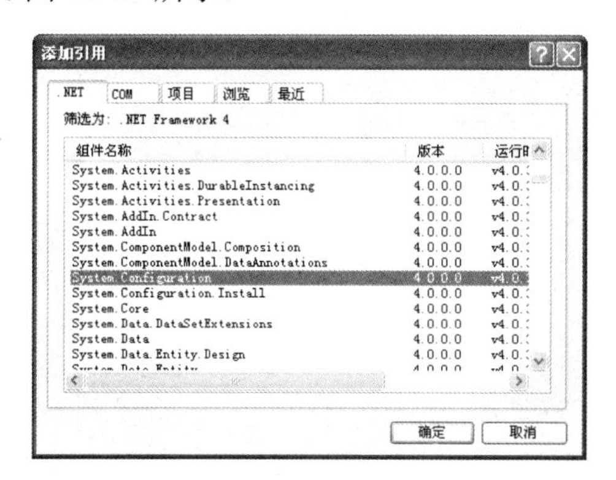

图 12-15　【添加引用】对话框

在 DBHelper 类库下添加名称为 SqlHelper 的类，在该类中获取连接数据库字符串的信息，并且在该类中使用 ADO.NET 的基本对象添加对数据增删改查的方法，其主要代码如下。

```
public class SqlHelper
{
    public static readonly string connectionString = Configuration
    Manager.ConnectionStrings ["ConnStr"].ConnectionString;
                                                //获取连接数据库的字符串
    public static int ExecuteNonQuery(string cmdText, params SqlParameter[]
    commandParams)
    {
        using (SqlConnection con = new SqlConnection(connectionString))
                                                //创建 SqlConnection 对象
        {
            using (SqlCommand cmd = new SqlCommand())//创建 SqlCommand 对象
            {
                PrepareCommand(con, cmd, CommandType.Text, cmdText, command
                Params);
                int val = cmd.ExecuteNonQuery();    //执行添加操作
                cmd.Parameters.Clear();
                return val;
            }
        }
    }
    public static SqlDataReader ExecuteReader(CommandType cmdType, string
    cmdText, params SqlParameter[] commandParameters)
    {
        SqlConnection con = new SqlConnection(connectionString);
                                                //创建 SqlConnection 对象
        SqlCommand cmd = new SqlCommand();      //创建 SqlCommand 对象
        try
        {
            PrepareCommand(con, cmd, cmdType, cmdText, commandParameters);
            SqlDataReader rdr = cmd.ExecuteReader(CommandBehavior.Close
            Connection);
            cmd.Parameters.Clear();             //清空参数
            return rdr;                         //返回 SqlDataReader 对象
        }
        catch
        {
            con.Close();
            throw;
        }
    }
    public static DataSet ExecuteDataSet(string cmdtext, params Sql
```

```
        Parameter[] para)
        {
            using (SqlConnection con = new SqlConnection(connectionString))
                                                    //创建 SqlConnection 对象
            {
                SqlDataAdapter adapter = new SqlDataAdapter();
                                                    //创建 SqlDataAdapter 对象
                using (SqlCommand cmd = new SqlCommand())//创建 SqlCommand 对象
                {
                    DataSet ds = new DataSet(); //创建 DataSet 对象
                    PrepareCommand(con, cmd, CommandType.Text, cmdtext, para);
                    adapter.SelectCommand = cmd;
                    adapter.Fill(ds);
                    return ds;
                }
            }
        }
        public static object ExecuteScalar(string cmdText, params SqlParameter[]
        commandParameters)
        {
            using (SqlConnection con = new SqlConnection(connectionString))
                                                    //创建 SqlConnection 对象
            {
                using (SqlCommand cmd = new SqlCommand())//创建 SqlCommand 对象
                {
                    PrepareCommand(con, cmd, CommandType.Text, cmdText, command
                    Parameters);
                    object val = cmd.ExecuteScalar();
                    cmd.Parameters.Clear();
                    return val;
                }
            }
        }
        /* 省略该类的其他方法和重载方法 */
    }
```

在上述代码中，首先声明静态的全局变量 connectionString 保存数据库连接的字符串；ExecuteNonQuery()方法表示要执行增删改的方法；ExecuteReader()方法表示要执行读取数据的方法，该方法返回 SqlDataReader 对象；ExecuteDataSet()方法表示要执行的读取数据方法操作，该方法返回 DataSet 对象；ExecuteScalar()方法用于获取数据库中第一行第一列的数据，该方法返回 object 类型。

SqlHelper 类的方法并不止于上面这些，该类中的详细方法及具体说明可以参考项目的源代码。

12.4.4　系统主界面

本节主要介绍表示层主界面的设计与创建，首先对该系统划分页面区域，目前该系统采用比较主流的框架，将该系统分为上下两大区域，其中中间区域又分为左侧菜单和右侧内容两部分，页面的整体布局如图 12-16 所示。

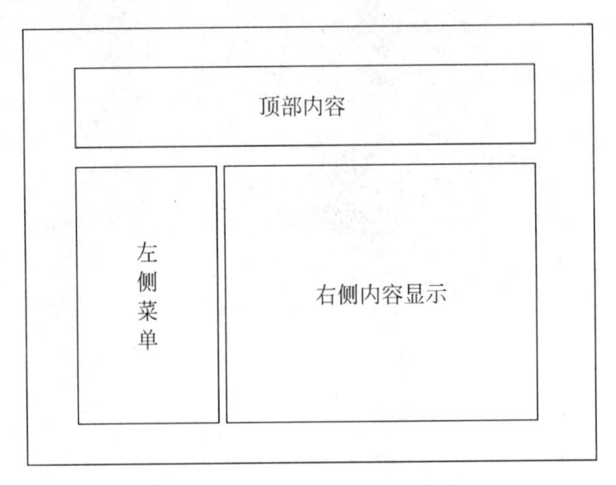

图 12-16　系统整体页面布局

下面将演示如何完成顶部页面和左侧页面的内容设计，其具体步骤如下。

（1）添加名称为 Top.aspx 的页面，然后在页面的合适位置添加 4 个 Literal 控件。它们分别用于显示 IP 地址、系统当前时间、当前登录用户名和当天天气情况，页面设计效果如图 12-17 所示。

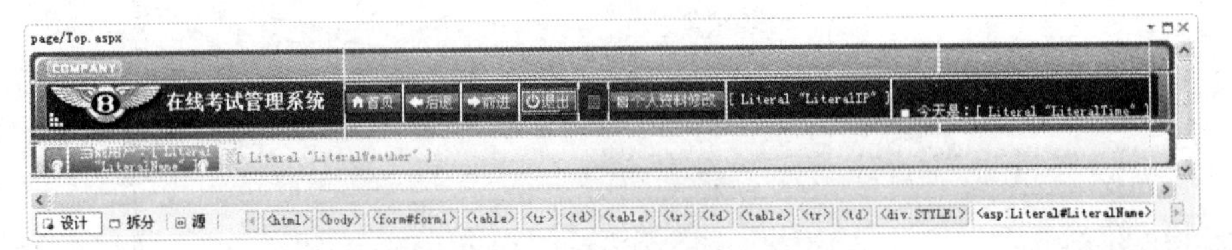

图 12-17　顶部页面设计效果

（2）Web 窗体页加载时需要获取系统的当前时间、用户登录名和 IP 地址，并将它们保存到 Literal 控件中。Load 事件的具体代码如下。

```
protected void Page_Load(object sender, EventArgs e)
{
    if (!IsPostBack)
    {
        if (Session["UserInfo"] != null)
        {
            UserInfo userinfo = Session["UserInfo"] as UserInfo;
            LiteralName.Text = userinfo.UserName;        //显示当前登录用户
```

```
            LiteralTime.Text = DateTime.Now.ToLongDateString();
                                                    //显示系统当前时间
            LiteralIP.Text = "您的 IP 为: " + Request.UserHostAddress;
                                                    //显示当前 IP 地址
            ShowWeather();                          //显示当天天气
        }
    }
}
```

在上述代码中，首先判断 Session 对象中存储的用户信息是否为空。如果不为空，则使用 as 将 Session 中的 UserInfo 对象转换为 UserInfo 实体类，接着获取 UserName 属性到 Literal 控件的 Text 属性中。然后，通过 DateTime 对象的 Now 属性显示系统当前时间；Request 对象的 UserHostAddress 属性获取 IP 地址；最后调用 ShowWeather()方法显示当天天气。

（3）选中网站项目后选择【添加 Web 引用】选项，并添加与天气有关的第三方 Web 服务。在 ShowWeather()方法中，调用 Web 服务的 getWeatherbyCityName()方法获取城市天气，该方法的具体内容如下。

```
public void ShowWeather()
{
    WeatherService.WeatherWebService weather = new WeatherService.Weather
    WebService();
    string[] weathers = weather.getWeatherbyCityName("郑州");
   LiteralWeather.Text = weathers[6] + " " + weathers[7] + "  
    " + weathers[10];
}
```

（4）在网站中添加名称为 Left.aspx 的窗体页面，在页面的合适位置添加 TreeView 控件，该控件显示用户不同角色的权限菜单。其相关代码如下。

```
<asp:TreeView ID="TreeView1" runat="server" ImageSet="XPFileExplorer" Node
Indent="15">
    <HoverNodeStyle Font-Underline="True" ForeColor="#6666AA" />
    <NodeStyle Font-Names="Tahoma" Font-Size="8pt" ForeColor="Black"
    HorizontalPadding="2px"
NodeSpacing="0px" VerticalPadding="2px" />
    <ParentNodeStyle Font-Bold="False" CssClass="111" />
    <SelectedNodeStyle BackColor="#B5B5B5" Font-Underline="False"
    HorizontalPadding="0px"
VerticalPadding="0px" />
</asp:TreeView>
```

（5）窗体页加载时显示用户登录的权限菜单列表，Load 事件的具体代码如下。

```
protected void Page_Load(object sender, EventArgs e)
{
```

```
        if (!IsPostBack)
        {
            if (Session["UserInfo"] != null)
            {
                UserInfo info = Session["UserInfo"] as UserInfo;
                DataTable dt=UserRoleManage.GetRoleListById(info.UserRoleId, 0);
                for (int i = 0; i < dt.Rows.Count; i++)      //遍历父 ID=0 的节点
                {
                    string title = dt.Rows[i]["arTitle"].ToString();//标题
                    string aid = dt.Rows[i]["arId"].ToString();     //ID
                    TreeNode root = new TreeNode(title, aid);//创建 TreeNode 对象
                    TreeView1.Nodes.Add(root);       //将指定的对象追加到节点中
                    DataTable dtson = UserRoleManage.GetRoleListById(info
                    .UserRoleId, Convert.ToInt32(aid));//获取指定父节点下的子节点
                    foreach (DataRow dr in dtson.Rows) //遍历父节点下的子节点
                    {
                        string sontitle = dr["arTitle"].ToString();
                        string sonurl = dr["arUrl"].ToString();
                        TreeNode son = new TreeNode(sontitle, "", "", sonurl,
                        "MainRight");
                        root.ChildNodes.Add(son);
                    }
                }
            }
        }
    }
```

在上述代码中，首先判断 Session 对象中存储的用户信息是否为空，如果不为空则获取 Session 对象中的用户信息，且根据当前用户角色调用业务层 GetRoleListById()方法获取所有父 ID 为 0 的权限列表并保存到对象 dt 中。然后，通过 for 语句遍历 dt 对象并将对象添加到 TreeView 控件的节点对象 Nodes 中。最后，通过 foreach 遍历该节点下的所有子节点，并将 ChildNodes 属性添加到父节点中。

（6）在业务逻辑层的 GetRoleListById()方法中，调用数据访问层中 GetRoleListById()方法，并且在此方法中通过 SqlHelper 类的 ExecuteDataSet()方法获取 DataSet 对象。其相关代码如下所示。

```
public static DataTable GetRoleListById(int id, int pid)    //BLL 层代码
{
    return UserRoleService.GetRoleListById(id, pid);
}
public static DataTable GetRoleListById(int id, int pid)    //DAL 层代码
{
    string sql = "select * from rr_roleRight rr left join rr_AllRights ar
    on rr.rightId=ar.arId where roleId=" + id + " and ar.arParentId=" + pid;
    return SqlHelper.ExecuteDataSet(sql).Tables[0];
```

```
    }
```

（7）顶部代码和左侧代码完成后运行页面进行测试，运行效果如图 12-18 所示。

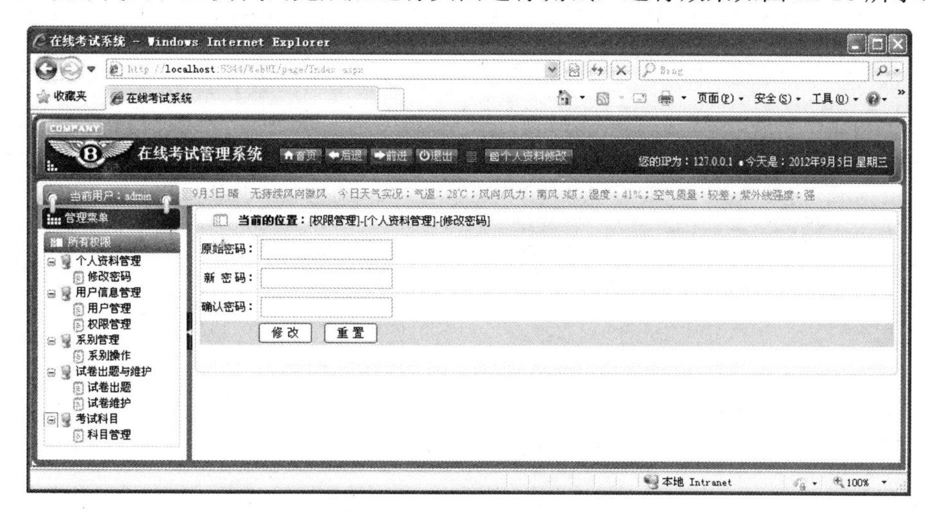

图 12-18　系统主界面运行效果

12.5　登录模块

几乎所有的网站或系统中都少不了登录模块，该模块实现了不同角色用户的登录功能。实现该功能的具体步骤如下。

（1）在项目中添加名称为 Login.aspx 的窗体页，在页面的合适位置添加 1 个 DropDownList 控件、3 个 TextBox 控件、1 个 Image 控件、1 个 LinkButton 控件和 2 个 Button 控件。它们分别表示用户角色类型、用户名、密码、验证码、验证码图片及执行登录的操作等，窗体页的设计效果如图 12-19 所示。

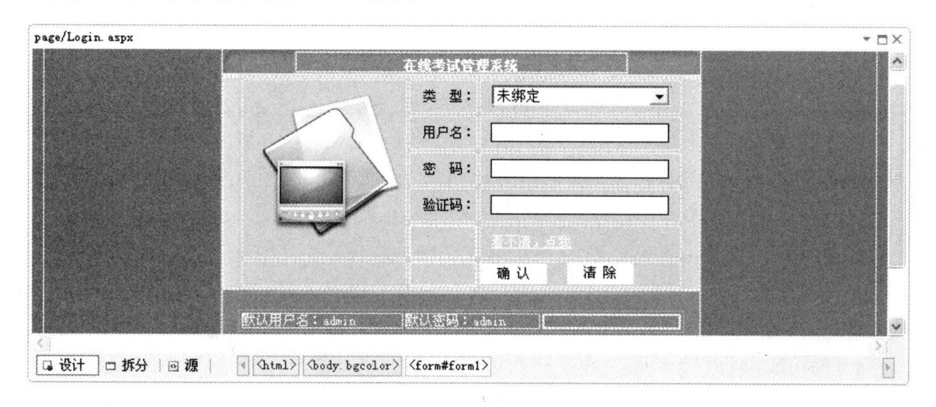

图 12-19　登录窗体设计效果

（2）窗体加载时调用业务逻辑层 UserRoleManage 类的 GetUserRoleList()方法获取所有角色，并保存到对象 dt 中，然后将该通过 DropDownList 控件的 DataSource 属性、

DataValueField 属性和 DataTextField 属性赋值。Load 事件的具体代码如下。

```
protected void Page_Load(object sender, EventArgs e)
{
    if (!IsPostBack)
    {
        DataTable dt = UserRoleManage.GetUserRoleList();
        ddlTypeList.DataSource = dt;
        ddlTypeList.DataValueField = "roleId";
        ddlTypeList.DataTextField = "roleName";
        ddlTypeList.DataBind();
    }
}
```

（3）指定 Image 控件的 ImageUrl 属性，并指定 LinkButton 控件的 Click 事件调用 CreateCode()函数。窗体页面的设计代码如下。

```
<script language="javascript" type="text/javascript">
function CreateCode() {
    document.getElementById("Image1").src = "CreateCode.aspx?time=" + new
    Date().getTime();
}
</script>
<asp:Image ID="Image1" runat="server" ImageUrl="~/page/CreateCode.aspx"
onclick="CreateCode()" Style="margin-left: 10px" />
<a id="lbClickCode" runat="server" style="text-decoration: underline;
cursor: hand" onclick="javascript:CreateCode();">看不清，点我</a>
```

（4）添加名称为 CreateCode.aspx 的窗体页，在页面后台调用 StringUtilCode 类的 CreateCheckCodeImage()方法创建验证码图片的内容。该方法的具体代码如下。

```
public void CreateCheckCodeImage()
{
    string checkCode = GenerateCheckCode();                //获取验证码内容
    if (checkCode == null || checkCode.Trim() == String.Empty)//判断是否为空
        return;
    Bitmap image = new Bitmap((int)Math.Ceiling((checkCode.Length * 11.5)),
    21);                                                   //创建画布
    Graphics g = Graphics.FromImage(image);
    try
    {
        Random random = new Random();
        g.Clear(Color.White);                              //清空图片背景色
        for (int i = 0; i < 25; i++)                       //画图片的背景噪音线
        {
            int x1 = random.Next(image.Width);
```

```
            int x2 = random.Next(image.Width);
            int y1 = random.Next(image.Height);
            int y2 = random.Next(image.Height);
            g.DrawLine(new Pen(Color.Silver), x1, y1, x2, y2);
        }
        Font font = new Font("Arial", 12, (FontStyle.Bold | FontStyle
        .Italic));
       LinearGradientBrush brush = new LinearGradientBrush(new Rectangle(0,
        0, image.Width, image.Height), Color.Blue, Color.DarkRed, 1.2f, true);
        g.DrawString(checkCode, font, brush, 2, 2);
        for (int i = 0; i < 100; i++)                 //画图片的前景噪音点
        {
            int x = random.Next(image.Width);
            int y = random.Next(image.Height);
            image.SetPixel(x, y, Color.FromArgb(random.Next()));
        }
        //画图片的边框线
        g.DrawRectangle(new Pen(Color.Silver), 0, 0, image.Width - 1, image
        .Height - 1);
        MemoryStream ms = new MemoryStream();
        image.Save(ms, ImageFormat.Gif);
        HttpContext.Current.Response.ClearContent();
        HttpContext.Current.Response.ContentType = "image/Gif";
        HttpContext.Current.Response.BinaryWrite(ms.ToArray());
        HttpContext.Current.Response.End();
    }
    finally
    {
        g.Dispose();
        image.Dispose();
    }
}
```

在上述代码中，首先调用 GenerateCheckCode()方法获取生成的验证码内容，接着创建画布对象 Bitmap。在 try 语句模块中，分别通过 for 语句为画布添加背景的噪音线和前景噪音点，添加画布的边框线完成后通过 Respone 对象的相关属性和方法输出完成后的验证码。

（5）在 GenerateCheckCode()方法中，会生成 5 位包括数字和字母的验证码，完成后将验证码保存到 Cookie 对象中。该方法的具体代码如下。

```
private string GenerateCheckCode()
{
    int number;
    char code;
    string checkCode = String.Empty;
    Random random = new Random();
```

```
        for (int i = 0; i < 5; i++)
        {
            number = random.Next();
            if (number % 2 == 0)
                code = (char)('0' + (char)(number % 10));
            else
                code = (char)('A' + (char)(number % 26));
            checkCode += code.ToString();
        }
        HttpCookie cookie = new HttpCookie("CheckCode", EncryptPassword(check
        Code, "SHA1"));
        HttpContext.Current.Response.Cookies.Add(cookie);
        return checkCode;
    }
```

（6）单击【确定】按钮时提交用户输入的内容并判断输入的内容是否合法，Click 事件的具体代码如下。

```
protected void btnLogin_Click(object sender, EventArgs e)
{
    string ddltype = ddlTypeList.SelectedValue;          //获取登录类型
    string username = txtUserName.Text;                  //获取输入的用户名
    string userpass = txtUserPass.Text;                  //获取登录密码
    string usercode = txtCode.Text;                      //获取输入的验证码
    string newusercode = StringUtilCode.GetBanJiao(usercode.Trim('
    ').ToUpper());
   string encrycode = StringUtilCode.EncryptPassword(newusercode, "SHA1");
                                                         //对输入的验证码加密
    string cookiecode = Request.Cookies["CheckCode"].Value.ToString();
                                                         //获取保存的验证码
    if (cookiecode != encrycode)
        ClientScript.RegisterStartupScript(GetType(), "", "<script>alert
        ('您输入的验证码不正确，请重新输入！')</script>");
    else
    {
        UserInfo userinfo = UserManage.GetUserInfo(username, userpass,
        Convert.ToInt32(ddltype));
        if (userinfo != null)
        {
            Session["UserInfo"] = userinfo;
            Response.Redirect("~/page/Index.aspx");
        }
        else
            ClientScript.RegisterStartupScript(GetType(), "", "<script>alert
            ('用户名、密码或登录角色有误，请重新输入！')</script>");
    }
}
```

在上述代码中，首先获取用户输入的不同内容，接着调用 StringUtilCode 类的 EncryptPassword()方法将用户输入的验证码进行 SHA1 加密，然后判断验证码是否正确。如果正确，则调用 UserManage 类的 GetUserInfo()方法获取用户信息；如果不正确，则将用户信息保存到 Session 对象中并跳转页面。

（7）UserManage 类的 GetUserInfo()方法调用数据层的 GetUserInfo()方法，并向该方法中添加 3 个参数；第一个参数表示用户名；第二个参数表示密码；第三个参数表示角色类型。业务层和数据层的具体代码如下。


```
public static UserInfo GetUserInfo(string loginname, string loginpass, int
roleid)                                    //业务层的代码
{
    return UserService.GetUserInfo(loginname, loginpass, roleid);
}
public static UserInfo GetUserInfo(string loginname, string loginpass, int
roleid)                                    //数据层的代码
{
    UserInfo user = null;                  //声明 UserInfo 实体类
    string sql = "select * from ba_User where userLoginName=@loginname and
    userPass=@loginpass and userRoleID=@roleid";        //声明 SQL 语句
    SqlParameter[] sps = new SqlParameter[]              //声明参数
    {
        new SqlParameter("@loginname",loginname),
        new SqlParameter("@loginpass",loginpass),
        new SqlParameter("@roleid",roleid.ToString())
    };
    using (SqlDataReader sdr = SqlHelper.ExecuteReader(CommandType.Text,
    sql, sps))                                              //读取数据
    {
        if (sdr.Read())                                     //读取数据
        {
            user = new UserInfo();
            user.UserId = Convert.ToInt32(sdr["userId"]);
            /* 省略其他内容的读取 */
        }
    }
    return user;                                          //返回用户对象
}
```

在上述代码数据层的 GetUserInfo()方法中，首先声明 UserInfo 实体类的对象并将值默认为 null，然后分别声明 SQL 语句和参数列表。接着，调用 SqlHelper 类的 ExecuteReader()方法根据 SQL 语句和参数读取数据，sdr 对象的 Read()方法读取数据是否为空。如果不为空，则读取用户信息，最后返回用户对象。

业务逻辑层和数据访问层中的方法实现大同小异，本系统中只介绍常用的几种，其他方法不再一一列举，下面模块的功能实现也是一样，只列举显示部分方法代码。

12.6 个人资料管理

个人资料管理模块主要实现修改密码的功能，其具体步骤如下。

（1）添加新的窗体页在页面的合适位置添加 3 个 TextBox 控件和 2 个 Button 控件，它们分别表示原始密码、新密码、确认密码和要执行的修改和重置操作。页面运行的最终效果如图 12-20 所示。

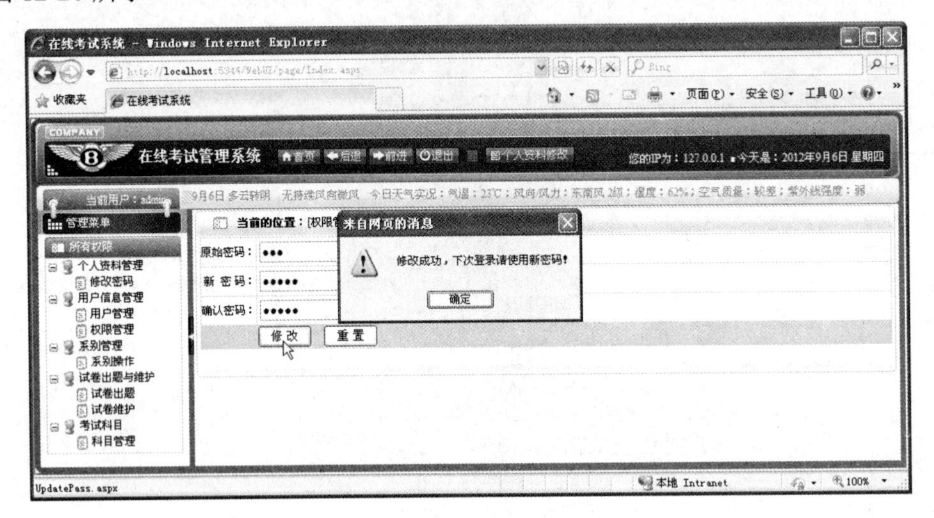

图 12-20　修改密码效果

（2）单击【修改】按钮首先触发该按钮的客户端事件调用 JavaScript 脚本的 CheckUpdatePass()方法，该方法主要对用户输入的内容进行判断。然后，再进行服务器端事件的处理操作。页面的相关代码如下。

```
<asp:Button ID="btnUpdatePass" runat="server" Text=" 修 改 "
OnClientClick="javascript:return CheckUpdatePass();" onclick="btnUpdate
Pass_Click" />
<script language="javascript" type="text/javascript">
function CheckUpdatePass(){
    var oldpass = document.getElementById("txtOldPass").value;
    var newpass = document.getElementById("txtNewPass").value;
    var passagain = document.getElementById("txtPassAgain").value;
    if (oldpass == null || oldpass == "") {
        alert("请输入原始密码! ");
        return false;
    } else if (newpass == null || newpass == "") {
        alert("请输入新密码! ");
        return false;
    } else if (passagain != newpass) {
        alert("新密码和原始密码不一致! ");
```

```
            return false;
        } else
            return true;
    }
    </script>
```


(3)【修改】按钮 Click 事件的服务器端具体代码如下。

```
protected void btnUpdatePass_Click(object sender, EventArgs e)
{
    if (Session["UserInfo"] == null)                    //判断是否登录
        ClientScript.RegisterStartupScript(GetType(), "", "<script>alert
        ('用户没有登录或登录失效，请返回重新登录！');window.location.href='../
        Login.aspx'</script>");
    else
    {
        UserInfo userinfo = Session["UserInfo"] as UserInfo;
        string oldpass = txtOldPass.Text;               //原始密码
        string newpass = txtNewPass.Text;               //新密码
        string passagain = txtPassAgain.Text;           //确认密码
        if (userinfo.UserPass != oldpass)
                               //判断用户输入的密码是否等于原密码，如果不等于
            ClientScript.RegisterStartupScript(GetType(), "", "<script>alert
            ('原始密码不正确，请重新输入！')</script>");
        else
        {
            if (UserManage.UpdateUserPass(newpass, userinfo.UserId))
                                                        //如果修改密码成功
                ClientScript.RegisterStartupScript(GetType(), "", "<script>
            alert('修改成功，下次登录请使用新密码！')</script>");
            else
                ClientScript.RegisterStartupScript(GetType(), "", "<script>
                alert('修改密码失败，请重新进行修改！')</script>");
        }
    }
}
```

在上述代码中，首先判断用户是否登录；如果登录成功，则根据用户输入的旧密码判断输入的原密码是否正确；如果正确，则调用 UserManage 类的 UpdatePass()方法修改用户密码；修改完成后，弹出修改是否成功的提示。

12.7 用户信息管理

用户信息管理包括两个模块：用户管理和权限管理。用户管理主要是针对老师和学生

的操作，而权限管理则为用户的不同角色分配权限。本节将详细介绍这两个模块功能的实现。

12.7.1 用户管理

用户管理是管理员针对老师和学生进行的添加、删除、修改和查看操作，实现这些功能的具体步骤如下。

（1）添加新的 Web 窗体页，在页面的合适位置添加 Repater 控件，该控件用来显示所有的用户信息列表。在 Repeater 控件的模板页中添加 CheckBox 控件和 LinkButton 控件，最终效果如图 12-21 所示。

图 12-21　用户信息列表

（2）在【工具箱】的选项卡中添加对第三方分页控件 AspNetPager 的引用，并且在窗体页的合适位置添加该控件。设置该控件的 pageSize 属性、CustomInfoHTML 属性和 CssClass 属性等。页面的相关代码如下。

```
<webdiyer:AspNetPager ID="AspNetPager1" runat="server" CustomInfoHTML="
共%PageCount%页，当前为第%CurrentPageIndex%页" CssClass="pages" Current
PageButtonClass="cpb" FirstPageText="首页" LastPageText="尾页" NextPage
Text="下一页" PrevPageText="上一页" ShowCustomInfoSection="Left" PageSize=
"20" OnPageChanged="AspNetPager1_PageChanged" PageIndexBoxType="TextBox"
ShowPageIndexBox="Auto" SubmitButtonText="Go" TextAfterPageIndexBox="页"
TextBeforePageIndexBox="转到" UrlPaging="True"></webdiyer:AspNetPager>
```

（3）窗体页 Load 事件加载时指定 Repeater 控件的数据源，并在页面进行绑定，实现分页功能单击分页按钮时触发其 PageChanged 事件重新绑定数据。其具体代码如下。

```
protected void Page_Load(object sender, EventArgs e)    //Load 事件加载
{
    if (!IsPostBack)                                      //判断是否首次加载
```

```
    {
        AspNetPager1.RecordCount = UserManage.GetUserCount();//获取总记录
        BindRepeater();                                     //调用方法绑定数据
    }
}
public void BindRepeater()                                  //绑定数据
{
    int pageindexsize = (AspNetPager1.CurrentPageIndex - 1) * AspNetPager1
    .PageSize;
    DataTable dt = UserManage.GetUserList(AspNetPager1.PageSize,
    pageindexsize);
    Repeater1.DataSource = dt;
    Repeater1.DataBind();
}
protected void AspNetPager1_PageChanged(object sender, EventArgs e)
                                                            //分页事件
{
    BindRepeater();
}
```

在上述 BindRepeater()方法代码中，AspNetPager 控件的 CurrentPageIndex 属性用于获取当前页面索引，PageSize 属性用于设置每页显示的记录条数。

（4）选中标题的全选按钮实现全选功能，其具体代码如下。

```
public void cbCheckAll_CheckedChanged(object sender, EventArgs e)
{
    for (int i = 0; i < Repeater1.Items.Count; i++)
    {
        CheckBox cb = (CheckBox)Repeater1.Items[i].FindControl("cbCheck");
                                                    //获取所有复选框
        if (cbCheckAll.Checked)                     //判断按钮是否选中
            cb.Checked = true;
        else
            cb.Checked = false;
    }
}
```

（5）选中每条记录最前面的复选框后单击右上角的【删除】按钮，触发该按钮的 Command 事件，实现删除多条用户记录的功能。其具体代码如下。

```
protected void lbDelete_Command(object sender, CommandEventArgs e)
{
    string ids = "";
    for (int i = 0; i < Repeater1.Items.Count; i++)
    {
        CheckBox cb = (CheckBox)Repeater1.Items[i].FindControl("cbCheck");
```

```
        if (cb.Checked)
            ids += cb.Text + ",";
    }
    if (string.IsNullOrEmpty(ids))
        ClientScript.RegisterStartupScript(GetType(), "", "<script>alert
        ('请选择您要删除的一个或多个用户！')</script>");
    else
    {
        string[] delids = ids.Trim(',').Split(',');
        foreach (string item in delids)
        {
            if (!UserManage.DeleteUserInfo(Convert.ToInt32(item)))
                ClientScript.RegisterStartupScript(GetType(), "", "<script>
                alert('删除用户信息失败！')</script>");
        }
        AspNetPager1.RecordCount = UserManage.GetUserCount();
        BindRepeater();
    }
}
```

在上述代码中，首先声明变量 ids 保存所有选中的要删除的 ID 值，然后通过 for 语句遍历 Repeater 控件中所有内容判断复选框是否选中。如果选中，则将其 Text 的属性值添加到 ids 变量中。然后，通过 Split()方法分隔字符串并循环遍历删除的 ID，在 foreach 语句中调用 UserManage 类的 DeleteUserInfo()方法根据指定 ID 删除用户。最后，重新通过 GetUserCount()方法为总记录赋值，并调用 BindRepeater()方法绑定 Repeater 控件的数据。

（6）调用 UserManage 类的 DeleteUserInfo()方法判断删除是否成功，如果成功返回 True，否则返回 False。业务层和数据层的相关代码如下所示。

```
public static bool DeleteUserInfo(int userid)                    //业务层的代码
{
    if (UserService.DeleteUserInfo(userid) > 0)
        return true;
    else
        return false;
}
public static int DeleteUserInfo(int userid)                     //数据层的代码
{
    string sql = "delete from ba_User where userId=@userid delete from
    ba_UserDetail where userId=@userid";
    SqlParameter sps = new SqlParameter("@userid", userid);
    return SqlHelper.ExecuteNonQuery(sql, sps);                  //执行 SQL 语句
}
```

（7）单击每条记录后面的【删除】按钮实现删除单条用户的功能，Command 事件的具体代码如下。

```
protected void lbDelUser_Command(object sender, CommandEventArgs e)
{
    int userid = Convert.ToInt32(e.CommandArgument);
    if (!UserManage.DeleteUserInfo(Convert.ToInt32(userid)))
        ClientScript.RegisterStartupScript(GetType(), "", "<script>alert
        ('删除用户信息失败')</script>");
    AspNetPager1.RecordCount = UserManage.GetUserCount();
    BindRepeater();
}
```

（8）单击右上角的【新增】按钮实现添加用户的功能，添加新页面后在其合适位置添加 TextBox 控件、DropDownList 控件、Button 控件和多个验证控件（如 RequiredFieldValidator 控件）等。最终运行效果如图 12-22 所示。

图 12-22 添加用户运行效果

（9）窗体加载时显示所属系别和用户角色列表，在 Load 事件中分别获取职位和角色列表，并保存到 DataTable 对象中。然后，分别指定 DropDownList 控件的 DataSource 属性，其具体代码如下。

```
protected void Page_Load(object sender, EventArgs e)
{
    if (!IsPostBack)
    {
        DataTable dt1 = DementpartManage.GetDementpartList(1);
        ddlDementpart.DataSource = dt1;
        ddlDementpart.DataTextField = "dpName";
        ddlDementpart.DataValueField = "dpId";
        ddlDementpart.DataBind();
```

```
            DataTable dt2 = UserRoleManage.GetUserRoleList();
            ddlUserRole.DataSource = dt2;
            ddlUserRole.DataValueField = "roleId";
            ddlUserRole.DataTextField = "roleName";
            ddlUserRole.DataBind();
        }
    }
```


（10）添加用户时根据用户选择的当前职位（老师或学生）获取其所属的部门，触发其 DropDownList 控件调用 JiaZaiPart()函数，其主要代码如下。

```
    <script language="javascript" type="text/javascript">
        var httprequest;
        var selname = "ddlProvice";
        function CreateXMLHttpRequest() {
            if (window.ActiveXObject)                         //是否在 IE 浏览器下创建
                httprequest = new ActiveXObject("Microsoft.XMLHTTP");
            else
                httprequest = new XMLHttpRequest();
        }
        function JiaZaiPart() {
            var dlpositioin = document.getElementById("ddlPosition");
            CreateXMLHttpRequest();                           //调用函数创建对象
            httprequest.onreadystatechange = GetPositionInfo;      //响应函数
            httprequest.open("GET", "HandleDementpart.aspx?dppoid=" +
            dlpositioin.value, true);
            httprequest.send(null);
        }
        function GetPositionInfo() {
        if (httprequest.readyState == 4) {
            if (httprequest.status == 200) {
                var xmltext = httprequest.responseXML;//获取返回的 XML 格式的数据
                var xmlitem = xmltext.getElementsByTagName("position");
                var dlprovice = document.getElementById("ddlDementpart");
                var option = null;
                delOption("ddlDementpart");
                for (var i = 0; i < xmlitem.length; i++) {
                    var zhi = xmlitem[i].childNodes[0].firstChild.data;
                    var value = xmlitem[i].childNodes[1].firstChild.data;
                    option = new Option(zhi, value);
                    dlprovice.options.add(option);
                }
            }
        }
        }
        function delOption(delname) {
```

```
        var ddlObj = document.getElementById(delname);      //获取对象
        for (var i = ddlObj.length - 1; i >= 0; i--)
            ddlObj.remove(i);
    }
</script>
```

在上述代码中，JiaZaiPart()函数首先调用 CreateXMLHttpRequest()方法创建 XMLHttpRequest 对象，接着使用 GET 方法向 HandleDementpart.aspx 页面中提交数据，最后通过 onreadystatechange 属性调用 GetPositionInfo()函数显示数据。

（11）单击【提交】按钮触发其 Click 事件实现添加用户的功能，在该事件中首先获取用户输入的内容，然后调用 AddUserAndDetail()方法添加数据。其主要代码如下。

```
protected void btnUpdatePass_Click(object sender, EventArgs e)
{
    UserInfo user = new UserInfo();
    user.UserLoginName = txtLoginName.Text;
    /* 省略获取其他用户数据的代码 */
    UserDetail detail = new UserDetail();
    detail.UdSex = ddlGender.SelectedValue;
    /* 省略获取其他用户详细数据的代码 */
    if (UserManage.AddUserAndDetail(user, detail))
        ClientScript.RegisterStartupScript(GetType(),"","<script>alert('
        添加用户信息成功')</script>");
    else
        ClientScript.RegisterStartupScript(GetType(),"","<script>alert('
        失败请重新添加')</script>");
}
```

（12）单击每条记录后面的【编辑】按钮实现其修改用户的功能，页面效果如图 12-23 所示。

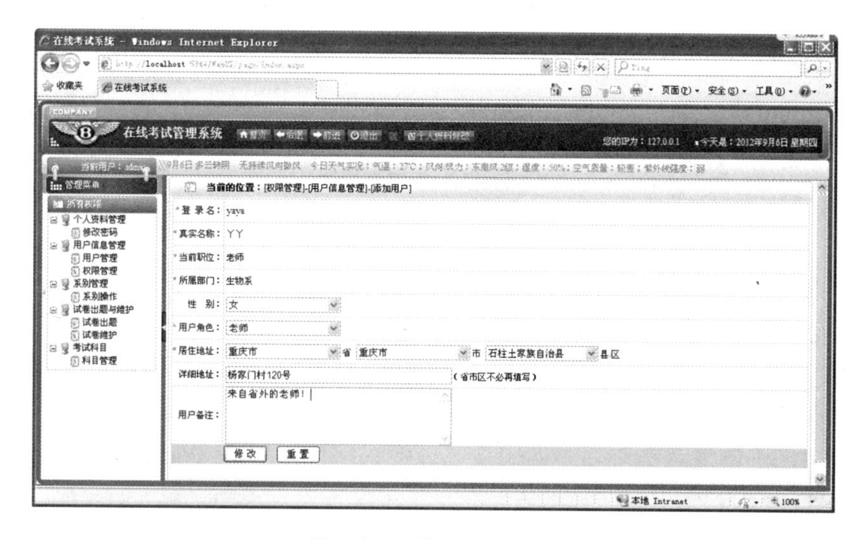

图 12-23 修改页面效果

（13）窗体加载时根据父页面传递的参数 ID 获取用户信息并将内容显示到页面中，其主要代码如下所示。

```
protected void Page_Load(object sender, EventArgs e)
{
    if (!IsPostBack)
    {
        if (Request.QueryString["userid"] != null)
        {
            int id = Convert.ToInt32(Request.QueryString["userid"]);
            user = UserManage.GetUserInfoById(id);
            LiteralLoginName.Text = user.UserLoginName;
            LiteralName.Text = user.UserName;
            /* 省略其他赋值代码 */
        }
    }
}
```

（14）修改完成后单击页面上的【修改】按钮提交信息，并执行修改操作，其主要代码如下。

```
protected void btnUpdatePass_Click(object sender, EventArgs e)
{
    int userid = Convert.ToInt32(ViewState["userid"]);
    string roleid = ddlUserRole.SelectedValue;
    UserDetail de = new UserDetail();
    de.UdSex = ddlGender.SelectedValue;
    de.UdProvice = hidpro.Value;
    /* 获取用户修改的详细信息 */
    if (UserManage.UpdateUserDetail(de, roleid, userid))
        ClientScript.RegisterStartupScript(GetType(), "", "<script>alert
    ('恭喜您，修改用户信息成功！');window.location.href='UserManage.aspx'
    </script>");
    else
        ClientScript.RegisterStartupScript(GetType(),"","<script>alert('
        修改失败，请重试！')</script>");
}
```

12.7.2 权限管理

权限管理是管理员针对不同角色的操作，页面的运行效果如图 12-24 所示。

当选中页面中的复选框中为不同的角色分配权限后，单击【提交】按钮触发其 Click 事件，其主要代码如下。

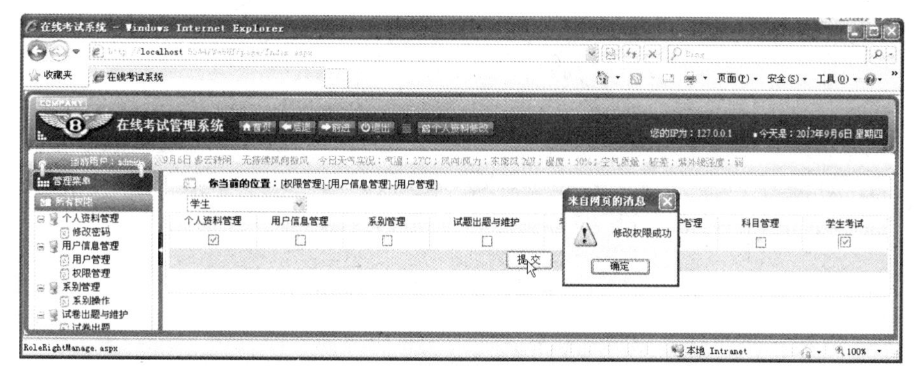

图 12-24　权限管理页面

```
protected void Button1_Click(object sender, EventArgs e)
{
    DataTable dt = null;
    int roleid = Convert.ToInt32(DropDownList1.SelectedValue);
    UserRoleManage.DeleteRoleById(roleid);
    if (CheckBox1.Checked)
    {
        if (UserRoleManage.AddRoleRight(roleid, Convert.ToInt32(CheckBox1
        .Text)) > 0)
        {
            dt = AllRightsManage.GetAllRightsList(Convert.ToInt32(Check
            Box1.Text));
            foreach (DataRow dr in dt.Rows)
                UserRoleManage.AddRoleRight(roleid, Convert.ToInt32(dr
                ["arId"]));
        }
    }
    /* 省略其他权限列表信息的添加 */
    ClientScript.RegisterStartupScript(GetType(), "", "<script>alert('修
    改权限成功')</script>");
}
```

在上述 Click 事件代码中，首先删除某个的所有权限，然后根据复选框选中的内容获取所有权限列表，再分别添加权限。

12.8　系别管理

系别管理是指管理员和老师对用户添加的系别操作，如添加、单个删除、多个删除、修改及查看功能等。运行的最终效果如图 12-25 所示。

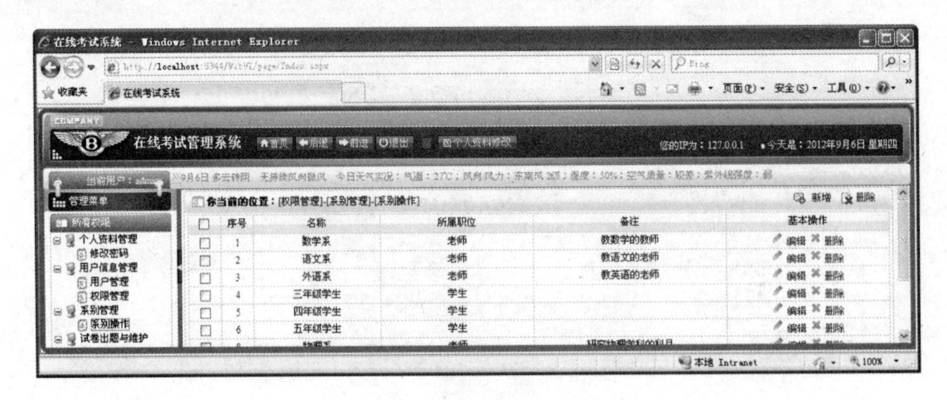

图 12-25　系别管理运行效果

实现系别管理功能的主要步骤如下。

（1）添加新的 Web 窗体页，在页面的合适位置添加 Repeater 控件，该控件用来显示所有系别列表。窗体加载时获取所有内容，Load 事件的具体代码如下。

```
protected void Page_Load(object sender, EventArgs e)
{
    if (!IsPostBack)
        BindRepeater();
}
public void BindRepeater()
{
    Repeater1.DataSource = DementpartManage.GetDementpartList(0);
    Repeater1.DataBind();
}
```

（2）选中标题复选框时实现复选框的全选功能，具体代码不再显示。

（3）实现系别的多条记录或单条记录删除功能非常简单，调用相应的代码即可。这里不再将具体代码显示。

（4）单击【新增】按钮添加到相应页面，添加页面的效果如图 12-26 所示。开发人员可以根据效果图添加相应的控件进行设计。

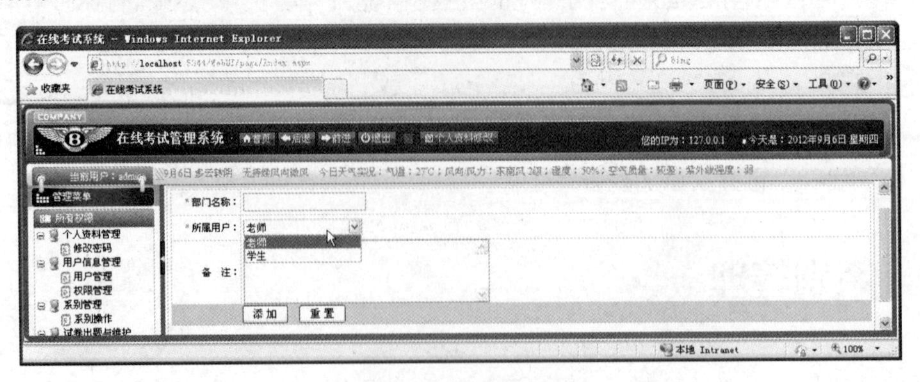

图 12-26　添加页面效果

（5）添加完成后单击【添加】按钮执行添加操作，在该事件中获取用户输入的内容并调用添加方法执行相应的操作，添加完成后跳转页面。其具体代码如下。

```
protected void btnAddPart_Click(object sender, EventArgs e)
{
    Dementpart part = new Dementpart();
    part.DpName = txtPartName.Text;
    part.DpPoid = Convert.ToInt32(ddlUserList.SelectedValue);
    part.DpRemark = txtRemark.Text;
    if (DementpartManage.AddDementPart(part))
        Response.Redirect("~/page/tab/Dementpart.aspx");
}
```

（6）单击每条记录后面的【编辑】按钮实现修改系别信息的功能。单击该按钮跳转到相应的页面，在子页面中获取从父页面传递的值，并绑定到页面控件中。其主要代码如下。

```
protected void Page_Load(object sender, EventArgs e)
{
    if (!IsPostBack)
    {
        if (Request.QueryString["fun"] != null && Request.QueryString
        ["partid"] != null)
        {
            int pid = Convert.ToInt32(Request.QueryString["partid"]);
            Dementpart de = DementpartManage.GetDementpartInfo(pid);
            txtPartName.Text = de.DpName;
            /* 省略其他控件值的绑定 */
        }
    }
}
```

（7）修改完成后单击【修改】按钮执行修改操作，该事件的具体代码如下。

```
protected void btnUpdate_Click(object sender, EventArgs e)
{
    int pid = Convert.ToInt32(ViewState["EditId"]);
    Dementpart part = new Dementpart();
    part.DpName = txtPartName.Text;
    part.DpPoid = Convert.ToInt32(ddlUserList.SelectedValue);
    part.DpRemark = txtRemark.Text;
    if (DementpartManage.UpdateDementPart(pid, part))
        ClientScript.RegisterStartupScript(GetType(), "", "<script>alert
        ('恭喜您,修改部门信息成功!');window.location.href='Dementpart.aspx';
        </script>");
}
```

在上述代码中，首先获取用户修改的系别内容，然后调用 DementpartManage 类的

UpdateDementPart()方法根据 ID 更新内容。

（8）修改系别信息后单击【修改】按钮进行测试，页面效果如图 12-27 所示。

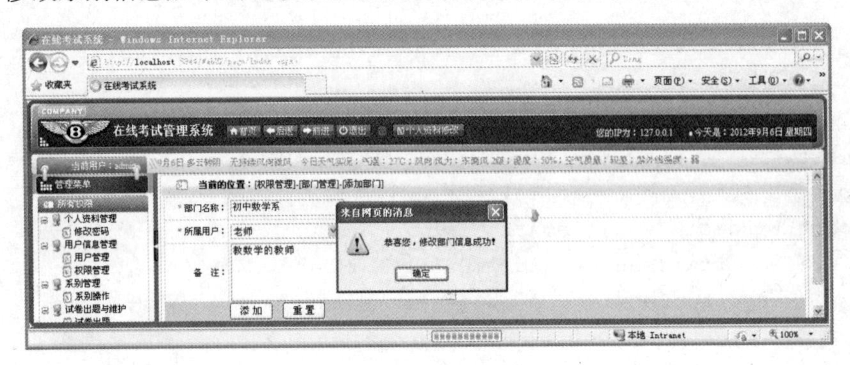

图 12-27　修改系别信息

12.9　考试科目管理

考试科目管理的功能非常简单，它是管理员和老师针对学生不同学科的管理操作，如添加学科、删除单个或多个学科、修改学科和查看学科等功能。这些功能的具体实现与前几节相似，所以读者可以参考前面的内容实现，其查看列表和添加功能的运行效果分别如图 12-28 和图 12-29 所示。

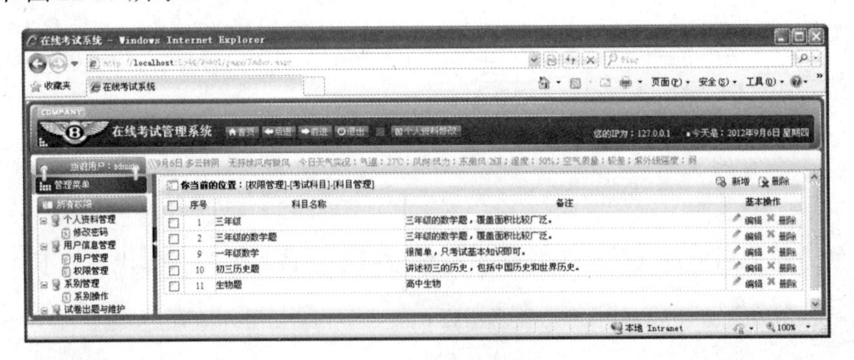

图 12-28　科目列表页面

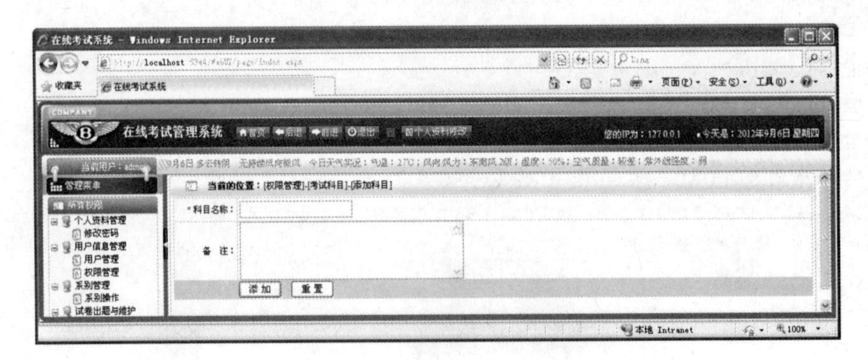

图 12-29　添加科目页面

12.10 考试试题管理

本系统中学生考试的试题主要分为四大类：填空题、单选题、多选题和简答题。老师可以对这些题进行分类管理，本节主要介绍如何对这些试题进行操作，如添加试题、删除试题和查看试题等。

12.10.1 填空题管理

老师对填空题的操作包括添加填空、删除填空、修改填空和查看填空 4 个功能，添加新的页面并在其合适位置添加 Repeater 控件显示填空题列表，后台代码不再显示。填空题列表页如图 12-30 所示。

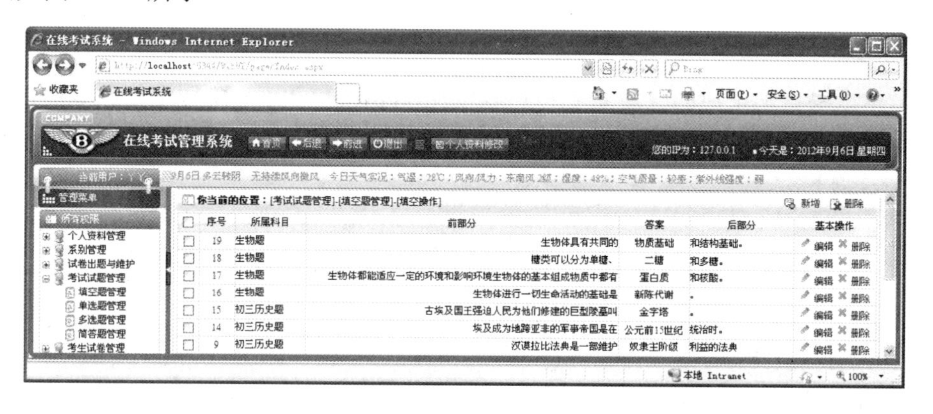

图 12-30　填空题列表

实现对填空功能的主要操作步骤如下。

（1）实现填空题的全选功能，其具体代码可以参考 12.7.1 节，这里不再具体显示。

（2）根据选中的复选框单击【删除】按钮或单击每条记录后面的【删除】按钮，可以触发按钮的 Command 事件，实现多条或单条填空题删除的功能，其具体删除代码不再显示。

```
protected void lbDelTK_Command(object sender, CommandEventArgs e)
{
    string id = e.CommandArgument.ToString();
    if (!TianKongManage.UpdateTianKongDelete("1", id))
        ClientScript.RegisterStartupScript(GetType(),"","<script>alert('
        删除填空信息失败! ')</script>");
    else
        ClientScript.RegisterStartupScript(GetType(), "", "<script>alert
        ('删除填空成功! ')</script>");
    BindTianKongList();
}
```

（3）单击【新增】按钮链接到添加填空题页面，向页面的合适位置添加 DropDownList 控件、TextBox 控件和 Button 控件，最终运行效果如图 12-31 所示。

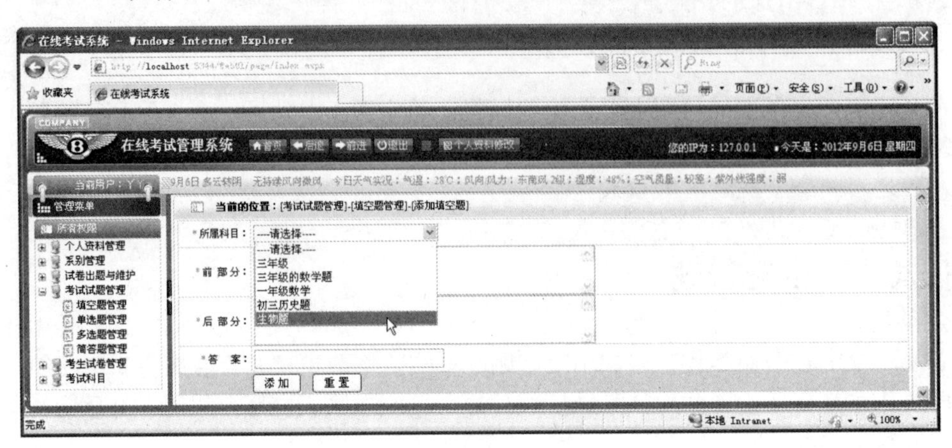

图 12-31　添加填空题页面

（4）单击每条记录后的【编辑】按钮触发 Command 事件，跳转至修改页面，根据传递的参数获取内容，并显示到相应页面，修改完成后重新获取输入的内容且执行修改操作。其具体代码如下。

```
protected void btnUpdate_Click(object sender, EventArgs e)
{
    int tkid = Convert.ToInt32(ViewState["EditId"]);
    TianKong tk = new TianKong();
    tk.TkId = tkid;
    tk.CourseId = Convert.ToInt32(ddlCourseList.SelectedValue);
    /* 省略其他获取操作 */
    if (TianKongManage.UpdateTianKong(tk))
        ClientScript.RegisterStartupScript(GetType(), "", "<script>alert
        ('恭喜，修改填空题成功，您可以返回查看！');window.location.href='T_Tian
        Kong.aspx';</script>");
    else
        ClientScript.RegisterStartupScript(GetType(),"","<script>alert('
        很抱歉，修改失败');</script>");
}
```

12.10.2　单选题管理

单选题功能的实现及操作与填空题管理非常相似，其具体步骤和实现代码不再显示，该管理页面的列表运行效果和添加效果分别如图 12-32 和图 12-33 所示。读者可以根据相应的效果添加控件实现功能(注意：单选题列表使用 AspNetPager 控件实现了分页的功能)。

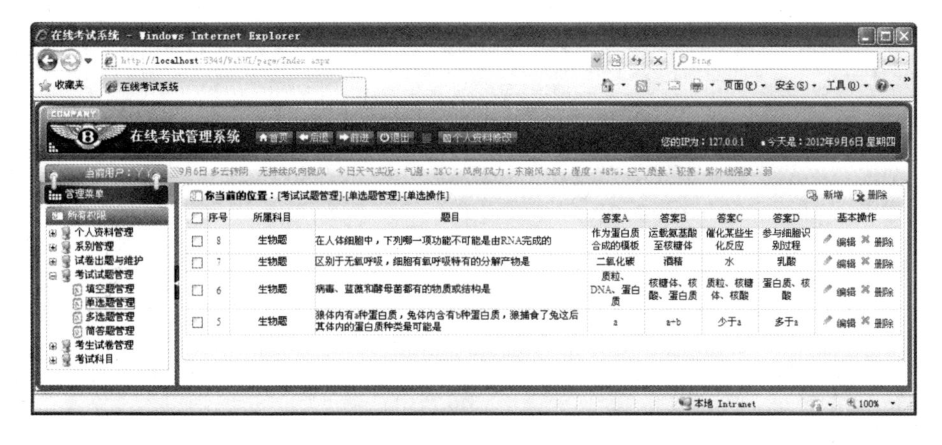

图 12-32 单选题列表效果

图 12-33 添加单选题效果

12.10.3 多选题管理

多选题管理包括添加、删除、编辑和查看列表的权限，添加页面和修改页面的效果与单选的效果一样，可以参考图 12-33。

在页面的合适位置添加 Repeater 控件和 AspNetPager 控件，它们分别用来绑定数据和对数据进行分页。在页面 Repeater 控件的模板页中绑定相关的数据，后台 Load 事件的具体代码如下。

```
protected void Page_Load(object sender, EventArgs e)
{
    if (!IsPostBack)
    {
        AspNetPager1.RecordCount = CheckProblemManage.GetTotalCount();
        BindDuoXuan();
```

```
        }
    }
    public void BindDuoXuan()
    {
        int pagesize = AspNetPager1.PageSize;
        int pageindexsize = (AspNetPager1.CurrentPageIndex - 1) * pagesize;
        Repeater1.DataSource = CheckProblemManage.DuoXuanList(0, pagesize,
        pageindexsize);
        Repeater1.DataBind();
    }
    protected void AspNetPager1_PageChanged(object sender, EventArgs e)
    {
        BindDuoXuan();
    }
```

运行页面显示其多选题的列表效果，最终效果如图 12-34 所示。

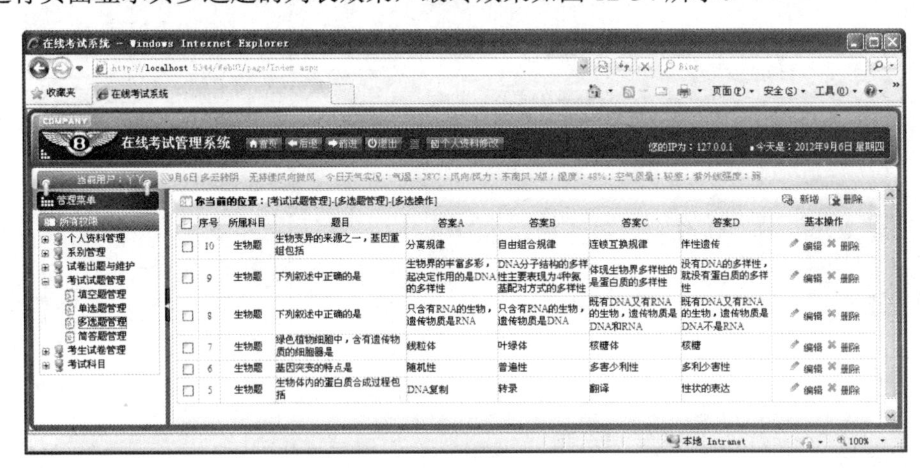

图 12-34　多选题列表

12.10.4　简答题管理

与填空题、单选题和多选题相比，简答题要相对简单得多。其列表页面的效果如图 12-35 所示（Repeater 控件绑定数据，AspNetPager 控件对数据进行分页）。

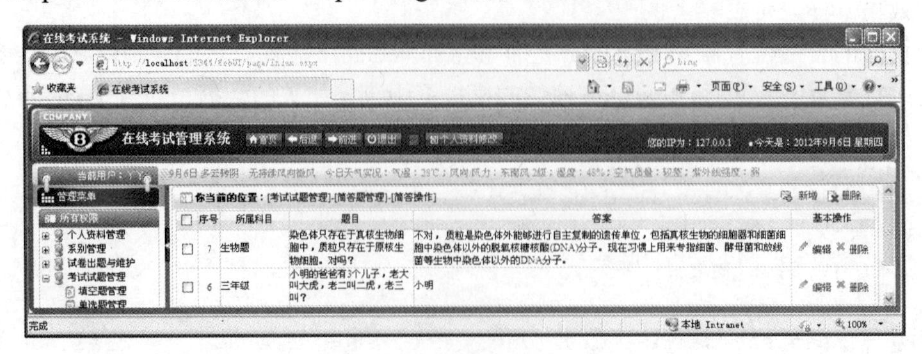

图 12-35　简答题列表效果

单击【新增】按钮跳转至添加简答题页面，向页面中添加一个 DropDownList 控件、两个 TextBox 控件和两个 Button 控件，运行效果如图 12-36 所示。修改页面的效果与添加页面相似，页面效果可参考图 12-36，但是页面加载时仍需要显示原来的内容。

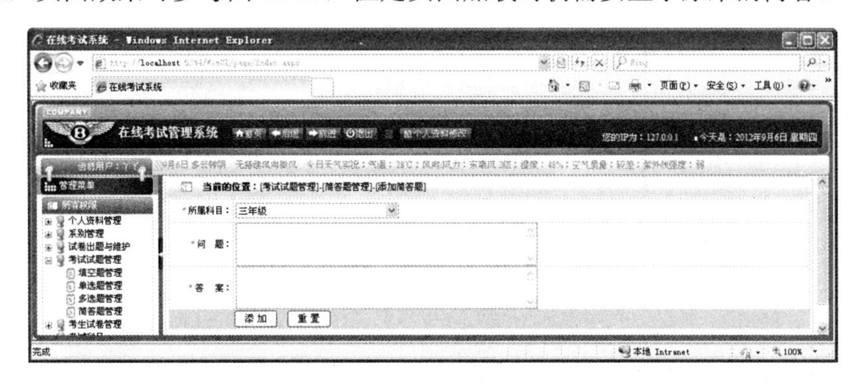

图 12-36　添加简答题页面效果

12.11　试卷出题与维护

老师与学生系别、考试科目及考试试题的相关功能全部实现后，本节实现试卷的出题和维护功能。

12.11.1　试卷出题

添加新的 Web 窗体页，在页面的合适位置添加 DropDownList 控件、TextBox 控件、Button 控件及 GridView 控件等，页面的最终运行效果如图 12-37 所示。

图 12-37　试卷出题页面效果

输入试卷名称后单击【检测名称是否存在】按钮，实现查看试卷名称是否已经存在的功能，本功能使用 Ajax 技术的 XMLHttpRequest 对象实现页面无刷新效果。JavaScript 脚本的相关代码如下。

```
<script language="javascript" type="text/javascript">
    /* 省略 CreateXMLHttpRequest()函数的创建及 XMLHttpRequest 对象的创建 */
    function CheckExists() {
        CreateXMLHttpRequest();                                    //调用函数创建对象
        var id = document.getElementById("ddlCourseList").value;
        var name = document.getElementById("txtPaperName").value;
        httprequest.onreadystatechange = GetExists;            //响应函数
        httprequest.open("POST", "HandleText.aspx", true); //发送请求
        httprequest.setRequestHeader("Content-Type", "application/x-www-
        form-urlencoded");
        httprequest.send("fun=checkname&name=" + name + "&id=" + id);
    }
    function GetExists() {
        if (httprequest.readyState == 4) {
            if (httprequest.status == 200) {
                var xmltext = httprequest.responseText;
                                                /获取返回的 XML 格式的数据
                if (xmltext == 1)
                    alert("该名称合法，可以使用！");
                else if (xmltext == 2)
                    alert("名称已经存在，请更换名称！");
            }
        }
    }
</script>
```

单击【保存试卷】按钮向后台数据库中添加本试卷的所有试卷，其 Click 事件的主要代码如下。

```
protected void btnAddPart_Click(object sender, EventArgs e)
{
    Paper p = new Paper();
    p.PaperName = txtPaperName.Text;
    /* 省略试卷信息 */
    int pid = PaperManage.AddPaper(p);
    if (pid > 0)
    {
        for (int i = 0; i < GridView1.Rows.Count; i++)
        {
            CheckBox isCheck = (CheckBox)GridView1.Rows[i].FindControl
            ("CheckBox1");
            if (isCheck.Checked)
```

```
            {
                PaperDetail pd = new PaperDetail();
                /* 省略试卷详细信息 */
                if (PaperManage.AddPaperDetail(pd) <= 0)
                    ClientScript.RegisterStartupScript(GetType(),"","
                    <script>alert('添加详细失败');</script>");
            }
        }
        /* 省略对单选、多选及简答的添加 */
    }
}
```

12.11.2 试卷维护

试卷维护主要是指对试卷的基本操作，如查看试卷详细列表、删除试卷及更改试卷的当前状态等。试卷列表页面的运行效果如图 12-38 所示。

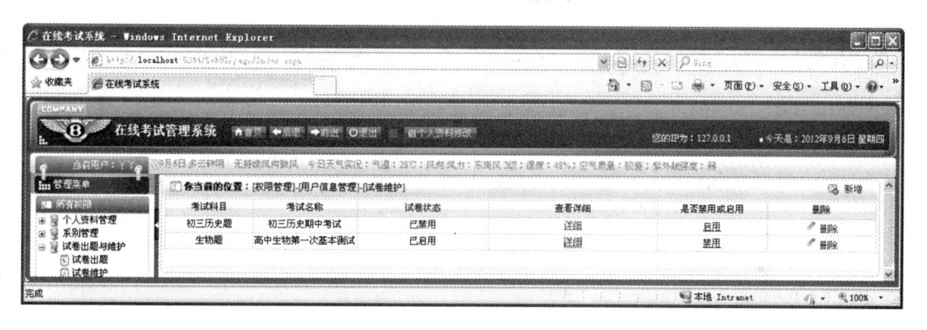

图 12-38 试卷维护列表页效果

单击【详细】链接根据传入的参数 ID 获取试卷详细信息并显示到页面中，后台具体代码不再显示。详细页面效果如图 12-39 所示。

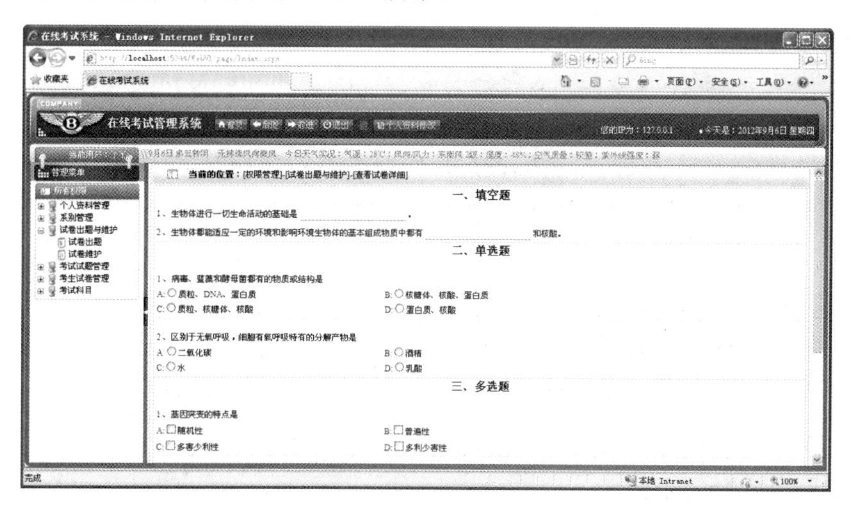

图 12-39 查看详细列表效果

单击【启用】或【禁用】按钮实现对试卷的启用和禁用功能，该功能完成后直接刷新页面，具体效果不再显示。

12.12 学生考试

学生考试是学生专属的权限，它包括两个部分：考试试题和考试记录。本节将介绍这两部分功能的实现。

12.12.1 考试试题

学生登录成功后选择要考试的试卷，然后单击【提交】按钮显示该试卷的试题列表，其效果如图 12-40 所示。

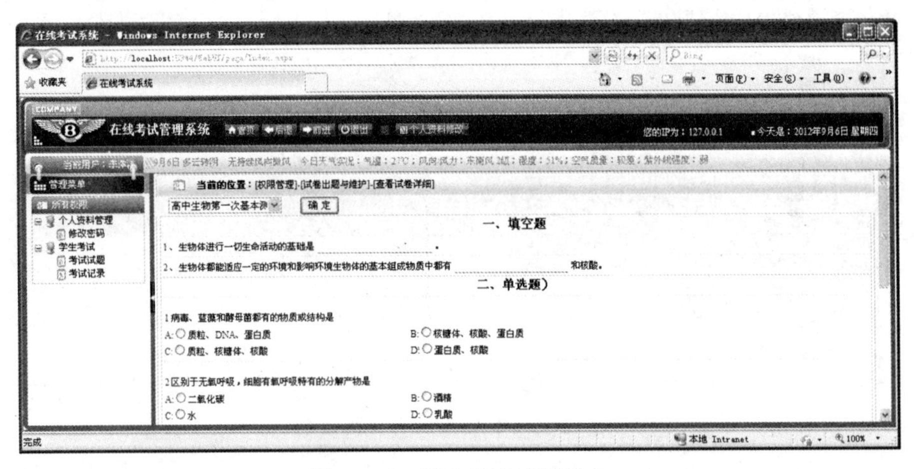

图 12-40 学生考试试题列表

回答试卷完成后单击最下方的【提交】按钮，将用户提交的内容添加到数据库中。该控件 Click 事件的主要代码如下。

```
protected void btnSubmit_Click(object sender, EventArgs e)
{
    UserInfo u = Session["UserInfo"] as UserInfo;
    int paperid = Convert.ToInt32(DropDownList1.SelectedValue);
    if (GridView1.Rows.Count > 0)
    {
        int singlemark = Convert.ToInt32(((Label)GridView1.Rows[0].Find
        Control("LabelA")).Text);
        foreach (GridViewRow gvr in GridView1.Rows)
        {
            string str = ((TextBox)gvr.FindControl("TextBox1")).Text
            .Trim();
            int titleid = Convert.ToInt32(((Label)gvr.FindControl
```

```
                ("LabelID")).Text);
            StudentAnswer sa = new StudentAnswer();
            sa.PagerId = paperid;
            /* 省略获取其他内容 */
        }
    }
    /* 省略其他单选、多选及简单题的相关代码 */
    ClientScript.RegisterStartupScript(GetType(), "", "<script>alert('添
    加成功，正在等待考试成绩。成绩出来后您可以直接在考试记录中查看！')<script>");
}
```

12.12.2 考试记录

学生单击考试记录链接时可以查看本人所有的考试历史记录，其最终运行效果如图12-41所示。读者可以根据效果添加控件进行实现，其具体实现代码不再显示。

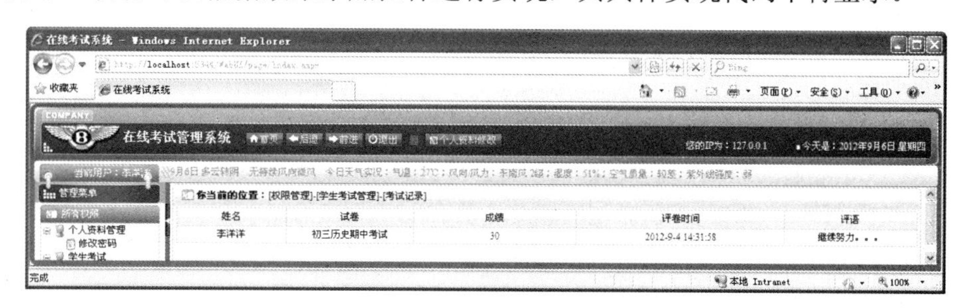

图 12-41　考试记录效果

12.13 学生试卷管理

学生试卷管理是老师针对学生考试完成后的试卷时行的操作，主要包括两方面：试卷评审和学生成绩查看。

12.13.1 试卷评审

学生提交完成后老师单击试卷评审页面可以完成对学生试卷的评分功能，也可以删除该试卷。学生提交的试卷列表如图12-42所示，其具体实现代码不再显示。

单击试卷名称的链接可以查看学生试卷的详细答案，在该页面中系统会自动计算填空题、单选题和多选题的得分，用户输入简答题的得分后单击【计算考试总分】按钮计算并保存所有题目的得分，运行效果如图12-43和图12-44所示。

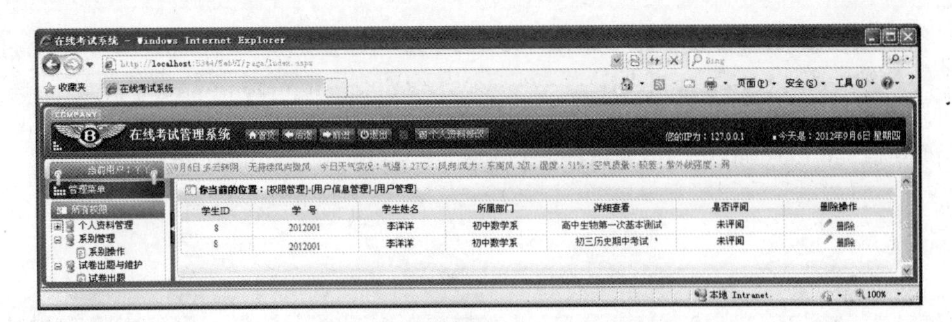

图 12-42　试卷评审列表效果

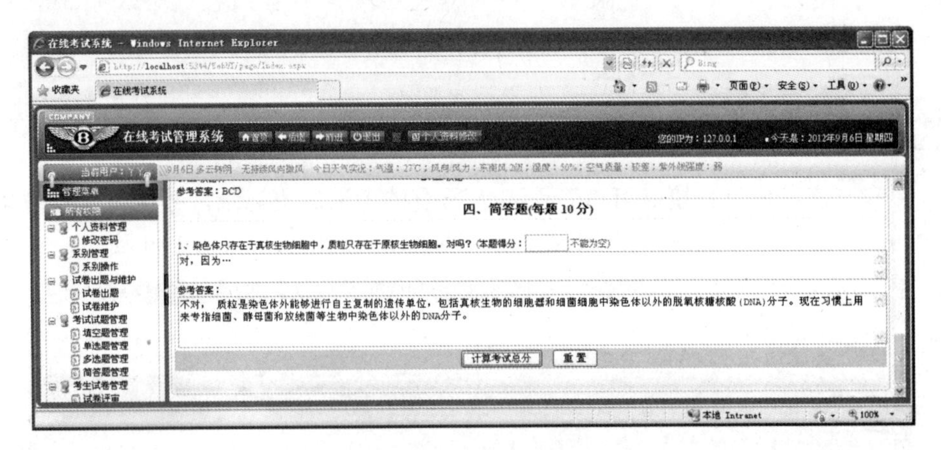

图 12-43　计算总成绩

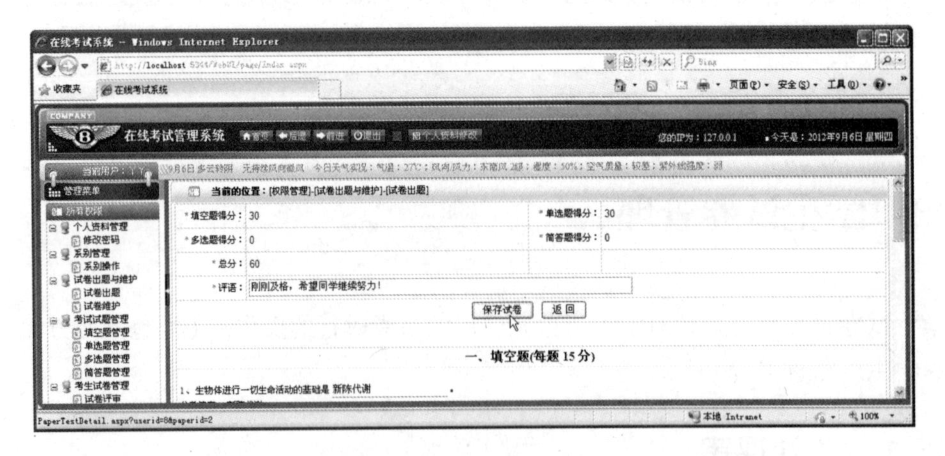

图 12-44　保存学生成绩

12.13.2　学生成绩

单击学生成绩链接可以查看所有学生的成绩信息，其成绩列表如图 12-45 所示。后台的具体实现不再显示。

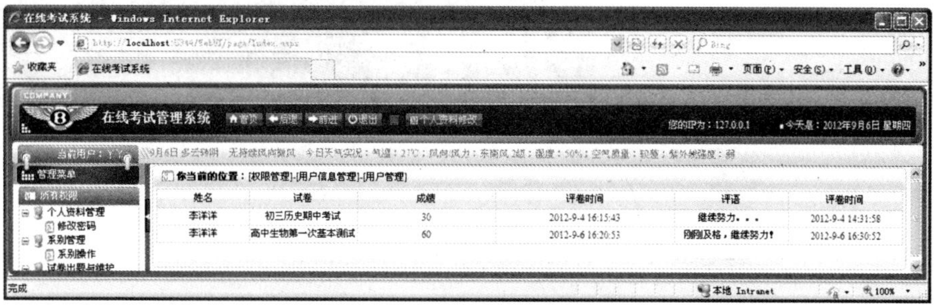

图 12-45　学生成绩查看列表

12.14　系统退出

当用户不想操作或者想要退出当前的操作时，单击头部的【退出】按钮即可。该按钮跳转到 Exit.aspx 页面，该页面的后台代码如下。

```
protected void Page_Load(object sender, EventArgs e)
{
    if (!IsPostBack)
    {
        Session.Abandon();
        Session["UserInfo"] = null;
        Response.Write("<script>window.location.href='login.aspx'
        </script>");
    }
}
```

在上述代码中，首先调用 Session 对象的 Abandon()方法取消当前的操作，然后将该对象的 UserInfo 信息设置为空，最后调用 Response 对象的 Write()方法通过 JavaScript 代码将页面跳转到登录页面。

习题答案

第 1 章　ASP.NET 入门基础

一、填空题

（1）公共语言运行库

（2）CTS

（3）托管代码

（4）类库

（5）C#

二、选择题

（1）C

（2）C

（3）D

（4）A

第 2 章　ASP.NET 的控件应用

一、填空题

（1）Web 服务器控件

（2）runat=server

（3）AlternateText

（4）Password

（5）GroupName

（6）MultiView

（7）AppendDataBoundItems

二、选择题

（1）D

（2）C

（3）B

（4）A

（5）A

第 3 章　ASP.NET 的系统对象和状态管理

一、填空题

（1）Response

（2）post

（3）Timeout

（4）Page

（5）Expires

（6）LinkButton

（7）IsPostBack

二、选择题

（1）A

（2）C

（3）C

（4）B

（5）D

第 4 章　用站点导航控件和母版页搭建框架

一、填空题

（1）TreeView 控件

（2）站点地图

（3）SiteMapPath

（4）内容页

（5）主题

二、选择题

（1）C

（2）A

（3）B

（4）B

（5）D

（6）A

（7）C

（8）C

第 5 章　ADO.NET 控件访问数据库

一、填空题

（1）.NET Framework 数据提供程序

（2）DataAdapter
（3）Close()
（4）SqlCommand
（5）Read()
（6）NewRow()
二、选择题
（1）A
（2）C
（3）C
（4）B
（5）B
（6）D
（7）A
（8）B

第 6 章　ASP.NET 的数据展示技术

一、填空题
（1）CompositeDataBoundControl
（2）PageSize
（3）PagedDataSource
（4）Repeater
（5）RowDataBound
（6）AllowPaging
（7）DataPager
二、选择题
（1）B
（2）C
（3）D
（4）B
（5）A
（6）A
（7）C
（8）D

第 7 章　ASP.NET 控件的高级应用

一、填空题
（1）.ascx
（2）CheckSN()

（3）RecordCount
（4）IHttpHandler
（5）Create()
（6）HttpModule
二、选择题
（1）B
（2）A
（3）D
（4）A
（5）C
（6）B
（7）D

第 8 章　缓存技术

一、填空题
（1）页面数据缓存
（2）OutputCache
（3）Duration
（4）页面输出缓存
（5）Insert()方法
（6）MethodName
二、选择题
（1）C
（2）D
（3）B
（4）D
（5）A

第 9 章　文件和目录管理

一、填空题
（1）Creation
（2）FileInfo
（3）Directory
（4）LastWriteTime
（5）Exists()
（6）StreamWriter
（7）FileUpload
（8）Extension

二、选择题

（1）B

（2）D

（3）C

（4）B

（5）A

（6）C

（7）A

第 10 章　ASP.NET Ajax 技术

一、填空题

（1）JavaScript

（2）XMLHttpRequest

（3）AutoCompleteExtender

（4）MaxRating

（5）PostBackTrigger

（6）Interval

二、选择题

（1）A

（2）C

（3）B

（4）B

（5）D

第 11 章　Web 服务

一、填空题

（1）WebMethod

（2）Description

（3）UDDI

（4）MessageName

（5）EnableSession=true

二、选择题

（1）A

（2）C

（3）B

（4）C

（5）D

（6）B